高等院校计算机应用系列教材

AutoCAD 2020 建筑制图基础教程

牛永胜　主　编
刘宏伟　朱鸿梅　副主编

清華大学出版社
北　京

内 容 简 介

本书结合《房屋建筑制图统一标准》(GB/T 50001—2017)、《总图制图标准》(GB/T 50103—2010)、《建筑制图标准》(GB/T 50104—2010)及相关的建筑设计规范，由浅入深地介绍AutoCAD 2020中文版的各项功能。全书共15章，第1～9章，介绍AutoCAD绘制和编辑的基础知识；第10～13章，介绍AutoCAD在建筑制图中的应用，包括建筑单体平面图、立面图、剖面图的绘制，建筑详图的绘制，以及三维图形的建模和效果图的绘制；第14章和第15章，介绍AutoCAD图形输出、图纸管理的方法。本书最后的附录中，列出了AutoCAD的常用快捷命令、快捷键和功能键，以方便读者查阅。

本书可作为高等院校建筑相关专业建筑制图课程的教材和参考资料，也可作为土木建筑工程人员学习AutoCAD的参考书。

图书在版编目(CIP)数据

AutoCAD 2020建筑制图基础教程 / 牛永胜主编. —北京：清华大学出版社，2023.2
高等院校计算机应用系列教材
ISBN 978-7-302-62282-6

Ⅰ.①A… Ⅱ.①牛… Ⅲ.①建筑制图—计算机辅助设计—AutoCAD软件—高等学校—教材 Ⅳ.①TU204

中国国家版本馆CIP数据核字(2023)第007085号

责任编辑：刘金喜
封面设计：高娟妮
版式设计：孔祥峰
责任校对：成凤进
责任印制：朱雨萌

出版发行：清华大学出版社
网　　址：http://www.tup.com.cn，http://www.wqbook.com
地　　址：北京清华大学学研大厦A座　　**邮　　编：**100084
社 总 机：010-83470000　　**邮　　购：**010-62786544
投稿与读者服务：010-62776969，c-service@tup.tsinghua.edu.cn
质 量 反 馈：010-62772015，zhiliang@tup.tsinghua.edu.cn
印 装 者：北京鑫海金澳胶印有限公司
经　　销：全国新华书店
开　　本：185mm×260mm　　**印　　张：**20　　**字　　数：**512千字
版　　次：2023年3月第1版　　**印　　次：**2023年3月第1次印刷
定　　价：78.00元

———————————————————————————————————

产品编号：095449-01

前　言

AutoCAD 是 Autodesk 公司开发的著名产品，具有强大的二维、三维绘图功能，灵活方便的编辑修改功能，规范的文件管理功能，人性化的界面设计等。该软件已经广泛地应用于建筑规划、方案设计、施工图设计、施工管理等各类工程制图领域。AutoCAD 已经成为土木建筑工程领域从业人员必不可少的工具之一。

本书是介绍 AutoCAD 2020 中文版在建筑制图中应用的基础教程，结合《房屋建筑制图统一标准》(GB/T 50001—2017)、《总图制图标准》(GB/T 50103—2010)、《建筑制图标准》(GB/T 50104—2010)及相关的建筑设计规范，由浅入深地介绍 AutoCAD 2020 中文版的各项功能。本书力图让读者在一步步掌握 AutoCAD 绘图技巧的同时，熟悉建筑制图标准及相关的建筑设计规范，养成良好的建筑制图习惯。

本书各章的内容安排如下。

第 1 章介绍 AutoCAD 2020 中文版的操作界面组成、命令输入的基本方式、图形文件管理的基本方法和联机帮助文件的使用方法等内容。

第 2 章介绍图形显示及图形选择的相关内容。

第 3 章介绍平面坐标及坐标系、辅助绘图工具、基本的绘图命令和查询工具。

第 4 章介绍 AutoCAD 中基本的二维图形编辑方法、修饰对象的一些基本命令，以及利用特性和夹点方式编辑二维图形的方法。

第 5 章介绍绘制和编辑图案填充的相关内容，以及建筑制图规范对填充的要求。

第 6 章介绍线型、线宽、颜色的设置和修改方法，图层的设置与管理方法，以及通过“对象特性”对话框更改对象特性的方法。

第 7 章介绍在图纸中标注文字、编辑文字、创建表格和编辑表格的方法，以及建筑制图规范对文字标注的一般要求。

第 8 章介绍依据建筑制图规范要求创建、修改标注样式的方法，在已创建的标注样式中修改各种尺寸的标注方式，并按照规范要求对图形进行标注。

第 9 章介绍创建图块、创建带属性的图块、插入图块的方法，以及动态块的创建和编辑方法。

第 10 章介绍建筑平面图、立面图和剖面图的表达内容和建筑图纸中的一些基本规范要求，以及运用 AutoCAD 高效、规范地绘制单体建筑图纸的方法。

第 11 章介绍建筑总平面图的表达内容和建筑总平面图中的一些基本规范要求，以及运用 AutoCAD 高效、规范地绘制建筑总平面图的方法。

第 12 章介绍创建用户坐标系的方法，以及各种三维模型的创建和编辑方法。

第 13 章介绍绘制总体建筑草模的方法，根据平面图、立面图、剖面图绘制精确的单体建筑模型的方法和 AutoCAD 渲染的基本操作。

第 14 章介绍模型空间和图纸空间打印输出的方法及各自的特点。

第 15 章介绍工程图纸管理和图纸发布的基本内容。

附录包含了常用的 AutoCAD 快捷命令、快捷键和功能键。

本书内容翔实，讲解清晰，详细介绍了 AutoCAD 2020 中文版中各种命令的使用方法，提供了典型的实例和详细的操作步骤，并且以实际建筑的制图过程为实例贯穿全书，具有非常强的实用性。

本书由牛永胜担任主编，刘宏伟、朱鸿梅担任副主编，参与编写的人员有吴晓将、张霁芬、范惠英。

由于编者水平有限，书中不足之处在所难免，恳请专家及广大读者不吝赐教、批评指正。

本书教学课件和案例源文件可通过 http://www.tupwk.com.cn/downpage 下载。

服务邮箱：476371891@ qq.com。

编　者

2023 年 1 月

目 录

第 1 章 AutoCAD 2020 使用概述 ········ 1
1.1 AutoCAD 2020功能介绍及绘图原理 ········ 1
1.2 AutoCAD 2020的启动 ········ 3
1.3 AutoCAD 2020界面介绍 ········ 4
1.3.1 标题栏 ········ 4
1.3.2 菜单栏 ········ 5
1.3.3 工具栏 ········ 5
1.3.4 绘图区 ········ 6
1.3.5 十字光标 ········ 7
1.3.6 状态栏 ········ 7
1.3.7 命令行提示区 ········ 7
1.3.8 功能区 ········ 7
1.4 图形文件的基本操作 ········ 8
1.4.1 创建新文件 ········ 8
1.4.2 打开文件 ········ 10
1.4.3 保存文件 ········ 11
1.4.4 输出文件 ········ 12
1.4.5 关闭文件 ········ 12
1.5 AutoCAD命令输入方式 ········ 13
1.5.1 命令与系统变量 ········ 13
1.5.2 通过菜单命令绘图 ········ 13
1.5.3 通过工具栏按钮绘图 ········ 13
1.5.4 通过命令形式绘图 ········ 13
1.5.5 使用透明命令 ········ 14
1.5.6 退出执行命令 ········ 14
1.5.7 自定义简写命令 ········ 14
1.6 绘图环境设置 ········ 15
1.6.1 设置显示 ········ 15
1.6.2 自动捕捉设置 ········ 16
1.6.3 设置选择集 ········ 17
1.6.4 设置绘图单位 ········ 17
1.7 使用联机帮助 ········ 18
1.8 操作实践 ········ 19
1.9 习题 ········ 21
1.9.1 填空题 ········ 21
1.9.2 选择题 ········ 21
1.9.3 上机操作 ········ 21

第 2 章 图形显示及图形选择 ········ 22
2.1 显示视图 ········ 22
2.1.1 缩放视图 ········ 22
2.1.2 平移视图 ········ 26
2.1.3 其他相关知识 ········ 26
2.2 目标对象的选择 ········ 27
2.2.1 设置对象选择模式 ········ 27
2.2.2 点选方式 ········ 28
2.2.3 窗口选择方式 ········ 28
2.2.4 交叉窗口选择方式 ········ 29
2.2.5 其他选择方式 ········ 29
2.2.6 快速选择 ········ 30
2.2.7 对象编组 ········ 31
2.3 操作实践 ········ 31
2.4 习题 ········ 32
2.4.1 填空题 ········ 32
2.4.2 选择题 ········ 32
2.4.3 上机操作 ········ 33

第 3 章 二维绘图基础 ········ 34
3.1 使用平面坐标系 ········ 34
3.1.1 笛卡儿坐标系和极坐标系 ········ 34
3.1.2 相对坐标和绝对坐标 ········ 35

3.2 设置图形界限……36
3.3 辅助绘图工具的使用……37
3.3.1 捕捉(F9)和栅格(F7)……37
3.3.2 极轴追踪(F10)……37
3.3.3 对象捕捉及对象捕捉追踪……38
3.3.4 设置正交(F8)……39
3.4 绘制简单直线类图形……40
3.4.1 绘制线段和构造线……40
3.4.2 绘制多线……42
3.4.3 绘制多段线……45
3.4.4 绘制矩形……46
3.4.5 绘制正多边形……48
3.5 绘制曲线……49
3.5.1 绘制圆……49
3.5.2 绘制圆环……50
3.5.3 绘制圆弧……51
3.5.4 绘制椭圆与椭圆弧……52
3.5.5 绘制样条曲线……53
3.5.6 徒手画线……54
3.6 创建点……54
3.6.1 点的样式设置……55
3.6.2 绘制点……55
3.6.3 创建定数等分点……55
3.6.4 创建定距等分点……56
3.7 查询工具……57
3.7.1 距离查询……57
3.7.2 面积查询……58
3.7.3 点坐标查询……59
3.7.4 列表查询……59
3.8 操作实践……60
3.9 习题……62
3.9.1 填空题……62
3.9.2 选择题……62
3.9.3 上机操作……63

第4章 二维建筑图形编辑……64
4.1 基本编辑命令……64
4.1.1 移动……64
4.1.2 复制……65
4.1.3 旋转……66
4.1.4 镜像……67
4.1.5 阵列……68
4.1.6 偏移……70
4.1.7 修剪……72
4.1.8 延伸……73
4.1.9 缩放……74
4.1.10 拉伸……74
4.1.11 删除与恢复……75
4.2 其他编辑命令……76
4.2.1 打断……76
4.2.2 合并……76
4.2.3 倒角与圆角……77
4.2.4 分解……80
4.3 编辑多线……81
4.4 编辑多段线……84
4.5 编辑样条曲线……85
4.6 夹点编辑模式……86
4.7 操作实践……87
4.8 习题……91
4.8.1 填空题……91
4.8.2 选择题……91
4.8.3 上机操作……92

第5章 建筑图案填充……93
5.1 图案填充……93
5.2 渐变色填充……98
5.3 “图案填充创建”选项卡的使用……99
5.4 填充图案的编辑……99
5.5 建筑制图规范关于填充的要求……100
5.6 操作实践……101
5.7 习题……103
5.7.1 填空题……103
5.7.2 选择题……103
5.7.3 上机操作……103

第6章 建筑线型、线宽、颜色及图层设置……104
6.1 线型的设置和修改……104

6.1.1 加载线型……104
6.1.2 设置当前线型……105
6.1.3 更改对象线型……105
6.1.4 控制线型比例……106
6.2 线宽的设置和修改……107
6.3 颜色的设置和修改……108
6.4 图层的设置和管理……109
6.4.1 设置图层特性……110
6.4.2 图层的管理……111
6.4.3 图层的过滤与排序……112
6.5 对象特性……113
6.6 规范对线型、线宽的要求……114
6.7 CAD制图统一规则关于图层的管理……115
6.8 操作实践……117
6.9 习题……119
6.9.1 填空题……119
6.9.2 选择题……119
6.9.3 上机操作……119

第7章 建筑制图中的文字与表格……120

7.1 文字样式……120
7.1.1 新建文字样式……121
7.1.2 应用文字样式……122
7.2 输入单行文字……123
7.3 输入多行文字……125
7.4 编辑文字……129
7.4.1 编辑文字内容……129
7.4.2 文字高度与对正……130
7.4.3 文字的查找和替换……130
7.5 创建表格……131
7.5.1 创建表格样式……131
7.5.2 表格创建方式……133
7.6 编辑表格……134
7.6.1 “表格”工具栏……134
7.6.2 夹点编辑方式……136
7.6.3 选项板编辑方式……137
7.6.4 “表格单元”选项卡编辑方式……137
7.7 建筑制图规范对文字的要求……137
7.8 操作实践……138
7.9 习题……141
7.9.1 填空题……141
7.9.2 选择题……142
7.9.3 上机操作……142

第8章 建筑制图中的尺寸标注……143

8.1 尺寸标注概述……143
8.2 建筑制图规范要求……144
8.2.1 尺寸界线、尺寸线及尺寸起止符号……144
8.2.2 尺寸数字……144
8.2.3 尺寸的排列与布置……145
8.2.4 半径、直径、球的尺寸标注……145
8.2.5 角度、弧长、弦长的标注……146
8.2.6 薄板厚度、正方形、坡度、非圆曲线等尺寸的标注……146
8.2.7 尺寸的简化标注……147
8.2.8 标高……148
8.3 创建尺寸标注样式……149
8.3.1 创建新尺寸标注样式……150
8.3.2 修改和替代标注样式……154
8.3.3 比较标注样式……154
8.4 长度型尺寸标注……156
8.5 径向尺寸标注……158
8.6 角度和弧长尺寸标注……159
8.7 引线标注……159
8.7.1 快速引线……160
8.7.2 多重引线……160
8.8 编辑尺寸标注……163
8.8.1 命令编辑方式……163
8.8.2 夹点编辑方式……164
8.9 操作实践……164
8.10 习题……167
8.10.1 填空题……167
8.10.2 选择题……167
8.10.3 上机操作……167

第 9 章　提升建筑制图效率——块操作……169
9.1　创建图块……169
9.1.1　创建内部图块……169
9.1.2　创建外部图块……171
9.2　插入图块……172
9.3　创建带属性的图块……174
9.3.1　定义带属性的图块……174
9.3.2　编辑图块属性……177
9.4　动态块……178
9.5　操作实践……181
9.6　习题……183
9.6.1　填空题……183
9.6.2　选择题……183
9.6.3　上机操作……183

第 10 章　绘制建筑平、立、剖面图和详图图纸……184
10.1　图幅、图框与绘图比例……184
10.1.1　图幅与图框……184
10.1.2　标题栏、会签栏及装订边……185
10.1.3　绘图比例……186
10.2　常用建筑制图符号……188
10.2.1　定位轴线编号和标高……188
10.2.2　索引符号、零件编号与详图符号……190
10.2.3　指北针……191
10.2.4　连接符号……191
10.2.5　对称符号……191
10.2.6　图名……191
10.2.7　剖面和断面的剖切符号……192
10.2.8　建筑施工图中的文字级配……192
10.3　建筑平、立、剖面图的线型……192
10.4　建筑平面图的绘制方法……194
10.4.1　建筑平面图的内容及相关规定……194
10.4.2　建筑平面图的绘制……196
10.5　建筑立面图的绘制方法……200
10.5.1　建筑立面图的内容及相关规定……201
10.5.2　建筑立面图的绘制……201
10.6　建筑剖面图的绘制方法……203
10.6.1　建筑剖面图的内容及相关规定……203
10.6.2　建筑剖面图的绘制……204
10.7　建筑详图的绘制方法……206
10.7.1　建筑详图的内容及相关规定……206
10.7.2　建筑详图的绘制……207
10.8　操作实践……207
10.9　习题……211
10.9.1　填空题……211
10.9.2　选择题……211
10.9.3　上机操作……211

第 11 章　绘制建筑总平面图……215
11.1　建筑总平面图的内容及相关规定……215
11.1.1　建筑总平面图所要表达的内容……215
11.1.2　制图标准的相关要求……216
11.2　建筑总平面图的绘制方法及步骤……219
11.3　操作实践……220
11.4　习题……224
11.4.1　填空题……224
11.4.2　选择题……225
11.4.3　上机操作……225

第 12 章　三维建筑绘图基础……226
12.1　三维实体的观察、视图视口和用户坐标系……226
12.1.1　三维动态观察器及观察辅助工具……226
12.1.2　三维绘图视图和视口操作……229
12.1.3　用户坐标系……231
12.2　绘制三维网格面及表面……233
12.2.1　创建图元表面……233
12.2.2　绘制三维面……234
12.2.3　绘制三维网格曲面……234
12.2.4　绘制直纹曲面……235
12.2.5　绘制边界曲面……235

12.2.6 绘制拉伸平移曲面……236
12.2.7 绘制旋转曲面……236
12.3 绘制三维实体……237
12.3.1 绘制基本体……237
12.3.2 绘制拉伸实体……239
12.3.3 绘制旋转实体……240
12.3.4 扫掠……241
12.3.5 放样……242
12.3.6 按住并拖动……242
12.3.7 剖切……243
12.3.8 切割……243
12.4 三维图形的编辑……244
12.4.1 拉伸面……244
12.4.2 移动面……245
12.4.3 偏移面……246
12.4.4 删除面……246
12.4.5 旋转面……247
12.4.6 倾斜面……247
12.4.7 复制面……248
12.4.8 复制边……248
12.4.9 压印……249
12.4.10 清除……249
12.4.11 分割……249
12.4.12 抽壳……249
12.4.13 检查……250
12.4.14 布尔运算……250
12.4.15 其他命令……251
12.5 “三维基础”和“三维建模”工作空间……254
12.6 操作实践……255
12.7 习题……258
12.7.1 填空题……258
12.7.2 选择题……258
12.7.3 上机操作……258

第 13 章 建筑效果图的绘制……260
13.1 通过总平面图绘制总体建筑模型……260
13.2 通过平、立、剖面图绘制单体建筑模型……263
13.3 运用实体创建模型……268
13.4 渲染……272
13.4.1 设置材质……272
13.4.2 设置光源……274
13.4.3 渲染操作……275
13.5 操作实践……276
13.6 习题……277
13.6.1 填空题……277
13.6.2 选择题……278
13.6.3 上机操作……278

第 14 章 建筑图纸输出……279
14.1 模型空间与图纸空间……279
14.2 从模型空间输出图形……280
14.2.1 打印参数的设置……280
14.2.2 创建打印样式……283
14.3 从图纸空间输出图形……286
14.3.1 创建打印布局……286
14.3.2 在布局中标注尺寸和文字……287
14.3.3 建筑样板图的创建……288
14.4 操作实践……288
14.5 习题……291
14.5.1 填空题……291
14.5.2 选择题……291
14.5.3 上机操作……292

第 15 章 建筑图纸的管理与发布……293
15.1 图纸管理……293
15.1.1 创建图纸集……294
15.1.2 查看和修改图纸集……297
15.1.3 在图纸上插入视图……298
15.1.4 创建图纸一览表……299
15.1.5 归档图纸集……299
15.2 发布与传递图纸……300
15.2.1 创建DWF文件……300
15.2.2 电子传递图形文件……301
15.3 操作实践……302

15.4 习题······304
15.4.1 填空题······304
15.4.2 选择题······305
15.4.3 上机操作······305
附录 A 快捷命令······306
附录 B 快捷键······309
附录 C 功能键······310

ꕤ 第1章 ꕤ

AutoCAD 2020使用概述

计算机辅助设计(computer aided design，CAD)是指工程技术人员以计算机为辅助工具，结合自己的专业知识，对产品进行总体设计、绘图、分析等活动的总称。CAD 技术是从 20 世纪 50 年代开始，随着计算机技术及其外围设备的发展而形成的一门新技术。如今，CAD 技术已经被广泛应用于工程领域。

AutoCAD 2020 是一款强大的计算机辅助设计软件。本章主要介绍它的操作界面组成、输入命令的基本方式、图形文件管理的基本方法和联机帮助文件的使用方法等内容。

知识要点

- AutoCAD 2020 的启动。
- AutoCAD 2020 界面组成。
- AutoCAD 2020 命令输入方式。
- 图形文件管理。
- 绘图环境设置。

1.1 AutoCAD 2020 功能介绍及绘图原理

AutoCAD 是 Autodesk 公司开发的计算机辅助设计软件。作为系列产品之一，其具有强大的二维、三维绘图功能，灵活方便的编辑修改功能，规范的文件管理功能，以及人性化的界面设计。设计人员可以利用它轻松、快捷地进行绘图设计，进而从复杂、繁重的绘图工作中解放出来，这也是人们使用 AutoCAD 产品最根本的目的。

目前，AutoCAD 凭借其优越的性能、灵活的使用方法，已经被广大设计人员接受并广泛应用于以下领域。

- 土木建筑类，用于进行建筑规划、方案设计、施工管理等各类工程图纸的设计。
- 机械类，用于进行机械产品的设计。
- 电子类，用于进行集成电路、印制电路板的设计等。
- 其他类，如服装设计、商标设计、军事、运输等。

AutoCAD 的绘图原理同其他 CAD 软件类似，进行工作时由硬件和软件构成整个工作系统，其硬件部分包括主机、图形输入设备、图形显示器及自动绘图仪。AutoCAD 的任务实际上是进行大量的信息加工、管理和交换，也就是在设计人员初步构思、判断、决策的基础上，由计算机对数据库中的大量设计资料进行检索，根据设计要求进行分析计算，将初步的设计结果显示在图形显示器上，以人机交互的方式加以反复修改，并经设计人员确认之后，在绘图仪或打印机上输出最后的设计结果。

AutoCAD 2020 与之前的版本相比进行了如下更新。

(1) 新的深色主题。

使用图标颜色优化了背景颜色以提供最佳对比度，从而不会分散用户对绘图区域的注意力。当功能区上的“上下文”选项卡处于活动状态时(如编辑文字或创建图案填充时)，它们的亮显更为明显。

(2) “块”选项板。

AutoCAD 2020 版提供了多种插入块的方法：“插入”“工具选项板”和“设计中心”。

重新设计的“插入”对话框在插入块的工作流中为块提供了更好的视觉预览。选项板提高了查找和插入多个块的效率，利用“重复放置”选项，可省去一个操作步骤。

新的“块”选项板中的主要功能有助于用户从最近使用的列表或指定图形中有效地指定和插入块，可以通过三个选项卡访问以下内容。

“当前图形”选项卡将当前图形中的所有块定义显示为图标或列表。

“最近使用”选项卡显示所有最近插入的块，而不管当前图形是什么。这些图标或列表在图形和会话之间保持不变。可以从此选项卡中删除块：在块上右击，并从“最近使用”列表中选择“删除”。

“其他图形”选项卡提供了一种导航到文件夹(可以从其中选择图形以作为块插入或从这些图形中定义的块中进行选择)的方法。这些图形和块也将在图形和会话之间保持不变。

选项板的顶部包含多个控件，包括用于将通配符过滤器应用于块名称的字段，以及多个用于设置缩略图大小和列表样式的选项。

(3) 新增和已更改的命令。

BLOCKSPALETTE：打开“块”选项板。

BLOCKSPALETTECLOSE：关闭“块”选项板。

CLASSICINSERT：打开经典“插入”对话框。

INSERT：启动 BLOCKSPALETTE 命令(在脚本中例外)，这会打开旧 INSERT 命令来保持脚本兼容性。

-INSERT：启动经典 INSERT 命令的命令行版本。

(4) 新系统变量。

BLOCKMRULIST：控制“块”选项板的“最近使用”选项卡中显示的块的数量。

BLOCKNAVIGATE：控制“块”选项板的“其他图形”选项卡中显示的文件和块。下次启动程序时生效。

BLOCKREDEFINEMODE：控制从“块”选项板插入块(其名称与当前图形内的块的名称相同)时是否显示“块-重新定义块”对话框。

BLOCKSTATE(只读)：报告“块”选项板处于打开状态，还是处于关闭状态。

(5) 清理重新设计。

“清理”功能经过修改，更易于清理和组织图形。控制选项基本相同，但定向更高效，并且“预览”区域现在可以调整大小。

(6) 测量几何图形选项：快速测量。

使用 MEASUREGEOM 命令的新“快速”选项，测量速度变得更快，还可以快速查看二维图形中的尺寸、距离和角度。

如果此选项处于活动状态，则在对象之上和之间移动鼠标时，该命令将动态显示二维图形中的标注、距离和角度。显示在图示左侧的橙色方块精确地表示角度为 90°。

(7) 支持云服务。

AutoCAD 2020 支持在使用“保存”“另存为”和“打开”命令时，连接和存储到多个云服务提供商。

根据已安装的程序，AutoCAD 文件选择对话框中的“放置”列表可以包括 Box、Dropbox 和多个类似服务。

1.2　AutoCAD 2020 的启动

安装好 AutoCAD 2020 后，在“开始”菜单中选择“所有程序”| Autodesk | AutoCAD 2020-Simplified Chinese | AutoCAD 2020 命令，或者单击桌面上的快捷图标，均可启动 AutoCAD 软件。

AutoCAD 2020 界面中的大部分元素的用法和功能与 Windows 软件一样，初始界面如图 1-1 所示。

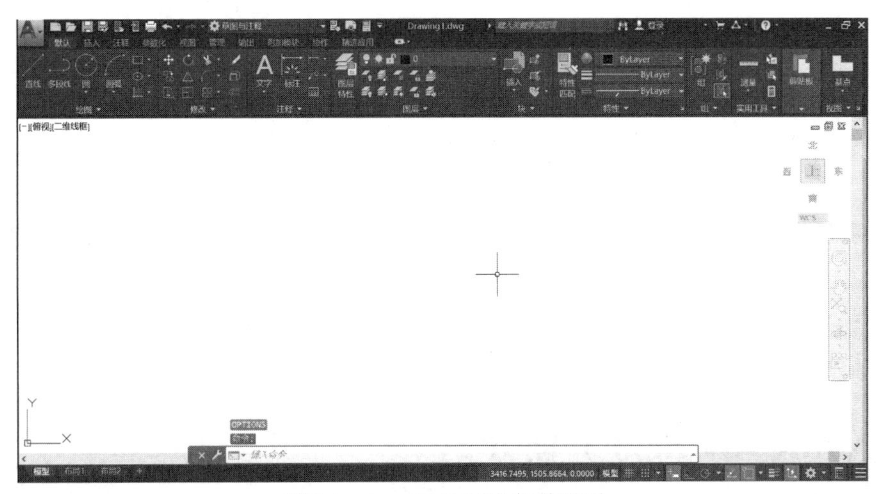

图 1-1　AutoCAD 2020 初始界面

系统为用户提供了“草图与注释”“三维基础”和“三维建模” 3 种工作空间。用户可以单击界面右下角的按钮，在弹出的如图 1-2 所示的菜单中切换工作空间。

从 AutoCAD 2015 版本开始，系统不再提供“AutoCAD 经典”工作空间，用户如果想使用以前版本的工作空间，可以在安装时，让系统继承以前版本的工作空间设置，或者自己设置一个“AutoCAD 经典”工作空间并保存调用。笔者上一版本安装的是 2016 版本，因此系统继承了 AutoCAD 2016 版本的各种工作空间设置。

图 1-2　切换工作空间

图 1-3 为继承的“AutoCAD 经典”工作空间的界面，如果用户想进行三维图形的绘制，可以切换到“三维基础”或“三维建模”工作空间，这时界面上会提供大量的与三维建模相关的界面项，与三维无关的界面项将被省去，方便了用户的操作。

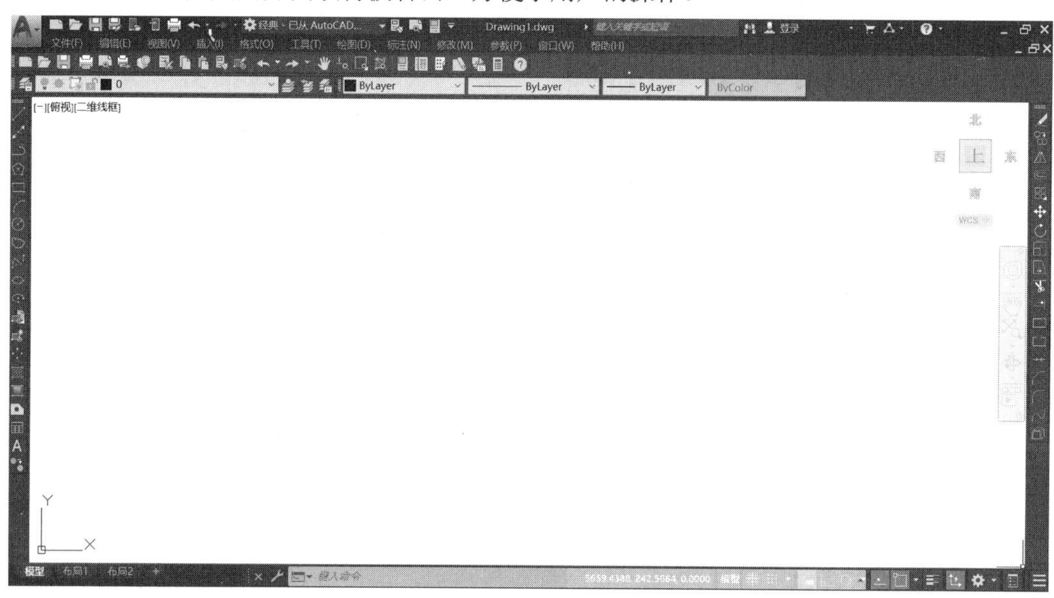

图 1-3　继承的“AutoCAD 经典”工作空间界面

如果用户习惯使用“AutoCAD 经典”工作空间的菜单栏和工具栏，则可以通过 1.3.2 和 1.3.3 节介绍的方法打开菜单栏和工具栏。

1.3　AutoCAD 2020 界面介绍

AutoCAD 2020 的操作界面包括标题栏、菜单栏、工具栏、绘图区、十字光标、状态栏、命令行提示区及功能区等。

1.3.1　标题栏

在标题栏中可以看到当前图形文件的标题，还可以看到最小化、最大化(还原)和关闭按钮，“菜单浏览器”按钮，快速访问工具栏，搜索栏，登录到 Autodesk 360 按钮及帮助按钮。

快速访问工具栏中放置了常用命令的按钮，默认状态下，系统提供了“新建”按钮、“打开”按钮、“保存”按钮、“另存为”按钮、“打印”按钮、“打印预览”按钮、“发布”按钮、“剪切”按钮、“复制”按钮、“粘贴”按钮、“特性匹配”按钮、“块编辑器”按钮、“放弃”按钮、“重做”按钮和“工作空间”列表等。

在搜索栏中输入想要查找的主题关键字，再按 Enter 键，则会弹出“Autodesk AutoCAD 2020-帮助”对话框，显示与关键字相关的帮助主题，用户可选中所需要的主题进行阅读。

1.3.2　菜单栏

菜单栏位于界面上部标题栏下，除了扩展功能，共有 12 个菜单命令，如图 1-4 所示。选择其中任意一个菜单命令，系统都会弹出一个下拉菜单，这些菜单几乎包括了 AutoCAD 的所有命令，用户可从中选择相应的命令进行操作。

文件(F)　编辑(E)　视图(V)　插入(I)　格式(O)　工具(T)　绘图(D)　标注(N)　修改(M)　参数(P)　窗口(W)　帮助(H)

图 1-4　菜单栏

如图 1-5 所示，如果菜单命令后面有“…”，则表示选择该菜单命令后会弹出对话框，供用户进一步选择或进行参数设置；如果菜单命令后面有一个小三角，则表明该菜单项还有若干子菜单，将光标移到该菜单命令上，会弹出子菜单，再单击子菜单，便可执行子菜单中的命令。如果菜单命令后面没有这两种标记，则表示单击该菜单命令后，就会执行该菜单命令。另外，如果某些菜单命令后面有快捷键，则表示可以使用快捷键来执行该命令，在图 1-5 中，“超链接”命令可以通过按 Ctrl+K 快捷键来实现。

在 2020 版本中，默认的工作空间中如果没有显示菜单栏，则可以单击“快速访问工具栏”上的下拉按钮，在弹出的下拉菜单中，选择“显示菜单栏”命令，即可显示菜单栏，如图 1-6 所示。

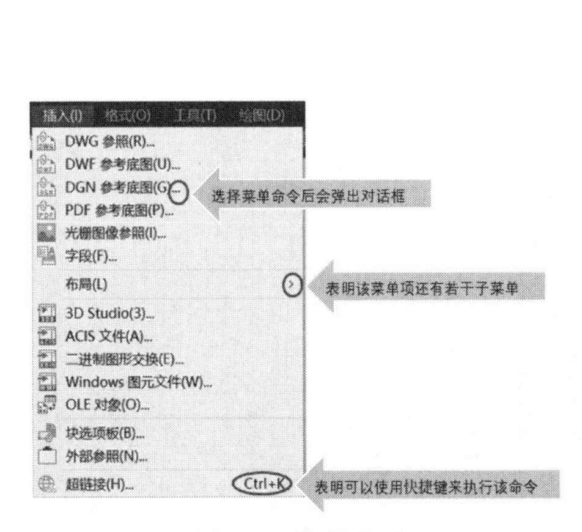

图 1-5　菜单类型

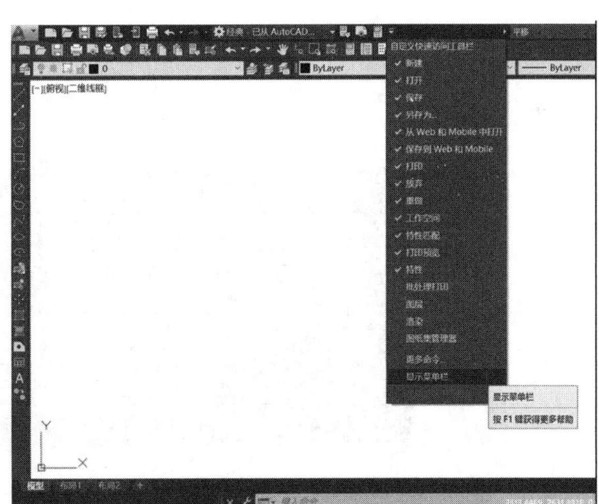

图 1-6　显示菜单栏

1.3.3　工具栏

工具栏是各类操作命令形象直观的显示形式，工具栏是由一些图标组成的工具按钮的长条，单击工具栏上的相应按钮即可启动命令。工具栏上的命令在菜单栏中都能找到，工具栏上只显示了一些常用的命令，如图 1-7 所示。

图 1-7　工具栏

用户如果想打开其他工具栏，可以选择“工具”|“工具栏”|AutoCAD 命令，在弹出的 AutoCAD 工具栏的子菜单中选择相应的命令即可使其显示在界面上。另外，用户也可以在任意工具栏上右击，在弹出的快捷菜单中选择相应的命令调出该工具栏。

工具栏可以自由移动，移动工具栏的方法是，按住工具栏上非按钮部位的某一点进行拖动，一般将常用工具栏置于绘图窗口的顶部或四周。

1.3.4　绘图区

绘图区是屏幕上的一大片空白区域，是用户进行绘图的区域。用户所进行的操作过程以及绘制完成的图形都会直观地反映在绘图区中。

AutoCAD 2020 起始界面的绘图区为白色，可根据个人习惯进行更改。单击“菜单浏览器”按钮，在弹出的菜单中单击“选项”按钮，或选择“工具”|“选项”命令，或在命令行直接输入“OP”命令，打开“选项”对话框中的“显示”选项卡，单击“颜色”按钮，系统弹出“图形窗口颜色”对话框。在“颜色”下拉列表框中选择“黑”选项，如图 1-8 所示。

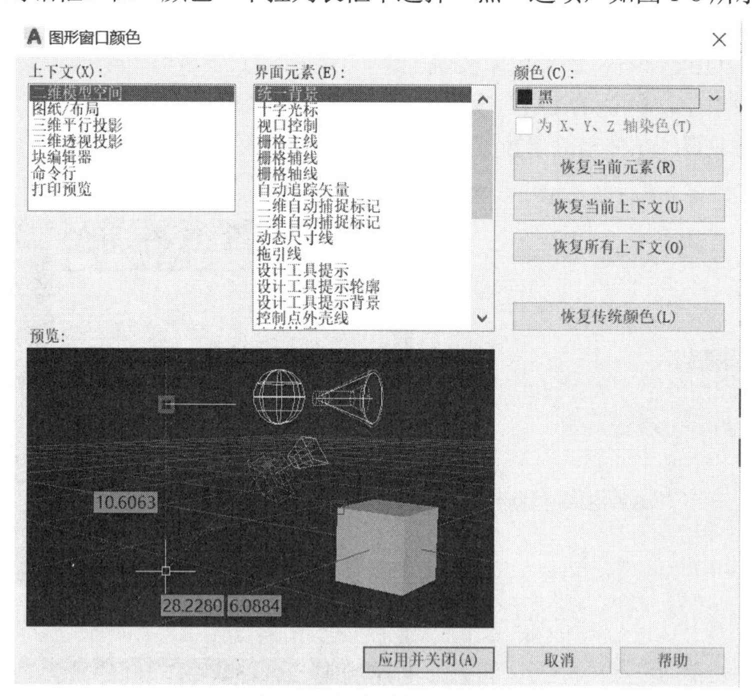

图 1-8　设置绘图区颜色

单击“应用并关闭”按钮，返回“选项”对话框，单击“确定”按钮，完成绘图区颜色的设置。

每个 AutoCAD 文件有且只有一个绘图区，单击菜单栏右边的“还原”按钮，即可清楚地看到绘图区缩小为一个文件窗口，因此 AutoCAD 可以同时打开多个文件。

1.3.5　十字光标

十字光标用于定位点、选择和绘制对象，由定点设备(如鼠标和光笔等)控制。当移动定点设备时，十字光标的位置便会随之移动，就像手工绘图中的笔一样方便。十字光标的方向分别与当前用户坐标系的 X 轴、Y 轴方向平行，十字光标的大小默认为屏幕大小的 5%，如图 1-9 所示。

图 1-9　十字光标

1.3.6　状态栏

状态栏位于 AutoCAD 2020 工作界面的底部，如图 1-10 所示。状态栏左侧显示十字光标当前的坐标位置，中间显示辅助绘图的功能按钮，右侧显示常用的一些工具按钮。辅助绘图的功能按钮都是复选按钮，即单击某个按钮它会下凹，表示开启该按钮的功能，再次单击该按钮则会凸起，表示关闭该按钮的功能。合理运用这些辅助按钮可以提高绘图效率。

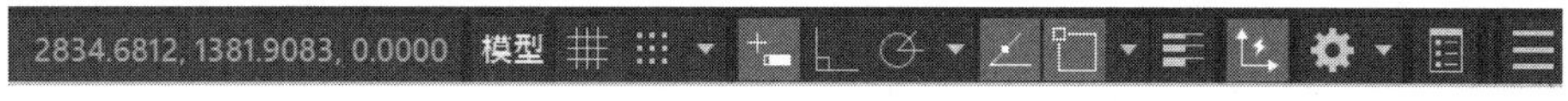

图 1-10　状态栏

状态栏最左边显示的是十字光标当前位置的坐标值，三个数值分别为 X、Y、Z 轴数据。Z 轴数据为 0，说明当前绘图区为二维平面。

1.3.7　命令行提示区

命令行提示区是用于接收用户命令并显示各种提示信息的地方，默认情况下，命令行提示区域位于窗口的下方，由输入行和提示行组成，如图 1-11 所示。用户通过输入行输入命令，命令不区分大小写；提示区提示用户输入的命令及相关信息，用户通过菜单栏或工具栏执行命令的过程也将在命令行提示区显示。

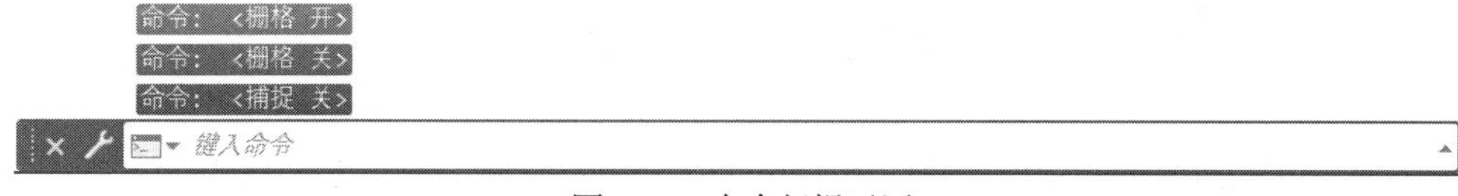

图 1-11　命令行提示区

1.3.8　功能区

功能区可以通过选择“工具”|“选项板”|“功能区”命令打开。功能区由选项卡组成，不同的选项卡下又集成了多个面板，不同的面板上放置了大量的某一类型的工具按钮，如图 1-12 所示。

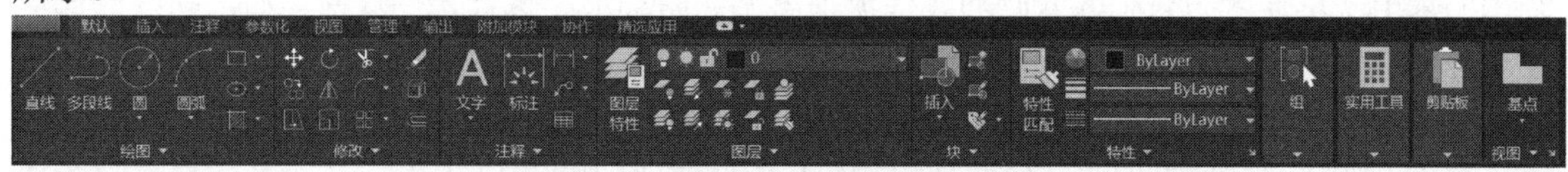

图 1-12　功能区

1.4 图形文件的基本操作

AutoCAD 与其他软件一样，可以进行创建新文件、打开文件、保存文件、输出文件和关闭文件等基本操作。

1.4.1 创建新文件

启动 AutoCAD 后，系统默认创建一个新的 AutoCAD 文件 Drawing1.dwg。在软件已经启动的情况下，在“开始”选项卡中，单击“启动新图形”，或选择“文件”|“新建”命令，或单击“标准”工具栏上的“新建”按钮，或在命令行中输入 new 命令，都可以新建图形文件。

执行“新建”命令后弹出的对话框类型，由 STARTUP 系统变量决定，当变量值为 0 时，弹出如图 1-13 所示的“选择样板”对话框。

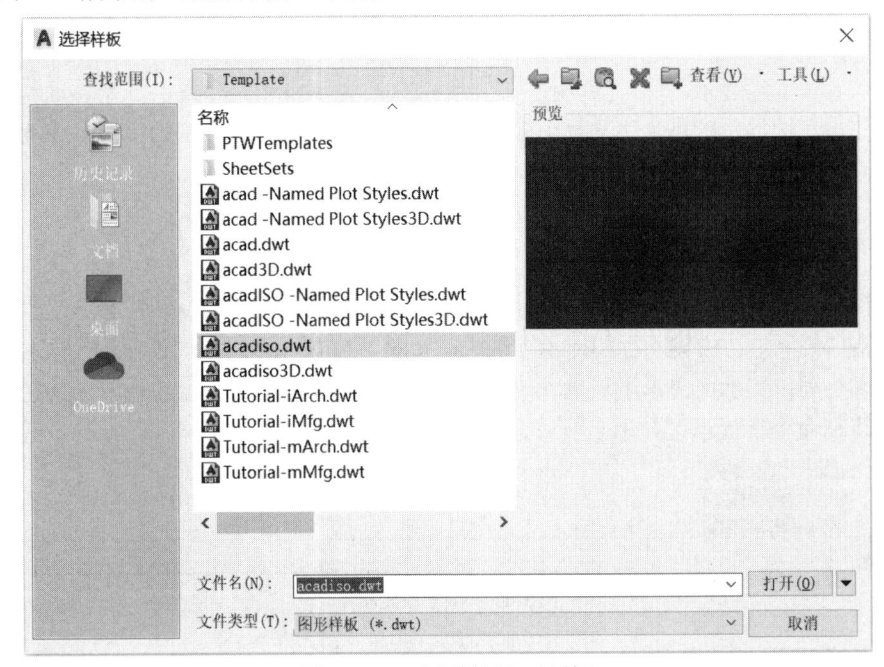

图 1-13 “选择样板”对话框

打开对话框之后，系统自动定位到样板文件所在的文件夹，无须进行更多设置，在样板列表中选择合适的样板，单击“打开”按钮即可。单击“打开”按钮右侧的下三角按钮，可以在弹出的菜单中选择采用英制或公制的无样板菜单创建新图形。执行无样板操作后，新建的图形不以任何样板为基础。

当变量值为 1 时，新建文件后系统将弹出 “创建新图形”对话框。

单击“从草图开始”按钮，如图 1-14 所示。用户可以选择基于公制、英制的测量系统创建新图形，选定的设置决定系统变量要使用的默认值，这些系统变量可控制文字、标注、栅格、捕捉，以及默认的线型和填充图案文件。

单击“使用样板”按钮，如图 1-15 所示。用户可以从“选择样板”列表框中选择合适的样板创建图形，也可以使用自己创建的样板图形。

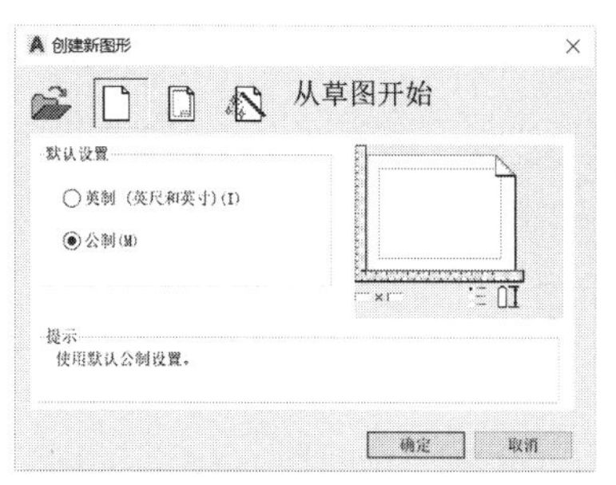

图 1-14　“从草图开始”创建图形

图 1-15　“使用样板”创建图形

单击“使用向导”按钮，如图 1-16 所示。用户可以通过“快速设置”和“高级设置”两种向导形式进行图形创建。“快速设置”可以设置测量单位、显示单位的精度和栅格界限；“高级设置”可以设置测量单位、显示单位的精度和栅格界限，还可以进行角度设置(如测量样式的单位、精度、方向和方位)，其设置步骤如下。

(1) 在图 1-16 所示的对话框中，选择“高级设置”选项，单击“确定”按钮，系统弹出“高级设置”对话框，如图 1-17 所示。该对话框用于设置新创建的图形文件的默认测量单位。系统提供了“小数”“工程”“建筑”“分数”和“科学”5 个单位选项，在“精度”下拉列表框中可以选择测量单位的精度格式。在建筑制图中一般选择“小数”，并设置精度为“0.0000”，这时使用的最小尺寸为毫米。

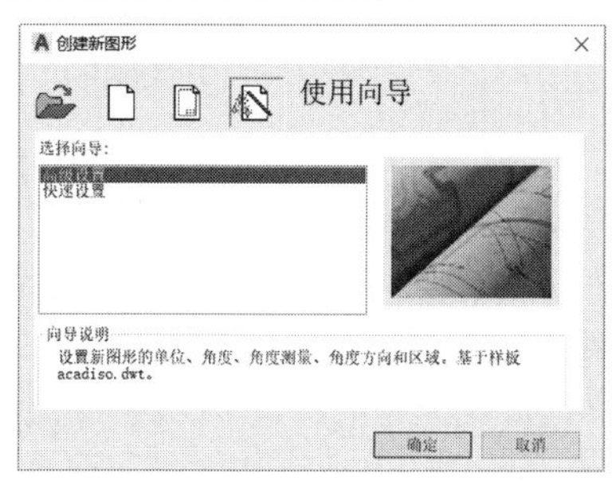

图 1-16　“使用向导”创建图形

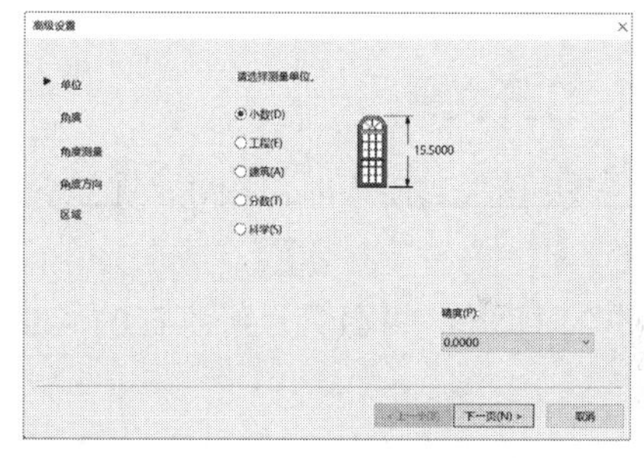

图 1-17　设置单位

(2) 单击“下一步”按钮，弹出如图 1-18 所示的对话框，该对话框用于对角度的测量单位及其精度进行设置。系统提供了“十进制度数”“度/分/秒”“百分度”“弧度”和“勘测”5 种角度测量单位，在“精度”下拉列表框中可以设置角度测量单位的精度格式。在建筑制图中一般选择“度/分/秒”，并设置精度为“0d00'00"”。

(3) 单击“下一步”按钮，弹出如图 1-19 所示的对话框，该对话框用于对角度测量的起始方向进行设置。系统提供了“东”“北”“西”“南”和“其他”5 个方向，系统默认为“东”。

(4) 单击“下一步”按钮，弹出如图 1-20 所示的对话框，该对话框用于设置角度测量的方向。系统提供了“逆时针”和“顺时针”两个选项，用户可以选择一个作为角度测量的正方向。在建筑制图中一般采用系统默认的“逆时针”方向。

(5) 单击“下一步”按钮，弹出如图 1-21 所示的对话框，该对话框用于设置绘图区域。用户可以在“宽度”和“长度”文本框中分别输入数值，然后单击“完成”按钮，完成设置。注意，在建筑制图中，当以毫米为单位时，绘图区域的大小也应以毫米为单位。

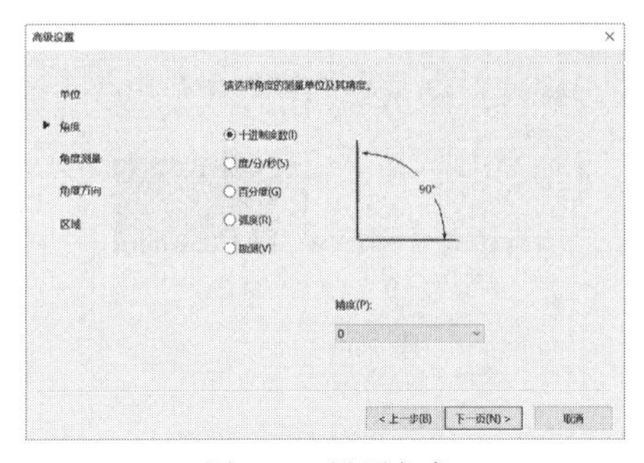

图 1-18　设置角度

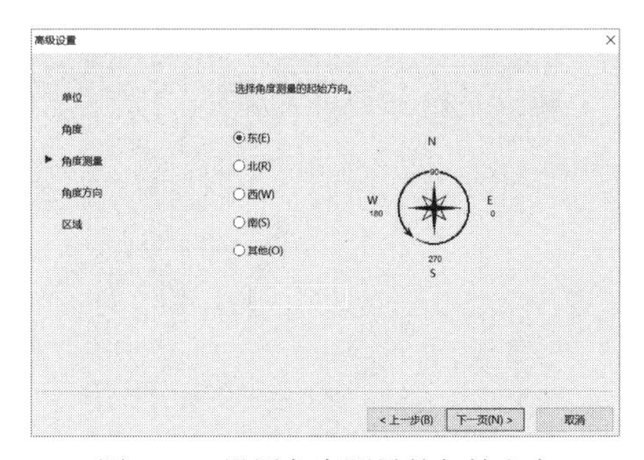

图 1-19　设置角度测量的起始方向

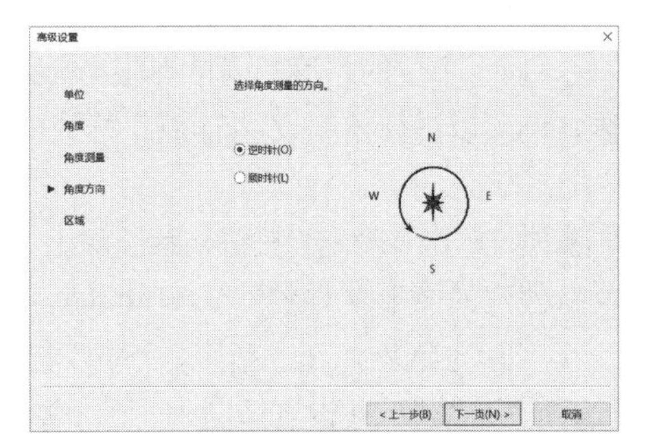

图 1-20　设置角度测量的方向

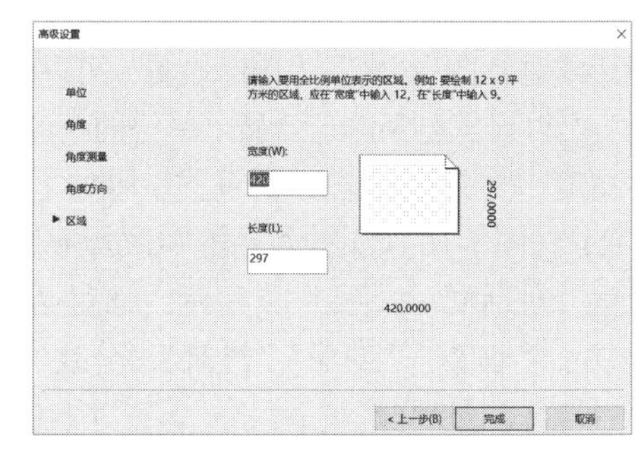

图 1-21　设置绘图区域

1.4.2　打开文件

在“开始”选项卡中，单击“打开文件”，或选择“文件”|“打开”命令，或单击“标准”工具栏上的“打开”按钮，或在命令行中输入 open 命令，都可以打开如图 1-22 所示的“选择文件”对话框，并打开已经存在的 AutoCAD 图形文件。

图 1-22　“选择文件”对话框

在对话框的“查找范围”下拉列表框中选择文件所在位置，在“名称”列表框中选择文件名称，单击“打开”按钮即可打开该文件。单击“打开”按钮右侧的下三角按钮，用户可以在弹出的菜单中，以“打开”“以只读方式打开”“局部打开”和“以只读方式局部打开”这四种方式打开图形文件。当选择“局部打开”方式时，能够打开图纸的某几个图层而不需要打开整张图纸。另外，可以直接在“文件名”文本框中输入文件名打开已有文件。在对话框的右边有图形文件的“预览”框，可在此处看到所选图形文件的预览图，这样就可以更方便地找到所需的图形文件。如果勾选“选择初始视图”复选框，目标图形文件将以定义过的一个视窗方式打开。

1.4.3　保存文件

在绘图过程中，断电或其他的意外情况常会使用户的心血付诸东流，因此养成及时保存文件的习惯对用户来说非常重要。选择“文件”|“保存”命令，或单击“标准”工具栏上的“保存”按钮，或在命令行中输入 save 命令，或直接按 Ctrl+S 快捷键，都可对图形文件进行保存。若当前的图形文件已经被命名，则按此名称保存文件；如果当前的图形文件尚未命名，那么在保存文件时，会弹出如图 1-23 所示的“图形另存为”对话框，以保存已经创建的尚未命名的图形文件；若当前图形文件已经被命名但想更改文件名，则可以选择“文件”|“另存为”命令，这时同样会弹出“图形另存为”对话框。

图 1-23　“图形另存为”对话框

在“图形另存为”对话框中，“保存于”下拉列表框用于设置图形文件的保存路径；“文件名”文本框用于输入图形文件的名称；“文件类型”下拉列表框中用于选择文件保存的格式。

- dwg：AutoCAD 默认的图形文件格式。默认保存为用户 CAD 能支持的最高版本的文件格式，当需要给他人传图时可以将文件格式设置成所需的低版本。
- dxf：文本或二进制文件格式，其中包含可由其他 CAD 程序读取的图形信息。如果其他用户正在使用能够识别 DXF 文件的 CAD 程序，那么以 DXF 文件保存图形就可以共享该图形。

- dws：二维矢量图形格式。用户可以使用这种格式在互联网上发布 AutoCAD 图形。
- dwt：AutoCAD 的样板文件。样板图形可存储图形的所有设置，包含预定义的图层、标注样式和视图。

提示：

在保存为 dwg 图形文件之后，用户可以发现在文件夹中还有一个扩展名为 bak 的文件，该文件为存盘前图形文件的备份，以便于错误修改后进行还原。还原方法是将其复制到其他目录下，把扩展名 bak 更改为 dwg，或直接在该目录下同时更改其文件名和扩展名即可。

另外，系统提供的自动保存功能可使 AutoCAD 自动保存文件。选择“工具”|“选项”命令，系统弹出“选项”对话框，在“打开和保存”选项卡的“文件安全措施”选项组的“保存间隔分钟数”文本框中输入适当的数值，如 10 或 30，并勾选“自动保存”复选框，单击“确定”按钮，系统每隔 10 或 30 分钟就会自动保存图形，如图 1-24 所示。系统默认保存文件的扩展名为 ac$，保存位置为 C:\Documents and Settings\Admin\Local，用户可根据自己的习惯更改存储位置。

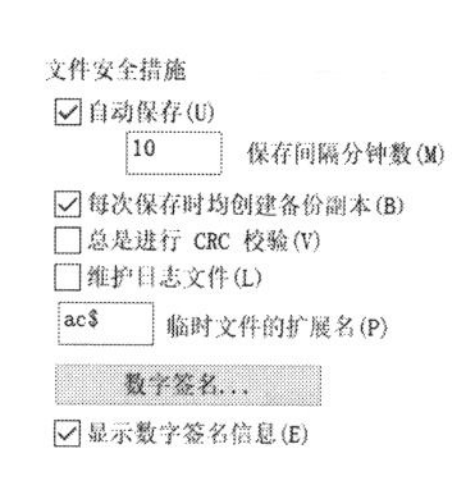

图 1-24　自动保存设置

1.4.4　输出文件

在 AutoCAD 2020 中，还可以将图形输出成其他格式的文件。选择“文件”|“输出”命令，则会弹出“输出数据”对话框，如图 1-25 所示。可以输出的文件格式有 wmf、sat、stl、eps、dxx、bmp、fbx、dwg、dgn、iges 等。

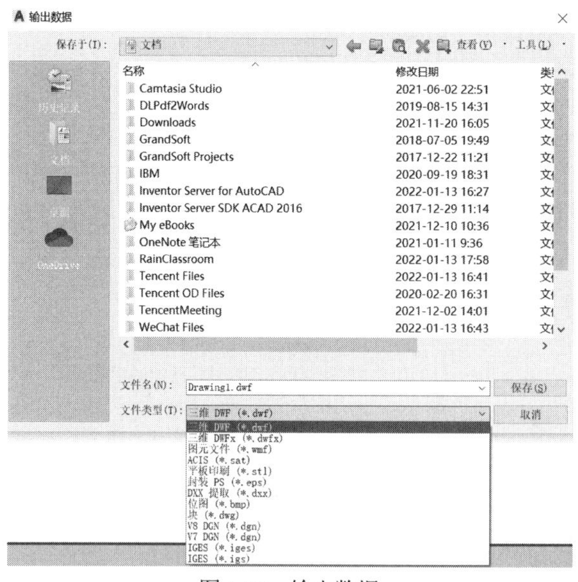

图 1-25　输出数据

1.4.5　关闭文件

完成图形的绘制以后，选择“文件”|“关闭”命令，或单击菜单栏右侧的“关闭”按钮 ✕，

或在命令行中输入close命令，都可以关闭图形文件。如果没有对图形文件做最后一次保存，AutoCAD会提示用户对当前图形进行保存。

1.5 AutoCAD命令输入方式

AutoCAD 2020中常用的命令输入方式是通过鼠标输入或通过键盘输入，绘图时一般都是结合两种方式进行的，常利用键盘输入命令和参数，利用鼠标执行工具栏上的命令、选择对象、捕捉关键点等。

1.5.1　命令与系统变量

命令是用户需要执行的某个操作。大部分AutoCAD命令都可以通过键盘输入，然后在命令行中执行(而且部分命令只有在命令行中才能执行)。

系统变量用于控制某些命令的工作方式，一般在命令行中执行。它们可以打开或关闭"捕捉""栅格"或"正交"等绘图模式，也可以设置填充图案的默认比例，还可以存储关于当前图形和程序配置的信息。

1.5.2　通过菜单命令绘图

选择菜单栏中的相应菜单，在弹出的菜单命令中执行相应的命令，即可进行相应的操作。

例如，选择"绘图"|"直线"命令，即可执行直线命令，命令行提示如图1-26所示。

LINE 指定第一个点:

图1-26　绘图命令行提示

1.5.3　通过工具栏按钮绘图

单击工具栏上的按钮可以执行相应的命令。例如，单击"绘图"工具栏上的"直线"按钮，即可执行直线命令，命令行提示如下。

```
命令: line 指定第一个点 //系统提示要求用户在绘图区用鼠标或者坐标值定位第一个点
```

1.5.4　通过命令形式绘图

在AutoCAD中，大部分命令都有其对应的命令名，可以直接在命令行中输入命令名并按Enter键来执行。例如，在命令行中直接输入line命令，按Enter键，命令行提示如下。

```
命令: line          //输入命令后按Enter键
指定第一个点:       //系统提示用户在绘图区用鼠标或者坐标值定位第一个点
```

提示：

在AutoCAD中，命令不区分大小写。另外，各种命令对应的简写命令可以使用户更快捷地进行绘图，关于简写命令和相关设置技巧详见第1.5.7节。命令行的显示与关闭可通过按Ctrl+9快捷键来控制。

在执行完某个命令之后，如果还想继续执行该命令，可以按 Enter 键或空格键继续执行。

1.5.5 使用透明命令

AutoCAD 2020 的许多命令可以透明使用，即可以在使用某个命令的同时，在命令行中输入或直接单击工具栏上的其他命令而不结束上一命令。透明命令通过在命令名的前面加一个单引号来表示，常用于更改图形设置或显示选项，例如，在画直线的过程中需要缩放视图，则可以使用透明命令缩放视图，之后再接着画直线，这样可以避免绘制点落在视图之外所带来的不便。

以“直线”命令为例，单击“直线”按钮，执行“直线”命令，然后单击“标准”工具栏上的“实时缩放”按钮。

命令行提示如下。

```
命令: line 指定第一点: '_zoom          //执行“直线”命令的同时执行“实时缩放”命令
>>指定窗口的角点，输入比例因子(nX 或 nXP)，或者          //系统提示信息
[全部(A)/中心(C)/动态(D)/范围(E)/上一个(P)/比例(S)/窗口(W)/对象(O)] <实时>:     //缩放视图
>>按 Esc 或 Enter 键退出，或单击右键显示快捷菜单。          //按 Esc 或 Enter 键退出
正在恢复执行 LINE 命令。                              //系统提示信息
指定第一点:   //回到继续执行直线命令，系统提示要求用户在绘图区用鼠标或者坐标值定位第一个点
```

1.5.6 退出执行命令

在执行命令的过程中，如果用户不想执行当前命令，可以按 Esc 键，退出命令的执行状态。

1.5.7 自定义简写命令

选择“工具”|“自定义”|“编辑程序参数(acad.pgp)”命令，将会弹出如图 1-27 所示的“acad.pgp-记事本”窗口。向下拖动右侧滑块，可以看到各种命令及其简写形式，如图 1-28 所示。

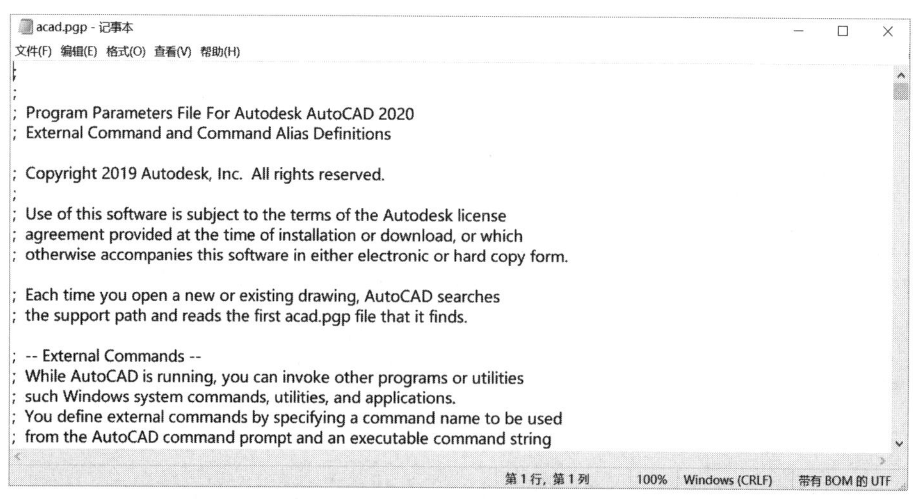

图 1-27 “acad.pgp-记事本”窗口

```
L,	*LINE
LA,	*LAYER
-LA,	*-LAYER
LAS,	*LAYERSTATE
LE,	*QLEADER
LEN,	*LENGTHEN
LESS,	*MESHSMOOTHLESS
LI,	*LIST
LINEWEIGHT, *LWEIGHT
LMAN,	*LAYERSTATE
LO,	*-LAYOUT
LS,	*LIST
LT,	*LINETYPE
-LT,	*-LINETYPE
LTYPE,	*LINETYPE
-LTYPE,	*-LINETYPE
LTS,	*LTSCALE
LW,	*LWEIGHT
M,	*MOVE
```


图 1-28　acad.pgp-记事本中的简写命令

要定义简写命令，请使用下列语法向 acad.pgp 文件的命令别名部分添加一行命令。

```
abbreviation,*command
```

其中，abbreviation 是用户在命令提示下输入的命令别名，command 是要缩写的命令。必须在命令名前输入符号“*”，以表示该行为命令别名定义。如果一个命令可以透明地输入，则其简写命令也可以透明地输入。当输入命令别名(简写命令)时，系统将在命令提示中显示完整的命令名并执行该命令。用户可以创建包含特殊连字符(-)前缀的命令别名，用于访问某些命令的命令行版本，如下所示。

```
BH，*-BHATCH
BD，*-BOUNDARY
```

用户可以按照自己的绘图习惯和方便记忆的原则，更改这些简写命令，并保存为 acad.pgp 文件，然后关闭该记事本。退出 AutoCAD 系统，重新启动 AutoCAD 后，设定的简写命令就生效了。

> **提示：**
> 编辑 acad.pgp 之前，请创建备份文件，以便在需要时恢复。

1.6　绘图环境设置

在使用 AutoCAD 绘图之前，首先要对绘图环境进行设置，以便于绘图。

1.6.1　设置显示

AutoCAD 2020 起始界面的绘图区默认是白色的，如果不符合个人使用习惯可以进行设置。单击“菜单浏览器”按钮，在弹出的菜单中单击“选项”按钮，或选择“工具”|“选项”命令，在弹出的“选项”对话框中，打开“显示”选项卡，如图 1-29 所示。

图 1-29 “显示”选项卡

通过更改选项卡中的设置可以改变 AutoCAD 的显示，如窗口元素、布局元素、显示精度、显示性能、十字光标大小、淡入度控制，以及在位编辑和注释性表达。在建筑制图中常用的设置如下。

(1) 更改十字光标的大小。AutoCAD 2020 的十字光标的大小默认为屏幕大小的 5%，拖动滑块，可改变有效值，其范围从全屏幕的 1%到 100%。

(2) 更改显示精度的大小。显示精度可以控制显示对象的显示质量，但是如果设置过高的值来提高显示质量将直接影响性能。显示精度的控制包括圆弧和圆的平滑度、每条多段线曲线的线段数、渲染对象的平滑度、每个曲面的轮廓素线。一般在绘图过程中可以通过降低显示精度来提高绘图性能，特别是对于大型工程的绘图，有时这种操作是很有必要的。

1.6.2 自动捕捉设置

“绘图”选项卡如图 1-30 所示。在“自动捕捉设置”选项组中，“标记”复选框用于确定当十字光标移到捕捉点上时是否显示几何符号；“磁吸”复选框用于确定十字光标自动移动时是否锁定到最近的捕捉点上；“显示自动捕捉工具提示”复选框用于确定是否显示自动捕捉工具栏提示，工具栏提示是一个标签，用来描述捕捉到的对象部分；“显示自动捕捉靶框”复选框用于确定是否显示自动捕捉靶框，靶框是捕捉对象时出现在十字光标内部的方框；单击“颜色”按钮会弹出相应的对话框，用以设置标记的颜色；在“自动捕捉标记大小”选项组中拖动滑块可以更改标记大小。

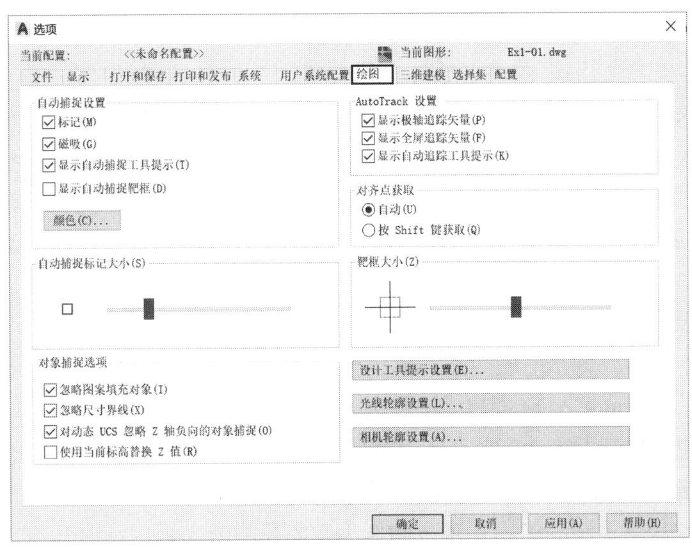

图 1-30　“绘图”选项卡

1.6.3　设置选择集

“选择集”选项卡如图 1-31 所示。在“拾取框大小”选项组中可以根据需要拖动滑块调整拾取框的大小。在建筑制图中编辑图形时，有时线条较密，通常需要调整拾取框的大小以方便选择所需对象。有时还需要对“夹点尺寸”进行调整，夹点是指在被选中对象上显示的一些小方块，在编辑线条密集的图形的过程中通常调小夹点以便于选择。

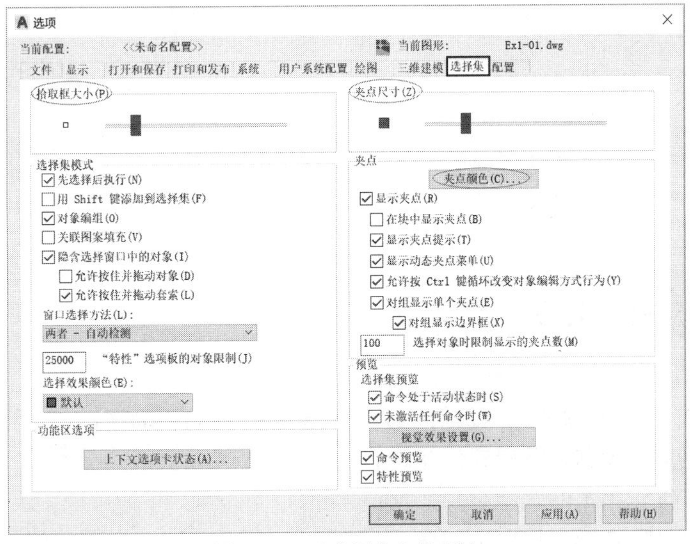

图 1-31　“选择集”选项卡

1.6.4　设置绘图单位

在 AutoCAD 中，可以使用各种标准单位进行绘图，在建筑制图中，通常使用毫米作为单位。在绘图时只能以图形单位计算绘图尺寸。

除了可以通过“使用向导”对图形单位、角度、角度测量、角度方向和区域进行设置，还

可以通过选择“格式”|“单位”命令，或在命令行中输入 DDUNITS 命令，在弹出如图 1-32 所示的“图形单位”对话框中对图形单位进行设置。

在“长度”选项组的“类型”下拉列表框中可以设置长度单位的格式类型；在“精度”下拉列表框中可以设置长度单位的显示精度。在“角度”选项组的“类型”下拉列表框中可以设置角度单位的格式类型；在“精度”下拉列表框中可以设置角度单位的显示精度；勾选“顺时针”复选框，表明角度测量方向是顺时针方向，不勾选此复选框则表明角度测量方向为逆时针方向，此时角度测量的默认方向是按逆时针方向度量的。通常在建筑制图中，长度的类型为小数，精度为 0，即制图精确到毫米。

单击“方向”按钮，会弹出如图 1-33 所示的“方向控制”对话框，在该对话框中可以设置起始角度的方向。在 AutoCAD 的默认设置中，起始方向为“东”，逆时针方向为角度增加的正方向。在对话框中可以选择 5 个单选按钮中的任意一个来改变角度测量的起始位置，也可以通过选择“其他”单选按钮并单击“拾取/输入”按钮，在图形窗口中拾取两个点来确定在 AutoCAD 中的起始方向。通常建筑制图中用正东方向作为起始角度方向，用逆时针方向作为角度增加的正方向，即使用 AutoCAD 的默认设置。

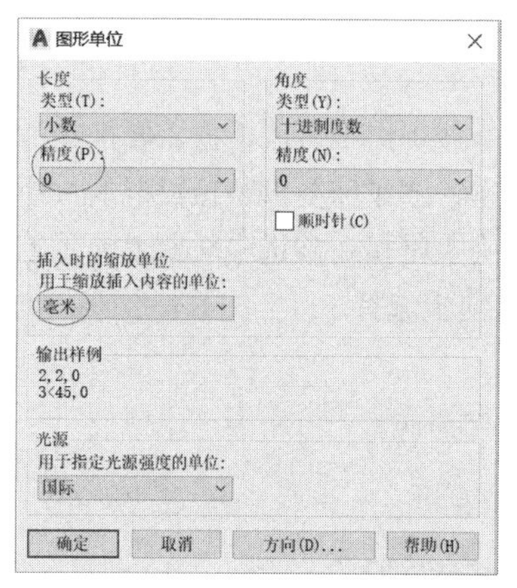

图 1-32 “图形单位”对话框

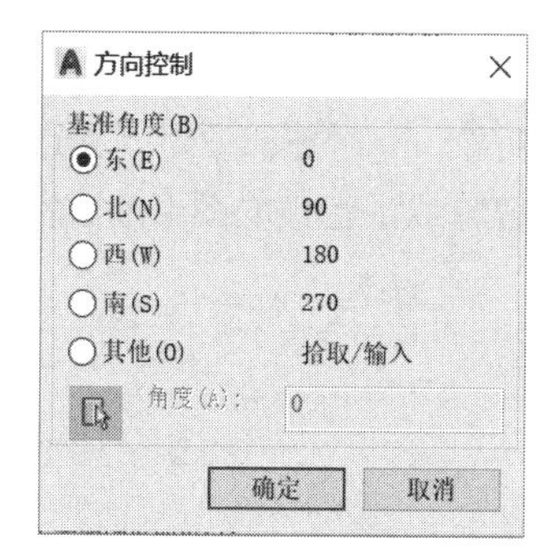

图 1-33 “方向控制”对话框

1.7 使用联机帮助

在 AutoCAD 2020 中文版中可以通过以下 5 种方式打开如图 1-34 所示的“Autodesk AutoCAD 2020-帮助”窗口，获取软件使用的相关信息。

- 选择“帮助”|“帮助”命令。
- 单击“标准”工具栏上的图标。
- 在命令行中输入 help 或“?”并按 Enter 键。
- 按 F1 键。
- 单击任一弹出的对话框中的“帮助”按钮。

在搜索栏中输入需要查找的主题关键字，再单击“搜索”按钮，列表中将列出相关主题，双击主题可显示帮助信息。

图 1-34　AutoCAD 2020 中文版帮助界面

1.8 操作实践

【例 1-1】创建图形文件。

在工作盘中创建一个“AutoCAD 2020 学习”的目录，再创建一个 AutoCAD 文件，并保存到该目录中，设置文件名为 Ex1-01，创建的新文件不使用样板，使用公制创建，然后退出 AutoCAD 系统。

具体操作过程如下。

(1) 选择“开始”|“程序”| Autodesk | AutoCAD 2020-Simplified Chinese | AutoCAD 2020 命令，启动 AutoCAD 2020 中文版。

(2) 设置系统变量 STARTUP 为 1。

(3) 选择“文件”|“新建”命令，弹出“启动”对话框，单击“从草图开始”按钮，在“创建新图形”对话框的“默认设置”选项组中选择“公制”单选按钮，如图 1-35 所示，再单击“确定”按钮进入绘图界面。

图 1-35　使用无样板公制方式创建新图形

(4) 选择“文件”|“保存”命令，弹出“图形另存为”对话框，在“保存于”下拉列表框中选择路径“AutoCAD 2020 学习”，在“文件名”文本框中输入 Ex1-01，单击“保存”按钮，保存图形文件，如图 1-36 所示。

(5) 选择“文件”|“退出”命令，退出 AutoCAD 系统。

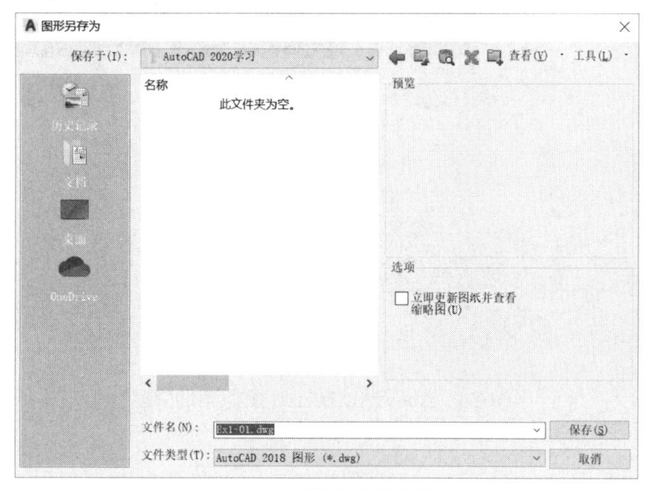

图 1-36　保存图形文件

【例 1-2】更改绘图区背景。

打开刚刚创建的 Ex1-01 图形文件，将绘图区的黑色背景更改为白色并存盘，退出 AutoCAD 系统。

具体的操作过程如下。

(1) 选择“开始”|“程序”| Autodesk | AutoCAD 2020-Simplified Chinese | AutoCAD 2020 命令，启动 AutoCAD 2020 中文版。

(2) 选择“文件”|“打开”命令，弹出“选择文件”对话框，如图 1-37 所示。在“查找范围”下拉列表框中选择路径“AutoCAD 2020 学习”，单击 Ex1-01 图形文件，再单击“打开”按钮。

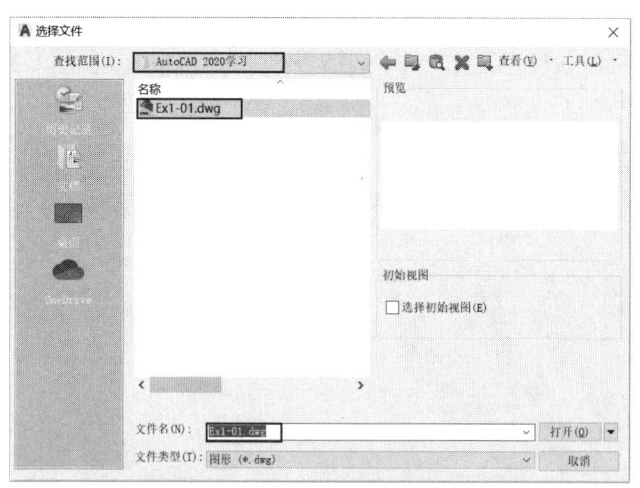

图 1-37　“选择文件”对话框

(3) 选择“工具”|“选项”命令，弹出“选项”对话框。在“显示”选项卡的“窗口元素”选项组中单击“颜色”按钮，弹出“颜色选项”对话框，在“界面元素”下拉列表框中选择“统一背景”，在“颜色”下拉列表框中将黑色改成白色，单击“应用并关闭”按钮，便改变了背景颜色，最后单击“确定”按钮，退出“选项”对话框，回到绘图区。

(4) 单击“标准”工具栏上的存盘按钮。

(5) 选择“文件”|“退出”命令，退出 AutoCAD 系统。

1.9 习题

1.9.1 填空题

(1) AutoCAD图形文件的扩展名是______，AutoCAD样板文件的扩展名是______，AutoCAD备份文件的扩展名是______。

(2) 新建图形时，当系统变量 STARTUP=______时，弹出“创建新图形”对话框；当系统变量 STARTUP=______时，弹出“选择样板”对话框。

(3) AutoCAD 2020 中设置绘图区域背景颜色的操作步骤是______。

(4) 透明命令是指______。

1.9.2 选择题

(1) 在 AutoCAD 的默认设置中，起始方向是(　　)。

A. 东　　B. 南　　C. 西　　D. 北

(2) 新建图形文件的命令是(　　)。

A. start　　B. begin　　C. new　　D. re

(3) 建筑制图中最常用的长度制图单位是(　　)。

A. 米　　B. 毫米　　C. 分米　　D. 厘米

1.9.3 上机操作

重新打开 Ex1-01.dwg，使用最基本的“直线”命令，练习各种命令的输入方式。“绘图”工具栏上的“直线”按钮是，命令行中可以输入的“直线”命令是 line，菜单栏中可以选择“绘图”|“直线”命令。动态输入直线的起点坐标(0, 0)和终点坐标(400,300)，并保存文件。

ꕥ 第2章 ꕥ

图形显示及图形选择

CAD 最主要的特点在于人机交互性。设计者必须能够实时得到该时刻的设计结果并做好下一步的判断和设计操作，在此过程中，AutoCAD 为设计者提供了多种视图操作方式，以方便他们查看图形的不同部位和细节。这种用特定的比例、特定的观察位置和观察角度查看图形而形成的图像称为视图。视图可以和图形一起保存，在需要打印或查看细节时可以还原特定的视图。AutoCAD 提供了两种最基本的视图操作，分别为缩放视图和平移视图。

图形选择即在图形绘制过程中选择图形对象，该对象可能是点、线、面，也可能是实体。选择对象是编辑修改图形的前提，熟练地掌握图形选择功能可以极大地提高绘图效率。

本章将主要介绍图形显示和图形选择的相关内容。

知识要点

- 视图的缩放与平移。
- 目标对象的选择。
- 目标对象的快速选择。

2.1 显示视图

2.1.1 缩放视图

在 AutoCAD 中，通常以缩放的方式查看绘图区中的图像。如果想要将更大面积的图形或整张图形显示在屏幕内，就要使视图缩小；若想要更加详细地观察图形的细节，就要使视图放大。这种缩放并不改变图形本身的大小，它仅改变绘图区域中的视图大小。就像阅读杂志的彩页时一样，将其放在较远的位置，可以看到彩页的整体效果；当想看一些具体的细节时则需要放得很近，甚至要借助放大镜。AutoCAD 中的缩放命令 zoom 可以实现这一功能。

调用缩放命令的方法有以下 4 种。

- 选择“视图”|“缩放”命令，在弹出的级联菜单中选择合适的命令。
- 在“标准”工具栏上单击“缩放”按钮下的下拉箭头，系统会弹出缩放按钮列表，选择相应的缩放按钮即可进行缩放操作。
- 在任意一个工具栏上右击，在弹出的快捷菜单中选择“缩放”命令，即可打开如图 2-1 所示的“缩放”工具栏，然后单击所需的命令按钮即可。

图 2-1　缩放工具栏

- 在命令行中输入 zoom 命令，再选择所需选项执行相应的视图缩放命令，此时命令行提示如下。

```
命令: zoom
指定窗口的角点，输入比例因子(nX 或 nXP)，或者
[全部(A)/中心(C)/动态(D)/范围(E)/上一个(P)/比例(S)/窗口(W)/对象(O)] <实时>
```

下面结合 AutoCAD 2020 中文版自带的例子(C:\Program Files\Autodesk\AutoCAD 2020\Sample\Database Connectivity\floor plan samp.dwg)，介绍几种常用的缩放方式。

1. 实时缩放

实时缩放使 AutoCAD 实现了动态缩放功能，保证了视图缩放的连续性，在使用该命令的过程中图像的变化是连续进行的。

选择“视图”|“缩放”|“实时”命令后，屏幕上将出现一个放大镜形状的光标。拖动鼠标，使放大镜在屏幕上移动，便可动态地拖动图形进行视图缩放。缩放规则：按住鼠标左键向上方移动光标即可放大图形，按住鼠标左键向下方移动光标即可缩小图形，释放鼠标左键即停止缩放。当放大到最大程度时，放大镜光标旁边的“+”会消失，表示不能再进行放大；相反，当缩小到最小程度时，视图也不能再进行缩小。

2. 全部缩放

全部缩放是指在视图中显示整个图形，显示用户定义的图形界限和图形范围，在绘图区域内显示全部图形。图形显示的尺寸由图形界限与图形范围中尺寸较大者决定，即图形文件中若有图形实体处在图形界限以外的位置，便由图形范围决定显示尺寸，将所有图形实体都显示出来。

选择“视图”|“缩放”|“全部”命令，或在“缩放”工具栏上单击“全部缩放”按钮，或在命令行输入 zoom 命令后按 Enter 键或空格键，在命令提示行输入字母 A，都可进行全部缩放操作。floor plan samp.dwg 的绘图区全部缩放后的效果如图 2-2 所示，所有内容都会被显示出来。

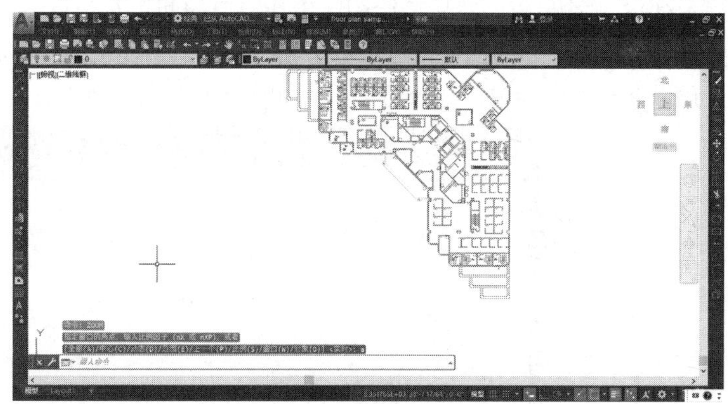

图 2-2　全部缩放后的效果

3. 范围缩放

范围缩放与全部缩放不同，它与图形的边界无关，只是把已绘制的图像最大限度地充满整

个屏幕。选择“视图”|“缩放”|“范围”命令，或在“缩放”工具栏上单击“范围缩放”按钮，或在命令行输入zoom命令后按Enter键，在命令提示行输入字母E，都可进行范围缩放操作。floor plan samp.dwg的绘图区按范围缩放后的效果如图2-3所示。比较图2-2与图2-3可以发现两者都能显示所有图像，不同之处在于全部缩放不仅能够显示图像内容，若图形界限大于图像内容，还将显示整个图形界限。

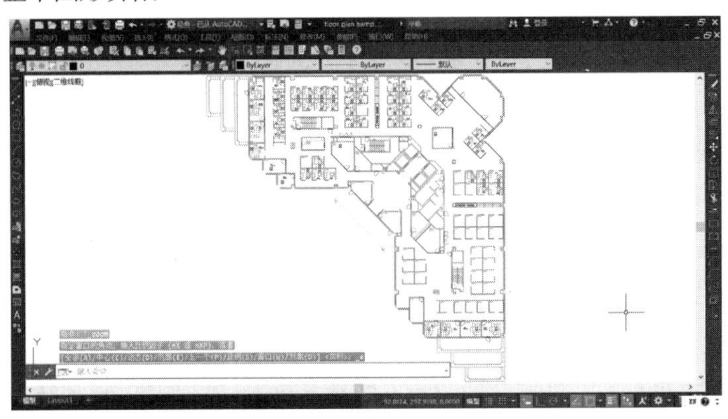

图 2-3　范围缩放后的效果

提示：

在范围缩放中视图包含已关闭图层上的对象，但不包含冻结图层上的对象。对于大型的图纸，全部缩放和范围缩放都需要较长的显示时间。

4. 窗口缩放

在AutoCAD中，窗口缩放是人们经常使用的缩放工具之一。窗口缩放通过确定一个矩形窗口的两个对角点来指定所需要缩放的区域，指定窗口的中心点将成为新的显示屏幕的中心点，窗口中的区域将被放大，会尽可能地充满整个绘图区。对角点一般用鼠标确定，当然也可以通过输入坐标确定。

单击“缩放”工具栏上的“窗口缩放”按钮，或在命令行输入zoom命令后按Enter键或空格键，在命令提示行输入字母W，然后在绘图区选择窗口的两个对角点。

在图2-3中要显示建筑图中心的部分，可以单击按钮，然后在平面图中心区的左下角选择一点，再在右上角选择一点，经窗口缩放可以得到如图2-4所示的效果。

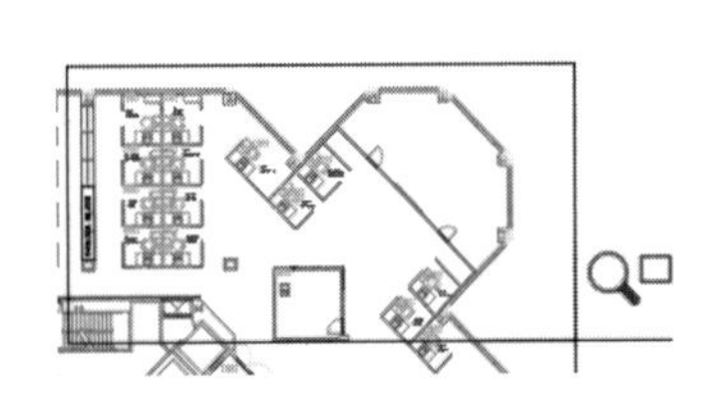

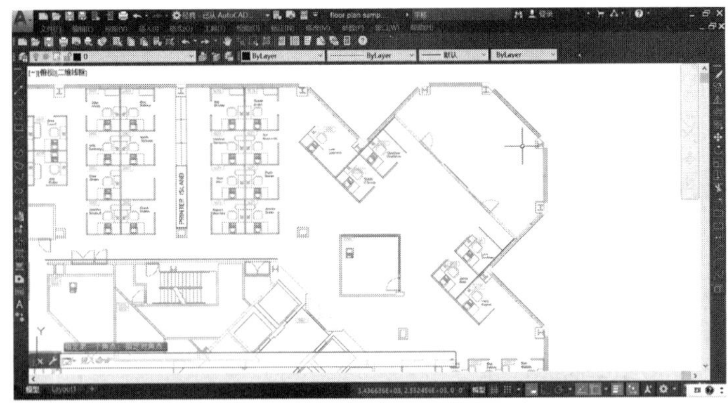

图 2-4　窗口缩放后的效果

5. 对象缩放

对象缩放也是一个很有效的缩放命令。当想要观察整张图中某个图像的细节时，对象缩放可以直接选取需要观察的对象，缩放至整个屏幕。

单击“缩放”工具栏上的“缩放对象”按钮，在命令提示行输入字母 O，然后在绘图区选择需要缩放的对象，按 Enter 键或空格键确定，对象将被缩放至整个屏幕。

6. 动态缩放

动态缩放与对象缩放类似，但动态缩放不是针对某个对象，而是用户自由选择观察区域的大小。动态缩放也与窗口缩放类似，但动态缩放不需要对象显示在当前视图中。动态缩放使用户先直接看到整个图形，然后用户可以通过操纵光标点选择下一视图的位置和尺寸。

单击“缩放”工具栏上的“动态缩放”按钮，在命令提示行输入字母 D，绘图区将显示整体图像，然后将平移视图框拖到所需位置并单击，便可显示缩放视图框，调整其大小后按 Enter 键进行缩放，或单击以返回平移视图框继续寻找合适的位置。

在图 2-5 中，单击“缩放”工具栏上的“动态缩放”按钮，移动光标至平面图下方，单击后平移鼠标调整缩放视图框的大小，再单击即可重新回到移动视图框的状态，移动到合适位置后按 Enter 键或空格键确定，则可以得到如图 2-6 所示的效果。

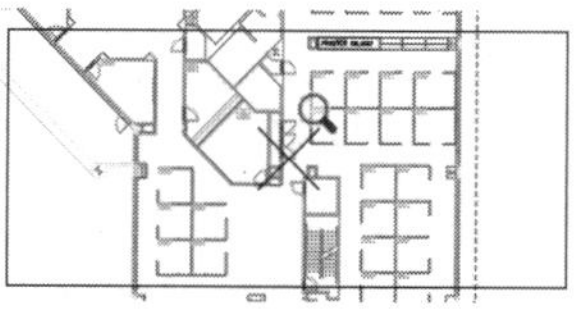

图 2-5　动态缩放过程中

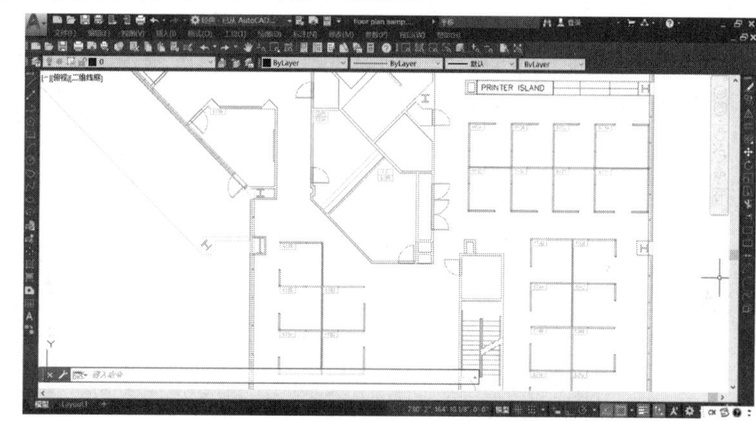

图 2-6　动态缩放后的效果

> **提示：**
> 动态缩放的操作相对复杂一些，但熟练掌握之后能够在查看整体和查看局部细节之间进行快速切换。

7. 比例缩放

比例缩放是指以指定的比例因子缩放图形。AutoCAD 提供了 3 种比例缩放方式：①相对于图形界限的比例；②相对于当前视图的比例，输入方式为 nX；③相对于图纸空间单位的比例，输入方式为 nXP。常用的是第二种方式。

单击“缩放”工具栏上的“比例缩放”按钮，在命令提示行输入字母 S，然后再在命令提示行输入缩放视图的比例 nX。

例如，若让图 2-3 中的视图范围扩大一倍，可以按比例缩放，在命令提示行中输入 0.5X，即可得到如图 2-7 所示的视图效果，其视图的中心点保持不变。

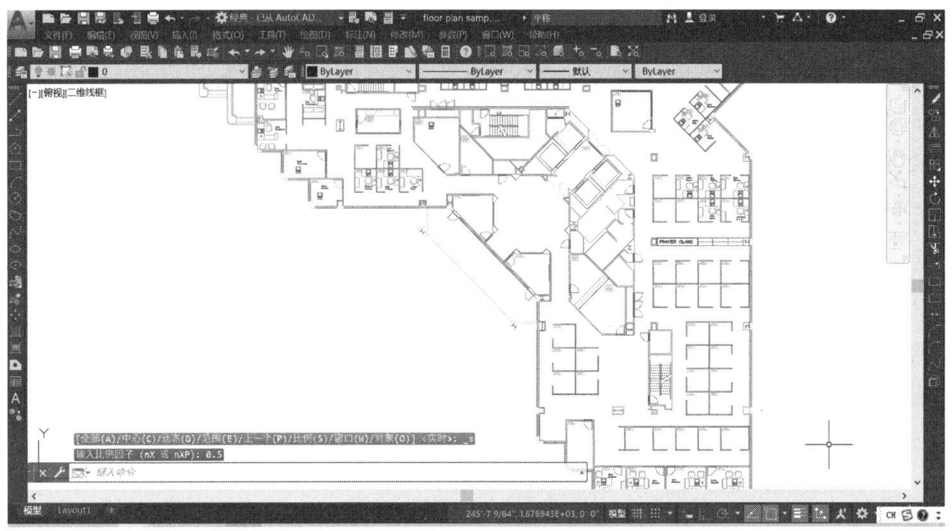

图 2-7　比例缩放后的效果

2.1.2　平移视图

在绘图过程中经常会遇到需要查看、绘制、修改的图像位于显示区外的情况。如果此时显示的比例合适，就需要对显示的视图进行平移。

单击“标准”工具栏上的“实时平移”按钮，或选择“视图”|“平移”|“实时”命令，或在命令行中输入 pan 命令，按 Enter 键，此时光标会变成手形，拖动鼠标即可对图形对象进行实时移动。

提示：

平移视图命令经常同缩放视图命令结合使用，并且都能透明使用，无须中断当前操作。当然，选择“视图”|“平移”命令，在弹出的级联菜单中还有其他平移菜单命令，同样可以进行平移操作，但操作起来并不方便，这里不再赘述。

2.1.3　其他相关知识

在视图操作中除了缩放视图、平移视图这两种基本的操作外，还可以进行其他操作，例如，清除屏幕上点的痕迹、重新让一些圆和曲线显示得更光滑、显示线条宽度，以及关闭或打开填充显示等。AutoCAD 提供了许多与显示相关的命令，在此只简单介绍以下几个常用的命令。

1. 图形重画(R)

“图形重画”是将虚拟屏幕上的图形传送到实际屏幕，它不需要重新计算图形，因此显示速度较快。“图形重画”将删除用于标示指定点的点标记或临时标记，以使屏幕清晰。选择“视图”|“重画”命令或在命令行输入 redrawall 命令可实现此功能。

2. 图形重生成(RE)

“图形重生成”会重新计算当前图形的尺寸，并将计算的图形存储在虚拟屏幕上，所以重生成又称为刷新。当图形较复杂时，重生成的过程需占用较长的时间，因此可以根据需要，选择“视图”菜单中的“重生成”或“全部重生成”命令来对图形进行操作。视图被放大之后，许多弧线可能会变成直线段，这种情况下使用“图形重画”命令仅能去除点的标记，并不能使圆形看起来连续，因此就必须使用“图形重生成”命令来显示新的视图。

3. 线宽显示

单击状态栏上的“线宽”功能键可以控制线宽的显示与关闭。任何线宽宽度都可能降低 AutoCAD 的性能，如果要在使用 AutoCAD 绘图时提高显示性能，则可以关闭线宽，在查看图纸时再打开线宽显示即可。

4. 关闭填充显示

多段线和实体填充的显示模式对 AutoCAD 系统的性能有很大的影响。当关闭填充时，只会显示和打印对象的轮廓，控制填充的显示命令是 fill。执行该命令后系统会提示选择“开(ON)”还是“关(OFF)”。

5. 重叠对象显示

通常情况下，重叠对象以其创建的顺序显示，新创建的对象在现有对象的前面。如果文字或图像等对象被前面的对象遮住，就不能正确地显示该对象。AutoCAD 可利用“绘图次序”工具来调整显示顺序。

选择“工具”|“绘图次序”命令，如图 2-8 所示；或在如图 2-9 所示的“绘图次序”工具栏上单击相应的按钮。系统提示“选择参照对象:”，选择遮挡文字的对象，就能将文字调整到该对象之上。其中“前置”和“后置”是指分别将对象放在最前或最后。

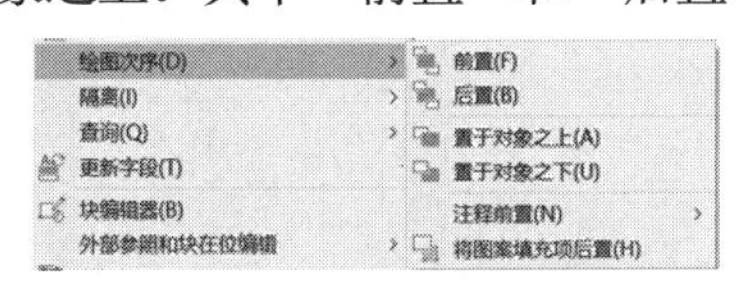

图 2-8　“绘图次序”菜单栏

图 2-9　“绘图次序”工具栏

2.2 目标对象的选择

AutoCAD 提供了两种编辑图形的顺序：先输入命令，后选择要编辑的对象，简称为主谓式；先选择对象，然后进行编辑，简称为动宾式。用户可以结合习惯和命令要求灵活使用这两种方法。无论采用哪种方式进行编辑，都要选择对象。

2.2.1　设置对象选择模式

打开“选项”对话框，在“选择集”选项卡的“选择集模式”选项组中可以设置对象选择模式。

提示：

初学者若无特殊需要，可以不做更改，沿用系统默认值即可。

2.2.2 点选方式

点选方式为默认的选择对象方式。在“命令:”提示下，AutoCAD 在图形区的光标形状为一个小方框，称为拾取框，将拾取框移到被选择对象上单击，即可选中该对象，此时目标对象由实线变成了虚线，表示已经被选中加入到选择集中，按 Enter 键即可进行下一步操作，利用点选方式可以选中多个对象。

在绘图对象十分密集的图形中，对象之间距离太近，或者对象之间有重叠，使得选出所需要的对象变得十分困难。在单独拾取对象时，AutoCAD 提供循环选择对象的功能。选择时轮换拾取框中的对象，直到所要选择的对象亮显。具体操作步骤：将拾取框移到所要选择的对象的上方，然后按 Ctrl+W 快捷键，AutoCAD 的命令提示行会显示以下信息，如图 2-10 所示。

```
命令: <选择循环开>
```

当循环打开后，将光标放到对象上，每单击一次，AutoCAD 都将亮显一个不同的对象，同时对话框会显示所选内容的属性，如图 2-11 所示。当所要选择的对象亮显时，按空格键将其添加到选择集当中，并关闭 AutoCAD 对象循环功能。

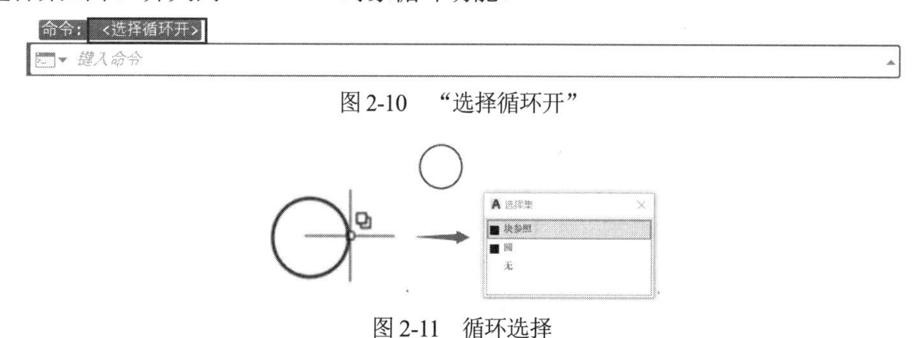

图 2-10 “选择循环开”

图 2-11 循环选择

2.2.3 窗口选择方式

单击“选择集”选项卡的“选择集模式”选项组中的“视觉效果设置”按钮，便会弹出“视觉效果设置”对话框，如图 2-12 所示。

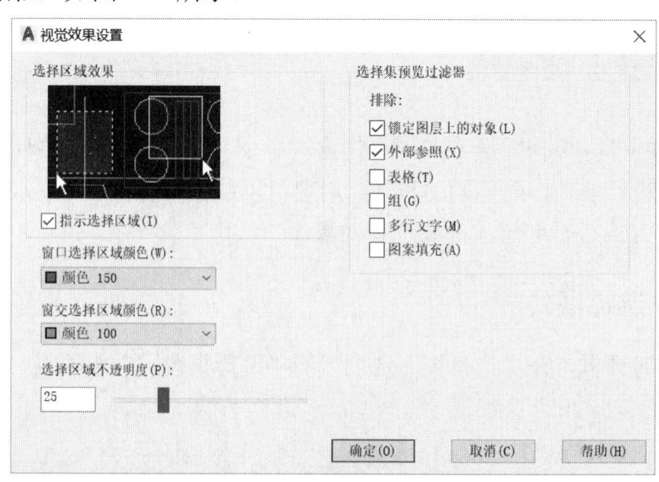

图 2-12 “视觉效果设置”对话框

“选择区域效果”选项组用于设置区域选择效果，可以改变窗口选择区域和窗交选择区域的颜色及不透明度。

“选择集预览过滤器” 选项组用于指定从选择集预览中排除的对象类型。

2.2.4　交叉窗口选择方式

交叉窗口选择与窗口选择的选择方式有些类似，也是较为常用的选择方式。不同的就是光标在对象右方选择一角点，向左方移动鼠标形成的选择框是虚线框。只要对象与交叉窗口相交或包含在交叉窗口中，都将被加入选择集。图 2-13 是窗口选择方式效果图，图 2-14 是交叉窗口选择方式效果图，读者可以比较两者之间的不同。

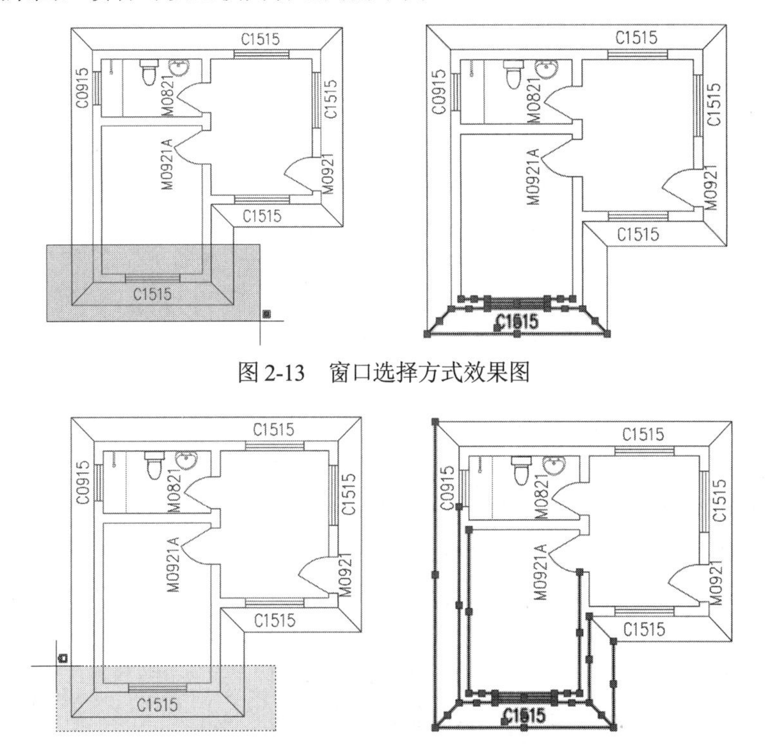

图 2-13　窗口选择方式效果图

图 2-14　交叉窗口选择方式效果图

2.2.5　其他选择方式

AutoCAD 提供了多种选择方式，除了上面介绍的点选、窗口选择、交叉窗口选择外，还有其他选择方式，它们不在菜单和工具栏中显示。在命令行“选择对象:”的提示后输入“？”或其他非法命令后，命令行会出现如下提示。

```
选择对象: ?
*无效选择*
需要点或窗口(W)/上一个(L)/窗交(C)/框(BOX)/全部(ALL)/栏选(F)/圈围(WP)/圈交(CP)/编组(G)
/添加(A)/删除(R)/多个(M)/前一个(P)/放弃(U)/自动(AU)/单个(SI) /子对象(SU)/对象(O)
```

下面介绍几个常用的选项。

1. 全部(ALL)

在命令行“选择对象:”的提示后输入 ALL 并按 Enter 键，全部对象被选中。

2. 栏选(F)

栏选，又称为围栏方式，就像在图形当中围上一道篱笆(fence)，与围栏相交的对象均被选中。操作方法是在命令行“选择对象:”的提示后输入 F 并按 Enter 键。

3. 前一个(P)

在命令行“选择对象:”的提示后输入 P 并按 Enter 键，则可以选中前面编辑操作中最后一次所选的一个或一组对象。

2.2.6 快速选择

使用快速选择功能可以将符合条件的对象添加到当前选择集中，也可以替换当前选择集。对于大规模选择位于图形不同位置的对象(如选择立面图上标高大于 10m 的所有窗户)，快速选择十分有效。

单击“标准”工具栏上的“特性”按钮，打开“特性”选项板，再单击右上角的“快速选择”按钮，弹出“快速选择”对话框，如图 2-15 所示。

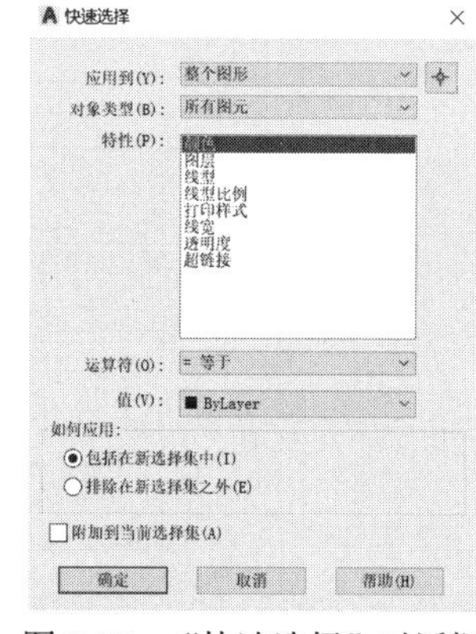

图 2-15 “快速选择”对话框

“快速选择”对话框中各选项含义如下。

- “应用到”下拉列表框：将选择标准应用到整个图形上或当前的选择集上。单击“选择对象”按钮可以创建一个选择集。如果当前已经选中了一组对象，则此时可在这些选中的对象中再进行选择，形成一个新的当前选择集。
- “对象类型”下拉列表框：用于列出选择集中的对象。该选项允许用户通过限制选择标准来指定对象类型从而缩小选择范围。可以指定的对象类型包括所有图元、多行文字、直线、多段线、块参照和圆弧。默认选项为“所有图元”。
- “特性”列表框：用于列出所选对象类型的有效属性，这里仅列出普通属性。根据用户在“对象类型”中的不同选择，此框中所列的特性内容也不同。
- “运算符”下拉列表框：用于列出选中属性可使用的逻辑运算符，以设置选择条件。
- “值”下拉列表框：为过滤器指定属性值。
- “包括在新选择集中”单选按钮：用于创建一个新的选择集。
- “排除在新选择集之外”单选按钮：用于反转选择集，排除所有和选择标准匹配的对象。
- “附加到当前选择集”复选框：勾选此复选框，可以将使用“快速选择”命令创建的选择集加入到当前选择集中，否则将替换当前的选择集。

提示：

快速选择(qselect)命令可不考虑局部打开图形中没有被加载的对象。

2.2.7　对象编组

对象编组是指将选择的对象定义为一组对象，此选择集与普通选择集不一样，普通选择集只能保存最近的选择对象集合，而进行对象编组之后，编组和图形一起被保存，即使用图形作为外部参照或将它插入到另一图形中时，编组的定义仍然有效。在命令行中输入 group 命令，命令行提示如下。

```
命令: group
选择对象或 [名称(N)/说明(D)]:指定对角点: 找到 79 个      //选择需要编组的对象
选择对象或 [名称(N)/说明(D)]:                           //按 Enter 键，完成编组
未命名组已创建。                                        //系统提示
```

在命令行中，“名称(N)”选项可以为需要编组的对象命名；“说明(D)”选项可以为编组的对象添加说明，输入对新编组的描述。为了便于区分编组，建议输入描述编组特征的简要信息。

2.3　操作实践

以前面打开的 C:\Program Files\Autodesk\AutoCAD 2020\Sample\Database Connectivity\floor plan samp.dwg 为例，首先进行缩放，运用“快速选择”方法选择所有的文字标注，更改其颜色为蓝色并统计其数目，然后将图形另存为 Ex2-01.dwg。

(1) 在“标准”工具栏上单击“缩放”按钮下的下拉箭头，然后选择“范围缩放”，绘图区将显示全部图形。

(2) 选择“工具”|“快速选择”命令，打开“快速选择对话”对话框。

(3) 在“应用到”下拉列表框中选择“整个图形”选项，在“对象类型”下拉列表框中选择“多行文字”选项；在“特性”列表框中选择“颜色”选项；在“运算符”下拉列表框中选择“= 等于”；在“值”下拉列表框中选择 ByLayer 选项；在“如何应用”选项组中选择“包括在新选择集中”单选按钮。

(4) 单击“确定”按钮，绘图区中的所有文字将被选中，亮显并显示夹点，如图 2-16 所示。

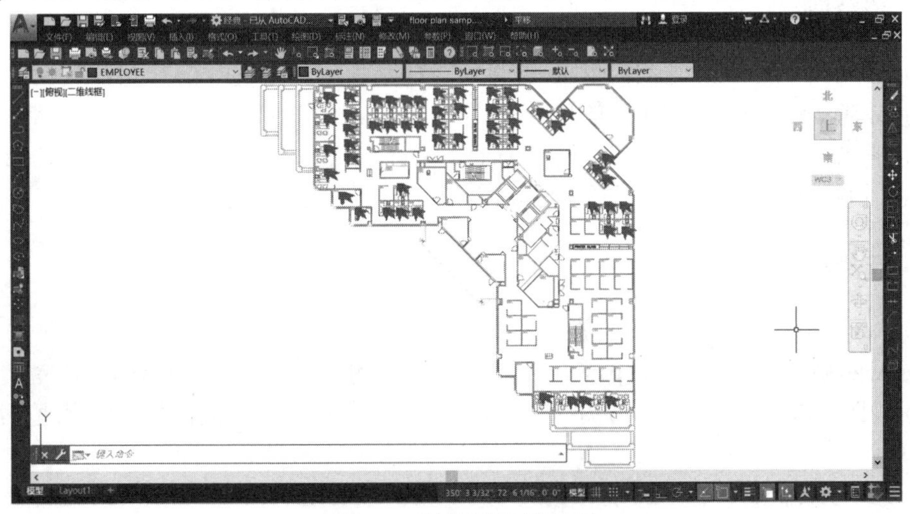

图 2-16　快速选择后的效果

(5) 命令行提示如下。

```
命令: qselect
已选定 53 个项目
```

(6) 在“特性”工具栏的“颜色控制”下拉列表框中选择蓝色，多行文字变成蓝色，效果如图 2-17 所示。注意，原先多行文字所在图层的颜色为红色。

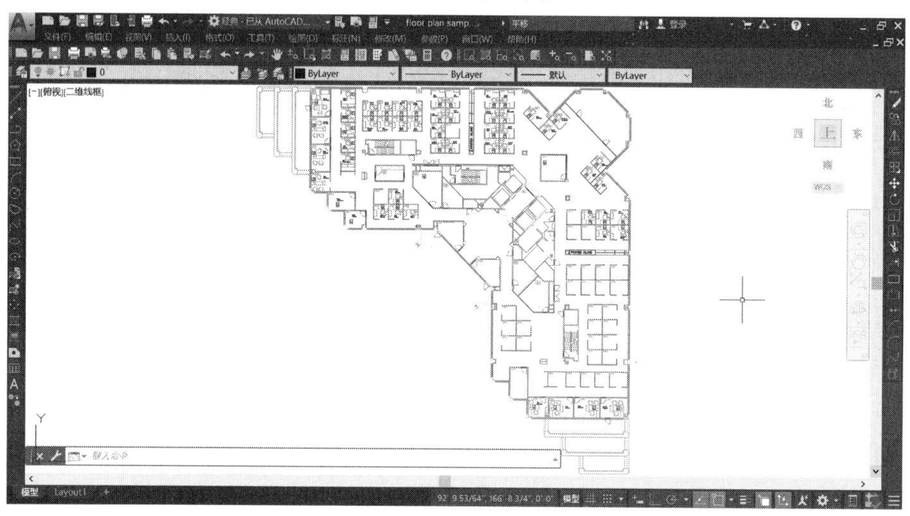

图 2-17　最终修改后的图形

(7) 按 Esc 键退出选择对象，得到改变后的结果。

(8) 选择“文件”|“另存为”命令，将修改后的图形保存到“AutoCAD 2020 学习”目录下，并命名为 Ex2-01。

2.4 习题

2.4.1 填空题

(1) 在 AutoCAD 中两种基本的视图操作分别为________和________。

(2) 窗口选择和交叉窗口选择的差别在于________。

(3) 删除用于标示指定点的点标记或临时标记的命令是________；重新计算当前图形的尺寸，并将计算的图形存储在虚拟屏幕上的命令是________。

2.4.2 选择题

(1) AutoCAD 提供给用户的缩放视图的命令是(　　)。

A. zoom　　B. pan　　C. scale　　D. av

(2) 视图缩放命令中(　　)与图形的边界无关，只把已绘制的图像最大限度地充满整个屏幕。

A. 全部缩放　　B. 范围缩放　　C. 比例缩放　　D. 中心缩放

(3) AutoCAD 提供给用户的快速选择的命令是(　　)。

A. select　　B. qselect　　C. zoom　　D. pan

2.4.3　上机操作

打开“AutoCAD 2020 学习”中的 Ex2-01，进行平移和缩放，分别用直接选择(点选、窗选和交叉窗选)和快速选择的方式选择右边平面图中的所有插座(块名为 Receptacle)，观察选择的插座个数，比较两种方式的优缺点。然后不再进行其他操作，按 Esc 键退出对象选择。

꩜ 第3章 ꩜

二维绘图基础

在使用 AutoCAD 绘制图形的过程中，要实现精确制图首先要了解 AutoCAD 提供的坐标和坐标系统。同时要熟练掌握 AutoCAD 提供的辅助绘图工具以提高绘图效率，例如，捕捉、栅格、正交、极轴、对象捕捉及对象追踪等。用户还需要掌握 AutoCAD 系统本身提供的基本的绘图命令，如绘制直线、绘制曲线、创建点和填充等。如果用户还想要了解图形绘制后的效果，掌握查询工具也是非常有必要的。

本章主要介绍平面坐标及坐标系、辅助绘图工具、基本的绘图命令和查询工具。

知识要点

- 坐标和坐标系的使用。
- 辅助绘图工具的使用。
- 基本的绘图命令。
- 查询工具的使用。

3.1 使用平面坐标系

在 AutoCAD 中，图形的绘制一般是通过坐标对点进行精准定位的。当 AutoCAD 在命令行中提示输入点时，既可以使用鼠标在绘图区中拾取点，也可以在命令行中直接输入点的坐标值。坐标系的种类主要有笛卡儿坐标系和极坐标系；坐标形式有相对坐标和绝对坐标。

3.1.1 笛卡儿坐标系和极坐标系

1. 笛卡儿坐标系

笛卡儿坐标系有三个轴，即 X、Y 和 Z 轴。输入坐标值时，需要指定沿 X、Y 和 Z 轴相对于坐标系原点(0,0,0)点的距离(包括正负)。在二维平面中，可以省去 Z 轴的坐标值(Z 轴坐标值始终为 0)，直接由 X 轴指定水平距离，由 Y 轴指定垂直距离，在 XY 平面上指定点的位置。若绘制(0,0)至(0,30)的一条线段，在笛卡儿坐标系下采用动态输入方式绘制时，可以打开状态栏上的动态输入(DYN)开关，然后单击“绘图”工具栏上的按钮■，在光标命令提示栏中输入第一个点的坐标(0,0)，按 Enter 键后再输入第二个点的坐标(0,30)，按 Enter 键完成线段绘制，然后按 Esc 键退出绘制。

2. 极坐标系

极坐标系使用距离和角度定位点。当正东方向为角度起始方向，逆时针为角度正方向时，笛卡儿坐标系中坐标为(0,30)的点在极坐标系中的坐标为(30,90°)。其中，30 表示该点距原点的距离，90°表示原点到该点的直线与极轴所成的角度，极轴就是在平面直角坐标系中的 X 轴正方向。

打开状态栏上的 DYN 开关，启动动态输入，单击“绘图”工具栏上的按钮，在光标命令提示栏中输入第一个点的坐标(0<0)，按 Enter 键后再输入第二个点的坐标(30<90)，并按 Enter 键完成线段绘制，然后按 Esc 键退出绘制。只要角度和长度换算时的精度足够高，采用两种坐标系绘图的效果就一样。

3. 笛卡儿坐标系与极坐标系的切换

用极坐标格式绘制图形，当显示下一个点的工具栏提示时，输入逗号“,”(英文状态下)可更改为笛卡儿坐标输入格式。用笛卡儿坐标格式绘制图形，当显示第二个点或下一个点的工具栏提示时，输入角形符号“<”可更改为极坐标输入格式。

3.1.2　相对坐标和绝对坐标

1. 相对坐标

相对坐标以前一个输入点为输入坐标点的参考点，取它的位移增量，形式为 ΔX、ΔY、ΔZ，输入方法为(@ΔX,ΔY,ΔZ)。“@”表示输入的是相对坐标值。

关闭动态输入，在命令行输入以下内容。

```
命令: line                              //输入 line，表示绘制直线
指定第一点:10,10                        //输入第一个点的坐标(10,10)，绝对坐标
指定下一点或 [放弃(U)]: @30,30          //输入第二个点的坐标(@30,30)，相对坐标
指定下一点或 [闭合(C)/放弃(U)]:         //按 Enter 键，完成直线绘制
```

绘制完成的直线如图 3-1 所示。

2. 绝对坐标

绝对坐标是以当前坐标系原点为基准点，取点的各个坐标值，输入(X,Y,Z)或在动态输入状态下输入#(X,Y,Z)，“#”表示输入的是绝对坐标值。在绝对坐标中，X 轴、Y 轴和 Z 轴三轴线在原点(0,0,0)相交。

关闭动态输入，在命令行输入如下内容。

```
命令: line                              //输入 line，表示绘制直线，读者不用深究其具体含义
指定第一点:10,10                        //输入第一个点的坐标(10,10)，绝对坐标
指定下一点或 [放弃(U)]:30,30            //输入第二个点的坐标(30,30)，绝对坐标
指定下一点或 [闭合(C)/放弃(U)]:         //按 Enter 键，完成直线绘制
```

绘制完成的直线如图 3-2 所示。

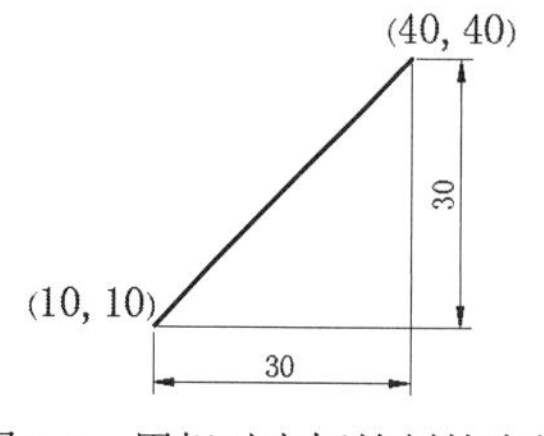

图 3-1　用相对坐标绘制的直线

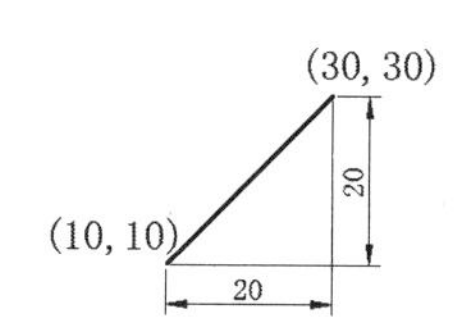

图 3-2　用绝对坐标绘制的直线

提示：

若打开动态输入，指针输入会采用 AutoCAD 草图设置中默认设置的相对坐标格式。

3. 相对坐标与绝对坐标的切换

用相对坐标格式绘制图形，当显示对应第二个点或下一个点的工具栏提示时，输入符号“#”可更改为绝对坐标输入格式。用绝对坐标格式绘制图形，当显示对应第二个点或下一个点的工具栏提示时，输入符号“@”可更改为相对坐标输入格式。

3.2 设置图形界限

图形界限是 AutoCAD 绘图空间中的一个假想的矩形绘图区域，它并不等于整个绘图区域。当栅格被打开时，图形界限内充满了栅格点。通过这种方式可以查看图形界限的边界。图形界限的主要作用是标记当前的绘图区域，防止图形超出图形界限和定义打印区域。

在模型空间中，图形界限通常要比绘制模型的完全比例稍大一些。而在布局中，图形界限表示图样的最终大小。所以在布局中设置图形界限时，要考虑全部图样、标注、注释、标题栏和一些其他信息。

选择“格式”|“图形界限”命令或直接在命令行中输入 limits 命令，并在命令的提示下直接输入图形界限的左下角点和右上角点的坐标值来定义图形界限。例如，建立 420×297 的图形界限的命令如下。

```
命令: limits                                          //输入 limits，表示设置图形界限
重新设置模型空间界限:
指定左下角点或 [开(ON)/关(OFF)] <0.0000,0.0000>:       //输入左下角点坐标，此处选择默认值
指定右上角点 <420.0000,297.0000>:                      //输入右上角点坐标，此处选择默认值
```

注意，在设置图形界限的左下角点时还有“开(ON)/关(OFF)”选项，这是 AutoCAD 提供的界限检查开关。如果选择 ON，就会打开界限检查，用户就不能在图形界限之外结束绘制的图形对象，也不能移动和复制对象至图形界限之外，但若选择 OFF(默认选项)，就会关闭界限检查，用户在绘图时就可不受图形界限的限制。

提示：

图形界限(limits)命令，可以透明使用。

3.3 辅助绘图工具的使用

AutoCAD 的辅助绘图工具主要集中在“草图设置”中。草图的设置主要包括捕捉和栅格、极轴追踪、对象捕捉和动态输入 4 个方面的设置。选择“工具”|“绘图设置”命令，系统弹出如图 3-3 所示的“草图设置”对话框，在该对话框中可以对草图进行设置。

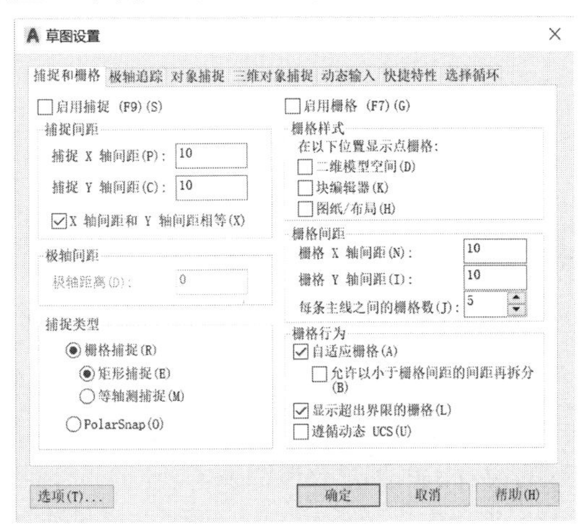

图 3-3　“草图设置”对话框

3.3.1 捕捉(F9)和栅格(F7)

打开“草图设置”对话框中的“捕捉和栅格”选项卡，如图 3-3 所示。勾选“启用捕捉”复选框启动捕捉功能。此时十字光标选择的点总是在设置的栅格 X、Y 轴间距值的整数倍的点上移动。X、Y 的基点也可以改变，也就是设置 AutoCAD 从哪一点开始计算捕捉间距，默认值设为 0。例如，如果将基点的 X、Y 坐标设为(5,10)，将栅格 X、Y 轴间距均设为 10，那么 AutoCAD 在水平方向的捕捉点为 5、15、25 等，在垂直方向的捕捉点为 10、20、30 等。

在“草图设置”对话框的“捕捉和栅格”选项卡中勾选“启用栅格”复选框，将启用栅格功能。“栅格样式”选项组用于设置栅格在“二维模型空间”“块编辑器”和“图纸/布局”中是以点栅格出现还是以线栅格出现，勾选相应的复选框，则以点栅格出现，否则以线栅格出现。

3.3.2 极轴追踪(F10)

打开“草图设置”对话框中的“极轴追踪”选项卡，如图 3-4 所示。用户可以勾选“启用极轴追踪”复选框，或者单击状态栏上的“极轴”按钮，或者直接按 F10 键，启动极轴追踪命令。

极轴追踪是按事先给定的角度增量，通过临时路径进行追踪。例如，用户需要绘制一条与 X 轴成 30°夹角的直线，就可以启用极轴追踪，在“增量角”的下拉列表框中选择“30”，再单击“确定”按钮完成设置。单击“绘图”工具栏上的“直线”按钮，执行“直线”命令。用户在绘图区选定一点后，当移动十字光标到与 X 轴的夹角成 0°、30°、60°、90°等 30°角的倍数时，会显示一个临时路径(虚线)和工具栏提示，如图 3-5 所示。当工具栏提示显示 30°时，单击可确保所画的直线与 X 轴成 30°角。若“增量角”下拉列表框中没有所需要的角，则可以单击

“新建”按钮，输入所需要的角度，这些角不是递增的，只能追踪一次。

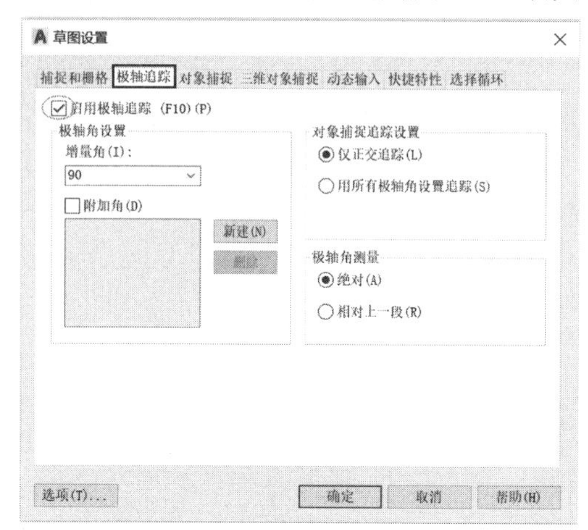

图 3-4 “极轴追踪”选项卡

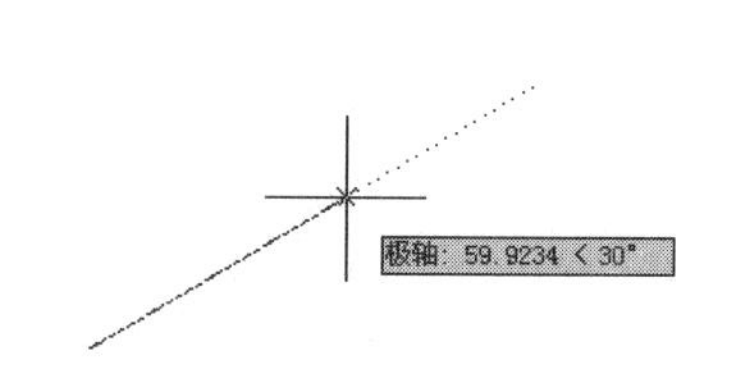

图 3-5 使用极轴追踪确定点的位置

“对象捕捉追踪设置”选项组用来选择按何种方式确定临时路径进行追踪。当选择“仅正交追踪”单选按钮时，只显示正交，即水平和垂直的追踪路径；当选择“用所有极轴角设置追踪”单选按钮时，就把极轴追踪的设置运用到对象追踪中了。

“极轴角测量”选项组是用来确定极轴角测量方式的。选择“绝对”单选按钮，表示设置极轴角为当前坐标系绝对角度；若选择“相对上一段”单选按钮，则表示设置极轴角为上一个绘制对象的相对角度。

提示：

正交模式和极轴追踪模式不能同时打开，若打开了极轴追踪模式，正交模式将自动关闭；反之亦然。

3.3.3 对象捕捉及对象捕捉追踪

1. 对象捕捉(F3)

打开“草图设置”对话框中的“对象捕捉”选项卡，如图 3-6 所示。勾选“启用对象捕捉”复选框，启动对象捕捉功能。在绘图过程中，使用对象捕捉功能可以标记对象上某些特定的点，如端点、中点、垂足等。每一种设置模式左边的图形就是这种捕捉模式的标记，使用时，所选实体捕捉点上会出现对应的标记。用户可打开其中一项或几项，一旦设置了对象捕捉模式，每次要求输入点时，AutoCAD 就会自动显示靶区，以便让用户知道已经有一种对象捕捉模式在起作用。如果尚未选择捕捉模式，靶区一般不会出现。若要停止运行对象捕捉模式，可以在“对象捕捉”选项卡中单击“全部清除”按钮，取消所选的对象捕捉模式。

若同时设置了几种捕捉模式，在靶区就会同时存在这几种捕捉模式，按 Tab 键可选择所需捕捉点，按 Shift+Tab 键可做反向选择。

还可以在任意一个工具栏上右击，在弹出的快捷菜单中选择“对象捕捉”命令，系统弹出浮动的“对象捕捉”工具栏，如图 3-7 所示。“对象捕捉”工具栏上的命令只能用于临时对象捕捉，对象捕捉模式打开后，仅对本次捕捉点有效。若经常使用某些特定的对象捕捉模式，则需在如图 3-6 所示的“对象捕捉”选项卡中设置对象捕捉模式。这样，在每次执行命令时，所设定的对象捕捉模式都会被打开。

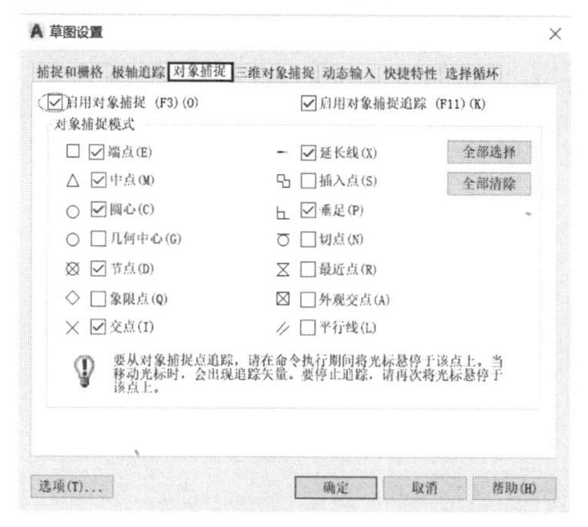

图 3-6 “对象捕捉”选项卡

图 3-7 “对象捕捉”工具栏

2. 对象捕捉追踪(F11)

在“对象捕捉”选项卡中，勾选“启用对象捕捉追踪”复选框，将启动对象捕捉追踪功能。启动对象捕捉追踪功能后，将光标移至一个对象捕捉点，只要在该处短暂停留，不必单击该点，便可临时获得该点，该点处将显示一个小加号(+)。获取该点后，当在绘图路径上移动光标时，将显示相对于该点的水平、垂直临时路径。若在“极轴追踪”选项卡中的“对象捕捉追踪设置”选项组中选择了“用所有极轴角设置追踪”单选按钮，则会显示极轴临时路径，并可以在临时路径上选择所需要的点。

如图 3-8 所示，启用了“端点”对象捕捉和“对象捕捉追踪”功能，单击直线的起点 1 开始绘制直线，将光标移动到另一条直线的端点 2 处临时获取该点，然后沿着水平对齐临时路径移动光标，定位要绘制的直线的端点 3。

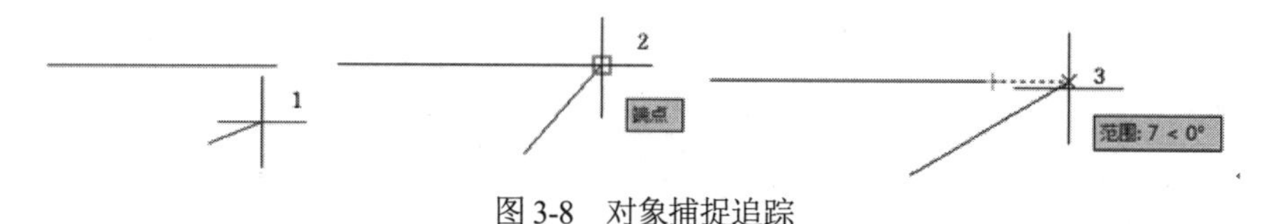

图 3-8 对象捕捉追踪

3.3.4 设置正交(F8)

在绘图过程中，对于图形中常见的水平线和竖直线，若单纯使用鼠标绘制，则会发现要画得横平竖直几乎不可能；若通过键盘输入的方法来绘图，水平和垂直的要求则可以达到，但需要计算坐标，不够方便快捷。AutoCAD 提供 ortho 命令来设置正交模式。设置正交模式后将使所画的线平行于 X 轴或 Y 轴。当为三轴模式时，它还会使直线平行于三个等参轴中的一个。

打开或关闭正交模式有三种方法：第一种是单击状态栏上的“正交”按钮，第二种是按 F8 键，第三种是在命令行中输入 ortho 命令并按 Enter 键，命令行提示如下。

```
命令: ortho
输入模式 [开(ON)/关(OFF)] <关>:
```

ortho 命令只有两个选项，即“开”和“关”。“开”选项表示打开正交模式，“关”选项则表示将其关闭。当打开时，工作界面底部的状态栏上的“正交”按钮会下凹，表示处于选中状态。

打开正交模式后，只能绘制水平线和竖直线，画线的方向取决于光标在 X 轴方向上的移动距离和光标在 Y 轴方向上的移动距离。如果 X 方向的距离比 Y 方向的大，则画水平线。相反，如果 Y 方向的距离比 X 方向的大，则画竖直线。

提示：

打开正交模式后，不能通过拾取点的方式绘制有一定倾斜角度的直线。但用键盘输入两点的坐标或用直接捕捉点的方式仍可绘制任何倾斜角度的直线。

3.4 绘制简单直线类图形

3.4.1 绘制线段和构造线

1. 绘制线段

在 AutoCAD 中最常见、最基本的图形是直线，因此绘制直线是最基本也是最重要的命令。利用 AutoCAD 提供的直线命令一次可以画一条线段，也可以连续画多条彼此相连的线段。重复“直线”命令还可以绘制多条相互独立的线段。直线段是由起点和终点确定的，线段的起点和终点位置可以通过鼠标拾取或通过键盘输入。

可以通过以下 3 种方法启动 line(L)命令。

- 在“绘图”工具栏上单击“直线”按钮。
- 选择“绘图”|“直线”命令。
- 在命令行中输入 line 命令并按 Enter 键或空格键。

启动 line 命令后，命令行提示如下。

```
命令: line                              //输入绘制直线命令 line
指定第一点:                              //输入线段起点坐标，或在绘图区拾取起点
指定下一点或 [放弃(U)]:                   //输入线段终点坐标，或在绘图区拾取终点
指定下一点或 [闭合(C)/放弃(U)]:            //若要闭合则输入 C
```

如果只画一条线段，则在下次出现“指定下一点或[放弃(U)]:”提示符时按 Enter 键或空格键，即可结束 line 操作。若想画多条线段，在“指定下一点或[放弃(U)]:”提示符下继续输入线段端点即可。另外，需要绘制闭合的折线时，可在“指定下一点或[闭合(C)/放弃(U)]:”提示符下输入 C，选择“闭合”选项，AutoCAD 将会自动形成闭合的折线。

【例 3-1】 绘制一个底角为 45°倒立的等腰三角形，底边长为 4mm，如图 3-9 所示。

(1) 关闭状态栏上的动态输入(DYN)开关。

(2) 启动 line 命令，输入起始点 1 的坐标(100, 100)。

(3) 输入点 2 的坐标，采用相对坐标(@4, 0)。

(4) 输入点 3 在坐标，采用相对坐标(@−2, −2)。

(5) 封闭三角形，在命令提示行中输入 C，运用“闭合”选项

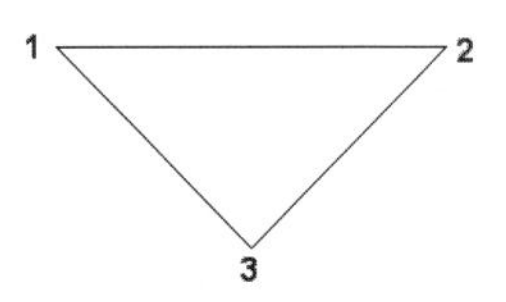

图 3-9　等腰三角形

完成三角形的绘制。

通过以上步骤，如图 3-9 所示的等腰三角形就绘制完成了，命令行提示如下。

```
命令: line                                  //输入绘制直线命令 line
指定第一点: 100,100                         //输入起始点 1 的坐标
指定下一点或 [放弃(U)]: @4,0                //输入点 2 的坐标，采用相对坐标(@4,0)
指定下一点或 [放弃(U)]: @-2,-2              //输入点 3 的坐标，采用相对坐标(@-2, -2)
指定下一点或 [闭合(C)/放弃(U)]: C           //采用“闭合”选项，封闭三角形
```

提示：

试着打开状态栏上的动态输入(DYN)开关，对比一下两种输入方法。

2. 绘制构造线

构造线主要用作绘图时的辅助线(两端无限长的直线)。AutoCAD 能绘制水平线、竖直线、任意角度线、角平分线和偏移线，通常使用构造线使对象对齐或平分角。

可以通过以下 3 种方法启动 xline(XL)命令。

- 单击“绘图”工具栏上的“构造线”按钮。
- 选择“绘图”|“构造线”命令。
- 在命令行中输入 xline 命令并按 Enter 键或空格键。

启动 xline 命令后，命令行提示如下。

```
命令: xline                                              //通过键盘输入构造线 xline 命令
指定点或 [水平(H)/垂直(V)/角度(A)/二等分(B)/偏移(O)]:    //拾取或输入起始点或选择构造线选项
指定通过点:                                              //拾取或输入通过点
```

其具体操作与绘制射线的操作类似，但不同的是在指定起点时 xline 命令提供了 5 个选项。

- 当输入 H 或 V 时，直接用鼠标在绘图区拾取通过点或用键盘输入通过点的坐标即可绘制水平或竖直构造线。
- 当在提示栏中输入 A 时，命令行提示如下。

```
命令: xline                                              //通过键盘输入构造线 xline 命令
指定点或 [水平(H)/垂直(V)/角度(A)/二等分(B)/偏移(O)]: A  //输入 A，选择绘制角度线
输入构造线的角度(0)或[参照(R)]: 30                       //默认为直接输入角度值，现输入 30
指定通过点:                                              //拾取或输入通过点
```

- 当输入 R 时，命令行提示如下。

```
命令: xline
指定点或[水平(H)/垂直(V)/角度(A)/二等分(B)/偏移(O)]: A   //输入 A，选择绘制角度线
输入构造线的角度(0)或“参照(R)”: R                       //选择参照
选择直线对象:                                            //指定一条已知的直线
输入构造线的角度 <0>:                                    //输入与指定直线所成角度值，默认值为 0
指定通过点:                                              //拾取或输入通过点
指定通过点:                                              //按 Enter 键或空格键结束命令
```

- 当输入 B 时，可以绘制角平分线。接下来以绘制图 3-9 中∠213 的角平分线为例介绍角平分线的绘制方法。先打开“端点”捕捉，命令行提示如下。

```
命令: line
指定点或 [水平(H)/垂直(V)/角度(A)/二等分(B)/偏移(O)]: B  //选择绘制角平分线
指定角的顶点:              //选择要平分角的顶点，利用端点捕捉点 1
指定角的端点:              //选择要平分角起始边上一点，利用端点捕捉点 2
指定角的端点:              //选择要平分角终止边上一点，利用端点捕捉点 3
指定角的端点:              //按 Enter 键或空格键结束命令
```

通过上述步骤绘出的∠213 的角平分线如图 3-10 所示。

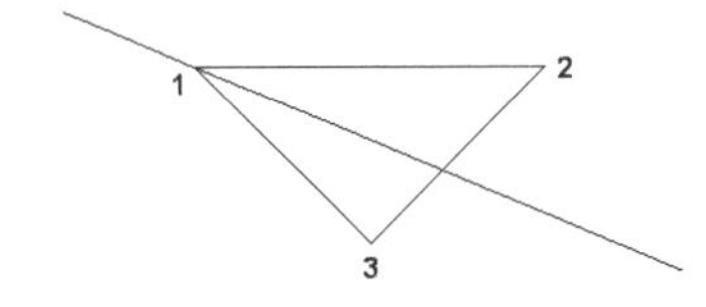

图 3-10　角平分线的绘制

- 当输入 O 时，即可绘制偏移构造线。命令行提示如下。

```
命令: xline
指定点或 [水平(H)/垂直(V)/角度(A)/二等分(B)/偏移(O)]: O  //选择绘制偏移构造线
指定偏移距离或 [通过(T)] <5.0000>:    //用鼠标指定偏移距离或输入平移距离，若输入 T，则可
以通过选择直线对象后再选择一点，偏移构造线通过该点
选择直线对象:                      //用鼠标指定偏移直线对象
指定向哪侧偏移:                    //用鼠标点取偏移方向，若前面选择了 T，则没有该项
选择直线对象:                      //按 Enter 键或空格键结束命令
```

3.4.2　绘制多线

在许多的工程绘图中，常常需要绘制一组平行线，如建筑制图中的墙线。AutoCAD 提供了绘制多线的命令，使用此命令，可以绘制由多条平行线组成的复合线，可包含 1～16 条平行直线，其中每条直线称为多线的元素。用户可自行设定元素的数目和每个元素的特性，每条线相对于多线原点(0, 0)的偏移量、颜色及线型，起点和端点是否闭合及闭合样式(如用直线还是圆弧)，转折点处是否连线，以及多线是否填充。默认样式只包含两个元素。

1. 多线的绘制

绘制多线的命令是 mline(ML)，可以通过以下两种方式启动该命令。

- 选择“绘图”|“多线”命令。
- 在命令行中输入 mline 命令并按 Enter 键或空格键。

启动 mline 命令后，命令行提示如下。

```
命令: mline                                       //输入 mline 命令，启动多线绘制
当前设置: 对正=上，比例= 20.00，样式= STANDARD     //提示当前多线设置
指定起点或 [对正(J)/比例(S)/样式(ST)]:             //指定多线起始点或修改多线设置
指定下一点:
指定下一点或 [放弃(U)]:                            //指定下一点或取消
指定下一点或 [闭合(C)/放弃(U)]:                    //指定下一点、闭合或取消
```

若如以上提示所示，当前的设置为顶部对齐、比例为 20、样式为 STANDARD。在此状态下可输入一点或输入选项对正(J)、比例(S)及样式(ST)。下面对这几个选项分别进行介绍。

- 对正(J)。“对正”选项的功能是控制将要绘制的多线相对于十字光标的位置。在命令行中输入 J，命令行提示如下。

```
命令: mline
当前设置: 对正 = 上，比例 = 20.00，样式 = STANDARD
指定起点或 [对正(J)/比例(S)/样式(ST)]: J                //输入 J，设置对正方式
输入对正类型 [上(T)/无(Z)/下(B)] <上>:                 //选择对正方式
```

mline 命令有 3 种对正方式：上(T)、无(Z)和下(B)。默认选项为“上”，使用此选项绘制多线时，多线在光标下方绘制，因此在指定点处将会出现具有最大正偏移值的直线，如图 3-11(a)所示。使用选项“无”绘制多线时，多线以光标为中心绘制，拾取的点在偏移量为 0 的元素上，即多线的中心线与选取的点重合，如图 3-11(b)所示。使用选项“下”绘制多线时，多线在光标上方绘制，拾取点在多线负偏移量最大的元素上，如图 3-11(c)所示。

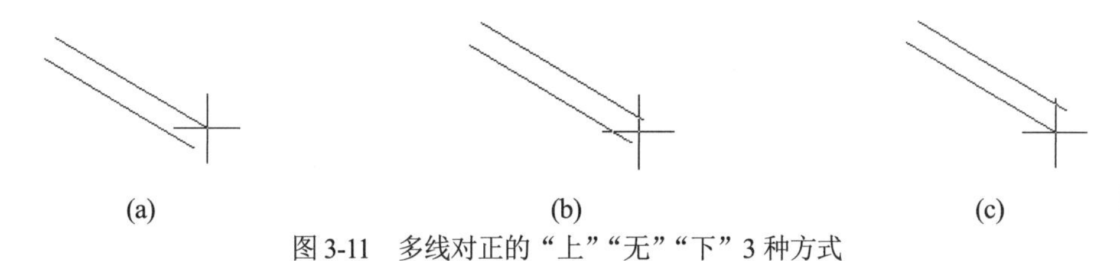

(a) (b) (c)

图 3-11 多线对正的“上”“无”“下”3 种方式

- 比例(S)。“比例”选项的功能是决定将要绘制的多线的宽度是样式中所设定的原始宽度的多少倍。在命令行输入 S，命令行提示如下。

```
命令: mline
当前设置: 对正 = 上，比例 = 20.00，样式 = STANDARD
指定起点或 [对正(J)/比例(S)/样式(ST)]: S               //输入 S，设置比例大小
输入多线比例 <20.00>:                                  //输入多线的比例值
```

例如，输入比例 0.5，则宽度是设置宽度的一半，即各元素的偏移距离为设置值的一半。因为多线中偏移距离最大的线排在最上面，越小越往下，为负值偏移量的元素在多线原点下面，当比例为负值时，多线的元素顺序颠倒过来。当比例为 0 时，则将多线当作单线绘制。图 3-12 是利用不同比例绘制多线的效果，最上面的多线比例为 40，中间的多线比例为 20，最下面的多线比例为 0。

图 3-12 利用不同比例绘制多线的效果

- 样式(ST)。“样式”选项的功能是为将要绘制的多线指定样式。在命令行输入 ST，命令行提示如下。

```
命令: mline
当前设置: 对正 = 上，比例 = 20.00，样式 = STANDARD
指定起点或 [对正(J)/比例(S)/样式(ST)]: ST              //输入 ST，设置多线样式
输入多线样式名或“?”:                                   //输入存在并加载的样式名，或输入“?”
```

输入“?”后，文本窗口中将显示当前图形文件加载的多线样式，默认的样式为 STANDARD。

2. 设置多线样式

多线样式可以控制多线中元素的数量和每个元素的特性(如颜色和线型)，以及每个元素在多线中的位置。另外，还可以指定多线的背景颜色和端部形状。使用多线的场合不同，对多线的线型也就有不同的要求。默认的多线样式为 STANDARD，这种样式只有两个元素，即两条直线。可以通过以下两种方式打开“多线样式”对话框，“多线样式”对话框如图 3-13 所示。

图 3-13　“多线样式”对话框

- 选择“格式”|“多线样式”命令。
- 在命令行中输入 mlstyle 命令并按 Enter 键或空格键。

在“多线样式”对话框中，“样式”列表框中列出了现有的多线样式名称，“说明”和“预览”框中将显示“样式”列表框中所选择的多线样式的信息。另外，“多线样式”对话框还有“置为当前”“新建”“修改”“重命名”“删除”“加载”和“保存”7 个按钮可供操作。

单击“多线样式”对话框中的“新建”按钮，会弹出“创建新的多线样式”对话框，如图 3-14 所示。在“新样式名”文本框中输入新样式的名称，例如，输入 wall，然后单击“继续”按钮，系统弹出“新建多线样式:WALL”对话框，如图 3-15 所示。

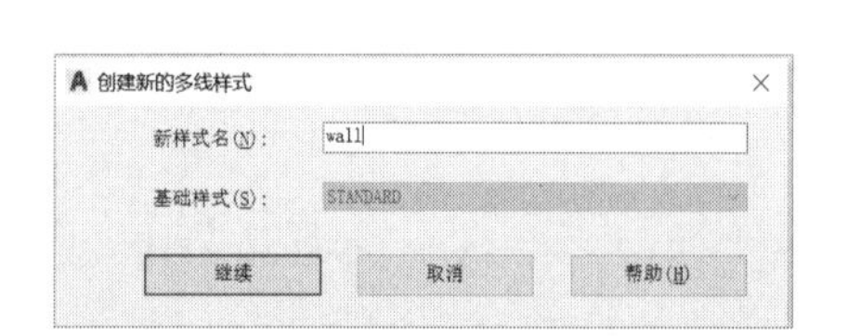

图 3-14　“创建新的多线样式”对话框

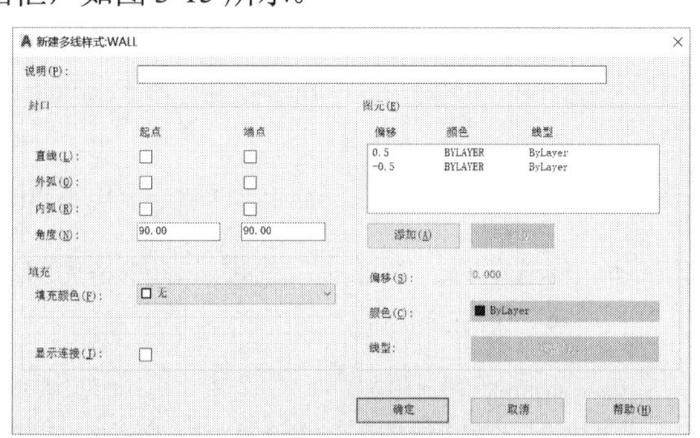

图 3-15　“新建多线样式:WALL”对话框

“新建多线样式:WALL”对话框中各选项的含义如下。

- “说明”文本框：可以在该文本框中输入多线样式的一些简要信息。
- “封口”选项组：用于控制多线的封口形式，包括选择起点和端点、直线封口、外弧封口、内弧封口及封口的角度。各种封口形式的对比如表 3-1 所示。

表 3-1　封口形式和显示连接

封口形式	无封口(显示连接)	有封口(显示连接)
直线		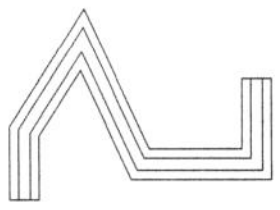
外弧	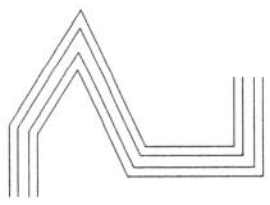	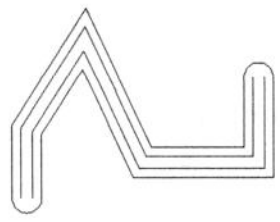
内弧	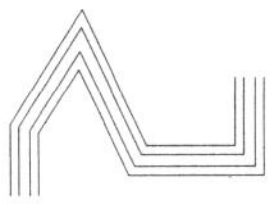	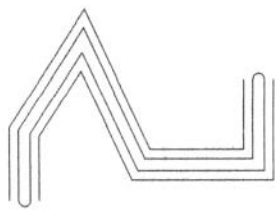
角度	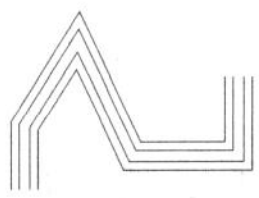	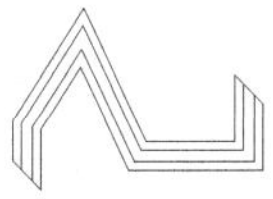
显示连接	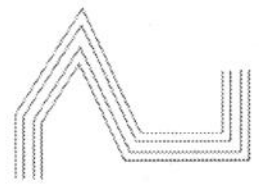	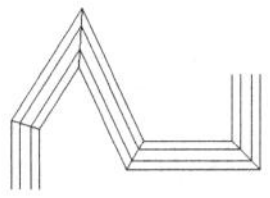

- “填充”选项组：用于控制多线中的填充颜色，可以在“填充颜色”下拉列表框中选择填充颜色。
- “显示连接”复选框：用于控制每条多线线段顶点处连接的显示。
- “图元”选项组：用于“添加”或“删除”元素，在“偏移”栏中可以设置偏移的数值，以及元素的“颜色”和“线型”。其中偏移量可以是正值，也可以是负值。图 3-16 是偏移量的示意图。

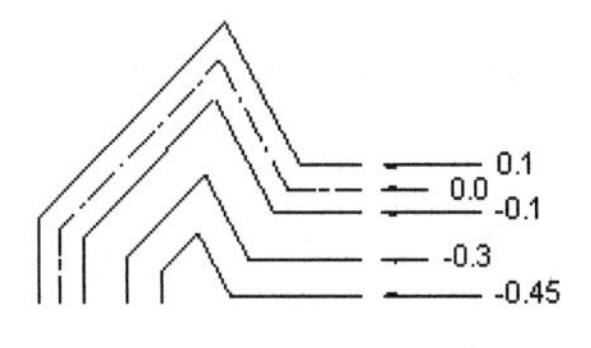

图 3-16　偏移量的示意图

单击“添加”按钮，列表框中会出现一个偏移量为 0 的新元素，单击“确定”按钮，则可以结束新建多线样式的操作，返回之前的“多线样式”对话框。单击“置为当前”按钮，将 WALL 样式设为当前样式，再单击“确定”按钮完成整个设置过程。当然，还可以单击“保存”按钮，把现有的样式保存为样式库文件，以便在其他图纸中“加载”调用，省去重复设置的时间。

3.4.3　绘制多段线

多段线由相连的多段直线或弧线组成，这些直线和弧线被作为单一的对象使用。也就是说，当用户选择其中任意一段直线或弧线时将选择整个多段线。可以将多段线中的线条设置成不同的线宽和线型，具有很强的实用性。

绘制多段线的命令是 pline(PL)，可以通过以下 3 种方法启动 pline 命令。

- 选择“绘图”|“多段线”命令。
- 单击“绘图”工具栏上的按钮。
- 在命令行中输入 pline 命令并按 Enter 键或空格键。

单击“绘图”工具栏上的按钮，命令行提示如下。

```
命令: pline            //单击按钮启动绘制多段线命令
指定起点:              //通过输入坐标的方式或光标拾取的方式确定多段线的第一个点
当前线宽为 0.0000      //系统提示当前线宽，第一次使用显示默认线宽为 0，多次使用显示上一
次线宽指定下一个点或 [圆弧(A)/半宽(H)/长度(L)/放弃(U)/宽度(W)]:
```

其中各选项的功能如下。

- “圆弧(A)”：在命令行中输入 A，命令行提示如下。

```
指定圆弧的端点或
[角度(A)/圆心(CE)/方向(D)/半宽(H)/直线(L)/半径(R)/第二个点(S)/放弃(U)/宽度(W)]: //绘制圆弧
```

- “半宽(H)”：指定从多段线线段的中心到其一边的宽度。起点半宽将成为默认的端点半宽。端点半宽在再次修改半宽之前将作为所有后续线段的统一半宽。宽线线段的起点和端点位于宽线的中心。在命令行中输入 H，命令行提示如下。

```
指定下一点或 [圆弧(A)/闭合(C)/半宽(H)/长度(L)/放弃(U)/宽度(W)]: H
指定起点半宽 <0.0000>:
指定端点半宽 <0.0000>:
```

- “长度(L)”：用于在与前一线段相同的角度方向上绘制指定长度的直线段。如果前一线段是圆弧，程序将绘制与该弧线段相切的新的直线段。在命令行中输入 L，命令行提示如下。

```
指定下一点或 [圆弧(A)/闭合(C)/半宽(H)/长度(L)/放弃(U)/宽度(W)]: L
指定直线的长度:              //输入沿前一直线方向或前一圆弧相切直线方向的距离
```

- “宽度(W)”：在命令行中输入 W，命令行提示如下。

```
指定起点宽度 <0.0000>:   //设置即将绘制的多段线的起点的宽度
指定端点宽度 <0.0000>:   //设置即将绘制的多段线的末端点的宽度
```

提示：

圆弧的绘制方法将在 3.5.3 节为读者进行详细讲解。在绘制多段线时，与绘制直线一样，可以在命令行中输入 C 来闭合多段线。如果不用“闭合”选项来闭合多段线，而是使用捕捉起点的方式闭合，闭合处就会有锯齿。在绘制多段线的过程中，如果想放弃前一次绘制的多段线，在命令行中输入 U 即可。

3.4.4 绘制矩形

绘制矩形的命令是 rectangle，可以通过以下 3 种方法启动 rectangle 命令。

- 选择“绘图”|“矩形”命令。

- 单击“绘图”工具栏上的按钮▭。
- 在命令行中输入 rectangle(REC)命令。

单击工具栏上的“矩形”按钮▭，命令行提示如下。

```
命令: rectang                                              //启动绘制矩形的命令
指定第一个角点或 [倒角(C)/标高(E)/圆角(F)/厚度(T)/宽度(W)]:   //指定矩形第一个角点
指定另一个角点或 [面积(A)/尺寸(D)/旋转(R)]:
```

当指定第一个角点后，命令行提示选择第二个角点的方式包括面积(A)、尺寸(D)和旋转(R)。

- “面积(A)”：若此时在命令行中输入 A，则 AutoCAD 将使用面积、长度或宽度两者之一创建矩形。例如，要创建一个面积为 600 的矩形(采用图形单位)，如图 3-17 所示，其命令行提示如下。

```
命令: rectang                                              //启动绘制矩形的命令
指定第一个角点或 [倒角(C)/标高(E)/圆角(F)/厚度(T)/宽度(W)]:   //指定矩形第一个角点
指定另一个角点或 [面积(A)/尺寸(D)/旋转(R)]:A        //选择以面积方式进行绘制
输入以当前单位计算的矩形面积 <100.0000>: 600       //输入要绘制的矩形的面积，输入一个正值
计算矩形标注时依据 [长度(L)/宽度(W)] <长度>:L      //再选择长度或宽度
输入矩形长度 <30.0000>:                           //输入一个非零值
```

或

```
计算矩形标注时依据 [长度(L)/宽度(W)] <宽度>:W      //再选择长度或宽度
输入矩形宽度 <10.0000>:20                         //输入一个非零值
```

- “尺寸(D)”：若在输入另一个角点时输入 D，选择以尺寸方式进行绘制，则 AutoCAD 将使用长度和宽度来创建矩形。例如，要创建一个面积为 600 的矩形(采用图形单位)，其命令行提示如下。

```
指定另一个角点或 [面积(A)/尺寸(D)/旋转(R)]:D        //选择以尺寸方式进行绘制
输入矩形的长度 <0.0000>: 30                       //输入一个非零值
输入矩形的宽度 <0.0000>: 20                       //输入一个非零值
```

- “旋转(R)”：若在输入另一个角点时输入 R，则 AutoCAD 将按指定的旋转角度创建矩形。例如，要创建一个面积为 600 的矩形(采用图形单位)，与 X 轴成 30° 的夹角，如图 3-18 所示，其命令行提示如下。

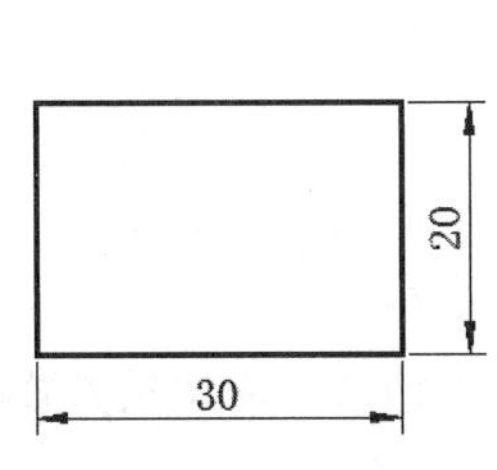

图 3-17　按面积绘制矩形

图 3-18　绘制旋转的矩形

```
指定另一个角点或 [面积(A)/尺寸(D)/旋转(R)]:R       //选择以旋转角方式进行绘制
指定旋转角度或 [拾取点(P)] <0>: 30                //输入旋转角 30°，或在绘图区上拾取合适的点
指定另一个角点或 [面积(A)/尺寸(D)/旋转(R)]: D      //可继续使用尺寸或面积方式完成矩形的绘制
```

```
输入矩形的长度 <0.0000>: 30                //输入一个非零值
输入矩形的宽度 <0.0000>: 20                //输入一个非零值
```

另外，当命令中出现如下提示时：

```
指定第一个角点或 [倒角(C)/标高(E)/圆角(F)/厚度(T)/宽度(W)]:
```

可以通过选择标高(E)来指定矩形的标高；通过选择厚度(T)来指定矩形的厚度。这两个选项可以应用于三维绘图中。通过选择宽度(W)可以指定绘制矩形的多段线的宽度。

倒角(C)与圆角(F)分别用于设置倒角的距离(倒角开始点到结束点的水平距离)和圆角的半径，如图 3-19 和图 3-20 所示。

图 3-19　倒角　　　　图 3-20　圆角

3.4.5　绘制正多边形

创建正多边形是绘制正方形、等边三角形、八边形等图形的简单方法。绘制正多边形的命令是 polygon，可以通过以下 3 种方法启动 polygon 命令。

- 选择“绘图”|“正多边形”命令。
- 单击“绘图”工具栏上的“正多边形”按钮。
- 在命令行中输入 polygon 命令。

单击“绘图”工具栏上的“正多边形”按钮，命令行提示如下。

```
命令: polygon 输入侧面数 <4>:6      //输入正多边形的边数
指定正多边形的中心点或 [边(E)]:
```

系统提供了 3 种绘制正多边形的方法，绘制的效果如图 3-21 所示。

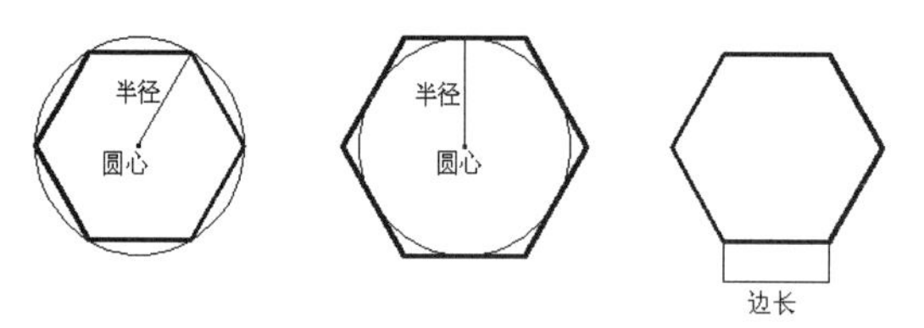

图 3-21　正多边形绘制方法示例

- 内接于圆：多边形的顶点均位于假设的圆弧上，需要指定边数和半径。
- 外切于圆：多边形的各边与假设圆相切，需要指定边数和半径。
- 边长方式：以上两种方式以假设圆的大小确定多边形的边长，而边长方式则直接给出多边形边长的数值和方向。

若想采用内接于圆或外切于圆的方法绘制正多边形，则可以在绘图区拾取或者通过输入坐标的方式确定正多边形的中心点，命令行提示如下。

```
输入选项 [内接于圆(I)/外切于圆(C)] <I>: I    //输入 I 或 C，选择内接于圆或外切于圆
指定圆的半径:                               //输入圆的半径
```

若想采用边长方式绘制正多边形，则在命令行中输入 E，命令行提示如下。

```
指定边的第一个端点:    //相当于绘制直线的第一个点
指定边的第二个端点:    //相当于绘制直线的第二个点
```

3.5 绘制曲线

在制图过程中除了需要使用直线，曲线也是非常重要的一个元素。圆、圆环、圆弧、椭圆、椭圆弧、样条曲线等曲线形式经常在建筑制图中被用到。AutoCAD 2020 提供了强大的曲线绘制功能，下面分别介绍各种曲线的绘制方法。

3.5.1 绘制圆

绘制圆的命令是 circle(C)，可以通过以下 3 种方法启动 circle 命令。

- 选择“绘图” | “圆” 命令。
- 单击“绘图”工具栏上的“圆”按钮。
- 在命令行中输入 circle 命令。

单击绘图工具栏上的“圆”按钮，命令行提示如下。

```
命令: circle 指定圆的圆心或 [三点(3P)/两点(2P)/ 切点、切点、半径(T)]:
```

系统提供了指定圆心和半径、指定圆心和直径、三点画圆、两点画圆、半径切点法、相切相切相切法 6 种绘制圆的方法，如图 3-22 所示。

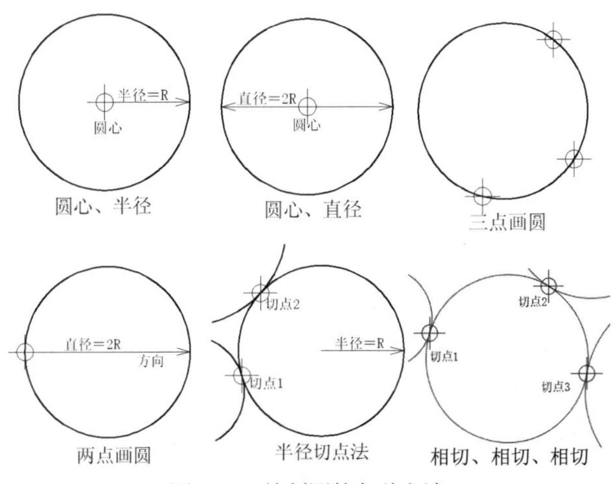

图 3-22　绘制圆的各种方法

- 圆心、半径与圆心、直径。选择圆心后命令行提示如下。

```
指定圆的半径或 [直径(D)] <0.0000>: D  //直接输入半径或输入 D 选择直径输入
指定圆的直径 <0.0000>: 50             //输入直径
```

- 三点画圆。命令行提示如下。

```
命令: circle 指定圆的圆心或 [三点(3P)/两点(2P)/ 切点、切点、半径(T)]:3P    //选择三点画圆
指定圆上的第一个点:  //拾取第一个点或输入坐标
指定圆上的第二个点:  //拾取第二个点或输入坐标
指定圆上的第三个点:  //拾取第三个点或输入坐标
```

- 两点画圆。选择两点，即选择圆直径的两个端点，圆心就落在两点连线的中点上，便可完成圆的绘制，命令行提示如下。

```
命令: circle 指定圆的圆心或 [三点(3P)/两点(2P)/ 切点、切点、半径(T)]: 2P   //选择两点画圆
指定圆直径的第一个端点:    //拾取圆直径的第一个端点或输入坐标
指定圆直径的第二个端点:    //拾取圆直径的第二个端点或输入坐标
```

- 半径切点法。选择两个圆或圆弧的切点，输入要绘制的圆的半径，便可完成圆的绘制，命令行提示如下。

```
命令: circle 指定圆的圆心或 [三点(3P)/两点(2P)/ 切点、切点、半径(T)]:T    //选择半径切点法
指定对象与圆的第一个切点:     //拾取第一个切点
指定对象与圆的第二个切点:     //拾取第二个切点
指定圆的半径 <134.3005>: 200  //输入圆的半径
```

- 相切相切相切法。选择三个圆或圆弧的切点，便可完成圆的绘制，命令行提示如下。

```
命令: circle 指定圆的圆心或 [三点(3P)/两点(2P)/切点、切点、半径(T)]: 3P 指定圆上的第一个点：_tan 到
指定圆上的第二个点：_tan 到
指定圆上的第三个点：_tan 到
```

3.5.2 绘制圆环

圆环是填充环或实体填充圆，即带有宽度的闭合多段线。如果想创建圆环，就要知道它的内外直径和圆心。通过指定不同的中心点，可以继续创建具有相同直径的多个副本。要创建实体填充圆，即圆点，请将内径值指定为0。各种圆环效果如图3-23所示。

选择“绘图”|“圆环”命令，或在命令行输入donut(DO)命令即可完成圆环的绘制。

图3-23 各种圆环效果

选择“绘图”|“圆环”命令时，命令行提示如下。

```
命令: donut                    //启动圆环绘制命令
指定圆环的内径 <0.5000>: 50     //输入圆环的内径值
指定圆环的外径 <1.0000>: 80     //输入圆环的外径值
指定圆环的中心点或 <退出>:      //拾取圆环的中心点或输入坐标
指定圆环的中心点或 <退出>:      //可通过选择不同的中心点，连续绘制该尺寸的圆环
```

提示：

前面提到的fill命令可以控制填充的显示。

3.5.3　绘制圆弧

绘制圆弧的命令是arc，可以通过以下3种方法启动arc命令。

- 选择“绘图”|“圆弧”命令，系统提供了11种绘制圆弧的方式。
- 单击“绘图”工具栏上的“圆弧”按钮。
- 在命令行中输入arc命令。

单击“圆弧”按钮后，命令行提示如下。

```
命令: arc  指定圆弧的起点或 [圆心(C)]:
```

系统为用户提供了多种绘制圆弧的方式，下面介绍几种常用的绘制方式。

- 指定三点方式。指定三点方式是绘制圆弧的默认方式，依次指定三个不共线的点可以确定一段圆弧，效果如图3-24所示。单击“圆弧”按钮，命令行提示如下。

```
命令: arc  指定圆弧的起点或 [圆心(C)]:            //拾取点 1
指定圆弧的第二个点或 [圆心(C)/端点(E)]:   //拾取点 2
指定圆弧的端点:                                            //拾取点 3
```

- 指定起点、圆心及另一参数方式。圆弧的起点和圆心决定了圆弧所在的圆。另外一个参数可以是圆弧的端点(终止点)、角度(即起点到终点的圆弧角度)或长度(圆弧的弦长)，如图3-25所示。

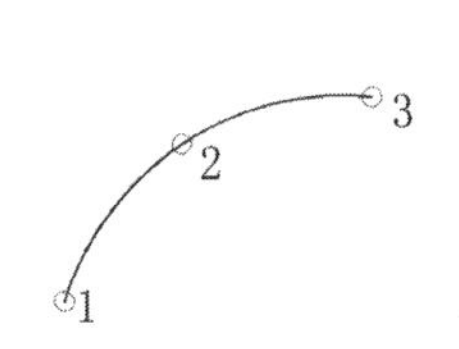

图3-24　三点确定一段圆弧

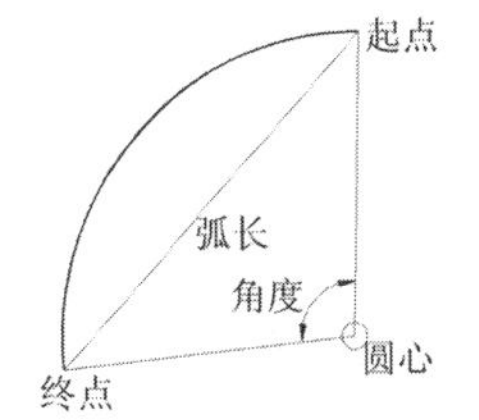

图3-25　圆弧各参数

- 指定起点、端点及另一参数方式。圆弧的起点和端点决定了圆弧圆心所在的直线。另外一个参数可以是圆弧的角度、圆弧在起点处的切线方向或圆弧的半径。

提示：

在第一个提示下按Enter键，将绘制与上一条直线、圆弧或多段线相切的圆弧。当使用圆弧的角度作为参数时，角度的方向与通过选择“格式”|“单位”命令设置的角度方向一致，默认逆时针方向为正。

【例3-2】绘制如图3-26所示的一个400m标准跑道。径赛场地400m跑道弯道半径应为37.898m，弯道圆心的距离为80m(图中采用mm为单位)。

(1) 单击“直线”按钮，命令行提示如下。

```
命令: line  指定第一点: 0,0                  //指定点 1 的绝对坐标
指定下一点或 [放弃(U)]: 80000,0   //指定点 2 的绝对坐标
指定下一点或 [放弃(U)]:                    //按 Enter 键，完成直线的绘制
```

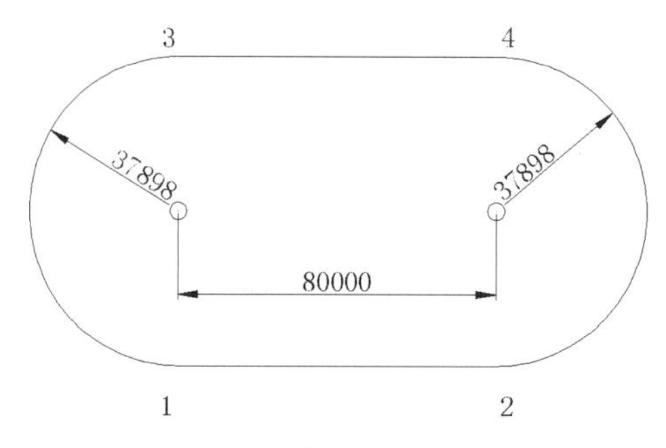

图 3-26　标准跑道示意图

(2) 再次执行 line 命令，绘制绝对坐标为(0, 75796)的点 3 和绝对坐标为(80000, 75796)的点 4。绘制方法与步骤(1)相同，在此不再赘述。

(3) 选择“工具”|“绘图设置”命令，在“草图设置”对话框的“对象捕捉”选项卡中勾选“启用对象捕捉”和“端点”复选框，单击“确定”按钮。

(4) 单击“圆弧”按钮，命令行提示如下。

```
命令: arc 指定圆弧的起点或 [圆心(C)]:                 //选择捕捉直线 34 的端点 3
指定圆弧的第二个点或 [圆心(C)/端点(E)]: E            //选择采用端点方式
指定圆弧的端点:                                      //捕捉直线 12 的端点 1
指定圆弧的圆心或 [角度(A)/方向(D)/半径(R)]: R         //输入 R，采用半径方式绘制
指定圆弧的半径: 37898                                //输入圆弧所在圆的半径
```

(5) 按 Enter 键，绘制出如图 3-26 所示左边的圆弧。用同样的方法，绘制右边的圆弧。

提示：

绘制右边圆弧的选点顺序为 2、4，沿系统默认的逆时针方向选点，否则绘制的是另一方向的一段弧线。

3.5.4　绘制椭圆与椭圆弧

1. 绘制椭圆

绘制椭圆的命令是 ellipse(EL)，可以通过以下 3 种方法启动 ellipse 命令。

- 选择“绘图”|“椭圆”命令。
- 单击“绘图”工具栏上的“椭圆”按钮。
- 在命令行中输入 ellipse 命令。

单击“椭圆”按钮后，命令行提示如下。

```
命令: ellipse                                   //单击按钮执行命令
指定椭圆的轴端点或 [圆弧(A)/中心点(C)]:        //选择绘制椭圆的方式
```

系统提供了多种绘制椭圆的方式，下面介绍几种常用的绘制方式。

- 一条轴端点和另一条轴半径。按照默认的顺序就可以依次指定长轴的两个端点和另一条半轴的长度，其中长轴是通过两个端点来确定的，只需要给出另外一个轴的长度就可以确定椭圆了。

```
命令: ellipse                                //单击按钮执行命令
指定椭圆的轴端点或 [圆弧(A)/中心点(C)]:      //拾取点或输入坐标确定椭圆一条轴的端点
指定轴的另一个端点:                          //拾取点或输入坐标确定椭圆一条轴的另一个端点
指定另一条半轴长度或 [旋转(R)]:              //输入长度或用光标选择另一条半轴的长度
```

- 一条轴端点和旋转角度。直观地讲，相当于把一个圆在空间上绕一长轴转动了一个角度以后投影在二维平面上，形成椭圆。随着输入值的增大，椭圆的离心率也随之增大，例如 0º 是圆，60º 是长短轴之比为 2 的椭圆，90º 是椭圆退化为一条线段，命令行提示如下。

```
命令: ellipse                                //单击按钮执行命令
指定椭圆的轴端点或 [圆弧(A)/中心点(C)]:      //拾取点或输入坐标确定椭圆一条轴的端点
指定轴的另一个端点:                          //拾取点或输入坐标确定椭圆一条轴的另一个端点
指定另一条半轴长度或 [旋转(R)]: R            //输入 R，表示采用旋转方式绘制
指定绕长轴旋转的角度: 60                     //输入旋转角度
```

- 中心点、一条轴端点和另一条轴半径。这种方式需要依次指定椭圆的中心点、一条轴的端点和另外一条轴的半径，命令行提示如下。

```
命令: ellipse                                //单击按钮执行命令
指定椭圆的轴端点或 [圆弧(A)/中心点(C)]: C    //采用中心点方式绘制椭圆
指定椭圆的中心点:                            //拾取点或输入坐标确定椭圆中心点
指定轴的端点:                                //拾取点或输入坐标确定椭圆一条轴的端点
指定另一条半轴长度或 [旋转(R)]:              //输入椭圆另一条轴的半径或旋转的角度
```

提示：

在命令行提示中，还有一个“圆弧”选项，当输入 A 时，表示此时绘制的是椭圆弧。

2. 绘制椭圆弧

可以通过以下 3 种方法启动绘制椭圆弧的命令。

- 选择“绘图”|“椭圆”|“圆弧”命令。
- 单击“绘图”工具栏上的“椭圆弧”按钮。
- 执行 ellipse 命令，在指定椭圆的轴端点或[圆弧(A)/中心点(C)]提示下输入 A。

绘制椭圆弧的操作与绘制椭圆的操作非常类似，只是最后要输入椭圆弧的起始角度和终止角度，命令行提示如下。

```
指定起始角度或 [参数(P)]:                  //输入起始角度或选择采用矢量参数的方式绘制椭圆弧
指定终止角度或 [参数(P)/包含角度(I)]:      //输入终止角度或选择采用矢量参数的方式绘制椭圆弧及夹角
```

3.5.5 绘制样条曲线

样条曲线是通过拟合一系列指定点而形成的光滑曲线。样条曲线通常用于绘制小区平面布置图、地形等高线和一些建筑方案图。在 AutoCAD 中，一般通过指定样条曲线的控制点、起点，以及终点的切线方向来绘制样条曲线，在指定控制点和切线方向时，可以在绘图区观察样条曲线的动态效果。在绘制样条曲线时，还可以改变样条曲线的拟合公差。拟合公差是指样条曲线与输入点之间允许偏移距离的最大值。此偏差值越小，样条曲线就越靠近这些点，例如，

分别选择 0 和 50 的公差所绘制的样条曲线，如图 3-27 所示。

可以通过以下 3 种方法启动绘制样条曲线命令。

- 选择“绘图” | “样条曲线”命令。
- 单击“绘图”工具栏上的“样条曲线”按钮。
- 在命令行中输入 spline 命令。

单击“绘图”工具栏上的“样条曲线”按钮，命令行提示如下。

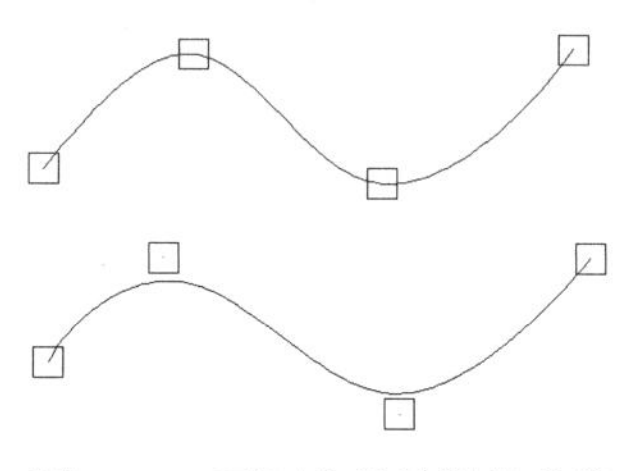

图 3-27　不同公差的样条曲线

```
命令: spline                                          //单击按钮执行命令
当前设置: 方式=拟合    节点=弦
指定第一个点或 [方式(M)/节点(K)/对象(O)]:              //指定样条曲线的起点
输入下一个点或 [起点切向(T)/公差(L)]: T                //输入 T，设置起点切向
指定起点切向:                                         //指定样条曲线起点的切线方向
输入下一个点或 [起点切向(T)/公差(L)]:                  //指定样条曲线的第二个控制点
……
输入下一个点或 [端点相切(T)/公差(L)/放弃(U)/闭合(C)]:    //指定样条曲线的其他控制点
输入下一个点或 [端点相切(T)/公差(L)/放弃(U)/闭合(C)]: T  //输入 T，设置终点切线方向
指定端点切向:                                         //指定样条曲线终点的切线方向
```

3.5.6　徒手画线

在建筑制图中有时需要随意手绘一些边界或配景。AutoCAD 提供了徒手画线的命令，用户可以通过徒手画线命令随意勾画出自己所需要的图案，如图 3-28 所示。

在命令行中输入 sketch 命令，启动徒手画线命令，命令行提示如下。

图 3-28　徒手画线——石山效果

```
命令: sketch                                  //输入徒手画线命令
类型=直线   增量=1.0000   公差=0.5000          //系统默认信息
指定草图或 [类型(T)/增量(I)/公差(L)]:           //设置选项或者指定徒手画线起始点
指定草图:                                     //指定终点
已记录 261 条直线。                            //提示记录
```

其中各选项的含义如下。

- 指定草图：表示直接指定徒手画线的起始点创建徒手画线。
- 类型：用于指定手画线的对象类型，可以是直线、多段线或样条曲线。
- 增量：用于定义每条手画直线段的长度，值越小，线条越连续光滑。定点设备所移动的距离必须大于增量值，才能生成一条直线。
- 公差：当设置类型为样条曲线时，用于指定样条曲线的曲线布满手画线草图的紧密程度。

3.6　创建点

点的绘制表现在 AutoCAD 中只是一个落笔的动作，即鼠标在绘图区单击拾取，或通过坐标输入点。这些点在绘图过程中常用作临时的辅助点，待绘制完其他图形后一般冻结这些点所在的图层或直接删除。在AutoCAD中，既可以绘制单独的点，也可以创建定数等分点和定距等分点，在绘制点之前用户可先设置点的样式。

3.6.1 点的样式设置

为了能够使图形中的点具有很好的可见性，并同其他图形区分开，可以相对于屏幕或按绝对单位设置点的样式和大小。

选择“格式”|“点样式”命令，将会弹出如图3-29所示的“点样式”对话框。系统提供了20种点的样式以供选择，点的大小可自行设置。

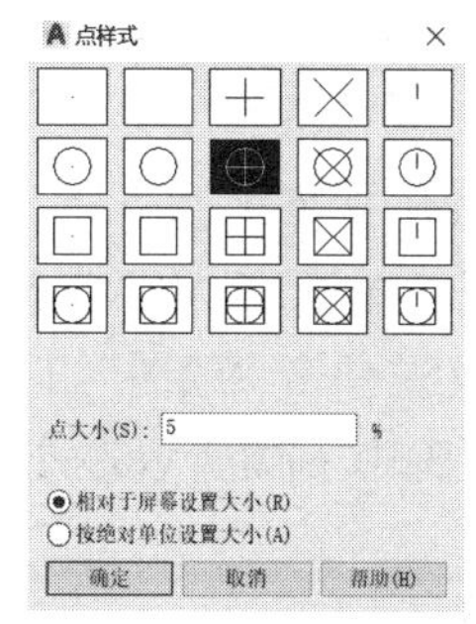

图3-29 “点样式”对话框

在“点样式”对话框中选择“相对于屏幕设置大小”单选按钮，表示按屏幕尺寸的百分比设置点显示的大小。当进行缩放时，点显示的大小并不改变。当选择“按绝对单位设置大小”单选按钮时，表示按指定的实际单位设置点显示的大小，原来“点大小”处的“%”变成了“单位”，当进行缩放时，点显示的大小随之改变。

3.6.2 绘制点

绘制点的命令是point(PO)，可以通过以下3种方法启动point命令。

- 选择“绘图”|“点”命令。
- 单击“绘图”工具栏上的“点”按钮，可以连续绘制多个点。
- 在命令行中输入point命令。

单击“绘图”工具栏上的“点”按钮，命令行提示如下。

```
命令: point                                   //单击按钮执行命令
当前点模式:  PDMODE=0  PDSIZE=0.0000          //系统提示信息，显示点的类型和大小
指定点:                                       //要求用户输入点的坐标
```

在输入第一个点的坐标时，必须输入绝对坐标，在输入后面的点时，则可以输入相对坐标。

提示：

点可以用来构造其他的实体，例如，一个点，给定厚度后在平面外就成为一直线。点同样具有各种实体属性，可以进行编辑。

3.6.3 创建定数等分点

定数等分点，就是AutoCAD通过分点将某个图形对象分为指定数目的几个部分，各个等分点之间的间距相等，其大小由对象的长度和等分点的个数决定。使用定数等分点，可以按指定等分段数等分线、圆弧、样条曲线、圆、椭圆和多段线。

选择“绘图”|“点”|“定数等分”命令，或在命令行中输入divide命令，即可执行定数等分命令。

【例 3-3】将一个直径为 500 的圆，通过创建定数等分点来绘制该圆的内接正六边形。

(1) 单击“绘图”工具栏上的“圆”按钮，选择任意一点为圆心，输入半径值 250，完成圆的绘制。

(2) 选择“格式”|“点样式”命令，弹出“点样式”对话框，选择点样式为⊠，单击“确定”按钮。

(3) 选择“绘图”|“点”|“定数等分”命令，输入 6，命令行提示如下。

```
命令: divide                  //选择菜单执行命令
选择要定数等分的对象:         //选择图 3-30 中左侧的圆
输入线段数目或 [块(B)]: 6 //输入等分数目为 6，将会出现图 3-30 中间所示的效果
```

(4) 选择“工具”|“绘图设置”|“对象捕捉”命令，勾选“启用对象捕捉”和“节点”复选框，单击“确定”按钮，完成捕捉设置。

(5) 单击“绘图”工具栏上的“直线”按钮，依次连接这些节点，完成正六边形的绘制，如图 3-30 右侧所示的效果。

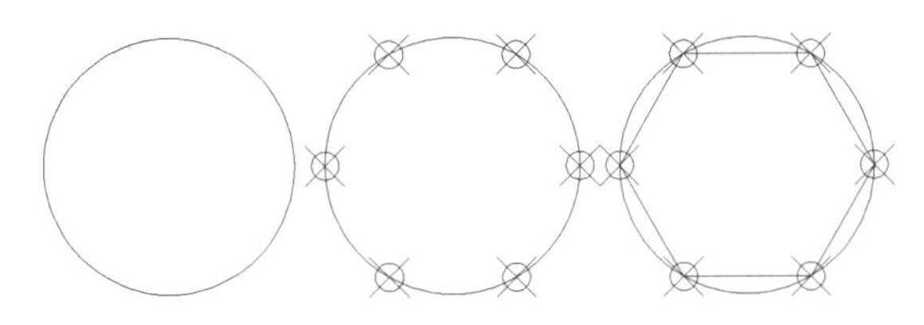

图 3-30　定数等分圆绘制正六边形

3.6.4　创建定距等分点

定距等分，就是按照某个特定的长度对图形对象进行标记，这里的特定长度可以在命令执行的过程中指定。当对象总长不是特定长度的整数倍时，AutoCAD 会先按特定长度划分，最后放置点到对象端点的距离将不等于特定长度。

选择“绘图”|“点”|“定距等分”命令，或在命令行中输入 measure 命令，即可执行定距等分命令。

【例 3-4】将长度为 60 的直线，按照固定距离 10 来划分成段。

(1) 选择“格式”|“点样式”命令，弹出“点样式”对话框，选择点样式为⊕，单击“确定”按钮。

(2) 选择“绘图”|“点”|“定距等分”命令，命令行提示如下。

```
命令: measure                  //选择菜单执行命令
选择要定距等分的对象:          //选择图 3-31 中左侧的直线
指定线段长度或 [块(B)]:10      //输入等分固定距离
```

(3) 按 Enter 键，完成划分，如图 3-31 右侧所示的效果。

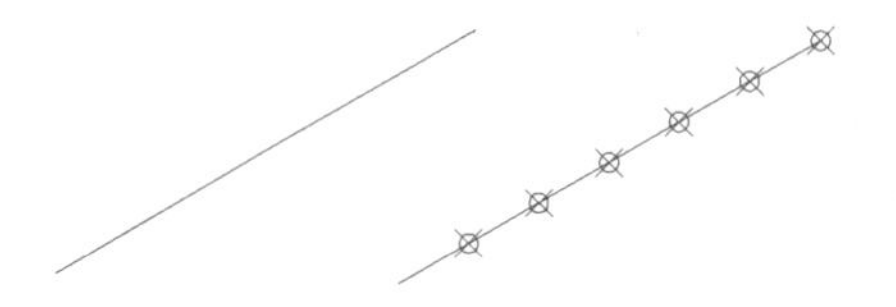

图 3-31　定距等分直线效果

提示：

使用等分的命令，不仅可以使用点作为图形对象的标识符号，选择 B 参数，还能够使用图块来标示等分点。定距等分或定数等分的起点随对象类型变化。①对于直线或非闭合的多段线，起点是距离选择点最近的端点。②对于闭合的多段线，起点是多段线的起点。③对于圆，起点是以圆心为起点、以当前捕捉角度为方向的捕捉路径与圆的交点。例如，如果捕捉角度为 0，那么圆等分从三点(时钟)的位置处开始并沿逆时针方向继续。

3.7 查询工具

在绘图过程中，用户需要确认当前这一步画得是否正确，才能继续画下一步。在手工绘图时需要使用丁字尺和三角板测量绘图结果，而 AutoCAD 提供了精确、高效的查询工具，包括距离查询、面积查询和点坐标查询。在 AutoCAD 任意一个工具栏的空白处右击，在弹出的快捷菜单中选择“查询”命令，将会弹出浮动的“查询”工具栏，如图 3-32 所示，用户可以将其固定在界面的边界上。下面介绍几种常用的查询工具。

图 3-32　“查询”工具栏

3.7.1 距离查询

距离查询是指测量两个拾取点之间的距离，以及两点构成的线在平面内的夹角。当配合对象捕捉命令使用时，将会得到非常精确的结果。

距离查询的命令是 distance，可以通过以下 3 种方法启动 distance 命令。

- 选择“工具”|“查询”|“距离”命令。
- 单击“查询”工具栏上的“距离”按钮。
- 在命令行中输入 distance 命令。

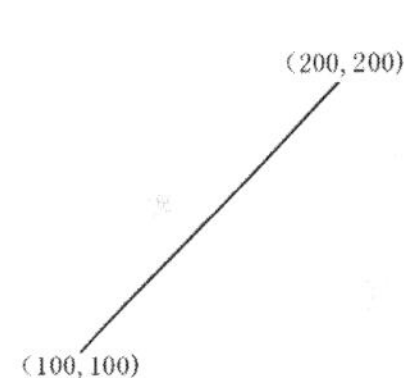

图 3-33　距离查询

下面通过对一条端点分别为(100,100)和(200,200)的线段(见图 3-33)，启用“端点”对象捕捉功能进行距离查询，命令行提示如下。

```
命令: measuregeom
输入选项 [距离(D)/半径(R)/角度(A)/面积(AR)/体积(V)] <距离>: distance
指定第一点:  指定第二个点或 [多个点(M)]:  //启动距离查询命令，并分别选择起点 1 和终点 2
距离 = 282.8427，XY 平面中的倾角 = 45，与 XY 平面的夹角= 0  //提示距离、夹角查询结果
X 增量 = 200.0000，Y 增量 = 200.0000，Z 增量= 0.0000          //提示两点的坐标增量
```

若反过来先选择点(200, 200)，再选择点(100, 100)，命令行提示如下。

```
命令: measuregeom
输入选项 [距离(D)/半径(R)/角度(A)/面积(AR)/体积(V)] <距离>: distance
指定第一点:  指定第二个点或 [多个点(M)]:  //启动距离查询命令，并分别选择起点 2 和终点 1
距离= 282.8427，XY 平面中的倾角= 225，与 XY 平面的夹角= 0   //提示距离、夹角查询结果
X 增量= -200.0000，Y 增量= -200.0000，Z 增量= 0.0000         //提示两点的坐标增量
```

对比两种选择发现，角度和坐标增量与点的选择顺序有关，距离与其无关。这是因为

AutoCAD 始终以默认的逆时针方向为角度的增量方向。

3.7.2 面积查询

面积查询是指通过选择对象来测量整个对象及所定义的区域的面积和周长。用户可以通过选择封闭对象(如圆、椭圆和封闭的多段线)或通过拾取点来测量面积，每个点之间通过直线相连，最后一点与第一点相连形成封闭区域。用户甚至可以测量开放的多段线所围成的面积，其中 AutoCAD 假定多段线之间有一条连线将其封闭，然后即可计算相应的面积，但算出的周长为实际多段线的长度。

面积查询的命令是 area，可以通过以下 3 种方法启动 area 命令。

- 选择“工具”|“查询”|“面积”命令。
- 单击“查询”工具栏上的“面积”按钮。
- 在命令行中输入 area 命令。

下面分别对通过端点 1(100, 100)、点 2(200, 100)、点 3(200, 200)、点 4(100, 200)的矩形和通过四点开放的多段线进行面积查询，如图 3-34 所示。对于四点对象其命令行提示如下。

```
命令: measuregeom
输入选项 [距离(D)/半径(R)/角度(A)/面积(AR)/体积(V)] <距离>: area            //启动面积查询命令
指定第一个角点或[对象(O)/增加面积(A)/减少面积(S)/退出(X)] <对象(O)>:   //选择点 1
指定下一个点或 [圆弧(A)/长度(L)/放弃(U)]:  //选择点 2
指定下一个点或 [圆弧(A)/长度(L)/放弃(U)]:  //选择点 3
指定下一个点或 [圆弧(A)/长度(L)/放弃(U)]:  //选择点 4
指定下一个点或 [圆弧(A)/长度(L)/放弃(U)]:  //按 Enter 键，结束选择
区域= 40000.0000，周长= 800.0000            //提示查询结果
```

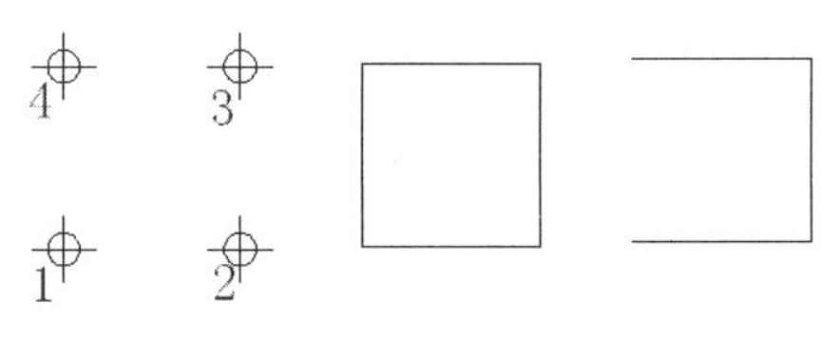

图 3-34 面积查询

对于矩形对象其命令行提示如下。

```
命令: measuregeom
输入选项 [距离(D)/半径(R)/角度(A)/面积(AR)/体积(V)] <距离>: area            //启动面积查询命令
指定第一个角点或[对象(O)/增加面积(A)/减少面积(S)/退出(X)]<对象(O)>:O   //选择采用对象方式
选择对象:                                   //用鼠标选择矩形对象
区域=40000.0000，周长= 800.0000             //提示查询结果
```

对于开放的多段线其命令行提示如下。

```
命令: measuregeom
输入选项 [距离(D)/半径(R)/角度(A)/面积(AR)/体积(V)] <距离>: area            //启动面积查询命令
指定第一个角点或[对象(O)/增加面积(A)/减少面积(S)/退出(X)] <对象(O)>: O  //选择采用对象方式
选择对象:                                   //用鼠标选择多段线对象
区域= 40000.0000，长度= 600.0000            //提示查询结果
```

另外，还有两个选项：增加面积(A)和减少面积(S)。当输入 A 时，就会把新选择对象的面积加到总面积中去；当输入 S 时，就会把新选择对象的面积从总面积中减去。

3.7.3　点坐标查询

在绘制总平面图时通常采用坐标定位，因此在绘制过程中经常要查询对象的位置坐标。点坐标查询的命令是 id，可以通过以下 3 种方法启动 id 命令。

- 选择“工具”|“查询”|“点坐标”命令。
- 单击“查询”工具栏上的“定位点”按钮。
- 在命令行中输入 id 命令。

单击“查询”工具栏上的“点坐标”按钮，命令行提示如下。

```
命令:'_id 指定点:  X = 127  Y = 85  Z =0  //单击“查询”工具栏上的“点坐标”按钮，启动点坐标查询命令，然后在绘图区选择要查询的点，便会显示该点 X、Y、Z 方向的坐标
```

3.7.4　列表查询

在绘图过程中要查询对象的详细信息，可以通过列表查询。列表查询通过文本框(见图 3-35)显示对象的数据库信息，其中包括对象类型，对象图层，相对于当前用户坐标系(UCS)的 X、Y、Z 位置，以及对象是位于模型空间还是图纸空间。如果颜色、线型和线宽没有被设置为 BYLAYER，那么执行列表查询命令时将列出这些项目的相关信息。列表查询命令还报告与特定的选定对象相关的附加信息。

列表查询的命令是 list，可以通过以下 3 种方法启动 list 命令。

- 选择“工具”|“查询”|“列表查询”命令。
- 单击“查询”工具栏上的“列表”按钮。
- 在命令行中输入 list 命令。

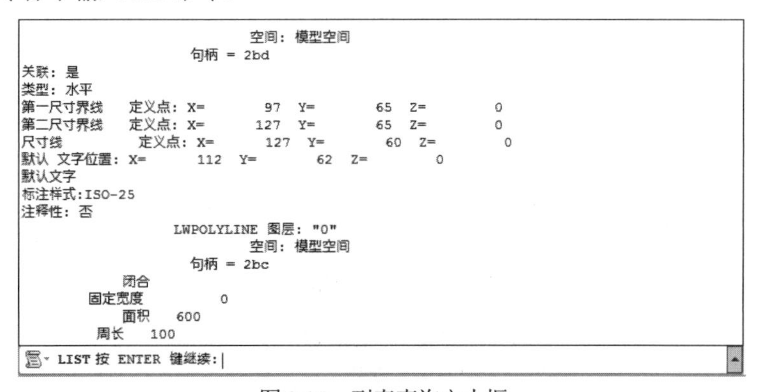

图 3-35　列表查询文本框

单击“查询”工具栏上的“列表”按钮，命令行提示如下。

```
命令: list
选择对象:      //用鼠标拾取需要查询的对象
```

3.8 操作实践

【例 3-5】绘制如图 3-36 所示的双扇门。在绘制该图形过程中，需要结合辅助绘图工具，以便帮助用户掌握这些工具。已知门长 1200mm，门厚 40mm。绘制完成后将其保存在之前建立的“AutoCAD 2020 学习”目录下，并命名为 Ex3-05。

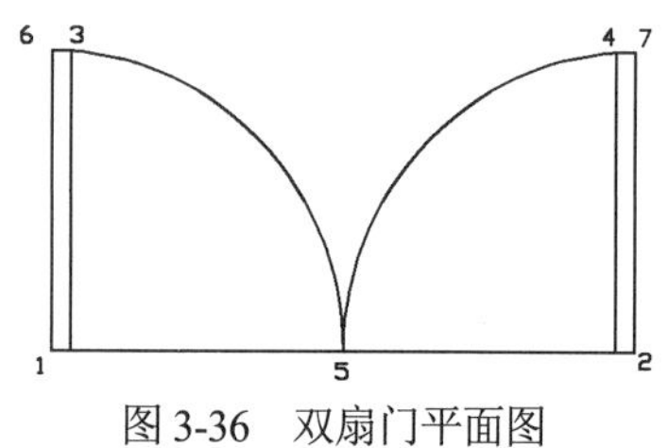

图 3-36　双扇门平面图

(1) 选择“文件”|“新建”命令，打开一个新的图形文件。

(2) 选择“格式”|“图形界限”命令，将图形界限改成 420000×297000 的区域，命令行提示如下。

```
命令: '_limits                                              //选择“图形界限”命令
重新设置模型空间界限:
指定左下角点或 [开(ON)/关(OFF)] <0.0000,0.0000>:            //设置左下角点坐标
指定右上角点 <420.0000,297.0000>: 420000,297000             //设置右上角点坐标
```

(3) 选择“工具”|“绘图设置”命令，在弹出的“草图设置”对话框的“捕捉和栅格”选项卡中，勾选“启用捕捉”和“启用栅格”复选框，并且设置捕捉间距和栅格间距的 X 轴间距均为 40，Y 轴间距均为 30。单击“确定”按钮，关闭该对话框。对视图进行缩放，使绘图区如图 3-37 所示。

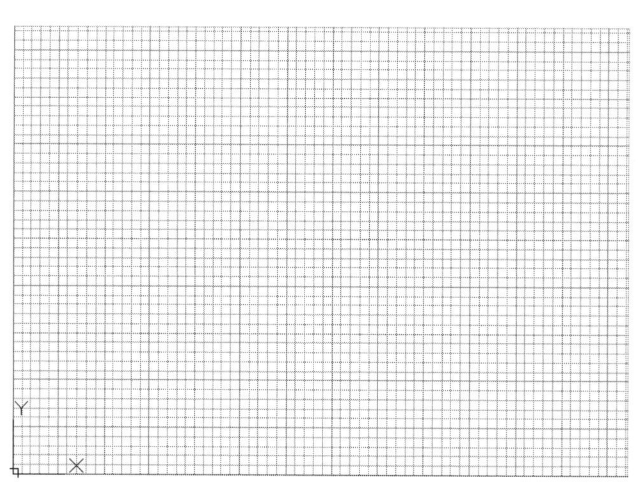

图 3-37　打开栅格功能

(4) 单击状态栏上的“动态输入”按钮，启动动态输入功能。

(5) 单击“绘图”工具栏上的“直线”按钮。起点选择 1(0, 0)，终点选择 2(1200, 0)，绘制过程中不一定要通过输入坐标确定点的位置，注意观察鼠标指针附近的动态提示，当显示为所需坐标时捕捉该点即可，如图 3-38 所示。

(6) 单击“绘图”工具栏上的“矩形”按钮。用 AutoCAD 默认的方式绘制矩形，第一个角点选择 1(0,0)，第二个角点选择 3(40,600)。同样采用步骤(5)中的方式，结合动态提示在栅格点上移动捕捉所需要的点，如图 3-39 所示。尽量减少键盘输入，以提高绘图效率。

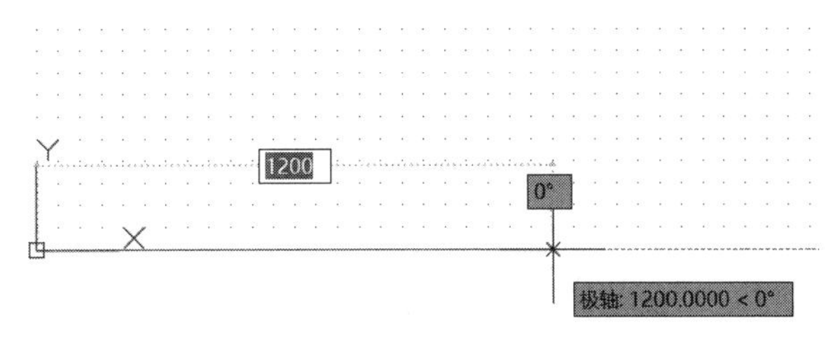

图 3-38　绘制直线

(7) 单击状态栏上的“对象捕捉追踪”按钮，启用对象捕捉追踪功能。

(8) 选择“工具”|“绘图设置”命令，打开“草图设置”对话框中的“对象捕捉”选项卡，勾选“端点”和“中点”复选框。

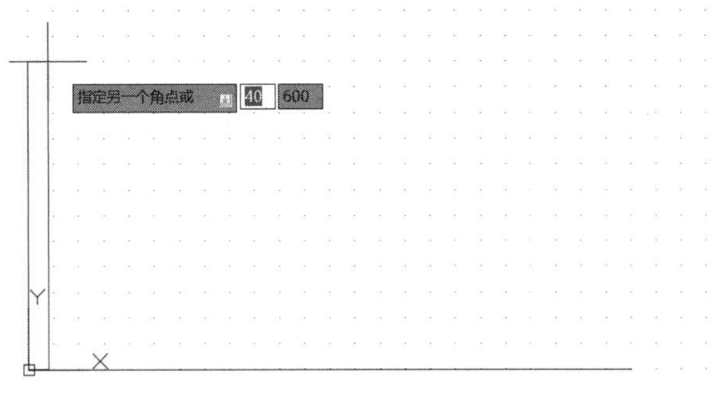

图 3-39　绘制左侧门扇

(9) 绘制右侧门扇，单击“绘图”工具栏上的“矩形”按钮。用 AutoCAD 默认的方式绘制矩形，类似于步骤(6)，第一个角点选择 2(1200,0)，第二个角点选择 4(1160,600)。可以利用对象追踪功能选择第二个角点，拖动鼠标先在点 3 处短暂停留，等出现临时捕捉点后，即小加号出现后，再往回拖动鼠标，当捕捉点与点 3 平齐时将出现水平的临时路径的虚线。选择往左移动一个栅格间距捕捉矩形的另一个角点，完成矩形的绘制，如图 3-40 所示。

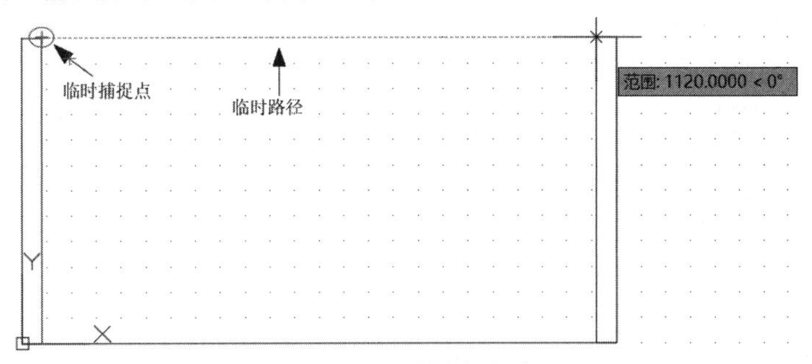

图 3-40　绘制右侧门扇

(10) 单击“绘图”工具栏上的“圆弧”按钮，绘制开门轨迹。选择点 1 为圆心，通过直线 12 的中点 5 和左侧门扇的角点 6 绘制圆弧，命令行提示如下。

```
命令: arc 指定圆弧的起点或 [圆心(C)]: C      //采用圆心方式绘制圆弧
指定圆弧的圆心:                               //选择点 1 为圆心
指定圆弧的起点:                               //选择直线 12 的中点 5 为起点
指定圆弧的端点或 [角度(A)/弦长(L)]            //选择门的左侧角点 6 为端点，完成圆弧的绘制
```

(11) 右侧开门轨迹的绘制同步骤(10)，分别选择点 2 为圆心，点 7 为圆弧的起点，点 5 为圆弧的终点。完成绘制后的图形如图 3-41 所示。

(12) 完成绘制后，使用测量工具检验一下绘图结果，单击“查询”工具栏上的“距离”按钮，分别选择点 1 和点 2、点 1 和点 6、点 3 和点 6、点 2 和点 7 以及点 4 和点 7，测量所绘制的扇门的尺寸。单击“查询”工具栏上的“列表”按钮，选择圆弧 56，可得到如图 3-42 所示的结果。

(13) 选择“文件”|“保存”命令，将绘制的双扇门平面图以文件名 Ex3-05 存入之前建立的“AutoCAD 2020 学习”目录下。

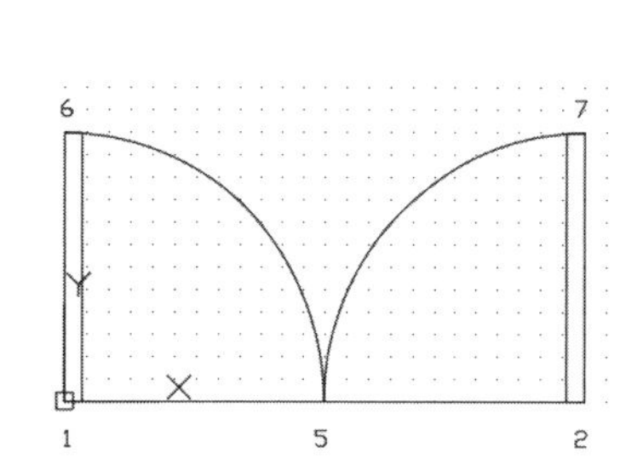

图 3-41　绘制完成双扇门的开门轨迹

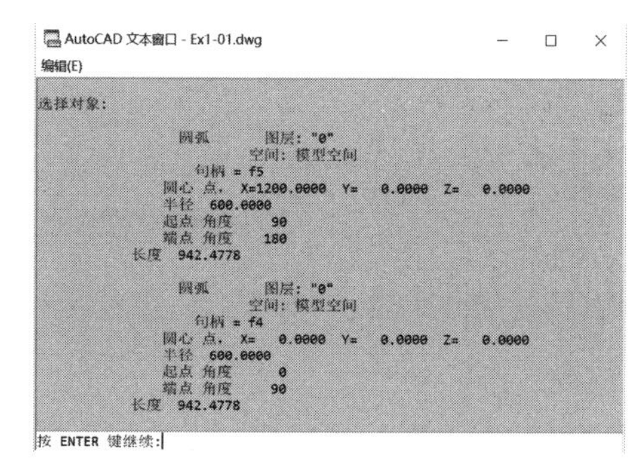

图 3-42　左侧圆弧段的列表查询

3.9 习题

3.9.1 填空题

(1) (@ΔX, ΔY, ΔZ)中的“@”表示输入的为______坐标值。

(2) 设置图形界限的命令是______。

(3) 不能与极轴追踪同时使用的辅助绘图工具是______。

(4) 在“草图设置”对话框的“极轴追踪”选项卡中，若设置“增量角”为 30º，则可能形成的临时路径的夹角分别为______、______、______、______、______、______。

(5) 列表查询的命令是______。

(6) 徒手画线的命令是______。

3.9.2 选择题

(1) 正交模式和(　　)模式不能同时打开。

A. 极轴追踪　　B. 对象追踪　　C. 对象捕捉　　D. 动态输入

(2) 当启用极轴追踪模式绘制一个图形时，已经设置了增量角为 15°，要求绘制的每条线段与上一条线段成 15°夹角，在“极轴追踪”选项卡的“对象捕捉追踪设置”选项组中，用户应该选择(　　)单选按钮，在“极值角测量”选项组中用户还应该选择(　　)单选按钮。

A. “用所有极值角设置追踪”　　B. “仅正交追踪”

C. “绝对”　　D. “相对上一段”

(3) AutoCAD 中距离查询的命令是(　　)。

A. area　　B. distance　　C. list　　D. id

3.9.3　上机操作

绘制一个直角三角形的内切圆。其中三角形的一个角为 30°，三角形的尺寸大小任意，绘制效果如图 3-43 所示。

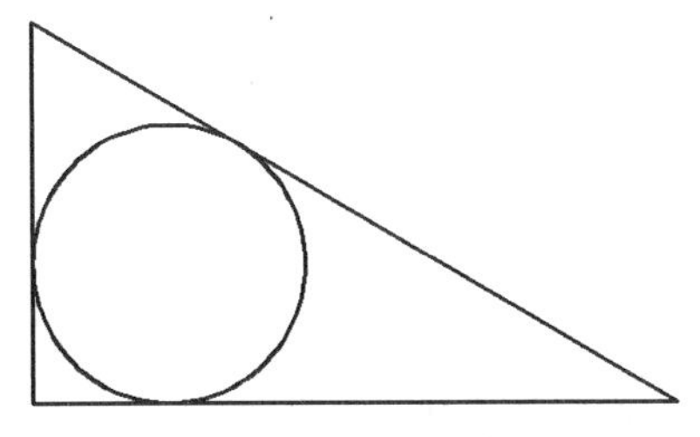

图 3-43　直角三角形内切圆

第4章

二维建筑图形编辑

计算机绘图与手工绘图相比，计算机绘图最大的优势在于它的编辑修改功能。例如，如果仅绘制一个圆或三角形，计算机绘图不一定能快过手工绘图；但若绘制多个圆或三角形，计算机将体现出绝对的优势。对于一些具有一定的重复性和继承性的复杂图形对象，计算机可以通过对基本图形进行适当的编辑，非常容易地绘制出来。

本章主要对 AutoCAD 中移动、旋转、复制、删除等基本的二维图形编辑方法，修饰对象的一些基本命令，以及利用特性和夹点方式来编辑二维图形的方法进行介绍。

知识要点

- 图形编辑命令。
- 夹点编辑方法。
- 图形编辑的实践操作。

4.1 基本编辑命令

在 AutoCAD 2020 中，系统提供了移动、复制、旋转、镜像、阵列、偏移、修剪、延伸、缩放、拉伸和删除等基本图形编辑命令。“修改”工具栏和功能区的“修改”面板如图 4-1 所示。下面将分别介绍 AutoCAD 2020 中文版的二维图形编辑功能及其相关内容。

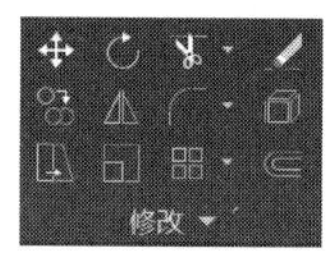

图 4-1　“修改”工具栏和“修改”面板

4.1.1 移动

移动是指将一个或多个对象平移到新的位置，相当于剪切源对象并在新的位置粘贴，在 AutoCAD 中整个过程是连续可视的。移动的命令是 move(M)，可以通过以下 3 种方法启动 move 命令。

- 选择“修改”|“移动”命令。
- 单击“修改”工具栏上的“移动”按钮。
- 在命令行中输入 move 命令。

单击“修改”工具栏上的“移动”按钮后，命令行提示如下。

```
命令: move                    //单击按钮执行命令
选择对象: 找到 1 个           //选择需要移动的对象
选择对象:                     //按 Enter 键，完成选择
指定基点或 [位移(D)] <位移>: 指定第二个点或 <使用第一个点作为位移>:
                              //拾取点作为基点，然后选择要移动到的位置点
```

在 AutoCAD 中要准确地将图形移到所需位置，使用对象捕捉等辅助绘图工具是十分必要的。所谓基点，就是移动中的参照基准点，一般通过捕捉命令拾取基点，然后选择新的位置点。移动中还会出现橡筋线，用于表示移动的方向。另外，动态提示还会显示新位置的极坐标，如图 4-2 所示。若不选择第二个点，直接按 Enter 键，系统将把基点的坐标值作为移动的位移。

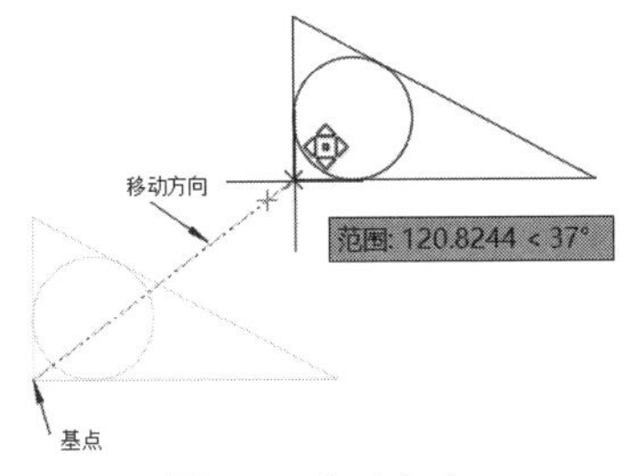

图 4-2　移动命令

另外，当命令行出现“指定基点或 [位移(D)] <位移>:”提示符时输入 D，可以直接指定各个方向的位移，命令行提示如下。

```
命令: move                                          //单击按钮执行命令
选择对象: 找到 1 个                                 //选择需要移动的对象
选择对象:                                           //按 Enter 键，完成选择
指定基点或 [位移(D)] <位移>: D                      //直接指定位移
指定位移 <0.0000, 0.0000, 0.0000>:    100,100       //输入位移值
```

提示：

pan 命令移动的是视图，即看图的位置发生变化，而移动命令 move 移动的是对象的位置。

4.1.2　复制

复制命令用于对图中已有的对象进行复制。使用复制命令可以在保持原有对象不变的基础上，将选中的对象复制到图中的其他部分，这样，可以减少重复绘制同样图形的工作量。复制的命令是 copy(CO)，用户可以通过以下 3 种方法启动 copy 命令。

- 选择“修改”|“复制”命令。
- 单击“修改”工具栏上的“复制”按钮。
- 在命令行中输入 copy 命令。

【例 4-1】使用复制命令。

具体操作步骤如下。

(1) 在绘图区运用“圆”命令绘制大小两个圆。

(2) 打开对象捕捉功能的“象限点”“圆心”捕捉模式。单击“修改”工具栏上的“移动”

按钮，选择小圆，捕捉小圆圆心为基点，移动到大圆的一个象限点上，如图 4-3 所示。

(3) 单击“修改”工具栏上的“复制”按钮，命令行提示如下。

```
命令: copy                                              //单击按钮执行复制对象命令
选择对象: 找到 1 个                                     //选择小圆
选择对象:                                               //按 Enter 键，结束对象选择
当前设置: 复制模式=多个                                 //系统提示信息，当前复制模式为多个
指定基点或 [位移(D)/模式(O)] <位移>:                     //拾取小圆的圆心为基点
指定第二个点或 [阵列(A)] <使用第一个点作为位移>:         //拾取大圆上的象限点为位移点，如图 4-4 所示
指定第二个点或 [阵列(A)/退出(E)/放弃(U)] <退出>:         //拾取大圆右象限点为位移点
指定第二个点或 [阵列(A)/退出(E)/放弃(U)] <退出>:         //拾取大圆下象限点为位移点
指定第二个点或 [阵列(A)/退出(E)/放弃(U)] <退出>:         //按 Enter 键，完成复制，效果如图 4-5 所示
```

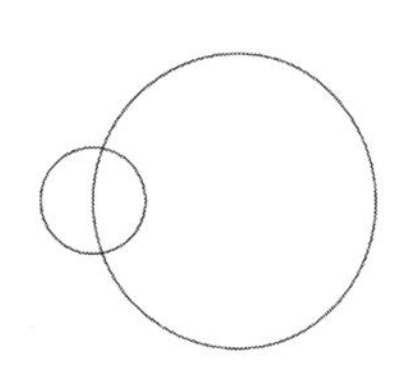

图 4-3　需要复制的圆

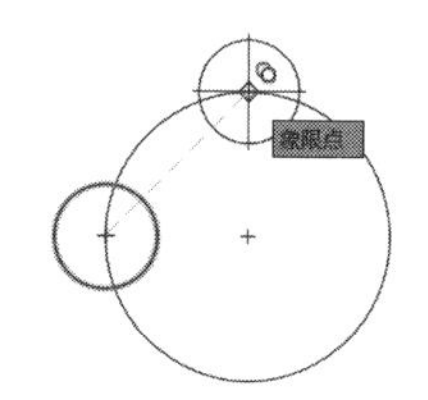

图 4-4　指定第二个点

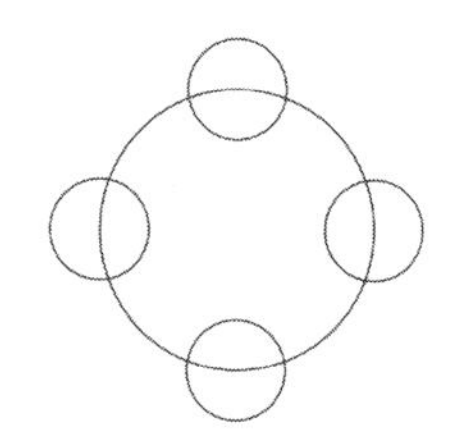

图 4-5　连续复制后的效果

4.1.3　旋转

旋转命令可以改变对象的方向、按指定的基点和角度定位新的方向。执行旋转命令后，选择的对象将绕着指定的基点旋转指定的角度。旋转的命令是 rotate(RO)，可以通过以下 3 种方法启动 rotate 命令。

- 选择“修改”|“旋转”命令。
- 单击“修改”工具栏上的“旋转”按钮。
- 在命令行中输入 rotate 命令。

单击“修改”工具栏上的“旋转”按钮，命令行提示如下。

```
命令: rotate                                          //单击按钮执行命令
UCS 当前的正角方向: ANGDIR=逆时针  ANGBASE=0          //系统提示信息
选择对象: 指定对角点: 找到 5 个                       //选择需要旋转的对象
选择对象:                                             //按 Enter 键，完成选择
指定基点:                                             //输入绝对坐标或在绘图区拾取点作为基点
指定旋转角度，或 [复制(C)/参照(R)] <30>: 30            //输入需要旋转的角度
```

在旋转过程中还有复制(C)和参照(R)两个选项可供选择。若在提示栏输入 C，则在旋转的同时对选择的对象进行复制，即还保留源对象在原来的位置。当在提示栏输入 R 时，可以将对象从指定的角度旋转到新的绝对角度。下面通过一个例子来介绍旋转命令，特别是参照角度的使用。

【例 4-2】使用旋转复制命令。

对如图 4-6 所示的矩形进行旋转复制，图中的数字表示点号，夹角为任意角度，复制的矩形要求与图上所示的夹角的 13 边对齐，具体操作步骤如下。

(1) 打开对象捕捉功能的“端点”捕捉模式。

(2) 单击“修改”工具栏上的“旋转”按钮。

(3) 用窗口选择矩形对象，以点 1 为旋转的基点。选择复制旋转选项，再采用参照角度的方式来旋转目标对象，命令行提示如下。

```
命令: rotate
UCS 当前的正角方向:  ANGDIR=逆时针   ANGBASE=0
选择对象: 指定对角点: 找到 1 个
选择对象:                                    //窗选矩形为旋转对象
指定基点:                                    //捕捉点 1 为旋转的基点
指定旋转角度，或 [复制(C)/参照(R)] <0>: C      //在旋转的同时对选择的对象进行复制，旋转
一组选定对象
指定旋转角度，或 [复制(C)/参照(R)] <0>: R      //采用参照角度方式
指定参照角 <0>:  指定第二点:                   //选择点 1，然后选择点 2，确定参照角度
指定新角度或 [点(P)] <0>:                      //选择点 3，确定新角度，如图 4-7 所示
```

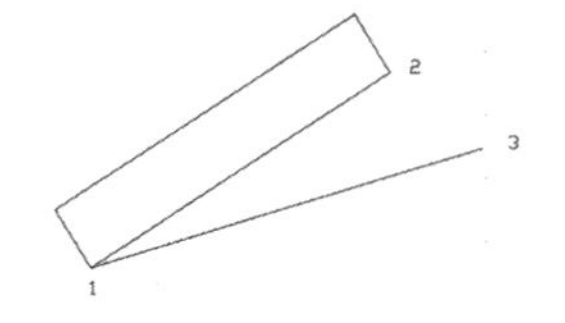

图 4-6　旋转复制前的效果

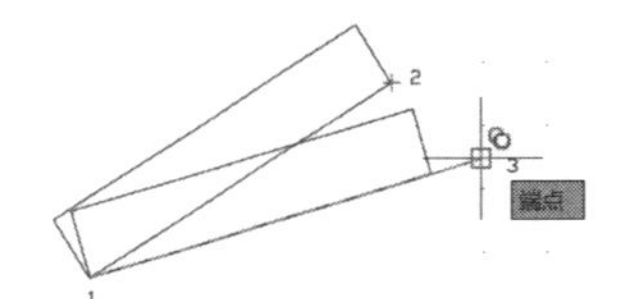

图 4-7　旋转复制后的效果

4.1.4　镜像

在 AutoCAD 中，当绘制的图形对象与某一对称轴对称时，就可以使用 mirror(MI)命令来绘制图形。镜像命令是将选定的对象沿一条指定的直线对称复制，复制完成后可选择删除源对象或不删除源对象，可以通过以下 3 种方法启动 mirror 命令。

- 选择“修改”|“镜像”命令。
- 单击“修改”工具栏上的“镜像”按钮。
- 在命令行中输入 mirror(MI)命令。

【例 4-3】使用镜像命令绘制一排座椅。

将图 4-8 所示的座椅进行镜像，镜像效果如图 4-10 所示。

具体操作步骤：打开对象捕捉功能的“中点”捕捉模式，单击“镜像”按钮，命令行提示如下。

```
命令: mirror                                  //单击按钮执行命令
选择对象: 指定对角点，找到 36 个                 //选择如图 4-9 所示的虚线对象
选择对象:                                     //按 Enter 键，完成选择
指定镜像线的第一点，指定镜像线的第二点:          //拾取矩形左边直线中点为第一个点，拾取矩形右边
                                               直线中点为第二个点，如图 4-9 所示
是否删除源对象？[是(Y)/否(N)] <N>:              //按 Enter 键，采取默认值，不删除源对象
```

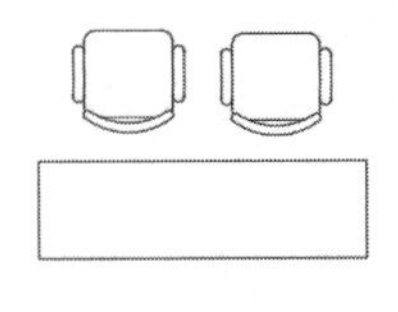
图 4-8　需要镜像的座椅

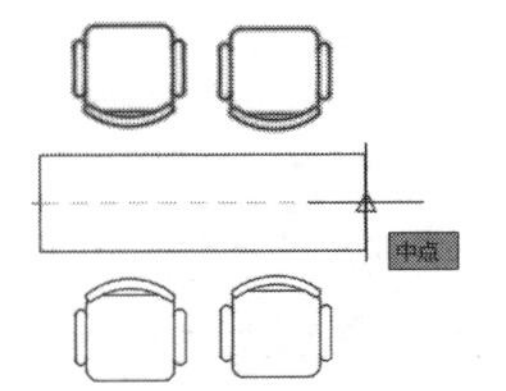

图 4-9　指定镜像轴线

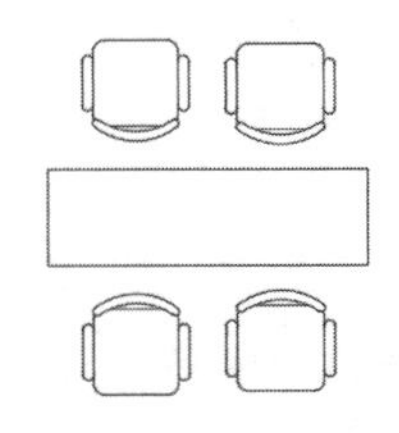
图 4-10　镜像后的效果

提示：

系统变量 MIRRTEXT 控制镜像时文字对象的反射特性。当遇到镜像对象中包含文字时，需要先设置系统变量 MIRRTEXT，当值为 0 时，文字镜像后可读；当值为 1 时，文字镜像后不可读。

4.1.5 阵列

阵列是指绘制多个水平方向或垂直方向等间距分布的对象，或是围绕一个中心旋转图形，或沿路径平均分布对象。

1. 矩形阵列

矩形阵列是指将选中的对象进行多次复制后沿 X 轴和 Y 轴方向排列的阵列方式，创建的对象按用户定义的行数、列数和间距进行排列，可以通过以下 3 种方法启动 arrayrect(AR)命令。

- 选择“修改”|“阵列”|“矩形阵列”命令。
- 单击“修改”工具栏上的“阵列”按钮。
- 在命令行中输入 arrayrect 命令。

执行 arrayrect 命令后，命令行提示如下。

```
命令: arrayrect
选择对象: 找到 1 个                                         //选择图 4-11 所示的柱图块
选择对象:                                                   //按 Enter 键，完成选中
类型=矩形  关联=是
选择夹点以编辑阵列或 [关联(AS)/基点(B)/计数(COU)/间距(S)/列数(COL)/行数(R)/层数(L)/
退出(X)] <退出>: COL                                        //输入 COL 表示设置列数和列间距
输入列数数或 [表达式(E)] <4>: 7                              //输入阵列列数为 7
指定 列数 之间的距离或 [总计(T)/表达式(E)] <32.6283>: 8000 //设置列间距为 8000
选择夹点以编辑阵列或 [关联(AS)/基点(B)/计数(COU)/间距(S)/列数(COL)/行数(R)/层数(L)/
退出(X)] <退出>: R                                          //输入 R，表示设置行数和行间距
输入行数数或 [表达式(E)] <3>: 6                              //设置行数为 6
指定 行数 之间的距离或 [总计(T)/表达式(E)] <32.6283>: 6000 //设置行间距为 6000
指定 行数 之间的标高增量或 [表达式(E)] <0>:                  //按 Enter 键，设置标高为 0
选择夹点以编辑阵列或 [关联(AS)/基点(B)/计数(COU)/间距(S)/列数(COL)/行数(R)/层数(L)/
退出(X)] <退出>: X          //输入 X，退出，完成设置，形成 6000×8000 的柱网，如图 4-12 所示
```

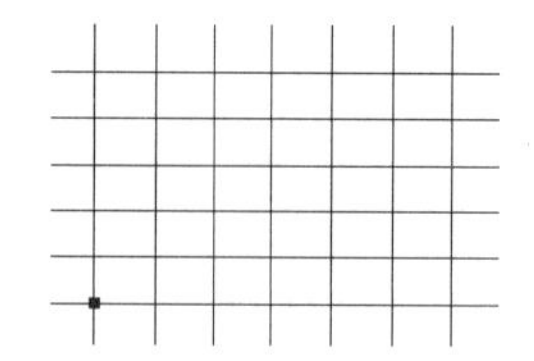

图 4-11 待矩形阵列对象

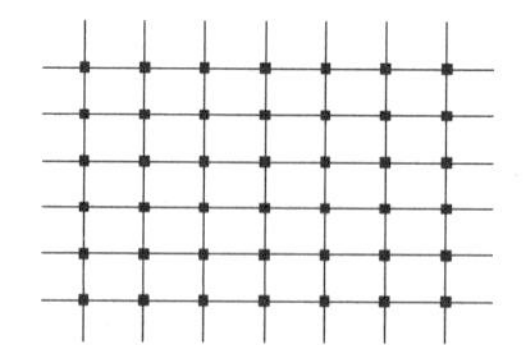

图 4-12 矩形阵列效果

提示：

在命令行中，“基点(B)”选项可以指定阵列的基点；“关联(AS)”选项可以指定创建的阵列项目是否作为关联阵列对象，或是作为多个独立对象。

2. 环形阵列

环形阵列是围绕着用户指定的圆心为基点在其周围做圆形或呈一定角度的扇面形式复制对象，可以通过以下 3 种方法启动 arraypolar 命令。

- 选择“修改” | “阵列” | “环形阵列”命令。
- 单击“修改”工具栏上的“环形阵列”按钮，如图 4-13 所示。

图 4-13　工具栏上的“环形阵列”按钮

- 在命令行中输入 arraypolar(AR)命令。

执行 arraypolar 命令后，命令行提示如下。

```
命令: arrayrect
选择对象: 找到 1 个                                    //选择图 4-14 所示的矩形为阵列对象
选择对象:                                              //按 Enter 键，完成选择
ARRAY 输入阵列类型 [矩形(R)/路径(PA)/及轴(PO)]:PO       //输入 PO，选择极轴
类型=极轴　关联=是
指定阵列的中心点或 [基点(B)/旋转轴(A)]:                  //选择圆的圆心为阵列中心点
选择夹点以编辑阵列或 [关联(AS)/基点(B)/项目(I)/项目间角度(A)/填充角度(F)/行(ROW)/层(L)/
旋转项目(ROT)/退出(X)] <退出>: I                        //输入 I，设置项目数
输入阵列中的项目数或 [表达式(E)] <6>: 4                   //设置项目数为 4
选择夹点以编辑阵列或 [关联(AS)/基点(B)/项目(I)/项目间角度(A)/填充角度(F)/行(ROW)/层(L)/
旋转项目(ROT)/退出(X)] <退出>: F                        //输入 F，设置填充角度
指定填充角度(+=逆时针、-=顺时针)或 [表达式(EX)] <360>:    //按 Enter 键，默认填充角度为 360°
选择夹点以编辑阵列或 [关联(AS)/基点(B)/项目(I)/项目间角度(A)/填充角度(F)/行(ROW)/层(L)/
旋转项目(ROT)/退出(X)] <退出>:  //按 Enter 键，完成矩形的环形阵列，效果如图 4-15 所示
```

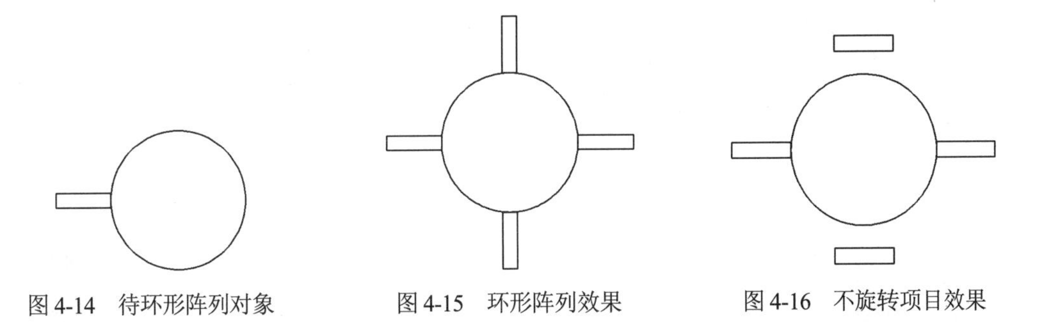

图 4-14　待环形阵列对象　　图 4-15　环形阵列效果　　图 4-16　不旋转项目效果

提示：

在命令行中，“旋转轴(A)”选项表示指定由两个指定点定义的自定义旋转轴，对象绕旋转轴阵列；“基点(B)”选项用于指定阵列的基点；“行(ROW)”选项用于编辑阵列中的行数和行间距，以及它们之间的增量标高；“旋转项目(ROT)”选项用于控制在阵列项目时是否旋转项目。图 4-16 为不旋转阵列对象的效果。

3. 路径阵列

路径阵列是沿路径均匀分布对象，路径可以是直线、多段线、三维多段线、样条曲线、螺旋、圆弧、圆或椭圆，可以通过以下 3 种方法启动 arraypath 命令。

- 选择“修改”|“阵列”|“路径阵列”命令。
- 单击“修改”工具栏上的“路径阵列”按钮，如图 4-17 所示。

图 4-17　工具栏上的“路径阵列”按钮

在命令行中输入 arraypath 命令。

执行 arraypath 命令后，命令行提示如下。

```
命令: arraypath
选择对象: 找到 1 个                                      //选择图 4-18 所示的树的平面图块
选择对象:                                                //按 Enter 键，完成选择
类型=路径  关联=是
选择路径曲线:                                            //选择图 4-18 所示的样条曲线为路径
选择夹点以编辑阵列或 [关联(AS)/方法(M)/基点(B)/切向(T)/项目(I)/行(R)/层(L)/对齐项目(A)/Z 方向(Z)/
退出(X)] <退出>: B                                       //输入 B，设置阵列的基点
指定基点或 [关键点(K)] <路径曲线的终点>:                 //拾取树图块与样条曲线的交点为基点，
                                                          如图 4-18 所示
选择夹点以编辑阵列或 [关联(AS)/方法(M)/基点(B)/切向(T)/项目(I)/行(R)/层(L)/对齐项目(A)/Z 方向(Z)/
退出(X)] <退出>: M                                       //输入 M，设置路径阵列的方法
输入路径方法 [定数等分(D)/定距等分(M)] <定距等分>: D     //输入 D，表示在路径上按照定数等分的方式
                                                          阵列
选择夹点以编辑阵列或 [关联(AS)/方法(M)/基点(B)/切向(T)/项目(I)/行(R)/层(L)/对齐项目(A)/Z 方向(Z)/
退出(X)] <退出>: I                                       //输入 I，设置定数等分的项目数
输入沿路径的项目数或 [表达式(E)] <255>:15                //输入阵列的项目数
选择夹点以编辑阵列或 [关联(AS)/方法(M)/基点(B)/切向(T)/项目(I)/行(R)/层(L)/对齐项目(A)/Z 方向(Z)/
退出(X)] <退出>:                                         //按 Enter 键，完成阵列，效果如图 4-19 所示
```

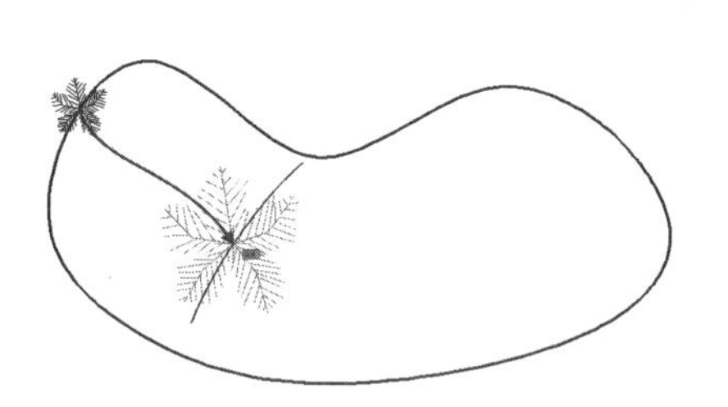

图 4-18　待路径阵列对象

图 4-19　路径阵列效果

4.1.6　偏移

偏移是通过选择对象，偏移出与对象平行的图形。可偏移的对象包括直线、样条曲线、圆弧、矩形和圆等。偏移的命令是 offset，可以通过以下 3 种方法启动 offset(O)命令。

- 选择“修改”|“偏移”命令。
- 单击“修改”工具栏上的“偏移”按钮。
- 在命令行中输入 offset(O)命令。

用户执行偏移命令后，输入偏移的距离，然后选择需要偏移的对象，最后选择偏移的方向，即可完成偏移的操作。建筑制图中的平行线(如建筑轴网和墙线等)通常采用偏移来绘制。建筑轴网效果如图 4-20 所示。在绘制一些同心图像时偏移也是一个很有效的工具，如图 4-21 所示。

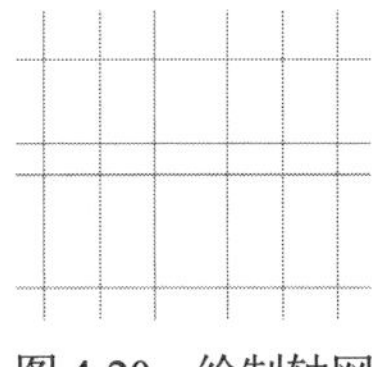
图 4-20　绘制轴网

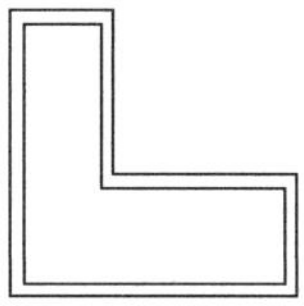

图 4-21　同心偏移

单击“修改”工具栏上的“偏移”按钮，命令行提示如下。

```
命令: offset                                                    //单击按钮执行命令
当前设置: 删除源=否  图层=源  OFFSETGAPTYPE=0                      //系统提示信息
指定偏移距离或 [通过(T)/删除(E)/图层(L)] <5.0000>: 7000             //指定偏移的对象与源对象的距离
选择要偏移的对象，或 [退出(E)/放弃(U)] <退出>:                       //选择要偏移的对象
指定要偏移的那一侧上的点，或 [退出(E)/多个(M)/放弃(U)] <退出>:
                                                                //在对象的偏移方向上方拾取任意一点
选择要偏移的对象，或 [退出(E)/放弃(U)] <退出>:                       //按 Enter 键，退出偏移
```

当指定偏移距离时，有“通过(T)”“删除(E)”和“图层(L)”3 个选项可供选择。

- “通过(T)”：当命令行提示“指定偏移距离或 [通过(T)/删除(E)/图层(L)]”时输入 T，选择偏移的对象，然后选定偏移后的线所通过的指定点。如图 4-22 所示，偏移线通过点 1，命令行提示如下。

```
命令: offset
当前设置: 删除源=否  图层=源  OFFSETGAPTYPE=0
指定偏移距离或 [通过(T)/删除(E)/图层(L)] <5.0000>: T        //选择“通过”方式
选择要偏移的对象，或 [退出(E)/放弃(U)] <退出>:              //选择要偏移的对象
指定通过点或 [退出(E)/多个(M)/放弃(U)] <退出>:              //选择偏移的对象要通过的点 1
选择要偏移的对象，或 [退出(E)/放弃(U)] <退出>:              //按 Enter 键，退出偏移，如图 4-23 所示
```

- “删除(E)”：控制执行完偏移命令后是否保留源对象，可以在输入 E 后选择“是”或“否”来确定是否删除源对象。
- “图层(L)”：控制偏移后的对象属于哪个图层，是在当前图层上还是源对象所在的图层上。

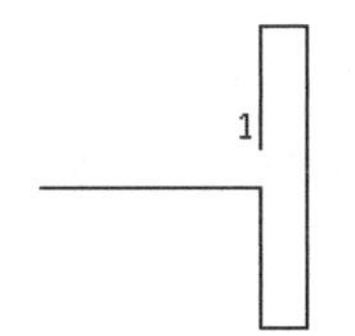

图 4-22　偏移线通过点 1

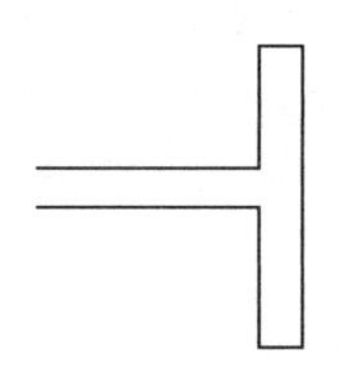
图 4-23　“通过”方式偏移效果

当命令行提示“指定要偏移的那一侧上的点，或 [退出(E)/多个(M)/放弃(U)] <退出>:”时，有 3 个选项可供选择，包括“退出(E)”“多个(M)”和“放弃(U)”。

- “退出(E)”：输入 E，即可退出 offset 命令。
- “多个(M)”：输入 M，将使用当前偏移距离重复进行偏移操作，如图 4-24 所示。
- “放弃(U)”：输入 U，放弃操作。

图 4-24 “多个”方式偏移效果

4.1.7 修剪

修剪命令是使对象精确地终止于选定的由其他对象组成的边界。修剪的边界可以是直线、圆弧、圆、多段线、椭圆、样条曲线、构造线、射线和块。修剪的命令为 trim，可以通过以下 3 种方法启动 Trim 命令。

- 选择“修改”|“修剪”命令。
- 单击“修改”工具栏上的“修剪”按钮。
- 在命令行中输入 trim 命令。

修剪图 4-25 所示的图形，可以单击“修改”工具栏上的“修剪”按钮，命令行提示如下。

```
命令: trim                                    //单击按钮执行命令
当前设置: 投影=UCS，边=无                      //系统提示信息
选择剪切边……
选择对象或 <全部选择>: 找到两个                //选择剪切边，如图 4-26 所示
选择对象:                                     //按 Enter 键，退出剪切边选择
选择要修剪的对象，或按住 Shift 键选择要延伸的对象，或
[栏选(F)/窗交(C)/投影(P)/边(E)/删除(R)]:         //选择伸入墙内要修剪的对象
选择要修剪的对象，或按住 Shift 键选择要延伸的对象，或
[栏选(F)/窗交(C)/投影(P)/边(E)/删除(R)/放弃(U)]:  //选择伸入墙内要修剪的对象，效果如图 4-27 所示
选择要修剪的对象，或按住 Shift 键选择要延伸的对象，或
[栏选(F)/窗交(C)/投影(P)/边(E)/删除(R)/放弃(U)]:  //按 Enter 键，退出修剪命令
```

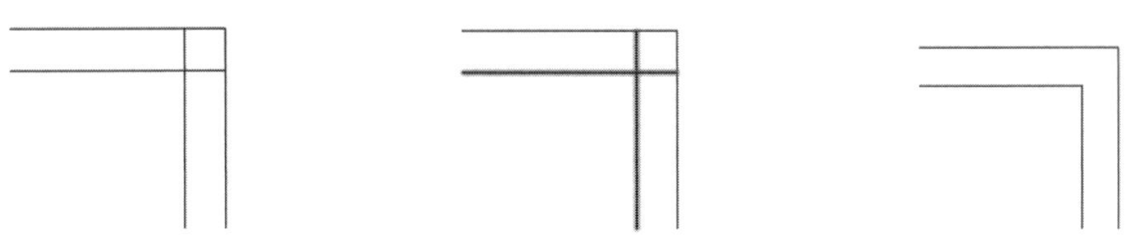
图 4-25 修剪前的图形　　图 4-26 选择两条剪切边　　图 4-27 剪切后的效果

在修剪过程中还有其他的选项，分别是“栏选(F)”“窗交(C)”“投影(P)”“边(E)”“删除(R)”和“放弃(U)”。下面分别介绍其中较常用的选项。

- “栏选(F)”：输入 F，选择栏选方式，该选项用于一次剪切多个对象的情况。建立一个围栏，与围栏相交的对象均被修剪。要修剪图 4-28 中竖线之间的部分，可以使用“栏选”方式。如图 4-29 所示，两虚线中间的虚线为栏选线，修剪后的效果如图 4-30 所示。

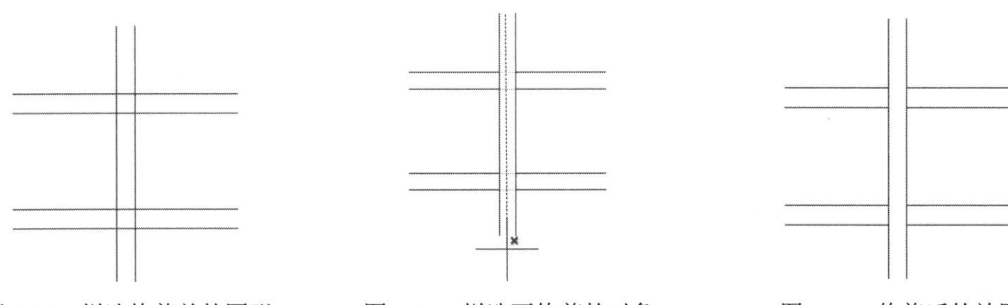

图 4-28 栏选修剪前的图形　　图 4-29 栏选要修剪的对象　　图 4-30 修剪后的效果

- “窗交(C)”：输入 C，选择窗交方式，将选择矩形区域(由两点确定)内部或与之相交的对象修剪。
- “边(E)”：输入 E，选择修剪边是否延伸。若选择延伸，那么即使修剪边与对象不相交同样能够修剪。该选项具有继承性，后面的修剪将会默认为当前设定。

提示：
在修剪过程中，按住 Shift 键选择要延伸的对象，可以切换成延伸命令。

4.1.8 延伸

延伸命令是使对象精确地延伸至选定的由其他对象组成的边界。该命令可以将所选的直线、射线、圆弧、椭圆弧、非封闭的二维或三维多段线延伸到指定的直线、射线、圆弧、椭圆弧、圆、椭圆、二维或三维多段线、构造线、区域等的上面。延伸的操作方式与修剪类似，修剪对象需要选择修剪边和要修剪的对象，延伸对象需要选择边界边和要延伸的对象。延伸的命令为 extend，可以通过以下 3 种方法启动 extend 命令。

- 选择“修改”|“延伸”命令。
- 单击“修改”工具栏上的“延伸”按钮。
- 在命令行中输入 extend 命令。

单击“延伸”按钮，对图 4-31 所示的图像进行延伸，命令行提示如下。

```
命令: extend                                          //单击按钮执行命令
当前设置:投影=UCS，边=延伸                             //系统提示信息
选择边界的边……                                        //系统提示指定边界边
选择对象或 <全部选择>: 找到 1 个                        //选择指定的边界
选择对象:                                             //按 Enter 键，完成选择，如图 4-32 所示
选择要延伸的对象，或按住 Shift 键选择要修剪的对象，或
[栏选(F)/窗交(C)/投影(P)/边(E)/放弃(U)]:              //选择需要延伸的对象
选择要延伸的对象，或按住 Shift 键选择要修剪的对象，或
[栏选(F)/窗交(C)/投影(P)/边(E)/放弃(U)]:              //选择需要延伸的对象
选择要延伸的对象，或按住 Shift 键选择要修剪的对象，或
[栏选(F)/窗交(C)/投影(P)/边(E)/放弃(U)]:              //按 Enter 键，完成选择，效果如图 4-33 所示
```

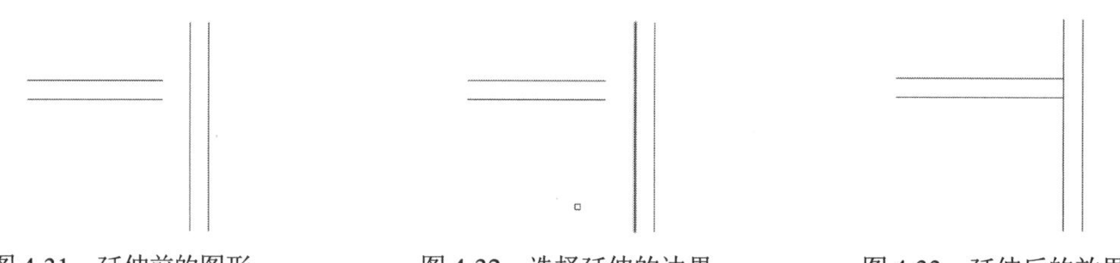

图 4-31　延伸前的图形　　图 4-32　选择延伸的边界　　图 4-33　延伸后的效果

提示：

在延伸过程中，按住 Shift 键选择要修剪的对象，可以切换成修剪命令。

4.1.9　缩放

缩放命令是指将选择的图形对象按比例均匀地放大或缩小。用户可以通过指定基点和输入比例因子来缩放对象，也可以为对象指定当前长度和新长度。当比例因子大于 1 时，对象放大；当介于 0～1 时，对象缩小。缩放的命令为 scale，可以通过以下 3 种方法启动 scale 命令。

- 选择“修改” | “缩放”命令。
- 单击“修改”工具栏上的“缩放”按钮。
- 在命令行中输入 scale(SC)命令。

单击“修改”工具栏上的“缩放”按钮，命令行提示如下。

```
命令: scale                                   //单击按钮执行命令
选择对象: 找到 1 个                            //选择要缩放的对象
选择对象:                                     //按 Enter 键，完成选择
指定基点:                                     //拾取点作为缩放对象的基点
指定比例因子或 [复制(C)/参照(R)] <1.0000>:0.5   //输入比例因子 0.5
```

按 Enter 键，对比效果如图 4-34 所示。

提示：

“复制(C)”和“参照(R)”两个选项的用法与“旋转”命令中“复制(C)”和“参照(R)”两个选项的用法相同。

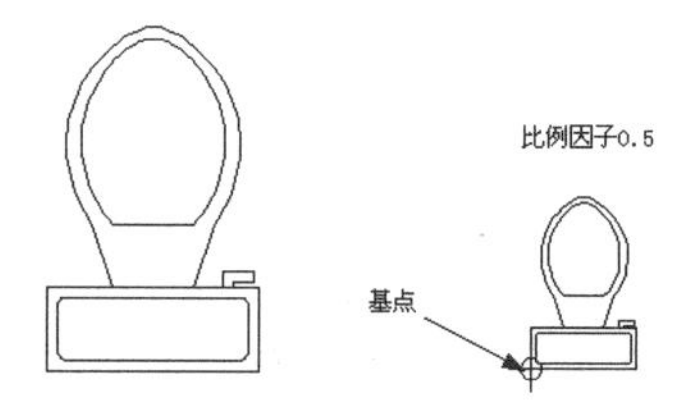

图 4-34　缩放效果对比

4.1.10　拉伸

拉伸命令是将对象选定的部分进行拉伸，而不改变没有选定的部分。在使用拉伸命令时，图形选择窗口外的部分不会有任何改变，图形选择窗口内的部分会随图形选择窗口的移动而移动，但也不会有形状的改变，只有与图形选择窗口相交的部分会被拉伸指定的距离。该距离由用户选择的基点和新的位移点之间的距离确定。拉伸的命令为 stretch，可以通过以下 3 种方法启动 stretch 命令。

- 选择“修改” | “拉伸”命令。
- 单击“修改”工具栏上的“拉伸”按钮。
- 在命令行中输入 stretch 命令。

单击“修改”工具栏上的“拉伸”按钮，命令行提示如下。

```
命令: stretch                                    //单击按钮执行命令
以交叉窗口或交叉多边形选择要拉伸的对象……         //系统提示信息
选择对象: 指定对角点: 找到 6 个                   //选择需要拉伸的对象，如图 4-35 所示
选择对象:                                        //按 Enter 键，完成对象选择
指定基点或 [位移(D)] <位移>:                      //在绘图区拾取点 3 作为基点，如图 4-36 所示
指定第二个点或 <使用第一个点作为位移>:             //拾取点 4 作为第二个点
```

在用交叉窗口的方式选择完需要拉伸的对象后，命令行提示的操作与 move 命令类似。图 4-37 就是拉伸的示意图。

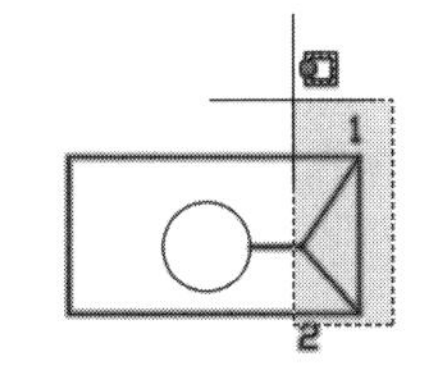

图 4-35　交叉选定拉伸对象

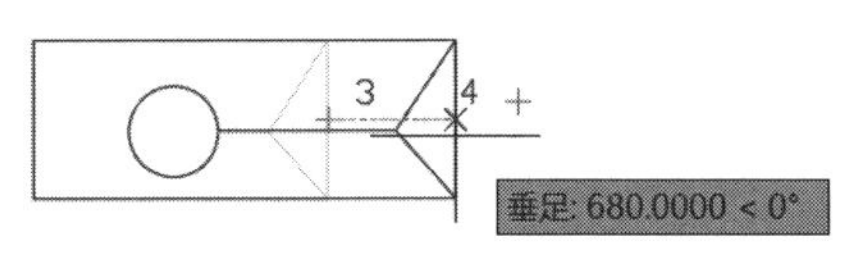

图 4-36　选定拉伸基点

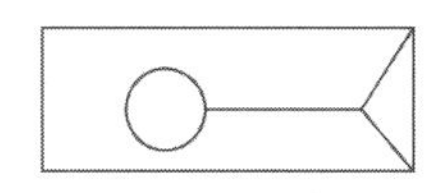
图 4-37　拉伸后的效果

提示：

要进行拉伸的对象必须用交叉窗口或交叉多边形的方式进行选取。该命令与“移动”命令类似，但在“指定基点或 [位移(D)] <位移>:”提示符下输入 D 时，可以直接指定各个方向的位移。

4.1.11　删除与恢复

1. 删除

选择“修改”|“删除”命令，或单击“修改”工具栏上的“删除”按钮，或在命令行中输入 erase 命令，都可以执行“删除”命令。

单击“修改”工具栏上的“删除”按钮，命令行提示如下。

```
命令: erase
选择对象:
```

此时屏幕上的十字光标变为一个拾取框，可以选择需要删除的对象，然后按 Enter 键，选择的对象即被删除；或者按照“先选择实体，再调用命令”的主谓式顺序将物体删除；或者采用 Windows 的删除方法，先选择物体，然后按 Delete 键。

2. 放弃和重做

在绘图过程中经常会出现误操作，例如，将有用的图形删除了、绘制了错误的图形需要使操作对象重新回到绘制前的状态。AutoCAD 提供了多种方式来让用户将操作对象返回到前一步或前几步的状态。若是放弃的步骤过多，则可以采用重做命令。

放弃的命令是 undo，它可以恢复意外删除的对象，也可以将操作步骤返回到前几步的操作。AutoCAD 提供了放弃操作的功能，即对于多次缩放视图和平移视图的放弃可以合并成一次完成，这样节约了绘图时间，提高了绘图效率。除了输入 undo 命令外，用户还可以单击“标准”工具栏或“快速访问”工具栏上的“放弃”按钮。单击按钮旁边的下拉箭头，可以弹出一个下拉菜单，其中列出了用户已经进行过的各项操作。用户可以选择放弃任意一步操作，如图 4-38 所示；也可以选择重做任意一步操作，如图 4-39 所示。

图 4-38　放弃操作

图 4-39　重做操作

4.2　其他编辑命令

除了前面介绍的这些基本的编辑命令，AutoCAD 还提供了一些其他的编辑命令，包括打断、合并、倒角、圆角和分解。下面分别介绍它们的用法。

4.2.1　打断

打断命令是使对象在指定的点或区间断开，不再是原来的对象，也就是将所选的对象分成两部分，或除去对象上的某一部分。该命令作用于直线、射线、圆弧、椭圆弧、二维或三维多段线及构造线等。

打断命令将会删除对象上位于第一个点和第二个点之间的部分。第一个点是选取该对象时的拾取点，第二个点为选定的点，如果选定的第二个点不在对象上，系统将选择对象上离该点最近的一个点。若要重新指定第一个打断点，则需要输入 F。打断的命令为 break，可以通过以下 3 种方法启动 break 命令。

- 选择“修改”|“打断”命令。
- 单击“修改”工具栏上的“打断”按钮。
- 在命令行中输入 break 命令。

若要打断如图 4-40 所示的圆，可以单击“修改”工具栏上的“打断”按钮，此时命令行提示如下。

```
命令: break 选择对象:                     //单击按钮执行命令，选择要打断的对象
指定第二个打断点 或 [第一点(F)]: F         //重新选择第一个打断点，如图 4-41 所示
指定第一个打断点:                          //选择第二个打断点，如图 4-41 所示
指定第二个打断点:                          //按 Enter 键，完成打断操作，效果如图 4-42 所示
```

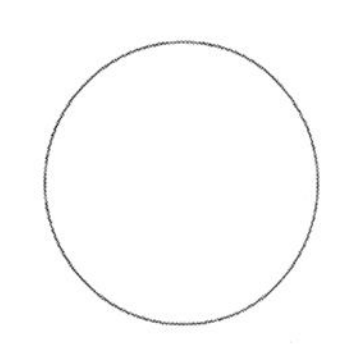
图 4-40　要打断的圆

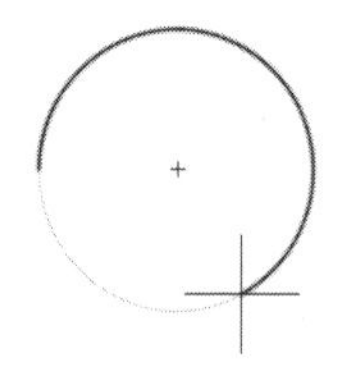
图 4-41　打断对象

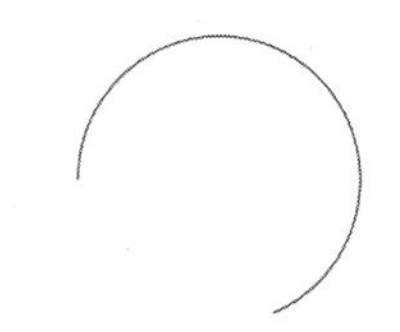
图 4-42　打断后的效果

4.2.2　合并

合并命令是使打断的对象或者相似的对象合并为一个对象。用户也可以使用圆弧和椭圆弧创建完整的圆和椭圆。合并的对象包括圆弧、椭圆弧、直线、多段线和样条曲线。合并的命令

为 joint，可以通过以下 3 种方法启动 joint 命令。

- 选择“修改” | “合并”命令。
- 单击“修改”工具栏上的“合并”按钮。
- 在命令行中输入 joint 命令。

若要合并如图 4-43 所示的直线，可以单击“修改”工具栏上的“合并”按钮，此时命令行提示如下。

```
命令: joint 选择源对象或要一次合并的多个对象: 找到 1 个    //单击按钮执行命令，选择要合并的源对象
选择要合并的对象: 找到 1 个，总计 2 个                    //选择要合并到源对象的直线
选择要合并的对象:                                        //按 Enter 键，完成合并操作
2 条直线已合并为 1 条直线                                 //系统提示信息，效果如图 4-44 所示
```

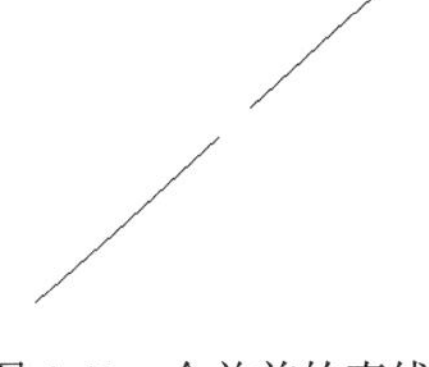

图 4-43　合并前的直线

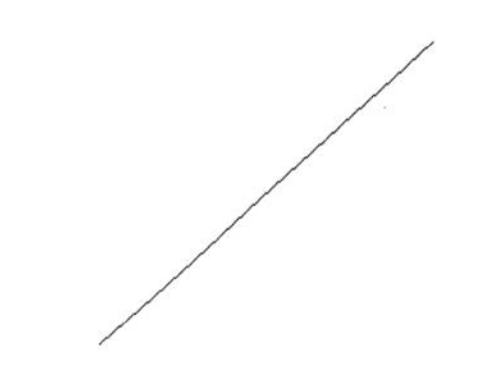

图 4-44　合并后的直线

执行合并命令时，选择合并的源对象不同所显示的提示就不同，要求也不一样。它们的要求分别如下。

- 直线：源对象为一条直线时，直线对象必须共线(位于同一无限长的直线上)，但是它们之间可以有间隙。
- 多段线：源对象为一条开放的多段线时，对象可以是直线、多段线或圆弧，对象之间不能有间隙，并且必须位于与 UCS 的 XY 平面平行的同一平面上。
- 圆弧：源对象为一条圆弧时，圆弧对象必须位于同一假想的圆上，但是它们之间可以有间隙。“闭合”选项可将源圆弧转换成圆。
- 椭圆弧：源对象为一条椭圆弧时，椭圆弧必须位于同一椭圆上，但是它们之间可以有间隙。“闭合”选项可将源椭圆弧闭合成完整的椭圆。
- 样条曲线：源对象为一条开放的样条曲线时，样条曲线对象必须位于同一平面内，并且必须首尾相邻(端点到端点放置)。

提示：

合并两条或多条圆弧或椭圆弧时，将从源对象开始按逆时针方向合并圆弧或椭圆弧。

4.2.3　倒角与圆角

倒角和圆角命令是用选定的方式，即通过事先确定了的圆弧或直线段来连接两条直线、圆、圆弧、椭圆弧、多段线、构造线和样条曲线等。下面分别介绍倒角和圆角命令。

1. 倒角

倒角的命令为 chamfer，执行倒角命令后，需要依次指定角的两边并设定倒角在两条边上的距离，倒角的尺寸由两个距离决定，可以通过以下 3 种方法启动 chamfer 命令。

- 选择“修改” | “倒角”命令。

- 单击“修改”工具栏上的“倒角”按钮。
- 在命令行中输入 chamfer 命令。

单击“修改”工具栏上的“倒角”按钮，命令行提示如下。

```
命令: chamfer                                                    //单击按钮执行命令
(“修剪”模式) 当前倒角距离 1 = 20.0000，距离 2 = 20.0000          //系统提示信息
选择第一条直线或 [放弃(U)/多段线(P)/距离(D)/角度(A)/修剪(T)/方式(E)/多个(M)]:
                                                                 //选择第一条直线或者设置其他选项
选择第二条直线，或按住 Shift 键选择直线以应用角点或 [距离(D)/角度(A)/方法(M)]:
                                                                 //选择第二条直线，完成倒角
```

在选择第一条直线时还有其他选项可供设置和选择，包括“多段线(P)”“距离(D)”“角度(A)”“修剪(T)”“方式(E)”和“多个(M)”。下面分别介绍这些选项。

- “多段线(P)”：输入 P，对整个二维多段线进行倒角。相交多段线线段在每个多段线顶点被倒角。倒角成为多段线的新线段。如果多段线包含的线段过短以至于无法容纳倒角距离，则不对这些线段进行倒角，如图 4-45 所示。
- “距离(D)”：输入 D，设置倒角至选定边端点的距离。如果将两个距离都设置为零，那么 chamfer 命令将延伸或修剪两条直线，使它们终止于同一点。该命令有时可以替代修剪和延伸命令。
- “角度(A)”：输入 A，用第一条线的倒角距离和角度设置倒角。例如，第一条直线的倒角距离是 20，角度是 30，其倒角效果如图 4-46 所示。

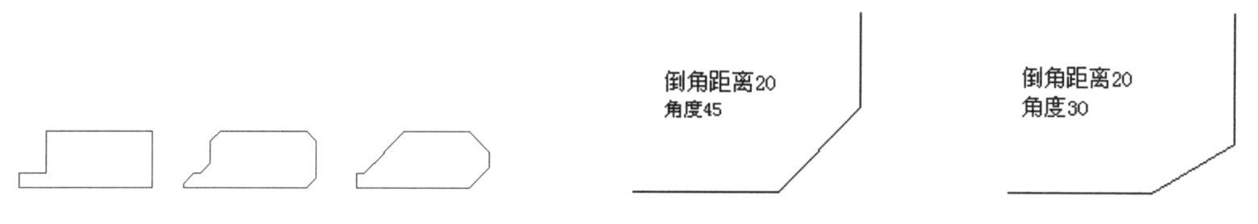

图 4-45　多段线中不同大小的倒角　　图 4-46　角度选项的效果

- “修剪(T)”：输入 T，选择是否采用修剪模式，即倒角后是否还保留原来的边线，如图 4-47 所示。

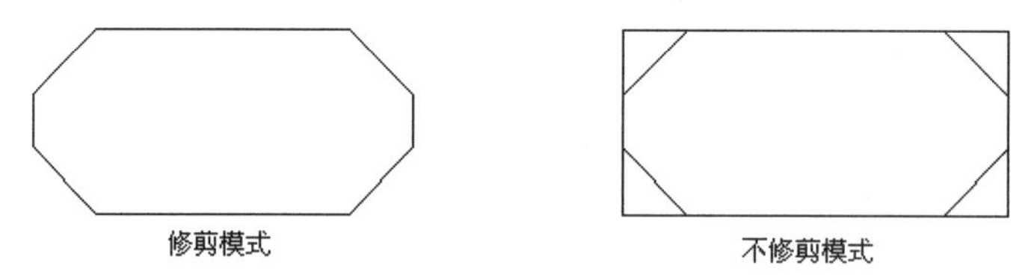

图 4-47　修剪与不修剪模式下的倒角

- “方式(E)”：用于设置倒角方式，倒角方式有两种，一种是使用两个距离，另一种是使用一个距离和一个角度。
- “多个(M)”：输入 M，选择“多个”模式，则可以连续操作倒角，不必重新启动命令。

提示：

当显示“选择第二条直线，或按住 Shift 键选择直线以应用角点或[距离(D)/角度(A)/方法(M)]：”提示符时按住 Shift 键，再选择第二条直线，则会放弃倒角而直接将两条直线延长后相交。

2. 圆角

圆角的命令为 fillet，执行“圆角”命令后，用户设定半径参数和指定角的两条边，就可完成对该角的圆角操作，可以通过以下 3 种方法启动 fillet 命令。

- 选择“修改”|“圆角”命令。
- 单击“修改”工具栏上的“圆角”按钮。
- 在命令行中输入 fillet 命令。

单击“修改”工具栏上的“圆角”按钮，命令行提示如下。

```
命令: fillet                                                    //单击按钮执行命令
当前设置: 模式 = 不修剪，半径 = 20.0000                           //系统提示信息
选择第一个对象或 [放弃(U)/多段线(P)/半径(R)/修剪(T)/多个(M)]:      //选择第一条直线或者设置其他选项
选择第二个对象，或按住 Shift 键选择对象以应用角点或 [半径(R)]:    //选择第二条直线，完成圆角
```

圆角中除了“半径(R)”选项外，其他选项的含义均与倒角命令下的选项含义相同，“半径(R)”选项主要用于控制圆角的半径。

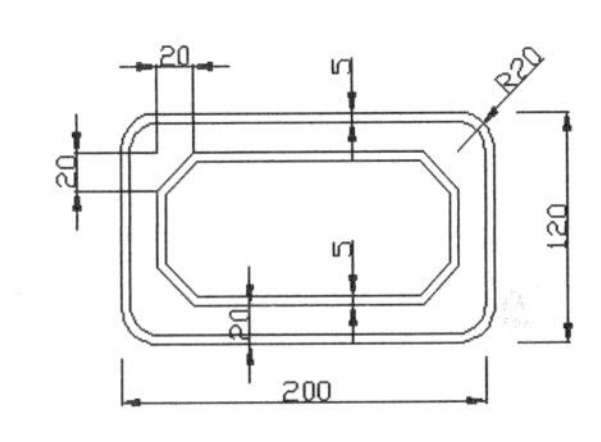

图 4-48　茶几的平面图

【例 4-4】使用倒角与圆角绘制一张茶几。

下面通过绘制一张茶几来熟悉倒角、圆角，以及偏移工具的使用，茶几的尺寸如图 4-48 所示。具体绘制步骤如下。

(1) 单击“绘图”工具栏上的“矩形”按钮，绘制一个长 200、宽 120 的矩形。命令行提示如下。

```
命令: rectang                                                  //单击按钮执行命令
指定第一个角点或 [倒角(C)/标高(E)/圆角(F)/厚度(T)/宽度(W)]:    //拾取第一个角点
指定另一个角点或 [面积(A)/尺寸(D)/旋转(R)]: D                   //选择尺寸输入的方式
指定矩形的长度 <10.0000>: 200                                  //输入长度
指定矩形的宽度 <10.0000>: 120                                  //输入宽度
指定另一个角点或 [面积(A)/尺寸(D)/旋转(R)]:                     //选择一个合适的位置，完成矩形绘制
```

(2) 单击“修改”工具栏上的“偏移”按钮，将矩形向内偏移 20，绘制一个同心的矩形，如图 4-49 所示，命令行提示如下。

```
命令: offset                                                        //单击按钮执行命令
当前设置: 删除源=否　图层=源　OFFSETGAPTYPE=0                        //系统提示信息
指定偏移距离或 [通过(T)/删除(E)/图层(L)] <5.0000>: 20                 //设置偏移距离
选择要偏移的对象，或 [退出(E)/放弃(U)] <退出>:                        //选择偏移对象
指定要偏移的那一侧上的点，或 [退出(E)/多个(M)/放弃(U)] <退出>:         //选取矩形内的一点
选择要偏移的对象，或 [退出(E)/放弃(U)] <退出>:                        //按 Enter 键，完成偏移操作
```

(3) 单击“修改”工具栏上的“圆角”按钮，设置圆角半径为 20，采用“多个(M)”方式分别将 4 个角变成圆角，如图 4-50 所示，命令行提示如下。

```
命令: fillet                                                     //单击按钮执行命令
当前设置: 模式 = 修剪，半径 = 20.0000                              //系统提示信息
选择第一个对象或 [放弃(U)/多段线(P)/半径(R)/修剪(T)/多个(M)]: R     //选择设置圆角半径
指定圆角半径 <20.0000>: 20                                       //输入半径值
选择第一个对象或 [放弃(U)/多段线(P)/半径(R)/修剪(T)/多个(M)]: M     //采用多个方式
选择第一个对象或 [放弃(U)/多段线(P)/半径(R)/修剪(T)/多个(M)]:       //选择第一个角的第一边
选择第二个对象，或按住 Shift 键选择对象以应用角点或 [半径(R)]:     //选择第一个角的第二边
```

```
选择第一个对象或 [放弃(U)/多段线(P)/半径(R)/修剪(T)/多个(M)]:        //选择第二个角的第一边
选择第二个对象，或按住 Shift 键选择对象以应用角点或 [半径(R)]:      //选择第二个角的第二边
选择第一个对象或 [放弃(U)/多段线(P)/半径(R)/修剪(T)/多个(M)]:        //选择第三个角的第一边
选择第二个对象，或按住 Shift 键选择对象以应用角点或 [半径(R)]:      //选择第三个角的第二边
选择第一个对象或 [放弃(U)/多段线(P)/半径(R)/修剪(T)/多个(M)]:        //选择第四个角的第一边
选择第二个对象，或按住 Shift 键选择对象以应用角点或 [半径(R)]:      //选择第四个角的第二边
选择第一个对象或 [放弃(U)/多段线(P)/半径(R)/修剪(T)/多个(M)]:        //按 Enter 键，完成圆角操作
```

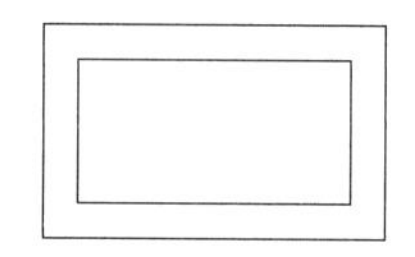

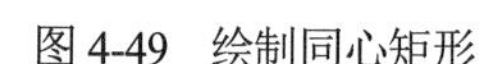

图 4-49 绘制同心矩形

图 4-50 对外矩形进行圆角

(4) 单击“修改”工具栏上的“倒角”按钮，将两边的倒角距离设为 20。采用“多段线(P)”方式一次完成 4 个角的倒角，如图 4-51 所示，命令行提示如下。

```
命令: chamfer                                                  //单击按钮执行命令
(“修剪”模式) 当前倒角长度= 20.0000，角度= 30                    //系统提示信息
选择第一条直线或 [放弃(U)/多段线(P)/距离(D)/角度(A)/修剪(T)/方式(E)/多个(M)]: D
                                                               //选择设置倒角距离
指定第一个倒角距离 <20.0000>: 20                                //输入第一个倒角距离
指定第二个倒角距离 <20.0000>: 20                                //输入第二个倒角距离
选择第一条直线或 [放弃(U)/多段线(P)/距离(D)/角度(A)/修剪(T)/方式(E)/多个(M)]: P
                                                               //采用多段线方式来完成倒角
选择二维多段线:                                                 //选择多段线，完成倒角
4 条直线已被倒角                                                //系统提示信息
```

(5) 单击“修改”工具栏上的“偏移”按钮，将内外两矩形向内偏移 5，绘制双边，如图 4-52 所示，完成茶几的绘制，命令行提示如下。

```
命令: offset                                                   //单击按钮执行命令
当前设置: 删除源=否  图层=源  OFFSETGAPTYPE=0                    //系统提示信息
指定偏移距离或 [通过(T)/删除(E)/图层(L)] <20.0000>: 5             //设置偏移距离
选择要偏移的对象，或 [退出(E)/放弃(U)] <退出>:                     //选择外矩形为偏移对象
指定要偏移的那一侧上的点，或 [退出(E)/多个(M)/放弃(U)] <退出>:      //选取矩形内的一点
选择要偏移的对象，或 [退出(E)/放弃(U)] <退出>:                     //选择内矩形为偏移对象
指定要偏移的那一侧上的点，或 [退出(E)/多个(M)/放弃(U)] <退出>:      //选取矩形内的一点
选择要偏移的对象，或 [退出(E)/放弃(U)] <退出>:                     //按 Enter 键，完成偏移操作
```

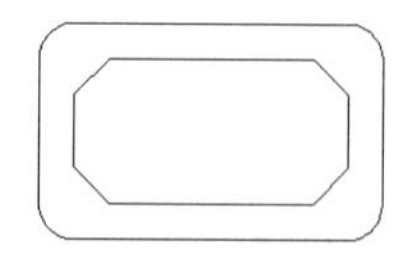

图 4-51 对内矩形进行倒角

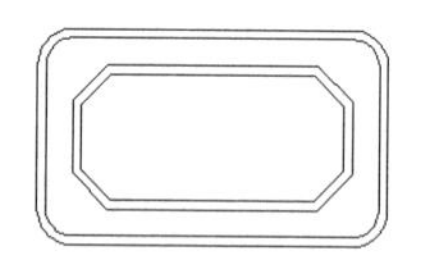

图 4-52 绘制双边

4.2.4 分解

分解命令用于把一个对象分解为多个单一的对象，主要应用于整体图形、图块、文字及尺寸标注等对象。分解的命令为 explode，可以通过以下 3 种方法启动 explode 命令。

- 选择“修改”|“分解”命令。
- 单击“修改”工具栏上的“分解”按钮。
- 在命令行中输入 explode 命令。

单击“修改”工具栏上的“分解”按钮，命令行提示如下。

```
命令: explode
选择对象:
```

在绘图区选择需要分解的对象，按 Enter 键，即可将选择的图形对象分解。例如，将一个矩形分解成 4 段直线段，就可以采用分解命令，分解前后的效果如图 4-53 和图 4-54 所示。

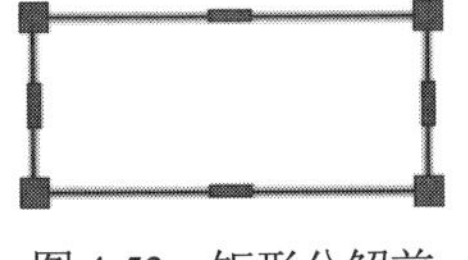

图 4-53　矩形分解前

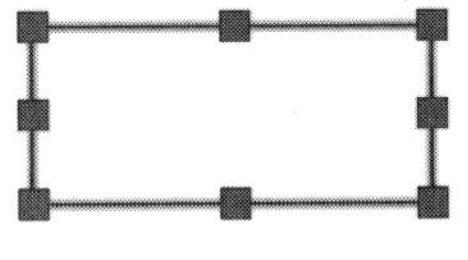

图 4-54　矩形分解后

4.3 编辑多线

普通的 AutoCAD 编辑命令(如裁剪命令、延长命令、圆角命令、倒角命令、偏移命令及打断命令)都不能应用于多线对象。为了可以对多线进行此类编辑，实现诸如前面提到的命令所能达到的编辑效果，AutoCAD 2020 提供了多线编辑命令 mledit，可以通过以下两种方法启动 mledit 命令。

- 选择“修改”|“对象”|“多线”命令。
- 在命令行中输入 mledit 命令。

启动 mledit 命令后，系统将会弹出如图 4-55 所示的“多线编辑工具”对话框。在此对话框中，可以对交叉型、T 形及有拐角和顶点的多线进行编辑，还可以截断或连接多线。对话框中有 4 组编辑工具，每组工具有 3 个选项。要使用这些选项，只需单击选项的图标即可。对话框中第一列中控制的是多线的十字交叉处；第二列控制的是多线的 T 形交点的形式；第三列控制的是拐角点和顶点；第四列控制的是多线的剪切及连接。

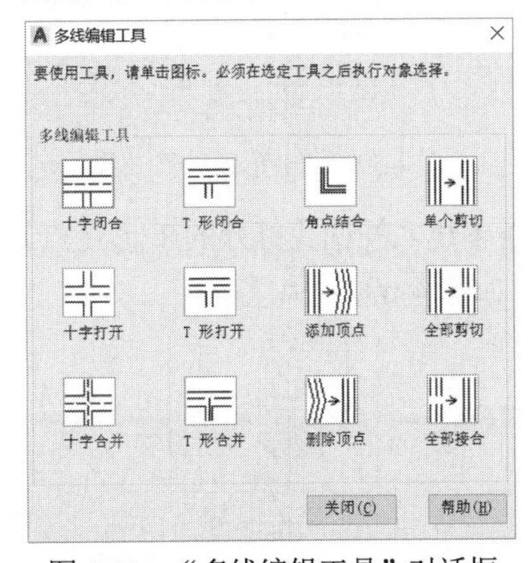

图 4-55　“多线编辑工具”对话框

下面介绍此对话框中各选项的使用方法。

- "十字闭合"：在两条多线之间创建闭合的十字交点，第一条多线保持原状，第二条多线被修剪成与第一条多线分离的形状，如图 4-56 所示。

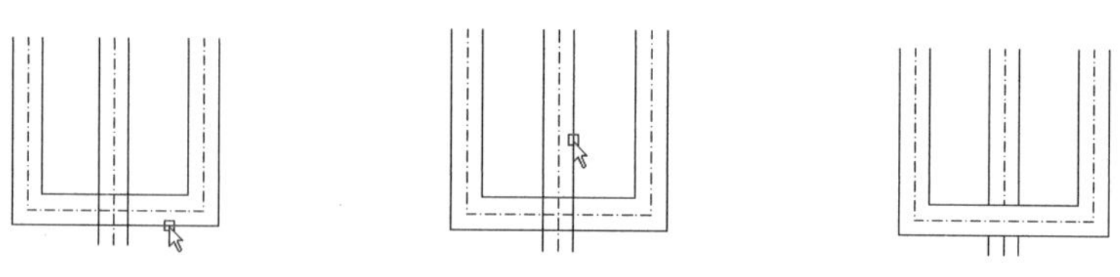

图 4-56　"十字闭合"效果

- "十字打开"：在两条多线之间创建打开的十字交点。打断将插入第一条多线的所有元素和第二条多线的外部元素，如图 4-57 所示。

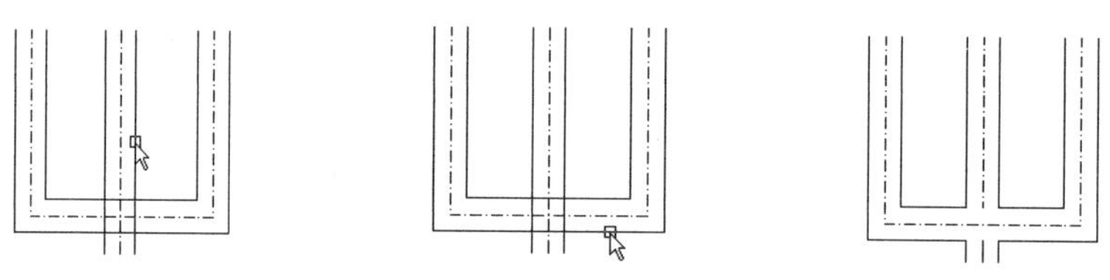

图 4-57　"十字打开"效果

- "十字合并"：在两条多线之间创建合并的十字交点。选择多线的次序并不重要，如图 4-58 所示。

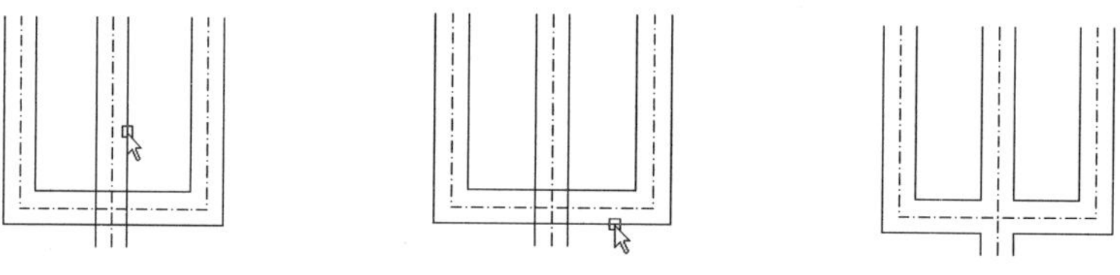

图 4-58　"十字合并"效果

- "T 形闭合"：在两条多线之间创建闭合的 T 形交点。将第一条多线修剪或延伸到与第二条多线的交点处，如图 4-59 所示。

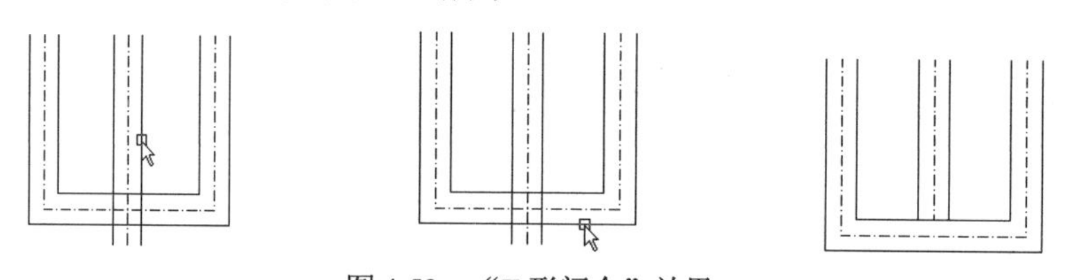

图 4-59　"T 形闭合"效果

- "T 形打开"：在两条多线之间创建打开的 T 形交点。将第一条多线修剪或延伸到与第二条多线的交点处，如图 4-60 所示。

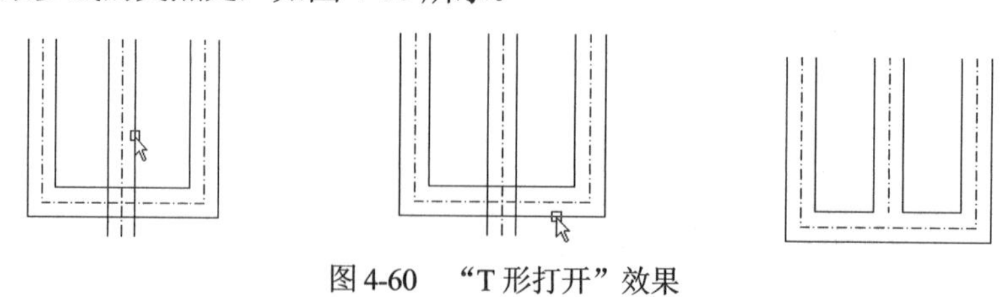

图 4-60　"T 形打开"效果

- “T 形合并”：在两条多线之间创建合并的 T 形交点。将多线修剪或延伸到与另一条多线的交点处，如图 4-61 所示。

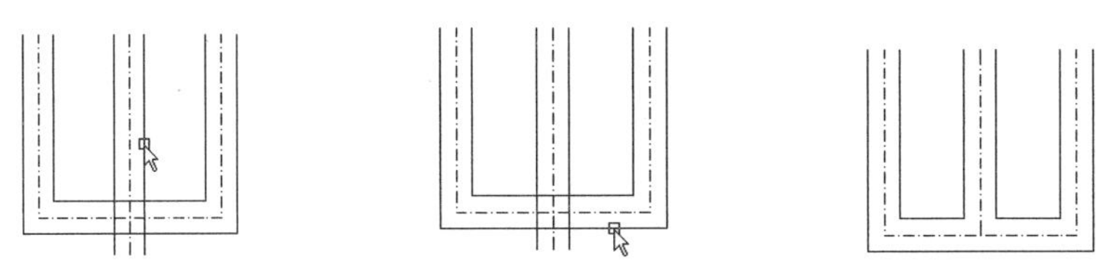

图 4-61　“T 形合并”效果

- “角点结合”：在多线之间创建角点结合。将多线修剪或延伸到它们的交点处，如图 4-62 所示。

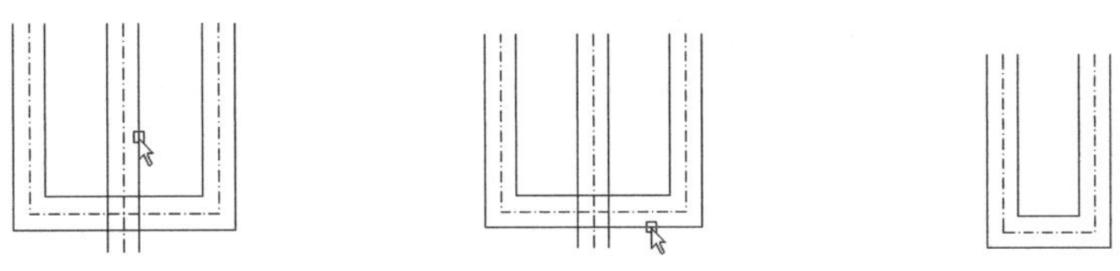

图 4-62　“角点结合”效果

- “添加顶点”：向多线上添加一个顶点，如图 4-63 所示。

图 4-63　“添加顶点”效果

- “删除顶点”：从多线上删除一个顶点，如图 4-64 所示。

图 4-64　“删除顶点”效果

- “单个剪切”：剪切多线上的选定元素，如图 4-65 所示。

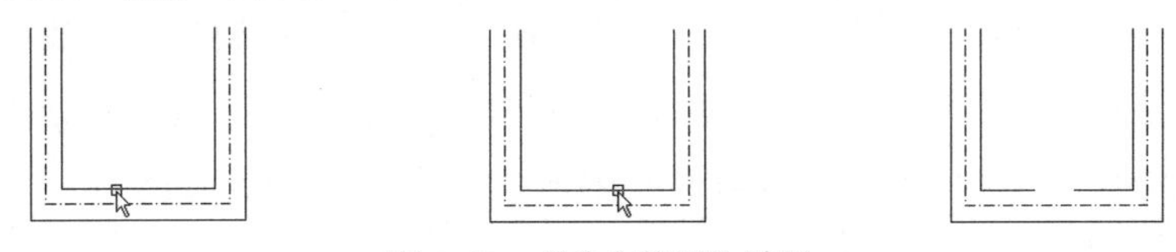

图 4-65　“单个剪切”效果

- “全部剪切”：将多线剪切为两个部分，如图 4-66 所示。

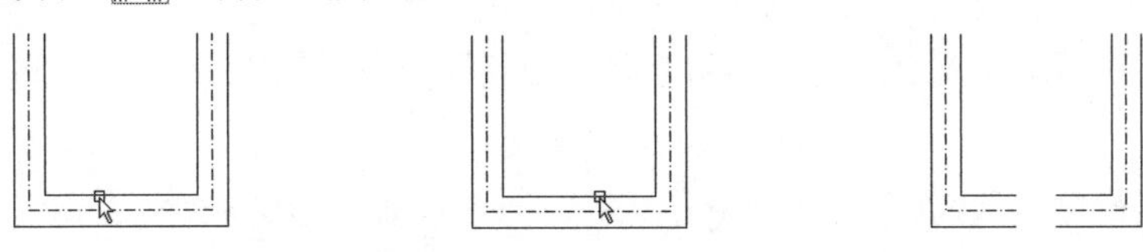

图 4-66　“全部剪切”效果

● “全部接合”：将已被剪切的多线线段重新接合起来，如图 4-67 所示。

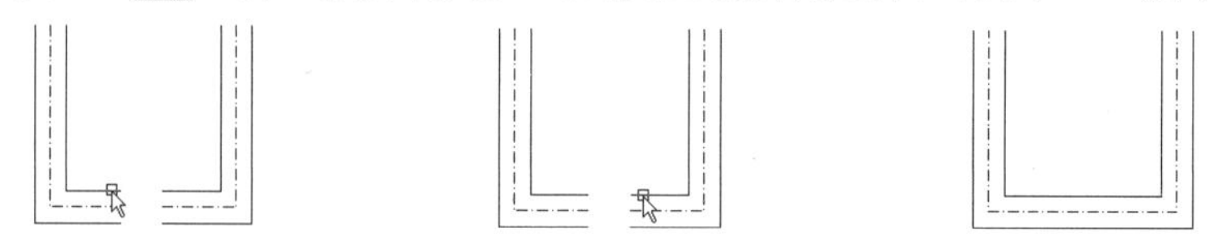

图 4-67 “全部接合”效果

4.4 编辑多段线

多段线编辑命令可以用来编辑二维多段线、三维多段线和三维多边形网格，这里只介绍对二维多段线的操作。该命令可以闭合一条非闭合的多段线，或打开一条已闭合的多段线；可以改变多段线的宽度，可以把整条多段线改变成新的统一宽度，也可以改变多段线中某一条线段的宽度或维度；可以将一条多段线分为两条多段线；也可以将多条相邻的直线、圆弧和二维多段线连接，组成一条新的多段线；还可以移去两顶点间的曲线、移动多段线的顶点或增加新的顶点。多段线编辑的命令是 pedit，可以通过以下 4 种方法启动 pedit 命令。

● 选择“修改”|“对象”|“多段线”命令。
● 先调出“修改 II”工具栏(见图 4-68)，单击“修改 II”工具栏上的“编辑多段线”按钮。
● 在功能区的“默认”选项卡中将“修改”面板展开，单击“编辑多段线”按钮。
● 在命令行中输入 pedit 命令。

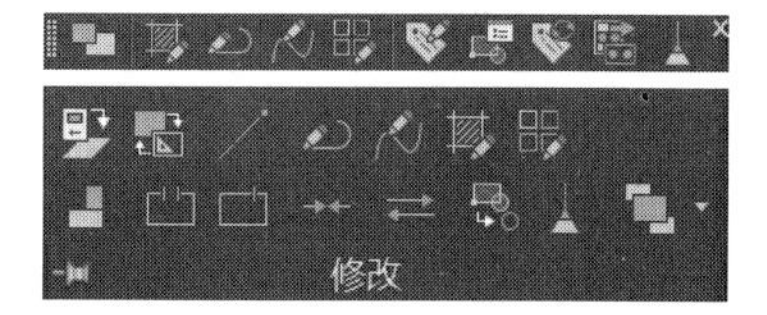

图 4-68 “修改 II”工具栏

单击“编辑多段线”按钮后，命令行提示如下。

```
命令: pedit 选择多段线或 [多条(M)]:        //单击按钮执行命令，选择多段线
输入选项 [闭合(C)/合并(J)/宽度(W)/编辑顶点(E)/拟合(F)/样条曲线(S)/非曲线化(D)/线型生成(L)
/反转(R)/放弃(U)]:                          //选择编辑项目
```

启动多段线编辑命令后，系统会要求用户选择目标对象，选定一条多段线后，就可以对该多段线进行编辑，如果选定的目标对象不是一条多段线，系统会有如下提示。

```
选定的对象不是多段线
是否将其转换为多段线? <Y>:                  //输入 Y，可以将其转换为多段线
```

选定一条多段线，即可进行编辑。编辑选项有“闭合(C)”“合并(J)”“宽度(W)”“编辑顶点(E)”“拟合(F)”“样条曲线(S)”“非曲线化(D)”“线型生成(L)”“反转(R)”和“放弃(U)”。下面对几个主要编辑选项的功能进行介绍。

● “闭合(C)”：输入 C，选定“闭合”选项，系统会将未闭合的目标多段线的第一段和最后一段连接起来，即使多段线首尾相连，构成一条闭合的多段线。此时会新增一个“打开(O)”选项，输入 O，就会将闭合多段线的线段或圆弧去掉，命令行提示如下。

```
输入选项
[闭合(C)/合并(J)/宽度(W)/编辑顶点(E)/拟合(F)/样条曲线(S)/非曲线化(D)/线型生成(L)/放弃(U)]:
C
输入选项
```

[打开(O)/合并(J)/宽度(W)/编辑顶点(E)/拟合(F)/样条曲线(S)/非曲线化(D)/线型生成(L)/放弃(U)]:

提示：

如果选定对象的首尾端均为直线，则闭合的线段为连接两端的直线，只要首尾两端有一端为圆弧，连接线即为弧线。

- “合并(J)”：该选项用来找出与非闭合的多段线的任意一端相遇的线段、弧线及其他多段线，然后将它们加到该多段线上，构成一个新的多段线，再用所得的新的多段线的端点重复上述的搜索过程，直到所有要连接的实体都被搜索到为止。

提示：

要连接到指定多段线上的对象必须与当前多段线有共同的端点，如果一条线段与多段线呈 T 形相交或交叉，则它不会被连接；如果有多条线段与一条多段线在同一端相连，那么只能选其中的一条进行连接，连接完毕后，其他的线段就不能再连接了。也就是说，必须保证在连接后仍然是一条多段线，不带有任何分支。

- “宽度(W)”：该选项用来为多段线指定一个新的统一的宽度。用此方法可以解决多段线宽度不统一的问题。
- “拟合(F)”：该选项用来产生一条光滑曲线拟合多段线的所有顶点。光滑曲线的形状与各顶点的切线方向有关。为此，可先选择“编辑顶点(E)”选项来设置各顶点的切线方向，然后再用该选项生成拟合曲线。如果不设置顶点切线方向，直接进行拟合，这时各顶点默认的切线方向为 0º。
- “样条曲线(S)”：该选项把选中的多段线的各个顶点当作曲线的控制点，用样条曲线来逼近各个控制点，除了穿过第一个和最后一个控制点外，曲线并不一定穿过其他的控制点，而只是拉向这些点，控制点越多，逼近程度就越高。样条曲线与前面讲过的拟合曲线不同。拟合曲线是由经过各个顶点的一段段圆弧组成的，一般情况下，样条曲线要比拟合曲线效果好一些。
- “线型生成(L)”：该选项可以按当前系统变量的设置重新生成一条多段线。
- “放弃(U)”：该选项用来取消最近一次操作，连续使用该选项可以使图形逐步还原。

4.5　编辑样条曲线

使用样条曲线编辑命令，可以编辑样条曲线的各种特征参数；可以删除样条曲线上的拟合点；通过增加样条曲线上的拟合点，可以提高样条曲线的精度；移动曲线上的拟合点，可以改变样条曲线的形状；打开闭合的样条曲线或闭合开放的样条曲线；可以改变样条曲线的起点和终点切向；改变样条曲线的拟合公差，可以控制曲线到指定的拟合点的距离；增加曲线上某一部分的控制点数量或改变指定控制点的权值，可以提高曲线的精度；还可以改变样条曲线的阶数，从而指定曲线的控制点数量。

样条曲线编辑的命令是 splinedit，可以通过以下 4 种方法启动 splinedit 命令。

- 选择“修改”|“对象”|“样条曲线”命令。

- 单击“修改 II”工具栏上的“编辑样条曲线”按钮。
- 在功能区的“默认”选项卡中将“修改”面板展开，单击“编辑样条曲线”按钮。
- 在命令行中输入 splinedit 命令。

单击“修改 II”工具栏上的“编辑样条曲线”按钮，命令行提示如下。

```
命令: splinedit
选择样条曲线:          //选择需要编辑的样条曲线
输入选项 [闭合(C)/合并(J)/拟合数据(F)/编辑顶点(E)/转换为多段线(P)/反转(R)/放弃(U)/退出(X)]
<退出>:               //输入样条曲线编辑选项
```

下面对 splinedit 命令的主要选项进行介绍。

- “闭合(C)”：该选项用于闭合原来开放的样条曲线，并使之在端点处相切连续(光滑)，如果起点和端点重合，那么在两点处都相切并连续(即光滑过渡)。若选择的样条曲线是闭合的，则“闭合”选项变为“打开”选项。“打开”选项用于打开原来闭合的样条曲线，将其起点和端点恢复原始状态，移去在该点的相切连续性，即不再光滑连接。
- “合并(J)”：该选项用于将选定的样条曲线、直线和圆弧在重合端点处合并到现有样条曲线。
- “拟合数据(F)”：该选项的功能是对样条曲线的拟合数据进行编辑。
- “编辑顶点(E)”：该选项用于对样条曲线控制点进行操作，可以添加、删除、移动、提高阶数及设定新权值等。
- “转换为多段线(P)”：该选项用于将样条曲线转换为多段线。
- “反转(R)”：该选项可反转样条曲线的方向，但不影响样条曲线的控制点和拟合点。
- “放弃(U)”：该选项用于取消最后一步的编辑操作。

4.6 夹点编辑模式

对象的夹点就是指对象本身的一些特殊点，例如，直线段的中点、端点，圆弧的中点及端点等，如图 4-69 所示。用夹点编辑对象是 AutoCAD 提供的另一种编辑对象的方法，即运用主谓式编辑对象。应用夹点功能后，不用调用通常的 AutoCAD 系统编辑命令就可以对所选择的对象进行移动、拉伸、旋转、复制、比例缩放和镜像等操作。

可以通过选择“工具”|“选项”命令，在弹出的“选项”对话框的“选择集”选项卡中勾选“显示夹点”和“显示夹点提示”复选框，启动夹点功能，如图 4-70 所示。

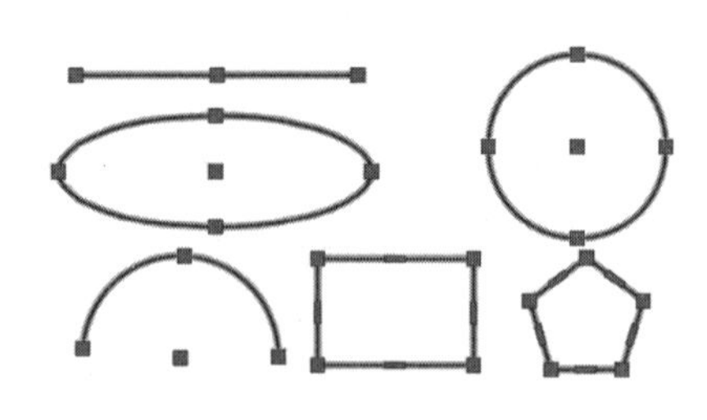

图 4-69　一些图形的夹点

图 4-70　启动夹点功能

勾选“显示夹点”复选框，将启动夹点的显示，关闭时不显示夹点。对话框中的“在块中显示夹点”复选框可控制块内对象上夹点的显示，勾选该复选框，则块内所有对象的夹点都会被显示；取消勾选该复选框，则只有块的插入点上的夹点会被显示。用户还可以单击“夹点颜色”按钮打开“夹点颜色”对话框，设置“未选中夹点颜色”“选中夹点颜色”“悬停夹点颜色”及“夹点轮廓颜色”。

夹点的位置一般在直线和圆弧的中点和端点处，多段线的顶点和端点处，尺寸标注、文字、填充区域、三维面、三维网格、视区及块的插入点处。

当光标移到夹点附近时，会自动捕捉夹点，夹点的状态有 3 种，根据被选择的情况分为“选中”“未选中”和“悬停”。

选定一个对象，当光标移至该对象上的夹点时，此夹点变成“悬停”夹点。在一个对象上拾取一个“悬停”夹点，则该夹点变为一个实心的方框，即“选中”夹点，当前选中的对象即进入夹点编辑状态，可以进行图形编辑操作。在拾取“悬停”夹点时按住 Shift 键可同时生成多个“选中”夹点。多个“选中”态夹点的图形如图 4-71 所示。不在当前选择集中的对象上的夹点为“未选中”夹点。

选中的夹点，在默认状态下为拉伸、移动的基点，旋转(旋转复制)、比例缩放的中心点和镜像线的第一个点，通过按 Enter 键或空格键可以循环切换 5 种模式。输入 X，选择“退出”选项即可退出夹点编辑模式。

选定一个夹点，使之成为“选中”态，然后右击，会弹出一个快捷菜单，如图 4-72 所示，可以在该菜单中选择要进行的操作。

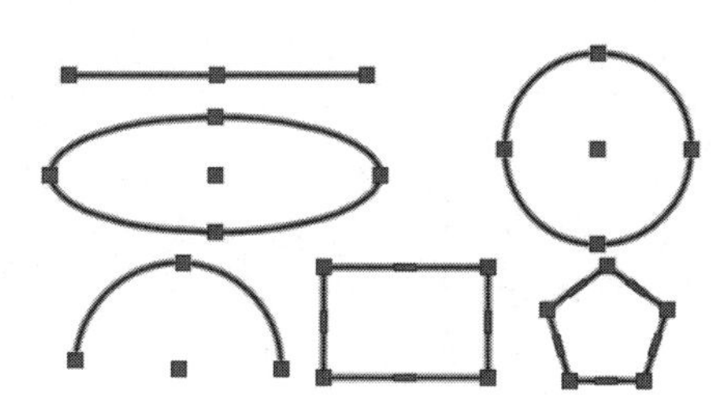

图 4-71　多个“选中”态夹点的图形

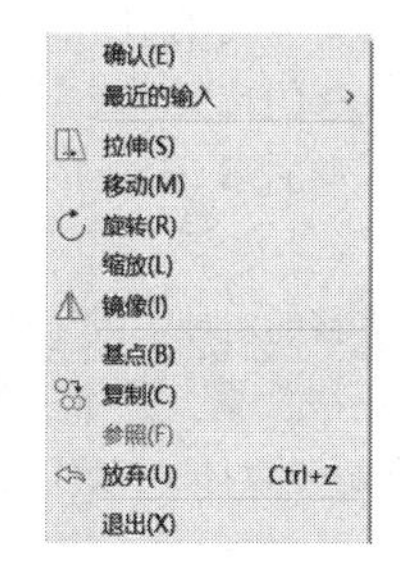

图 4-72　夹点编辑快捷菜单

4.7 操作实践

按照图 4-73 所示的图形和尺寸，使用本章及前面章节学过的知识绘制传达室的平面墙体布局图，墙厚 240，散水距墙边 600。绘制完成后将文件保存为“Ex04-1 传达室.dwg”，具体操作步骤如下。

(1) 选择“格式”|“图形界限”命令，设置图形界限，命令行提示如下。

```
命令: limits                                              //启动图形界限命令
重新设置模型空间界限:                                     //系统提示信息
指定左下角点或 [开(ON)/关(OFF)] <0, 0>:                   //接受默认值
指定右上角点 <420.000，297.000>: 420000,297000            //输入新的界限角点值
```

(2) 在状态栏单击“正交”按钮和 DYN 按钮，打开正交模式和动态输入开关，单击“绘图”工具栏上的“直线”按钮，在绘图区任一位置绘制一条水平线和一条竖直线，长度均为 10000，如图 4-74 所示。

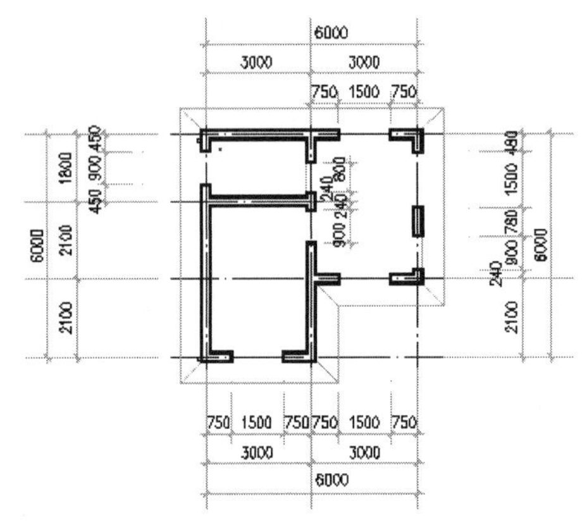

图 4-73　平面墙体布局图

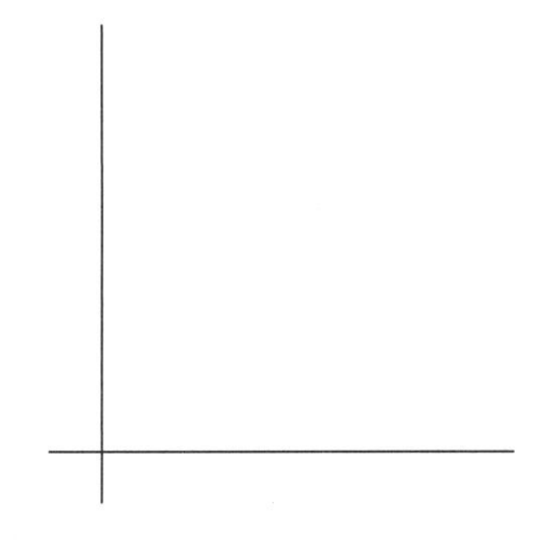

图 4-74　先绘制起始的正交轴线

(3) 单击“修改”工具栏上的“偏移”按钮，设置偏移距离为 3000，选择竖向轴线，并使其偏移两次，得到如图 4-75 所示的效果，命令行提示如下。

```
命令: offset                                                        //单击按钮执行命令
当前设置: 删除源=否   图层=源   OFFSETGAPTYPE=0                      //系统提示信息
指定偏移距离或 [通过(T)/删除(E)/图层(L)] <5.0000>: 3000              //指定偏移的对象与源对象的距离
选择要偏移的对象，或 [退出(E)/放弃(U)] <退出>:                        //选择竖向轴线为偏移的对象
指定要偏移的那一侧上的点，或 [退出(E)/多个(M)/放弃(U)] <退出>:
                                                                    //在对象的偏移方向上方拾取任意一点
选择要偏移的对象，或 [退出(E)/放弃(U)] <退出>:                        //选择对象，进行第二次偏移
指定要偏移的那一侧上的点，或 [退出(E)/多个(M)/放弃(U)] <退出>:   //选择偏移方向
选择要偏移的对象，或 [退出(E)/放弃(U)] <退出>:                        //按 Enter 键，退出偏移
```

(4) 单击“修改”工具栏上的“偏移”按钮，设置偏移距离为 2100，选择水平轴线，使其向上偏移两次。再单击“修改”工具栏上的“偏移”按钮，设置偏移距离为 1800，选择最上面的一条水平轴线，使其向上偏移，得到如图 4-76 所示的效果，命令行提示类似步骤(3)。

(5) 单击“修改”工具栏上的“移动”按钮，选择 3 条竖线，移到如图 4-77 所示的位置。

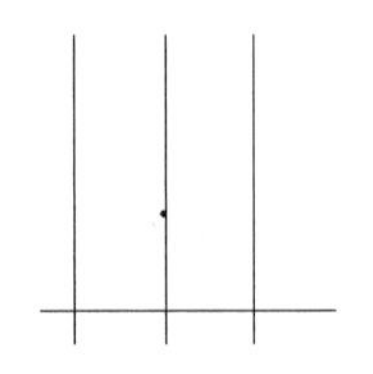

图 4-75　偏移竖向轴线

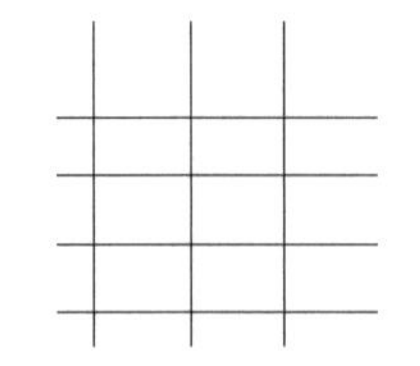

图 4-76　偏移水平轴线

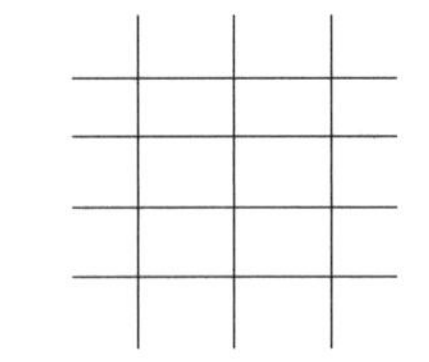

图 4-77　移动调整轴线位置

(6) 单击“修改”工具栏上的“偏移”按钮，设置偏移距离为120，偏移方向为轴线两侧，完成后效果如图4-78所示。

(7) 单击“修改”工具栏上的“圆角”按钮，将半径设为 0，对墙进行圆角处理，如

图 4-79 所示，命令行提示如下。

```
命令: fillet                                                        //启动圆角命令
当前设置: 模式 = 修剪，半径 = 20.000                                 //系统提示信息
选择第一个对象或 [放弃(U)/多段线(P)/半径(R)/修剪(T)/多个(M)]: R       //设置圆角半径
指定圆角半径 <20.000>: 0                                             //半径值为 0
选择第一个对象或 [放弃(U)/多段线(P)/半径(R)/修剪(T)/多个(M)]:         //选择外包边界
选择第二个对象，或按住 Shift 键选择对象以应用角点或 [半径(R)]:        //选择外包边界
```

(8) 重复步骤(7)的操作可得到如图 4-80 所示的效果。

图 4-78　完成墙体偏移

图 4-79　对墙线进行圆角

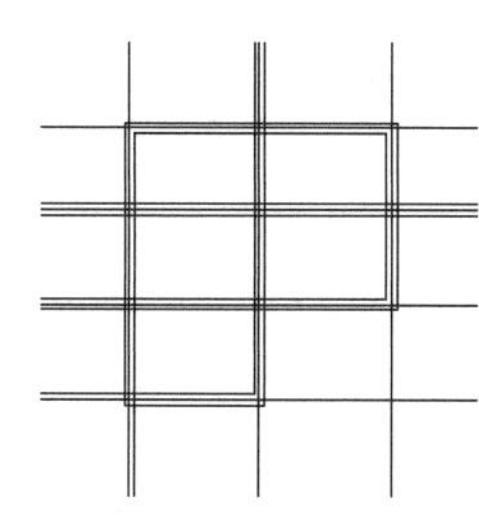

图 4-80　圆角完成后的效果

(9) 单击“修改”工具栏上的“修剪”按钮，修剪墙线，如图 4-81～图 4-83 所示，命令行提示如下。

```
命令: trim                                              //单击修剪按钮
当前设置:投影=UCS，边=延伸                               //系统提示信息
选择剪切边……
选择对象或 <全部选择>:  找到 1 个                         //选择剪切边
选择对象: 找到 1 个，总计 2 个                            //选择剪切边
选择对象: 找到 1 个，总计 3 个                            //选择剪切边
选择对象:                                                //按 Enter 键完成剪切边的选择
选择要修剪的对象，或按住 Shift 键选择要延伸的对象，或
[栏选(F)/窗交(C)/投影(P)/边(E)/删除(R)/放弃(U)]:          //选择要修剪的线条 1
选择要修剪的对象，或按住 Shift 键选择要延伸的对象，或
[栏选(F)/窗交(C)/投影(P)/边(E)/删除(R)/放弃(U)]:          //选择要修剪的线条 2
选择要修剪的对象，或按住 Shift 键选择要延伸的对象，或
[栏选(F)/窗交(C)/投影(P)/边(E)/删除(R)/放弃(U)]:          //选择要修剪的线条 3
选择要修剪的对象，或按住 Shift 键选择要延伸的对象，或
[栏选(F)/窗交(C)/投影(P)/边(E)/删除(R)/放弃(U)]:          //按 Enter 键，完成修剪
```

1 2

3

选择对象:

图 4-81　选择三个剪切边

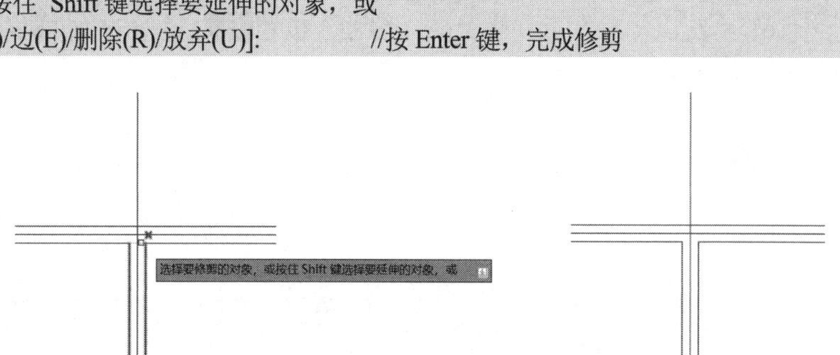

图 4-82　选择线条 1、2 为剪切对象

图 4-83　线条 1、2 之间的线条 3 为剪切对象

(10) 重复步骤(9)，完成对墙的修剪，修剪后的效果如图 4-84 所示。

(11) 单击“修改”工具栏上的“偏移”按钮，根据图 4-73 提供的尺寸，在门窗洞口处选择相应的轴线进行偏移，以左上角的窗口为例，两条轴线向内均偏移 450，形成两条辅助线，偏移后的效果如图 4-85 所示。

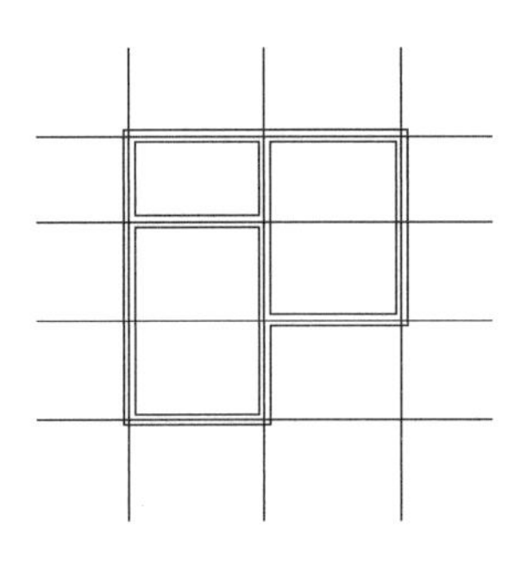

图 4-84　修剪成后的效果

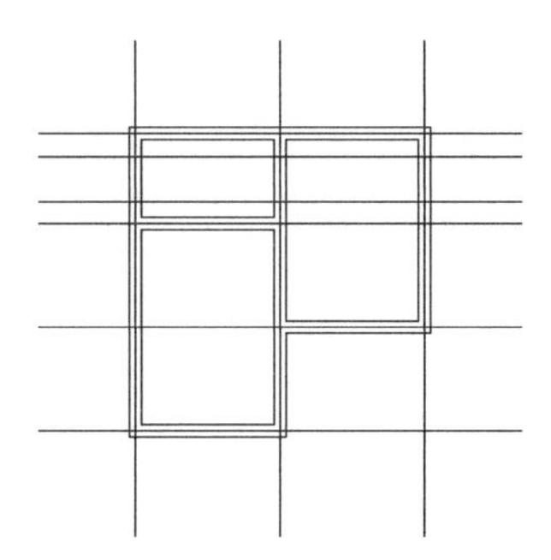

图 4-85　偏移后的效果

(12) 单击“修改”工具栏上的“修剪”按钮，选择偏移后的两条辅助线为剪切边，选择墙线为剪切对象，剪切后的效果如图 4-86 所示。

(13) 单击“修改”工具栏上的“删除”按钮，删除两条辅助线。

(14) 单击“绘图”工具栏上的“直线”按钮，打开状态栏上的“对象捕捉”开关，并确保“端点”捕捉模式被勾选。然后连接剪断的墙线，效果如图 4-87 所示。

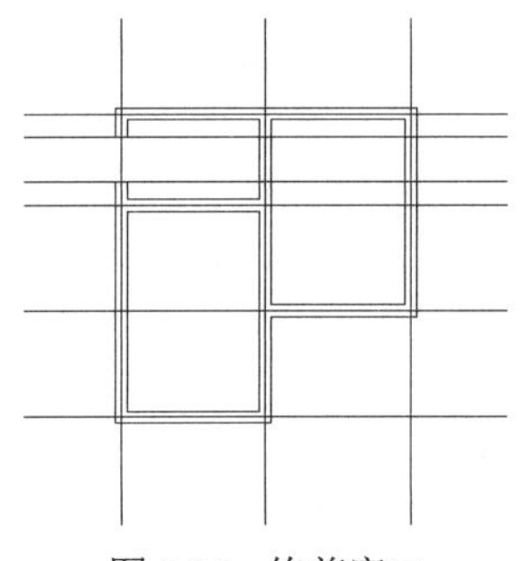

图 4-86　修剪窗口

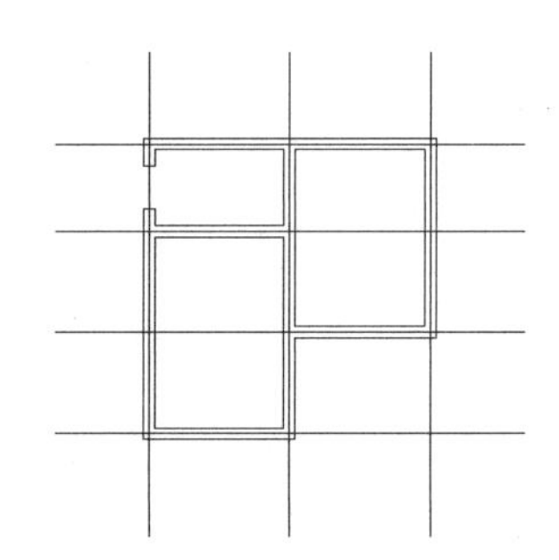

图 4-87　完成修剪后的效果

(15) 重复步骤(11)～(14)的操作，严格按照图示尺寸偏移轴线或辅助线，可得到如图 4-88 所示的效果。

(16) 单击“修改”工具栏上的“偏移”按钮，将外圈轴线偏移 720(120 半墙厚+600)绘制散水，如图 4-89 所示。

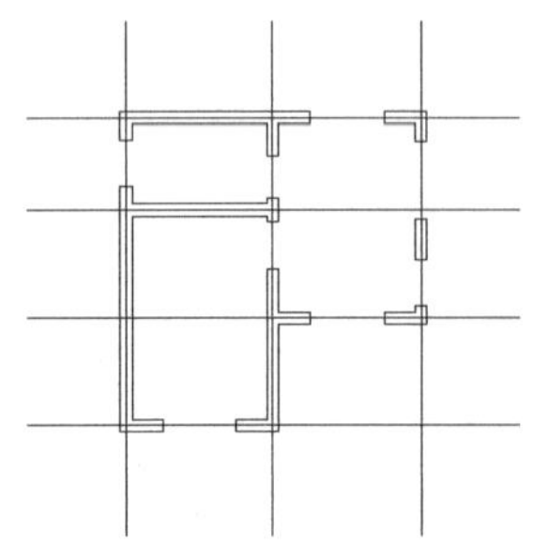

图 4-88　完成所有门窗修剪后的效果

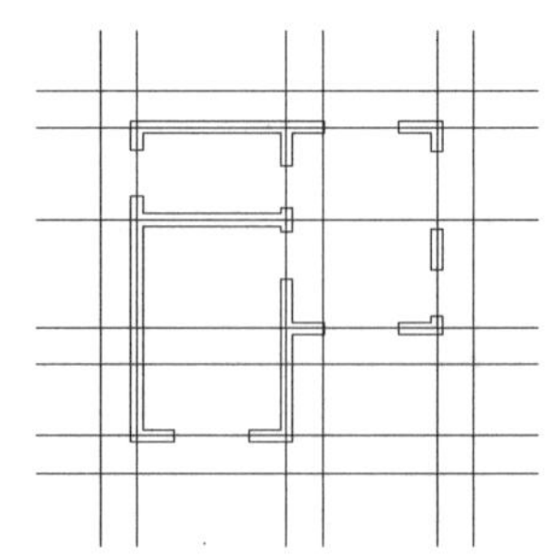

图 4-89　偏移轴线定位散水边界

(17) 单击“修改”工具栏上的“圆角”按钮，将半径设为 0，对散水进行倒角，效果如图 4-90 所示。

(18) 单击“绘图”工具栏上的“直线”按钮，连接墙角点和散水边界角点，如图 4-91 所示。

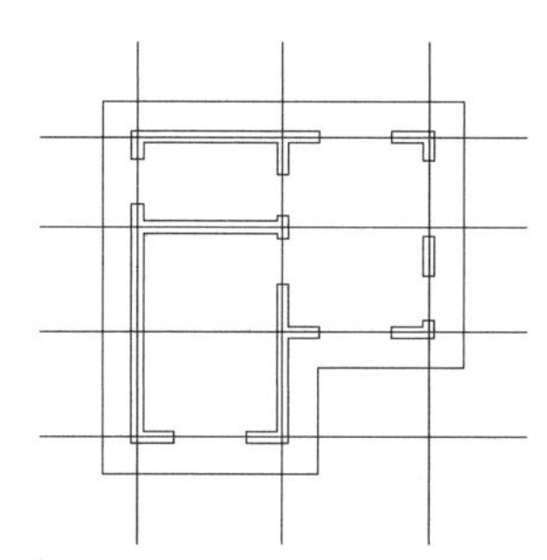

图 4-90　用倒角绘制散水边界

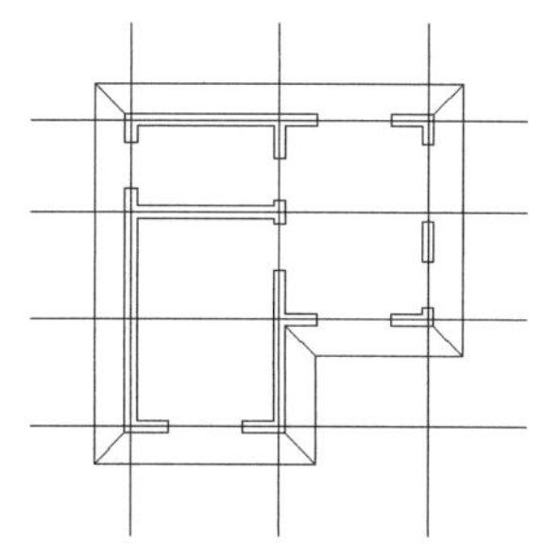

图 4-91　绘制完成后的效果

(19) 选择“文件”|“另存为”命令，将绘制的图形保存为“Ex04-1 传达室.dwg”。

思考：还有哪些方法可以快速绘制该布局图？

4.8 习题

4.8.1 填空题

(1) 要移动对象，可以使用________命令；要旋转对象，可以使用________命令；要修剪对象，可以使用________命令；要删除对象，可以使用________命令。

(2) 在 AutoCAD 中，有________和________两种倒角方式。

(3) 在修剪过程中，按住________键选择要延伸的对象，这样可以切换成________命令。

(4) 拉伸图形时，必须采用________选择方式。

(5) 打断的命令是________，合并的命令是________。

4.8.2 选择题

(1) AutoCAD 中不能完成复制图形功能的命令是(　　)。

A. copy　　B. move　　C. rotate　　D. mirror

(2) 系统变量(　　)，控制镜像时文字对象的反射特性。当遇到镜像对象中包含文字时，需要先设置系统变量值为 0，文字镜像后可读；当值为 1 时，文字镜像后不可读。

A. MIRRTEXT　　B. ISOLINE　　C. SPLERAME　　D. LINETYPE

(3) 分解命令用于把一个对象分解为多个单一的对象，主要应用于整体图形、图块、文字、尺寸标注等对象。分解的命令是(　　)。

A. break　　B. explode　　C. mirror　　D. joint

4.8.3 上机操作

(1) 绘制如图 4-92 所示尺寸的图形。

(2) 绘制如图 4-93 所示尺寸的图形。

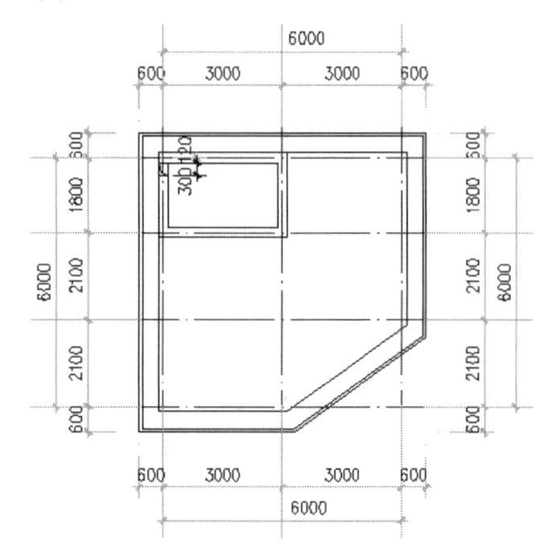

图 4-92　屋顶平面图

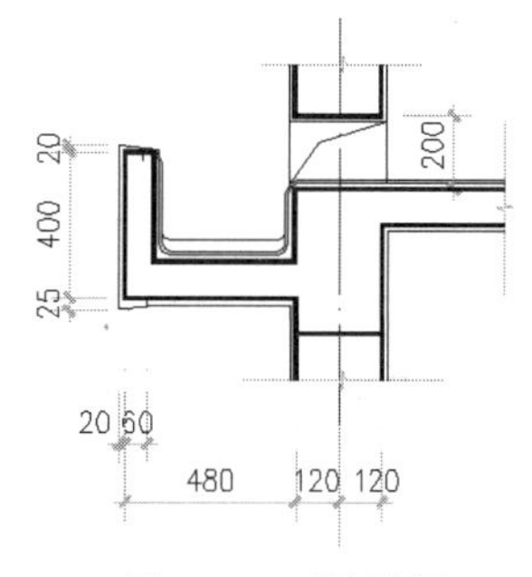

图 4-93　天沟详图

꧁ 第5章 ꧂

建筑图案填充

在建筑制图中，常常需要绘制剖面图及平面布局图。剖面填充用于显示剖面结构关系，表达建筑中各种建筑材料的类型、地基轮廓面、房屋顶的结构特征、墙体材料和立面效果等。在AutoCAD 2020 中文版中，根据图案填充与其填充边界之间的关系，将填充分为关联的图案填充和非关联的图案填充。关联的图案填充，在修改边界时填充会得到自动更新；而非关联的图案填充则与其填充边界保持相对的独立性。填充时可以使用预定义填充图案填充区域，也可以使用当前线型定义简单的线图案，或者创建更复杂的填充图案填充区域，还可以用实体颜色填充区域。

本章主要介绍绘制和编辑图案填充的相关内容，以及建筑制图规范对填充的要求。

知识要点

- 图案填充与渐变色填充。
- 填充图案的编辑。
- 建筑制图规范对填充的要求。

5.1 图案填充

图 5-1 和图 5-2 分别是使用了图案填充的建筑立面局部图和窗剖面图。

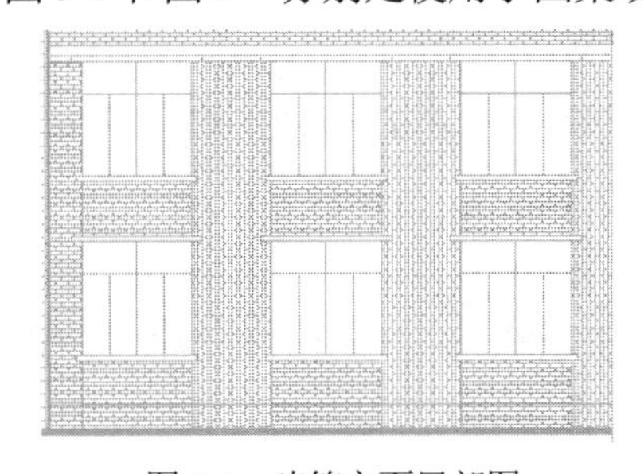

图 5-1　建筑立面局部图

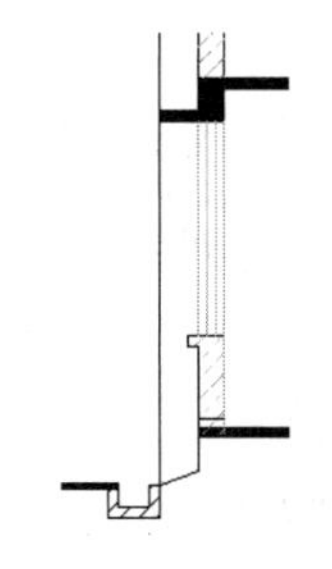

图 5-2　窗剖面图

图案填充的命令是 hatch，可以通过以下 3 种方式启动 hatch 命令。

- 选择“绘图”|“图案填充”命令。
- 单击“绘图”工具栏或“绘图”面板上的“图案填充”按钮▩。
- 在命令行中输入 hatch(H)命令。

单击“绘图”工具栏上的“图案填充”按钮▦，系统会弹出如图 5-3 所示的“图案填充和渐变色”对话框，打开“图案填充”选项卡。

“图案填充”选项卡包含 6 个方面的内容：类型和图案、角度和比例、图案填充原点、边界、选项和继承特性。下面分别介绍这 6 个方面的内容。

1. 类型和图案

“图案填充”选项卡左上方的“类型和图案”选项组用于控制填充的类型和图案。

- “类型”下拉列表框：用于选择图案的类型，其中包括“预定义”“用户定义”和“自定义”3 种类型。“预定义”类型是指 AutoCAD 存储在产品附带的 acad.pat 或 acadiso.pat 文件中的预先定义的图案。“用户定义”类型填充图案由基于图形中的当前线型的线条组成，可以通过更改“角度和比例”选项组中的“间距”和“角度”参数来改变填充的疏密程度和倾角大小，还可以通过勾选“双向”复选框，双向填充线条。“自定义”类型填充图案是在任何自定义 PAT 文件中定义的图案。
- “图案”下拉列表框：用于选择填充的图案，下拉列表框中将显示填充图案的名称，并且最近使用的 6 个用户预定义图案将出现在列表顶部。单击▭按钮，弹出“填充图案选项板”对话框，如图 5-4 所示，通过该对话框可以查看填充图案并做选择。

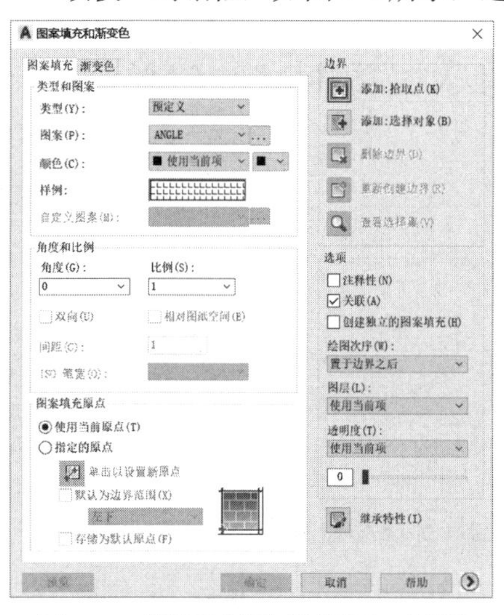

图 5-3　“图案填充和渐变色”对话框

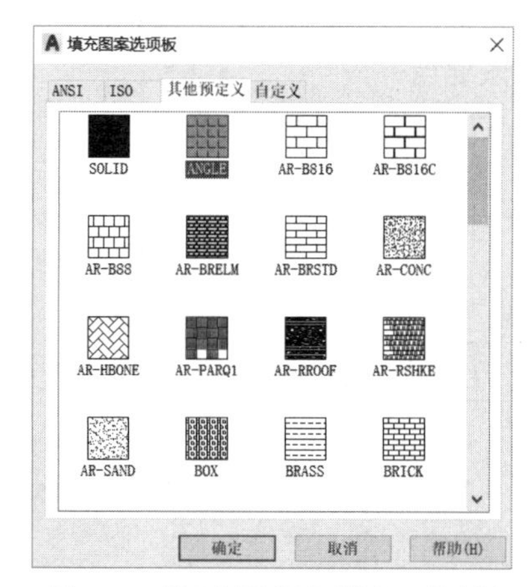

图 5-4　“填充图案选项板”对话框

- “颜色”下拉列表框：用于设置填充图案的颜色和背景色。
- “样例”列表框：用于预览选定的图案。
- “自定义图案”下拉列表框：列出了可用的自定义图案，6 个最近使用的自定义图案将出现在列表顶部。

2. 角度和比例

“角度和比例”选项组包含“角度”“比例”“间距”和“ISO 笔宽”4 部分内容，用于控制填充的疏密程度和倾斜程度。

- “角度”下拉列表框：可以在下拉列表框中选择所需的角度值，也可以直接输入角度值。选择不同的角度值，其效果如图 5-5(a)所示。

- “双向”复选框：主要用于控制当填充图案选择“用户定义”时采用的当前线型的线条布置是单向还是双向，如图 5-5(b)所示。
- “比例”下拉列表框：可以在下拉列表框中选择所需的比例值，也可以直接输入比例值。选择不同的比例值，其效果如图 5-5(c)所示。

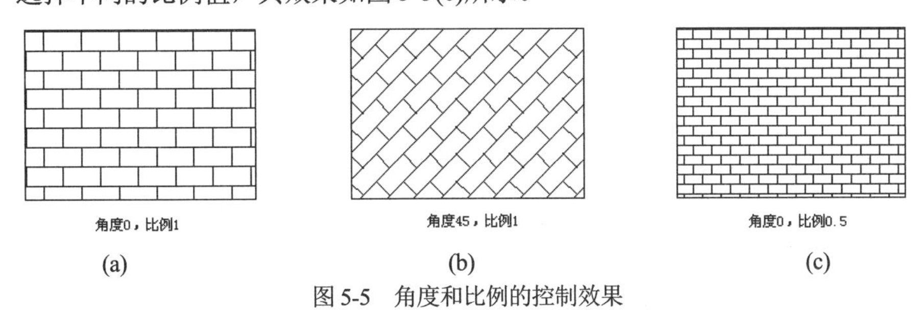

(a)　(b)　(c)

图 5-5　角度和比例的控制效果

提示：

“相对图纸空间”复选框，仅在图纸空间中显示为可用，勾选该复选框，则相对于图纸空间单位缩放填充图案。

- “间距”文本框：用于输入用户选择“用户定义”填充图案类型时采用的当前线型的线条间距。输入不同的间距值将得到不同的效果，如图 5-6 所示。

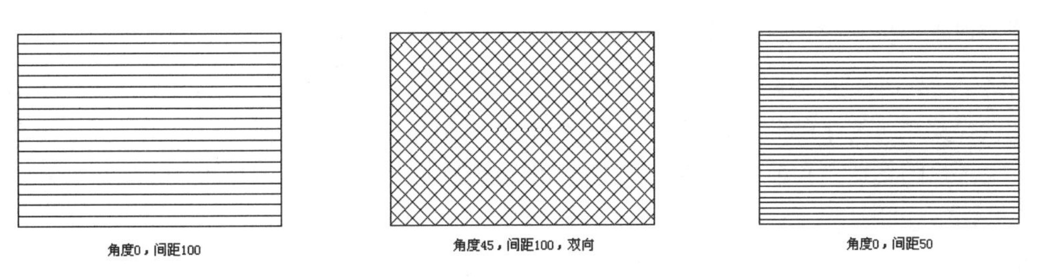

图 5-6　“用户定义”中角度、间距和双向的控制效果

- “ISO 笔宽”下拉列表框：当用户选择“预定义”填充图案类型，并选择了 ISO 预定义图案时，可以通过改变笔宽值来改变填充效果，如图 5-7 所示。

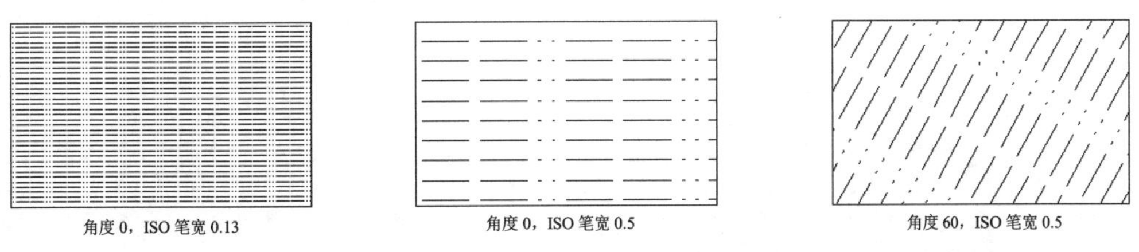

图 5-7　“ISO 笔宽”控制效果

3. 图案填充原点

“图案填充原点”选项组如图 5-8 所示。在默认情况下，填充图案始终相互对齐，但是有时可能需要移动图案填充的起点(称为原点)。例如，如果用砖形图案填充建筑立面图，可能希望在填充区域的左下角以完整的砖块开始，如图 5-9 所示。在这种情况下，需要在“图案填充原点”选项组中重新设置图案填充原点。选择“指定的原点”单选按钮后，可以通过单击按钮，

用鼠标拾取新原点；或者勾选“默认为边界范围”复选框，并在下拉列表框中选择所需点作为填充原点。另外，还可以勾选“存储为默认原点”复选框，保存当前选择为默认原点。

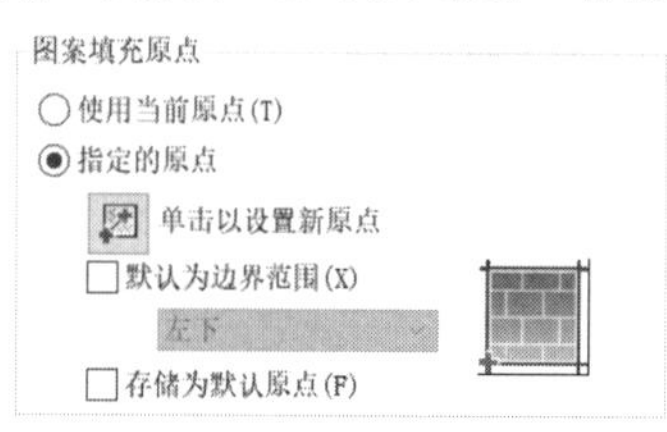

图 5-8 “图案填充原点”选项组

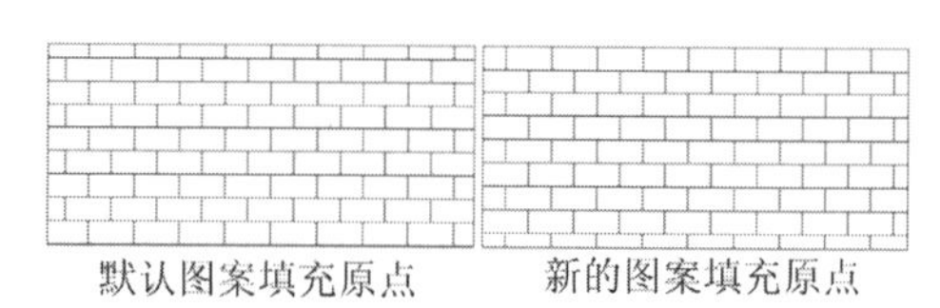

图 5-9 改变图案填充原点后的效果

4. 边界

“图案填充”选项卡中的“边界”选项组主要用于指定图案填充的边界。用户可以通过指定对象封闭区域中的点或者封闭区域的对象的方法确定填充边界。“边界”选项组包含“添加：拾取点”“添加：选择对象”“删除边界”“重新创建边界”和“查看选择集”5 个选项。下面分别介绍各选项的操作方法。

- “添加：拾取点”：用于根据围绕指定点构成封闭区域的现有对象确定边界。单击该按钮，对话框将暂时关闭，系统将会提示用户拾取一个点，命令行提示如下。

```
命令: bhatch
拾取内部点或 [选择对象(S)/删除边界(B)]:  正在选择所有对象……
```

拾取内部点时，可以随时在绘图区域右击，以显示包含多个选项的快捷菜单，如图 5-10 所示。该快捷菜单定义了部分对封闭区域操作的命令。下面详细介绍与孤岛检测相关的 3 个命令。用户可以在“图案填充和渐变色”对话框中单击按钮，系统将会弹出如图 5-11 所示的对话框，在该对话框中可进行孤岛检测设置。

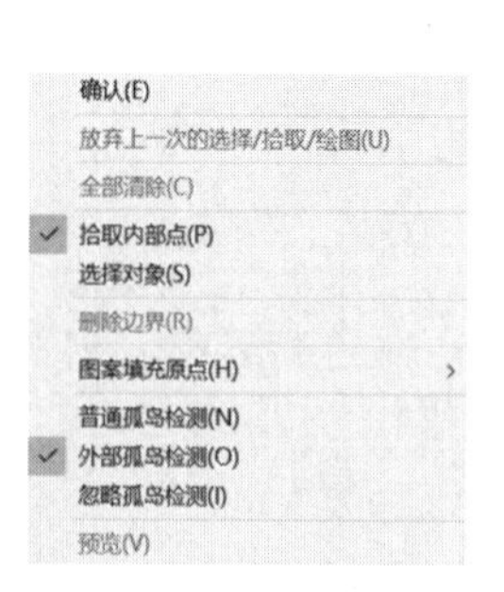

图 5-10 图案填充快捷菜单

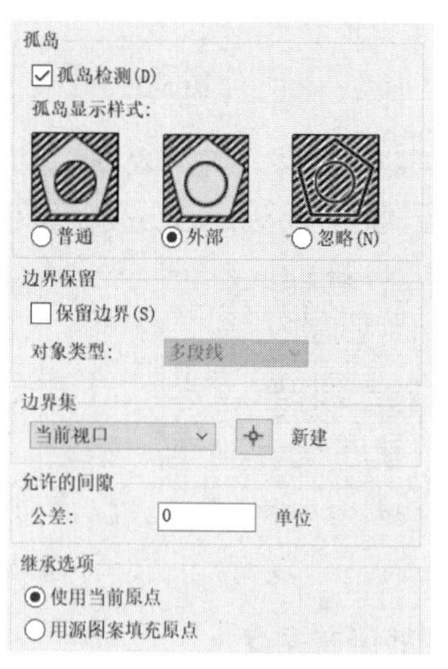

图 5-11 扩展对话框

最外层边界内的封闭区域对象将被检测为孤岛。hatch 使用此选项检测对象的方式取决于用户选择的孤岛检测方法。其中，“普通孤岛检测”填充模式从最外层的边界向内部填充，对第一个内部岛区域进行填充，间隔一个图形区域，转向下一个检测到的区域进行填充，如此反复交替进行。“外部孤岛检测”填充模式从最外层的边界向内部填充，只对第一个检测到的区域进行填充，填充后就会终止该操作。“忽略孤岛检测”填充模式从最外层边界开始，不再进行内部边界检测，对整个区域进行填充，忽略其中存在的孤岛。

系统默认的检测模式是普通填充模式。3 种不同的孤岛检测模式的效果如图 5-12 所示。

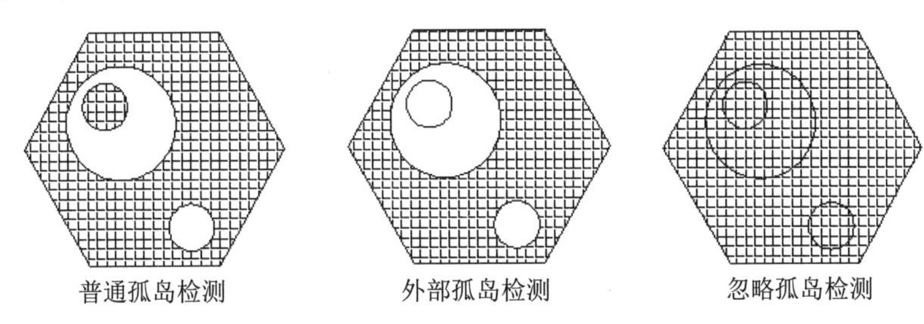

图 5-12　3 种不同的孤岛检测模式的效果

- “添加：选择对象”：用于根据构成封闭区域的选定对象确定边界。单击该按钮，对话框将暂时关闭，系统将会提示用户选择对象，命令行提示如下。

```
命令: bhatch                              //启动图案填充命令
选择对象或 [拾取内部点(K)/删除边界(B)]:      //选择对象边界
```

值得注意的是，如果填充线遇到对象(如文本、属性)或实体填充对象，并且该对象被选为边界集的一部分(即文字也选择作为边界)，那么 hatch 将填充该对象的四周，如图 5-13 所示。

图 5-13　文字是否在边界集中的效果

- “删除边界”：用于从边界定义中删除以前添加的任何边界对象。例如，选择图 5-12 左侧图中的小圆边界，则可以得到图 5-12 中间图形的填充效果。
- “重新创建边界”：用于围绕选定的图案填充或填充对象创建多段线或面域，并使其与图案填充对象相关联(可选)。
- “查看选择集”：选择区域高亮显示，用于查看已经选择的选择区域。

提示：

对于未封闭的图形，可以通过“添加：选择对象”选择边界，完成填充。但“添加：拾取点”方式不能选择这种边界。“重新创建边界”将在 5.4 节中进行详细介绍。

5. 选项

“图案填充”选项卡中的“选项”选项组主要包括以下 6 个方面的内容。

- “注释性”复选框：用于设置填充图案是否有注释性。
- “关联”复选框：用于控制填充图案与边界“关联”或“非关联”。关联图案填充随边界的更改自动更新，而非关联的图案填充则不会随边界的更改而自动更新，如图 5-14 所示。默认情况下，使用 hatch 创建的图案填充区域是关联的。

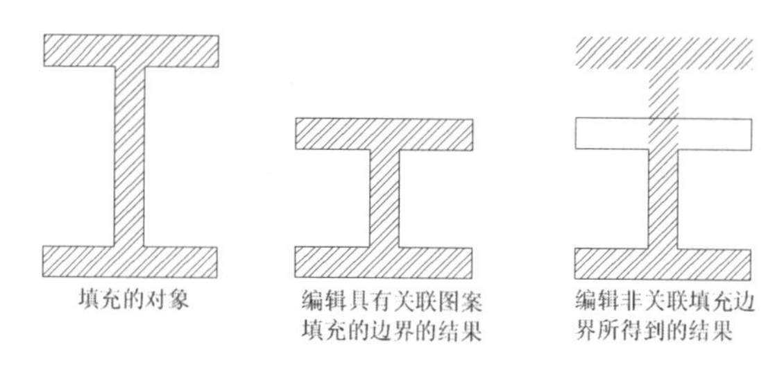

图 5-14 “关联”与“非关联”效果比较

- “创建独立的图案填充”复选框：当选择了多个封闭的边界进行填充时，该复选框用于控制是创建单个图案填充对象，还是创建多个图案填充对象。在图 5-15 中，相同的填充效果，左图为单个图案填充对象，右图为 3 个图案填充对象。

图 5-15 创建独立的图案填充

- “绘图次序”下拉列表框：用于为图案填充指定绘图次序。图案填充可以放在所有其他对象之后、所有其他对象之前、图案填充边界之后或图案填充边界之前。
- “图层”下拉列表框：用于设置当前创建的填充图案所在的图层，“使用当前项”表示位于当前图层。
- “透明度”下拉列表框：用于设置填充图案的透明度，可在 中直接输入透明度值，也可以使用微调按钮设置透明度。

6. 继承特性

“继承特性”是指使用选定对象的图案填充或填充特性对指定的边界进行图案填充。单击“继承特性”按钮，然后选择源图案填充，再选择目标对象，可以节省选择填充图案类型、角度、比例、原点位置等参数设置的时间，直接使用源图案填充的参数，能提高绘图效率。

5.2 渐变色填充

AutoCAD 2020 中文版不仅提供了各种图案填充，还提供了渐变色填充。在建筑制图中可以利用该填充方式加强方案图的表现效果。选择如图 5-3 所示的“图案填充和渐变色”对话框中的“渐变色”选项卡，或者直接单击“绘图”工具栏上的“渐变色”按钮，可以得到如图 5-16 所示的选项卡。

在“颜色”选项组中，“单色”和“双色”单选按钮用来选择填充的颜色是单色还是双色，选择“单色”单选按钮◉单色(O)或“双色”单选按钮○双色(T) 之后，再单击按钮系统会弹出如图 5-17 所示的“选择颜色”对话框，在其中可以选择所需颜色。“渐变色”选项卡中还有 9 种渐变的方式可供选择。“居中”复选框可以使颜色渐变居中，“角度”下拉列表框用于控制颜色渐变的方向。其余选项的功能和操作均与“图案填充”选项卡中的选项一样。

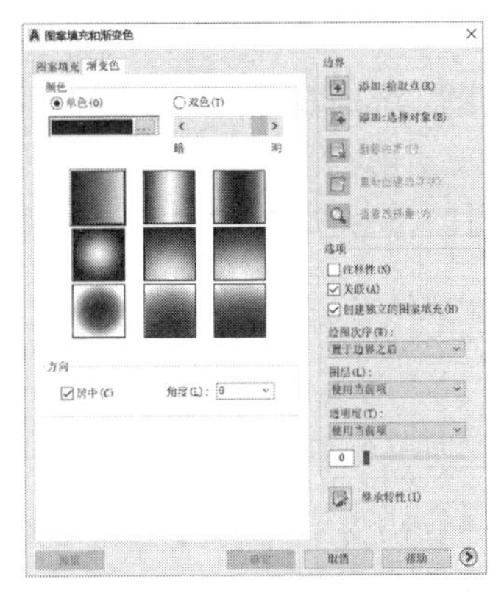
图 5-16 “渐变色”选项卡

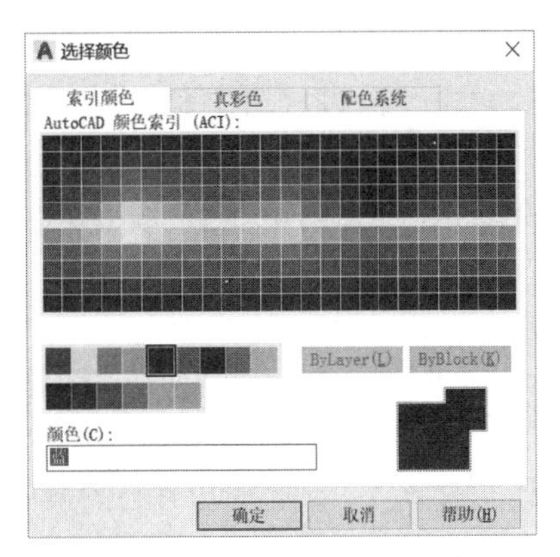
图 5-17 “选择颜色”对话框

5.3 “图案填充创建”选项卡的使用

在“草图与注释”工作空间，将 HPDLGMODE 变量值赋 2，在功能区“默认”选项卡的“绘图”面板中单击“图案填充”按钮，切换到如图 5-18 所示的“图案填充创建”选项卡。该选项卡中的各项功能与 5.1 节介绍的“图案填充和渐变色”对话框中的各项功能相同，这里不再赘述。

图 5-18 “图案填充创建”选项卡

5.4 填充图案的编辑

在 AutoCAD 中，填充图案的编辑主要包括变换填充图案、调整填充角度和调整填充比例等。进行填充图案的编辑有以下 3 种方法。

- 选择“修改”|“对象”|“图案填充”命令。
- 单击“修改 II ”工具栏上的“编辑图案填充”按钮。
- 在命令行中输入 hatchedit 命令。

单击“修改 II ”工具栏上的“编辑图案填充”按钮，选择要编辑的对象后，系统将会弹出如图 5-19 所示的“图案填充编辑”对话框。该对话框与“图案填充和渐变色”对话框类似。只是在编辑的状态下才能使用“删除边界”和“重新创建边界”功能。下面就介绍一下“重新创建边界”的操作。

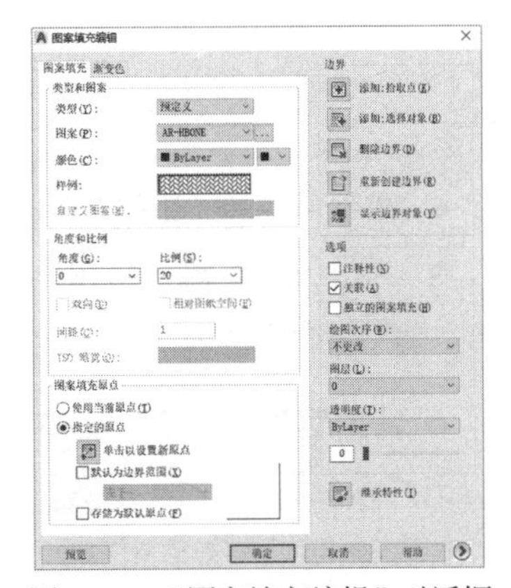
图 5-19 “图案填充编辑”对话框

如图 5-20(a)所示，填充图案边界被删除了。用户可以通过 AutoCAD 中的“重新创建边界”功能重新绘制出边界，使其如图 5-20(b)所示，并设定其关联性。具体操作步骤如下。

(1) 单击“修改Ⅱ”工具栏上的“编辑图案填充”按钮，选择要编辑的对象，如图 5-20(c)所示。

(2) 单击“重新创建边界”按钮，选择以“多段线方式”重新创建边界，命令行提示如下。

```
命令: hatchedit                                          //单击按钮，启动编辑命令
选择图案填充对象:                                         //选择编辑对象
输入边界对象的类型 [面域(R)/多段线(P)] <多段线>: P          //以多段线方式重新创建边界
要关联图案填充与新边界吗? [是(Y)/否(N)] <Y>: Y             //选择边界与填充图案关联
```

(3) 再输入 Y，选择新边界与图案填充关联。如图 5-20(b)所示，边界与填充图案关联。

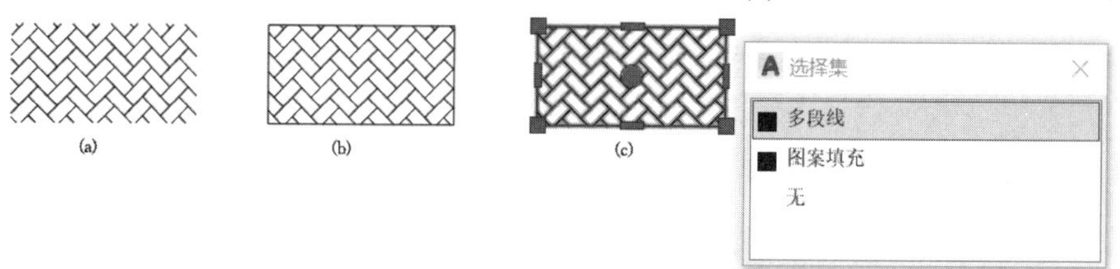

图 5-20 “重新创建边界”的效果

提示：

还可以通过修改填充的特性实现对填充的编辑。关于“特性”功能将在后续章节进行介绍。

5.5 建筑制图规范关于填充的要求

《房屋建筑制图统一标准》(GB/T 50001—2017)中有建筑材料的图例画法，以及一些与填充相关的规定。对于常用建筑材料的图例画法，该标准对其尺度比例不做具体规定，用户可以根据图样大小而定，但绘制时应该注意以下问题。

- 图例线应间隔均匀，疏密适度，做到图例正确，表示清楚。
- 当不同品种的同类材料使用同一图例时(如某些特定部位的石膏板必须注明是防水石膏板)，应在图上附加必要的说明。
- 当两个相同的图例相接时，图例线宜错开或使用倾斜方向相反的线条，如图 5-21 所示。

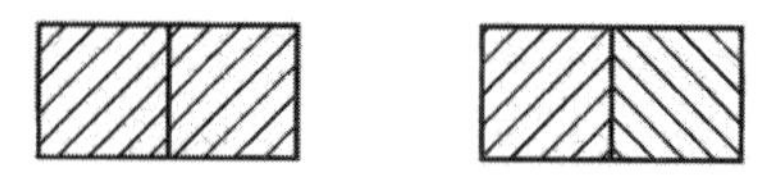

图 5-21 相同图例相接时的画法

- 两个相邻的填黑或灰的图例间应留有空隙，其净宽度不得小于 0.5mm，如图 5-22 所示。
- 当画出的建筑材料图例面积过大时，可在断面轮廓线内，沿轮廓线做局部表示，如图 5-23 所示。

图 5-22 相邻涂黑图例的画法

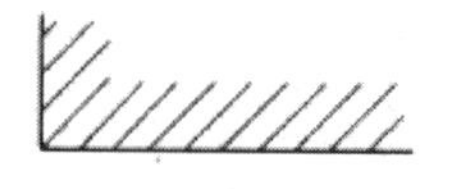

图 5-23 局部表示图例

- 当选用《房屋建筑制图统一标准》(GB/T 50001—2017)中未包括的建筑材料时，可自编图例，但不得与标准中所列的图例重复。绘制时，应在适当位置画出该材料图例，并加以说明。

【例 5-1】绘制填充钢筋混凝土 T 形梁断面图。

要填充的 T 形梁断面如图 5-24 所示，按照规范规定的图例对该梁进行填充，最后效果如图 5-26 所示，具体操作步骤如下。

(1) 单击“绘图”工具栏上的“图案填充”按钮，弹出“图案填充和渐变色”对话框，再单击“添加：拾取点”按钮，在 T 形梁断面内选择一点，确定填充边界。

(2) 确保“类型和图案”选项组中的“类型”下拉列表框选择的是“预定义”选项，然后单击“图案”下拉列表框后的按钮，弹出“填充图案选项板”对话框。选择 ANSI 选项卡中的 ANSI31 填充图案，单击“确定”按钮，样例栏将更改成相应的图标，在“比例”下拉列表框中输入 20。

(3) 单击“预览”按钮，得到如图 5-25 所示的图形，命令行提示如下。

```
命令: bhatch
拾取内部点或 [选择对象(S)/删除边界(B)]: 正在选择所有对象……        //拾取内部点确定填充边界
正在选择所有可见对象……
正在分析所选数据……
正在分析内部孤岛……
拾取内部点或 [选择对象(S)/删除边界(B)]:
//按 Enter 键，结束对象选择，返回对话框，选择填充图案
拾取或按 Esc 键返回到对话框或 <单击右键接受图案填充>:        //返回对话框调整比例，预览
拾取或按 Esc 键返回到对话框或 <单击右键接受图案填充>:        //返回对话框调整比例，预览
拾取或按 Esc 键返回到对话框或 <单击右键接受图案填充>:        //返回对话框调整比例，预览
拾取或按 Esc 键返回到对话框或 <单击右键接受图案填充>:        //单击右键接受图案填充
```

(4) 根据规范规定的钢筋混凝土的图例，在“填充图案选项板”对话框的“其他预定义”选项卡中选择 AR-CONC 填充图案进行再一次填充。该填充操作与前一步的填充相似，在“比例”下拉列表框中输入 0.75，最后的效果如图 5-26 所示。

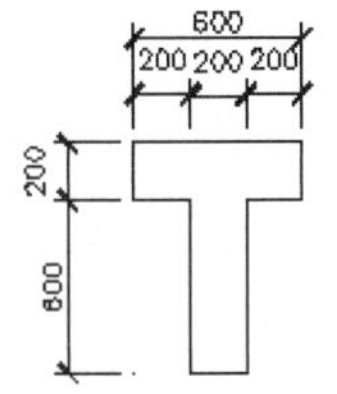

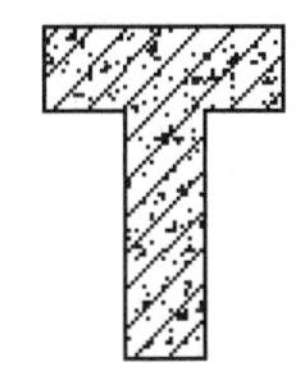

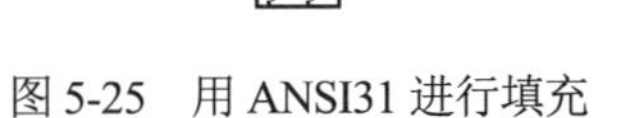

图 5-24　需要填充的断面图　　图 5-25　用 ANSI31 进行填充　　图 5-26　用 AR-CONC 填充后的效果

5.6 操作实践

下面对如图 5-27 所示的立面图进行图案填充，使其填充后的效果如图 5-28 所示。

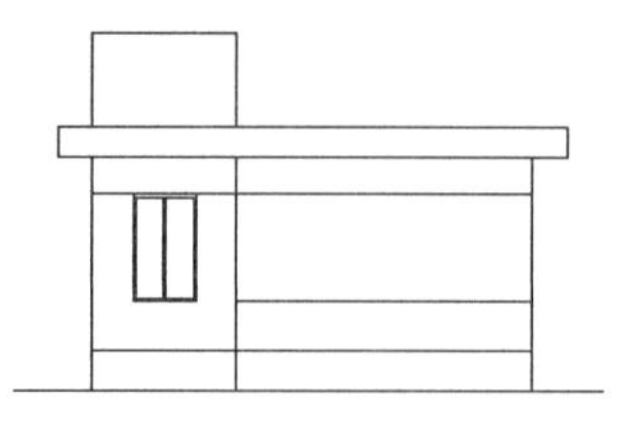

图 5-27　填充前效果

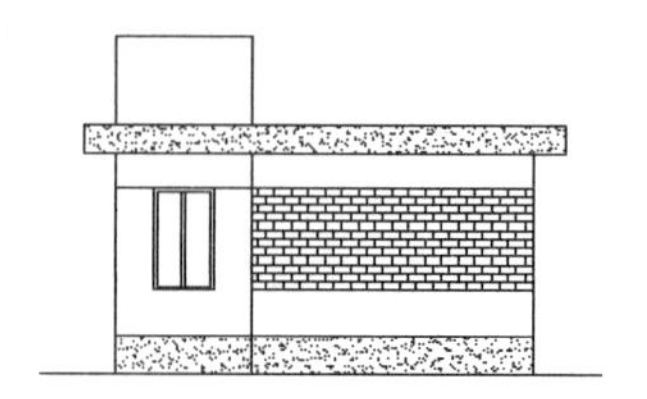

图 5-28　填充后效果

具体操作步骤如下。

(1) 单击“绘图”工具栏上的“图案填充”按钮，弹出“图案填充和渐变色”对话框，打开“图案填充”选项卡。

(2) 单击“图案填充”选项卡中“图案”下拉列表框后的按钮，弹出“填充图案选项板”对话框，打开“其他预定义”选项卡，选择 BRICK 填充图案，单击“确定”按钮，返回“图案填充”选项卡。

(3) 在“角度”下拉列表框中输入0，在“比例”下拉列表框中输入500，如图5-29所示。

(4) 单击“添加：拾取点”按钮，切换到绘图区指定填充区域，在中段墙中任意拾取一点，按 Enter 键返回“图案填充”选项卡。用户可以单击“预览”按钮查看填充效果，再单击“确定”按钮即可完成砖块填充。

(5) 单击“绘图”工具栏上的“图案填充”按钮，再单击“图案填充”选项卡中“图案”下拉列表框后的按钮，弹出“填充图案选项板”对话框，打开“其他预定义”选项卡，选择 AR-SAND 填充图案，再单击“确定”按钮，返回“图案填充”选项卡。

(6) 在“角度”下拉列表框中输入0，在“比例”下拉列表框中输入100，如图5-30所示。

图 5-29　设置“图案填充和渐变色”对话框(1)

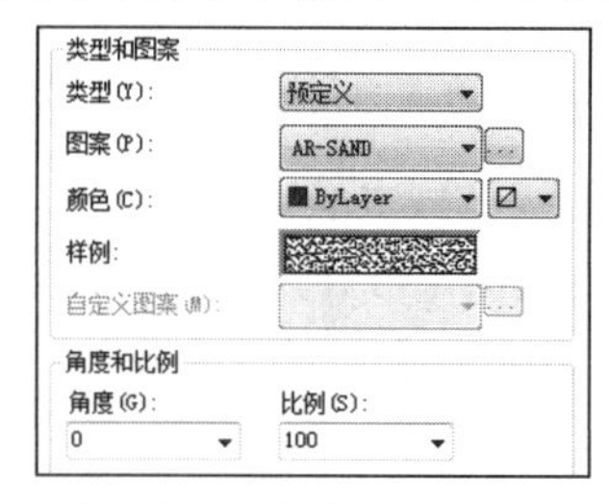

图 5-30　设置“图案填充和渐变色”对话框(2)

(7) 单击“添加：拾取点”按钮，切换到绘图区指定填充区域，在中段墙中任意拾取一点，按 Enter 键返回“图案填充”选项卡。

(8) 单击“确定”按钮，完成图案填充，效果如图 5-28 所示。

提示：

填充图案间距太密会导致不能填充，此时命令行提示“图案填充间距太密，或短划尺寸太小”。这种情况下，只需要将填充比例放大即可。

使用“添加：拾取点”选取方式时，如果拾取点直接落在了边界上，系统就会弹出“边界定义错误”对话框提示“点直接在对象上”，此时只要将拾取点落在边界内便可继续执行操作。

5.7 习题

5.7.1 填空题

(1) 在 AutoCAD 中，________命令可同时创建关联的和非关联的图案填充。

(2) “孤岛检测”有 3 种检测模式，分别是________、________和________。

(3) 如果需要对图案填充进行编辑，可以采取________和________方法。

5.7.2 选择题

(1) AutoCAD 图案填充中(　　)填充随边界的更改自动更新。

A. 非关联　　B. 关联　　C. 普通孤岛检测　　D. 外部孤岛检测

(2) 填充图案的编辑主要包括变换填充图案、调整填充角度和调整填充比例等，填充编辑的命令是(　　)。

A. hatch　　B. hatchedit　　C. toolpalettes　　D. solide

5.7.3 上机操作

(1) 为图 5-31 所示的断面填充图案，使其填充后的效果如图 5-32 所示。

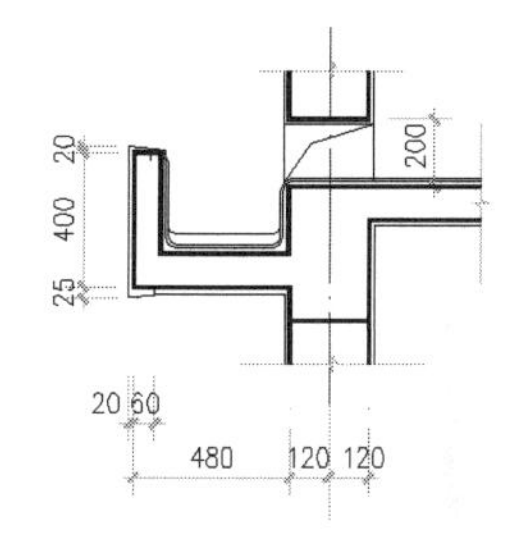

图 5-31　需要填充图案的断面

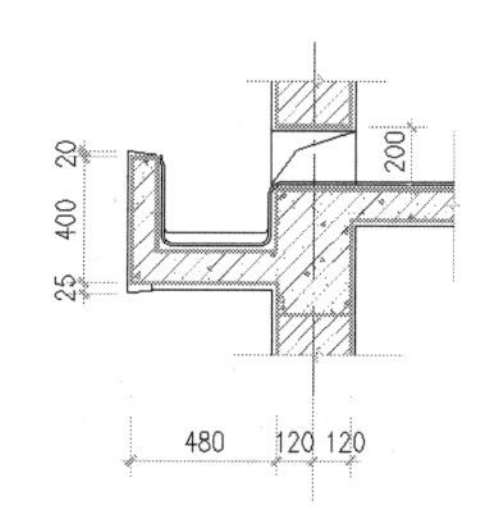

图 5-32　填充图案后的效果

(2) 为图 5-33 所示的断面填充图案，使其填充后的效果如图 5-34 所示。

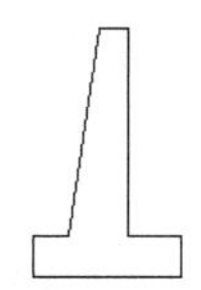

图 5-33　需要填充图案的断面

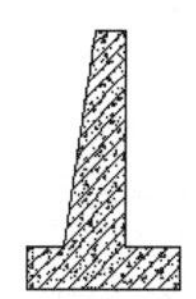

图 5-34　填充图案后的效果

ꗃ 第6章 ꗄ

建筑线型、线宽、颜色及图层设置

为了使图形的绘制和阅读更方便，绘图时通常会赋予图形一定的特性，如用不同的颜色或不同的线宽代表不同的内容等。使用这些不同的特性，能够在视觉上将对象相互区别开，使得图形易于阅读，AutoCAD 提供了线型、线宽和颜色特性及图层工具，方便读者绘制和阅读。

本章主要介绍线型、线宽、颜色的设置和修改方法，图层的设置与管理方法，以及通过“对象特性”对话框更改对象特性的方法。

知识要点

- 线型的设置与修改。
- 线宽的设置与修改。
- 颜色的设置与修改。
- 图层的设置与管理。
- 对象特性。

6.1 线型的设置和修改

线型是直线或某类曲线的显示方式。例如，连续直线、虚线和点划线等。在建筑制图中不同的线型代表的含义不同，例如，实线一般代表可见的对象，而虚线一般代表隐含的对象。在 AutoCAD 中，关于线型的操作包括加载线型、设置当前线型、更改对象线型和控制线型比例。

6.1.1 加载线型

在开始制图时应先加载线型，以便需要时使用。AutoCAD 中包括两种线型定义文件 acad.lin 和 acadiso.lin。其中，若使用英制测量系统，则使用 acad.lin 文件；若使用公制测量系统，则使用 acadiso.lin 文件。加载线型的步骤如下。

(1) 选择“格式”|“线型”命令，系统会弹出“线型管理器”对话框，如图 6-1 所示。

(2) 单击“线型管理器”对话框中的“加载”按钮，将弹出“加载或重载线型”对话框，如图 6-2 所示。

(3) 在“加载或重载线型”对话框中选择所需线型，然后单击“确定”按钮。

(4) 若所列的线型中没有所需要的线型，则可以单击“文件”按钮，打开“选择线型文件”对话框，重新选择线型文件，再选择所需要的线型。

(5) 单击“加载或重载线型”对话框中的“确定”按钮，完成线型加载。

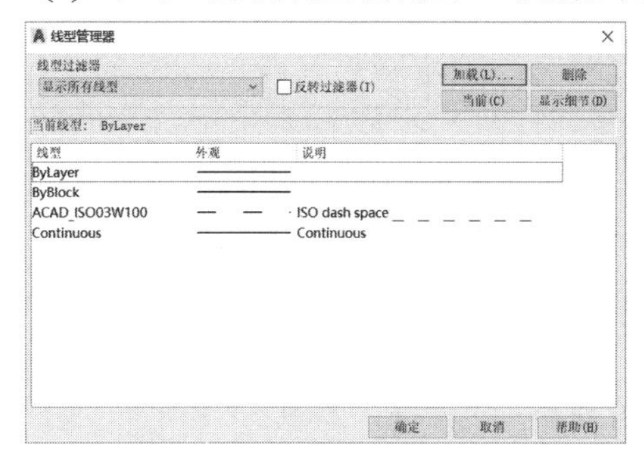

图 6-1　“线型管理器”对话框

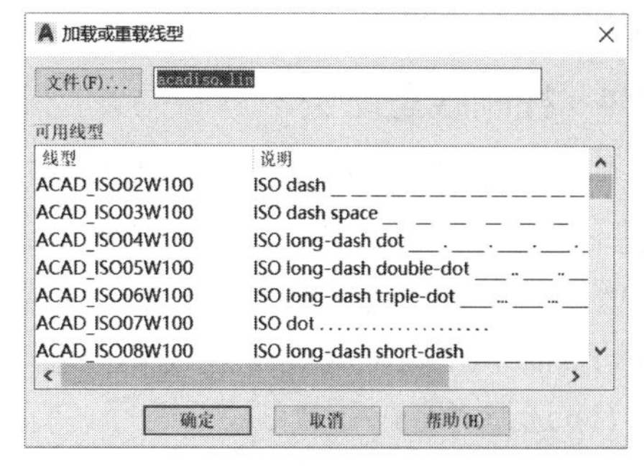

图 6-2　“加载或重载线型”对话框

在“特性”工具栏的“线型控制”下拉列表框中将显示所有已经加载的线型，如图 6-3 所示。

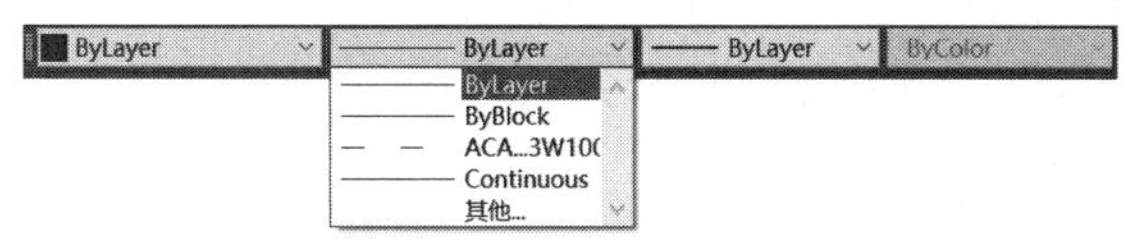

图 6-3　“线型控制”下拉列表框

若想卸载一些图形中不需要的线型，在“线型管理器”对话框中选择需要卸载的线型，单击“删除”按钮即可。

提示：

ByLayer、ByBlock、Continuous 和任何当前使用的线型都不能被卸载。

6.1.2　设置当前线型

绘制图形时所采用的线型就是当前线型，也就是图 6-3 中“特性”工具栏的“线型控制”下拉列表框中显示的线型。当需要换一种线型绘制下一个对象时，可参考如下操作步骤。

(1) 选择“格式”|“线型”命令，单击“线型管理器”对话框中的“加载”按钮，系统将会弹出“加载或重载线型”对话框，加载需要的线型。

(2) 加载线型后，在“线型”列表中选择一种线型，单击“线型管理器”对话框中的“当前”按钮，则该线型被设置为当前线型。若选择 ByLayer，即“随层”线型，就会将当前图层的线型设为当前线型来绘制图形对象；若选择 ByBlock，即“随块”线型，则还是以当前线型绘图，将对象编组到块中。当把块插入图形时，块中的对象继承当前的线型设置。例如，选择“随块”线型后，仍然是用连续直线绘图，当绘制完成后生成块，并将块插入图形，此时的块将显示成当前图形的当前线型，而不再是连续直线了。

(3) 单击“确定”按钮，完成当前线型的设置。

另外，除上述步骤外，还可以在如图 6-3 所示的“特性”工具栏的“线型控制”下拉列表框中直接选择已经加载的线型。

6.1.3　更改对象线型

更改对象线型在 AutoCAD 制图中经常遇到。建筑制图中通常需要在同一图层中绘制多种线型的图形。可以先选择需要修改线型的对象，然后在“特性”工具栏的“线型控制”下拉列表框中选择所需线型。

6.1.4 控制线型比例

用户可以通过全局更改比例因子和更改每个对象的线型比例因子来控制线型比例。在默认情况下，AutoCAD 使用全局和单个线型比例均为 1.0。全局比例因子用于显示所有线型。当前对象缩放比例因子用于设置新建对象的线型比例，最终的比例是全局比例因子与该对象缩放比例因子的乘积。控制线型比例的操作步骤如下。

(1) 选择“格式”|“线型”命令，打开“线型管理器”对话框，如图 6-1 所示。

(2) 在“线型管理器”对话框中，单击“显示细节”按钮，展开对话框，如图 6-4 所示。

(3) 在“全局比例因子”文本框中输入数值，更改全局的线型比例；在“当前对象缩放比例”文本框中输入数值，更改当前对象的线型比例。

(4) 单击“确定”按钮，完成更改线型比例的操作。

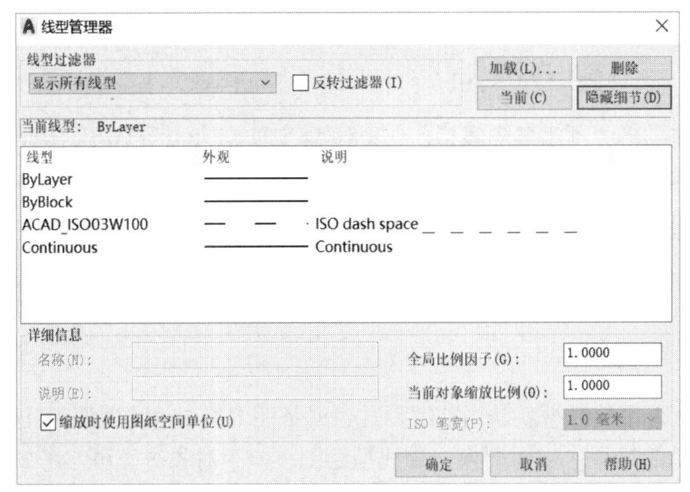

图 6-4 显示线型细节

下面通过一个例子，熟悉一下线型的加载、更改和比例控制。

【例 6-1】 使用线型。

绘制一个 4000×2000 的矩形平台，外侧为 300 的悬挑的边，用实线和虚线绘制该平台的平面图。操作步骤如下。

(1) 加载虚线。选择“格式”|“线型”命令，打开“线型管理器”对话框。单击“加载”按钮，在“加载或重载线型”对话框中选择 ACAD_ISO02W100 线型，单击“确定”按钮。

(2) 选择“格式”|“图形界限”命令，设置图形界限为 420000×297000，命令行提示如下。

```
命令: '_limits
重新设置模型空间界限:
指定左下角点或 [开(ON)/关(OFF)] <0.0000,0.0000>:
指定右上角点 <420.0000,297.0000>: 420000,297000
```

(3) 单击“绘图”工具栏上的“矩形”按钮，选定第一个角点后，选择“尺寸”方式，输入长 4000，宽 2000。

(4) 单击“偏移”按钮，输入偏移距离 300。选择矩形，然后选择矩形内的一点，完成偏移绘制，得到的图形如图 6-5 所示。

(5) 选择里面的小矩形，然后在“特性”工具栏的“线型控制”下拉列表框中选择 ACAD_ISO02W100，将小矩形的线型设置为虚线。

(6) 选择“格式”|“线型”命令，打开“线型管理器”对话框，单击“显示细节”按钮，展开对话框。选择 ACAD_ISO02W100，并在“全局比例因子”文本框中输入 100，单击“确定”按钮，得到的图形如图 6-6 所示。

(7) 重复步骤(6)，在“全局比例因子”文本框中输入 50，单击“确定”按钮，得到的图形如图 6-7 所示。

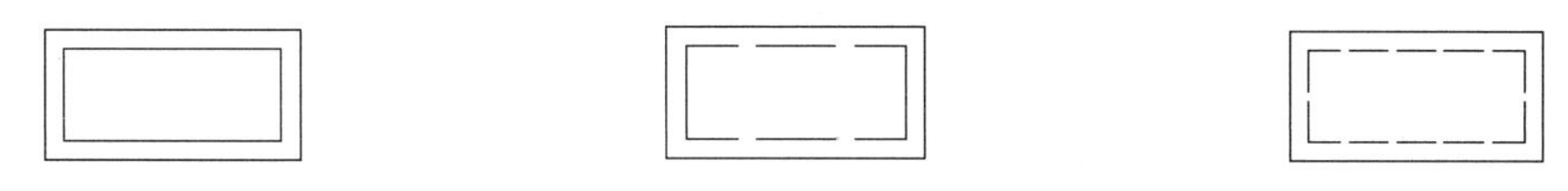

图 6-5　更改线型前的图形　　图 6-6　全局比例因子为 100　　图 6-7　全局比例因子为 50

6.2 线宽的设置和修改

关于线宽的显示在前面的章节中已经进行了介绍，该节主要介绍线宽的设置和修改。在建筑制图中常常用不同的线宽来表示不同的构件。例如，粗线常用于表示断面详图的轮廓线，而一些分隔和门窗线一般都选择细线来表示。不同的线宽便于分辨图形对象。

模型空间中显示的线宽不随缩放比例因子变化，而布局和打印预览中的线宽是以实际单位显示的，并且随缩放比例因子而变化。设置线宽的方法有两种，第一种方法的步骤如下。

(1) 选择“格式”|“线宽”命令，打开“线宽设置”对话框，如图 6-8 所示。

(2) 在“线宽设置”对话框中选择线宽，并在“列出单位”选项组中选择所需要的单位。

(3) 单击“确定”按钮。

第二种方法是直接在“特性”工具栏的“线宽控制”下拉列表框中选择所需要的线宽，如图 6-9 所示。

线宽的修改方式与线型的修改方式类似，在此就不再赘述。

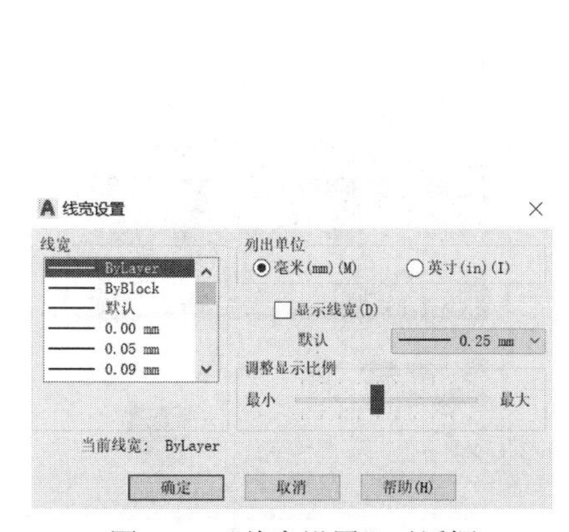

图 6-8　“线宽设置”对话框

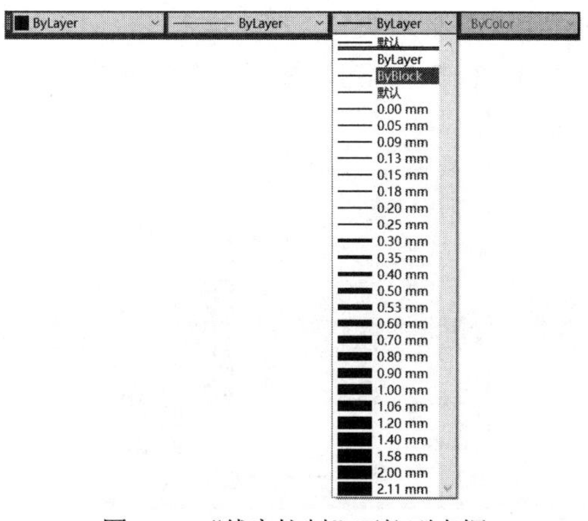

图 6-9　“线宽控制”下拉列表框

6.3 颜色的设置和修改

图形对象的颜色是区分图形对象的又一明显的特性。由于颜色特性的直观性，可以用于区分不同的图层，也可以用于指示打印线宽。在为对象指定颜色时，可以采用索引颜色、真彩色和配色系统中的颜色。

索引颜色是 AutoCAD 中使用的标准颜色。每一种颜色都与一个 ACI 编号对应，编号是 1～255 中的整数。标准颜色的名称只用于 1～7 号颜色，颜色的名称分别为：1——红色、2——黄色、3——绿色、4——青色、5——蓝色、6——品红色、7——白色/黑色。

真彩色使用 24 位颜色定义显示 16M 色。指定真彩色时，可以使用 RGB 或 HSL 颜色模式。如果使用 RGB 模式，可以指定颜色的红、绿、蓝组合，如图 6-10 所示；如果使用 HSL 模式，则可以指定颜色的色调、饱和度和亮度要素，如图 6-11 所示。

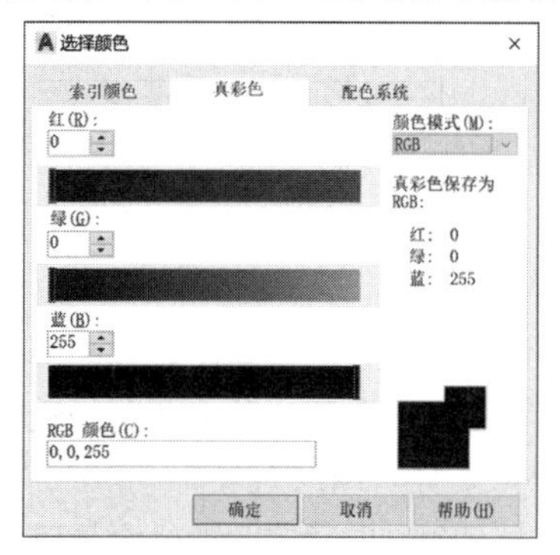

图 6-10 “真彩色”RGB 模式

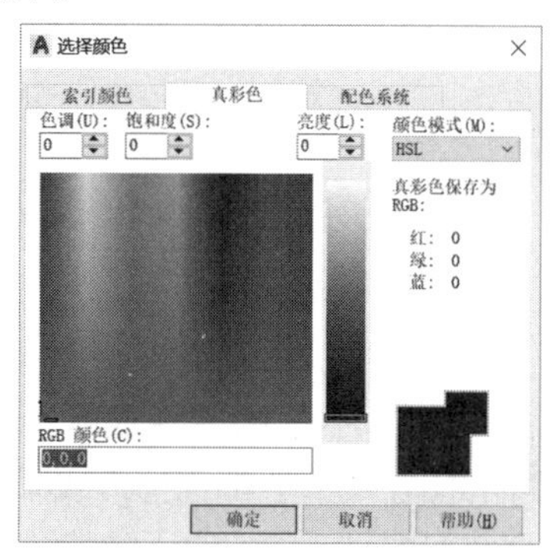

图 6-11 “真彩色”HSL 模式

用户可以通过选择 AutoCAD 自带的几个标准的配色系统中的颜色来设定颜色，也可以通过输入用户自定义的配色系统来进一步扩充可供使用的颜色系统，如图 6-12 所示。

通过 AutoCAD 的颜色索引(ACI)选择所需颜色的步骤如下。

(1) 选择“格式”|“颜色”命令，打开“选择颜色”对话框，如图 6-13 所示。

(2) 选择一种颜色，单击 ByLayer 按钮，指定按当前图层的颜色绘制；单击 ByBlock 按钮，即“随块”颜色，指定新对象的颜色为默认颜色(白色或黑色，取决于背景颜色)，直到将对象编组到块并插入块。当把块插入图形时，块中的对象继承当前图形的颜色设置。

(3) 单击“确定”按钮完成颜色设置。

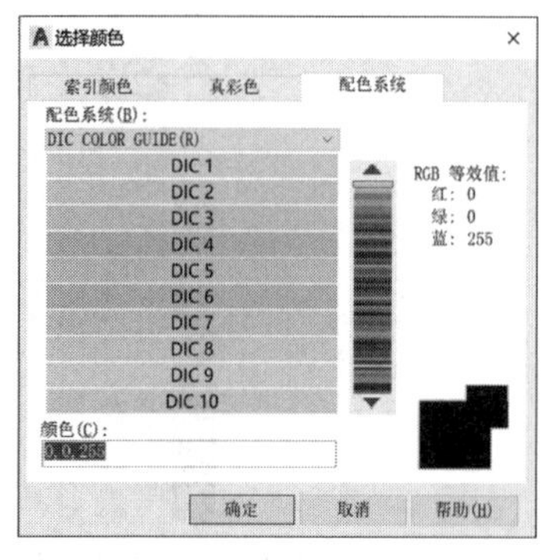

图 6-12 配色系统

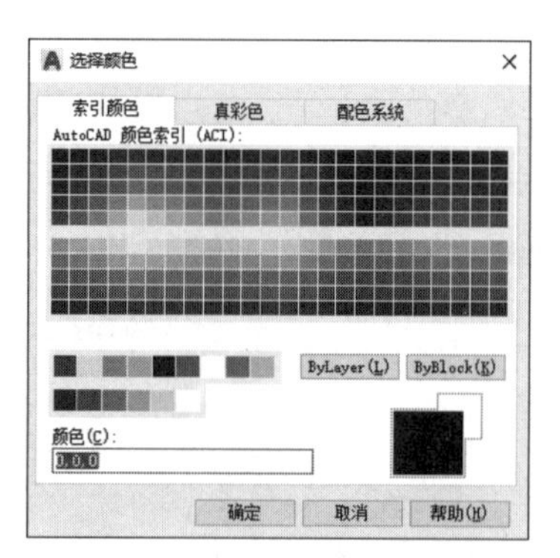

图 6-13 “选择颜色”对话框

另一种方法是在“特性”工具栏的“颜色控制”下拉列表框中选择“选择颜色”选项，如图 6-14 所示，也会弹出如图 6-13 所示的“选择颜色”对话框。

图 6-14　“颜色控制”下拉列表框

6.4 图层的设置和管理

图层就相当于一张“透明纸”，先在“透明纸”上面绘制图形，然后将纸一层层重叠起来，就构成了最终的图形。在 AutoCAD 中，图层的功能和用途非常强大，用户可以根据需要创建图层，然后将相关的图形对象放在同一层上，以此来管理图形对象。AutoCAD 中各个图层具有相同的坐标系、绘图界限和显示时的缩放倍数。用户可以对位于不同图层上的对象同时进行编辑操作。每个图层都有一定的属性和状态，包括图层名、开关状态、冻结状态、锁定状态、颜色、线型、线宽、打印样式、是否打印等。图层的管理对建筑制图十分重要，管理好图层能够极大地方便用户对图形对象进行修改和编辑，起到化繁为简的作用。有以下 3 种方法可以打开“图层特性管理器”选项板，如图 6-15 所示。

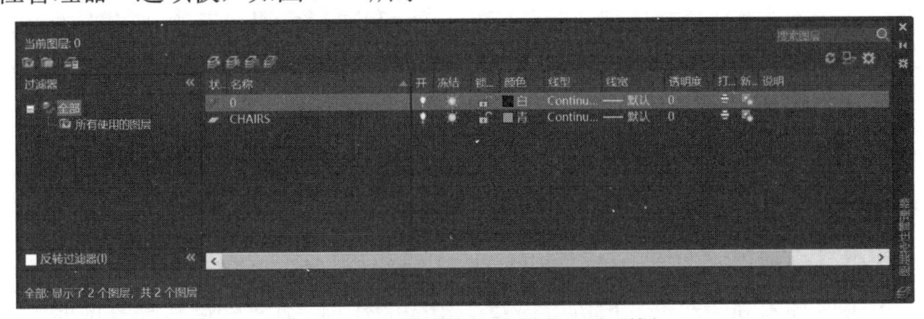

图 6-15　“图层特性管理器”选项板

- 选择“格式”|“图层”命令。
- 单击如图 6-16 所示的“图层”工具栏上的“图层特性管理器”按钮。

图 6-16　“图层”工具栏

- 在命令行输入 layer 命令。

在“图层特性管理器”选项板中，可以通过对话框上的一系列按钮对图层进行基本操作。各常用按钮的具体含义如下。

- “新建图层”按钮：单击该按钮，图层列表中显示新创建的图层。第一次新建，列表中将显示名为“图层 1”的图层，随后名称便递增为“图层 2”“图层 3”等。当该名称处于选中状态时，可以直接输入一个新图层名，如“墙线”等。
- “删除图层”按钮：单击该按钮，可以删除用户选定的要删除的图层。

- “置为当前”按钮：单击该按钮，将选定图层设置为当前图层。将要创建的对象会被放置到当前图层中。

提示：

删除图层时，只能删除未参照的图层。参照图层包括图层 0 和 DEFPOINTS、包含对象(包括块定义中的对象)的图层、当前图层和依赖外部参照的图层。

6.4.1 设置图层特性

特性管理包括对名称、颜色、线型、线宽、打印样式、打印与否和说明的管理，下面分别讲解其设置。

1. 命名图层

单击“新建图层”按钮之后，默认名称处于可编辑状态，此时可以输入新的名称。对于已经创建的图层，如果需要修改图层的名称，则需要双击该图层的名称，或者单击该图层的名称后，按 F2 键，使图层名处于可编辑状态，然后输入新的名称即可。

2. 颜色设置

图层的颜色是指该图层上面的实体颜色，即在该图层上创建的对象的颜色将会与图层的颜色相同。在建立图层时，图层的颜色继承上一个图层的颜色。对于图层 0，系统默认的是 7 号颜色，该颜色相对于黑背景显示白色，相对于白背景显示黑色。

在绘图的过程中，通过更改该层的颜色区分其他层的对象，默认状态下改变该层的颜色后，该层的所有对象的颜色将随之改变。单击“颜色”列表下的颜色图标■ 白色，系统会弹出如图 6-13 所示的“选择颜色”对话框，以此可对图层颜色进行设置。颜色的具体设置方法在本章的前面已经进行了介绍，在此不再赘述。

3. 线型设置

图层的线型是指用户在图层中进行绘图时所用的线型，每一层都应有一个相应的线型。不同的图层可以设置为不同的线型，也可以设置为相同的线型。在“图层特性管理器”选项板中，单击“线型”列表下的线型图标Continuous，系统会弹出如图 6-17 所示的“选择线型”对话框，用户可以在其中选择已经加载的线型。若没有所需线型，则可单击“加载”按钮重新加载。在建筑制图中经常在同一图层中运用多种线型，因此掌握好线型的比例是十分重要的。线型的具体设置方法在前面也已经进行了介绍，在此不再赘述。

4. 线宽设置

使用线宽特性，可以创建粗细(即宽度)不一的线，分别用于不同的地方，这样就可以图形化表示对象和信息。

在“图层特性管理器”选项板中，单击“线宽”列表下的线宽图标—— 默认，系统会弹出如图 6-18 所示的“线宽”对话框，在“线宽”列表中选择需要的线宽，单击“确定”按钮完成设置线宽的操作。

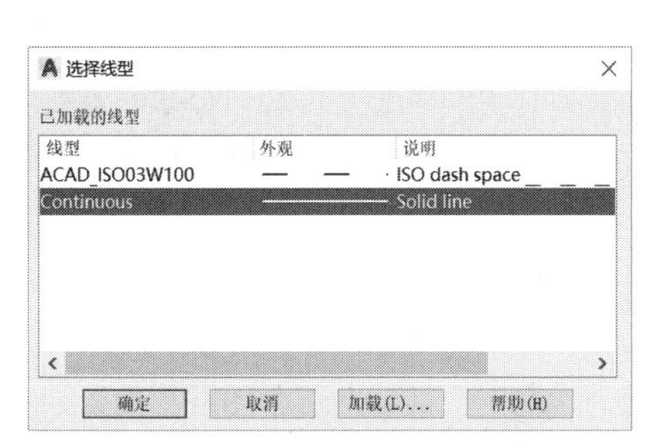

图 6-17　“选择线型”对话框

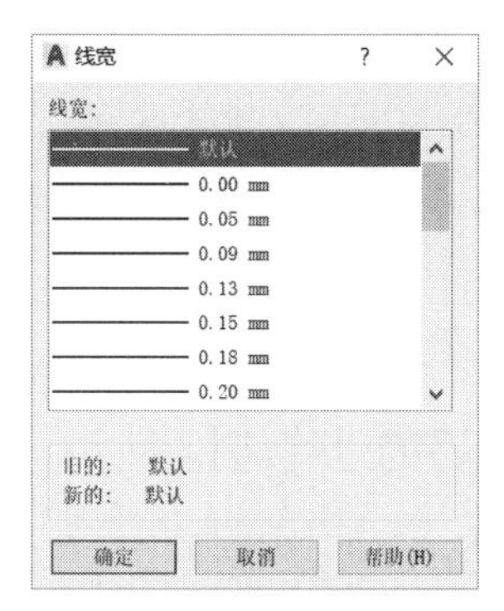

图 6-18　“线宽”对话框

5. 打印设置

AutoCAD 可以控制某个图层中图形输出时的外观。一般情况下，不对“打印样式”进行修改。图层的可打印是指某图层上的图形对象是否需要打印输出，系统默认是可以打印的。在“打印”列表中，打印图标有可打印和不可打印两种状态。显示为时，该层图形可打印；显示为时，该层图形不可打印，单击即可来回切换。

6.4.2　图层的管理

控制图层包括控制图层开关、图层冻结和图层锁定。

1. 图层的打开与关闭

当图层为打开状态时，它在屏幕上是可见的，并且可以打印；当图层为关闭状态时，它是不可见的，并且不能打印(尽管“打印”选项是打开的)。在“开”列表下，图标表示图层处于打开状态，图标表示图层处于关闭状态。单击图标，图标变为，即图层变为关闭状态，再单击一次，图标变回，此时图层回到打开状态。

2. 图层的冻结与解冻

冻结图层可以加快缩放视图、平移视图和许多其他操作的运行速度，增强对象选择的性能并减少复杂图形的重生成时间。当图层被冻结以后，该图层上的图形将不能显示在屏幕上，并且不能被编辑、不能被打印输出。在“冻结”列表下，图标表示图层处于解冻状态，图标表示图层处于冻结状态。冻结与解冻的操作与图层打开和关闭的操作类似。

3. 图层的锁定与解锁

锁定图层后，锁定图层上的对象将不能被编辑修改，但仍然显示在屏幕上，并且能被打印输出。在“锁定”列表下，图标表示图层处于解锁状态，图标表示图层处于锁定状态。解锁和锁定的操作与图层打开和关闭的操作类似，这里不再赘述。

“图层”工具栏是一个更加快捷的管理图层的工具，用户可以直接在图层管理的下拉列表框中对选定的图层进行上述三种操作。另外，单击“图层”工具栏上的“将对象设置为当前”按钮，选择对象，则该对象所处的图层将被设置为当前图层。

还可以通过单击“图层”工具栏上的“上一个图层”按钮，返回到上一个设置的图层。

提示：

可以冻结长时间不需要看到的图层。如果要频繁地切换可见性设置，则可以使用“开/关”设置，以避免重生成图形。用户在编辑图形时要注意不要将要编辑图形中的一部分内容关闭或冻结，这样容易出错。例如，要移动某个图形对象，但对象的某一部分图层已经被关闭，移动后被关闭图层的对象将被遗漏。

6.4.3 图层的过滤与排序

在大型的建筑工程制图中一张图纸通常包含十几个、几十个甚至上百个图层，当要寻找所需要的图层时，往往要对图层进行过滤和排序。因此 AutoCAD 2020 中文版提供了“图层特性过滤器”和“图层组过滤器”。

1. 图层特性过滤器

图层特性过滤器是指通过过滤留下包括名称或其他特性相同的图层。例如，可以定义一个过滤器，其中包括图层为打开的并且名称包括字符 door 的所有图层。在“图层特性管理器”选项板中单击“新建特性过滤器”按钮，将弹出“图层过滤器特性”对话框，如图 6-19 所示。在其中的“过滤器名称”文本框中输入名称，然后在“过滤器定义”的“名称”栏输入*door*，在“开”栏选择。

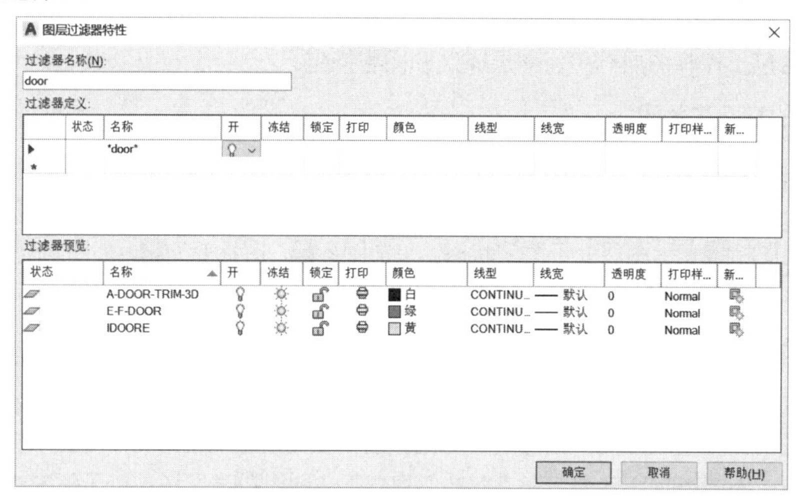

图 6-19 图层特性过滤器的使用

提示：

过滤时输入的“*”号是一个通配符，可以替代其他的字符串。

2. 图层组过滤器

图层组过滤器是指包括在定义时放入过滤器的图层，而不考虑其名称或特性。在“图层特性管理器”选项板中单击“新建组过滤器”按钮，建立新的组过滤器，并对其进行重新命名，然后将鼠标移至其上右击，在弹出的快捷菜单中选择“选择图层”|“添加”命令，便可将所需图层添加到新建的组过滤器中。在快捷菜单中还能选择创建下一级的“特性过滤器”和“组过滤器”，形成一个树状结构。

提示：

“图层特性管理器”选项板中的“反转过滤器”复选框用于反选过滤器的选择结果，即选择过滤器没有选择的其他图层。另外，对于过滤器，初学者可以在对图层操作比较熟悉以后再循序渐进地学习，可以先行跳过。

如果用户在“草图与注释”工作空间绘图，则可以通过功能区“默认”选项卡中的“特性”面板和“图层”面板进行相关操作。

6.5 对象特性

对象特性是 AutoCAD 提供的一个非常强大的编辑功能，或者说是一种编辑方式。绘制的每个对象都具有特性。有些特性是基本特性，适用于多数对象，如图层、颜色、线型和打印样式。有些特性是专用于某个对象的特性。例如，圆的特性包括半径和面积、直线的特性包括长度和角度。用户可以通过修改选择对象的特性来达到编辑图形对象的效果。有以下 4 种启动“特性”选项板的方法，“特性”选项板如图 6-20 所示。

- 选择“工具”|“选项板”|“特性”命令。
- 单击“标准”工具栏上的“特性”按钮。
- 在命令行中输入 properties 命令。
- 先选择对象，然后右击，在弹出的快捷菜单中选择“特性”命令。

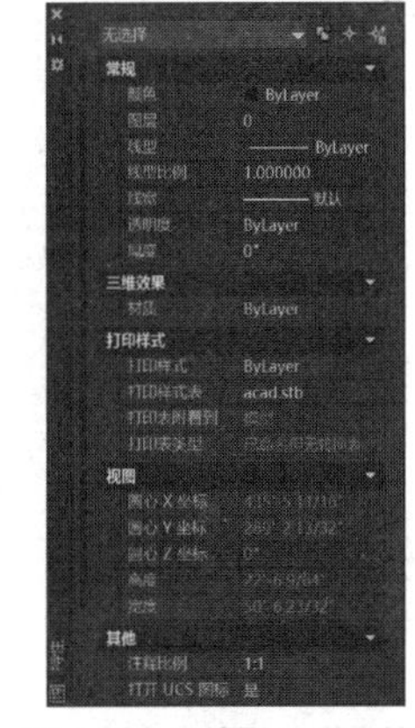

图 6-20 “特性”选项板

“特性”选项板用于列出选定对象或对象集的特性的当前设置，用户可以通过选择或者输入新值来修改特性。当没有选择对象时，顶部的文本框中将显示“无选择”，如图 6-20 所示，此时“特性”选项板只显示当前图层的基本特性、图层附着的打印样式表的名称、查看特性以及关于 UCS 的信息。若选择了多个对象，“特性”选项板只显示选择集中所有对象的公共特性。

单击“标准”工具栏上的“特性”按钮，系统弹出“特性”选项板，再单击“选择对象”按钮，选择要查看或要编辑的对象。此时用户便可在“特性”选项板中查看或修改所选对象的特性。在“选择对象”的旁边还有一个 PICKADD 系统变量按钮，若显示为，表示选择的对象不断地加入选择集，“特性”选项板将显示它们共同的特性；若显示为，则表示选择的对象将替换前一对象，“特性”选项板将显示当前选择对象的特性。另外，还可以单击快速选择按钮，快速选择所需对象。

“特性”选项板上的按钮可以控制“特性”选项板的自动隐藏功能，单击按钮会弹出一个快捷菜单，其中可以控制是否显示“特性”选项板的说明区域。选项板上显示的信息栏可以折叠也可以展开，通过单击按钮来切换。

通过“特性”选项板更改特性的方式主要有以下几种。

- 输入新值。
- 单击右侧的下三角按钮并从列表中选择一个值。

- 单击“拾取点”按钮，使用定点设备修改坐标值。
- 单击“快速计算”计算器按钮计算新值，再将其粘贴到相应位置。
- 单击左或右箭头可增大或减小该值。

提示：

选择多个对象时，仅显示所有选定对象的公共特性。未选定任何对象时，仅显示常规特性的当前设置。在 AutoCAD LT 中查看 AutoCAD 对象的特性时，某些特性可能不可用。

通过以上 5 种方式可以更改“特性”选项板中的数据，从而达到编辑图形对象的目的。例如，对如图 6-21 右图所示的圆进行半径的调整，可以先选择图形对象，然后单击“标准”工具栏上的“特性”按钮，系统弹出“特性”选项板，在“半径”文本框中将原来的半径值 50 改为 25，得到的效果如图 6-22 左图所示。

特性匹配工具也是常用工具之一。当需要将新绘制的图形颜色、线型、图层、文字样式、标注样式等特性与以前绘制的图形进行匹配，或者说使其特性与某一图形的特性一致时，可以使用“特性匹配”命令(单击“标准”工具栏上的“特性匹配”按钮，或在命令行中输入 matchprop 命令)。选择源对象，然后选择要更改的对象，便完成了特性匹配的操作，命令行提示如下。

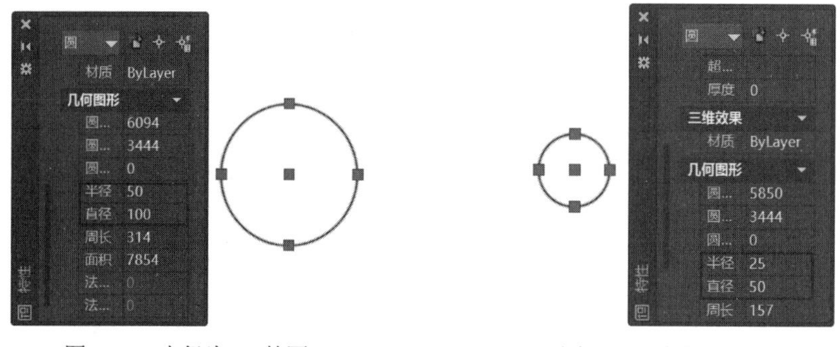

图 6-21　半径为 50 的圆　　图 6-22　半径为 25 的圆

命令: '_matchprop　　//单击按钮启动命令
选择源对象:　　//选择源对象
当前活动设置: 颜色 图层 线型 线型比例 线宽 厚度 打印样式 标注 文字 填充图案 多段线 视口 表格材质 阴影显示 多重引线
选择目标对象或 [设置(S)]:　　//选择要更改的对象
选择目标对象或 [设置(S)]:　　//按 Enter 键，完成特性匹配的操作

6.6 规范对线型、线宽的要求

《房屋建筑制图统一标准》(GB/T 50001—2017)中对建筑制图的线型和线宽都有比较明确的规定，这样便于设计人员的读图和绘图，并加强了图纸的通用性。

图线的基本线宽 b，宜按照图纸比例及图纸性质从 1.4mm、1.0mm、0.7mm、0.5mm 线宽系列中选取。用户在绘制图样前，应根据复杂程度与比例大小，先选定基本线宽 b，再选用表 6-1 中相应的线宽组。

同一张图纸内，相同比例的各图样应选用相同的线宽组。

表 6-1 线宽比和线宽组

单位：mm

线宽比	线宽组			
b	1.4	1.0	0.7	0.5
0.7b	1.0	0.7	0.5	0.35
0.5b	0.7	0.5	0.35	0.25
0.25b	0.35	0.25	0.18	0.13

注：① 需要微缩的图纸，不宜采用 0.18mm 及更细的线宽。

② 同一张图纸内，各种不同线宽中的细线，可统一采用较细的线宽组的细线。

- 工程建筑制图中，不同的线型和线宽有着不同的含义，读者可以参照《房屋建筑制图统一标准》中关于图线的规定，确定比较统一的选取原则。
- 图纸的图框线和标题栏线，可采用表 6-2 所示线宽。

表 6-2 图框线、标题栏线的宽度

单位：mm

图幅代号	图框线	标题栏外框线	标题栏分格线
A0、A1	b	0.5b	0.25b
A2、A3、A4	b	0.7b	0.35b

- 相互平行的图例线，其净间隙或线中间隙不宜小于 0.2mm。
- 虚线、单点长划线或双点长划线的线段长度和间隔，宜各自相等。
- 单点长划线或双点长划线，当在较小图形中绘制有困难时，可用实线代替。单点长划线或双点长划线的两端，不应是点。
- 点划线与点划线交接或点划线与其他图线交接时，应是线段交接。
- 虚线与虚线交接或虚线与其他图线交接时，应是线段交接。虚线为实线的延长线时，不得与实线连接。
- 图线不得与文字、数字或符号重叠、混淆，不可避免时，应首先保证文字等的清晰。

提示：

在制图过程中，设置的线型和线宽应该满足规范对线型和线宽的要求，从一开始就要养成良好的标准制图的习惯。图框的绘制将在后续章节中详细介绍。

6.7 CAD 制图统一规则关于图层的管理

《房屋建筑制图统一标准》(GB/T 50001—2017)对计算机制图中图层的创建和命名做出了明确的规定。

图层命名应符合下列规定。

- 图层宜根据不同用途、设计阶段、专业属性和使用对象等进行组织，在工程上应具有明确的逻辑关系，便于识别、记忆、软件操作和检索。

- 图层名称宜使用汉字、英文字母、数字和连字符“-”的组合，但汉字与英文字母不得混用。
- 在同一工程中，应使用统一的图层命名格式，图层名称应自始至终保持不变，且不得同时使用汉字和英文字母的命名格式。

命名格式应符合下列规定。

- 图层命名应采用分级形式，每个图层名称宜由2～5个数据字段(代码)组成，第一级为专业代码，第二级为主代码，第三、第四级分别为次代码1和次代码2，第五级为状态代码；其中第一级至第五级宜根据需要设置；每个相邻的数据字段应用连字符“-”分隔开。
- 专业代码用于说明专业类别，宜选用《房屋建筑制图统一标准》(GB/T 50001—2017)附录A所列出的常用专业代码。
- 主代码宜用于详细说明专业特征，主代码可和任意的专业代码组合。
- 次代码1和次代码2宜用于进一步区分主代码的数据特征，次代码可以和任意的主代码组合。
- 状态代码宜用于区分图层中所包含的工程性质或阶段；状态代码不能同时表示工程状态和阶段，宜选用《房屋建筑制图统一标准》(GB/T 50001—2017)附录A所列出的常用状态代码。
- 汉字图层名称宜采用图6-23的格式，每个图层名称宜由2～5个数据字段组成，每个数据字段宜为1～3个汉字，每个相邻数据字段宜用连字符“-”分隔开。

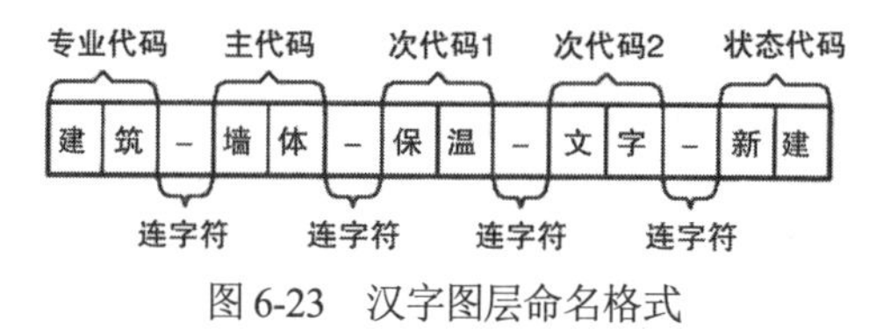

图6-23　汉字图层命名格式

- 英文图层名称宜采用图6-24的格式，每个图层名称宜由2～5个数据字段组成，每个数据字段为1～4个字符，相邻的代码用连字符“-”分隔开；其中专业代码宜为1个字符，主代码、次代码1和次代码2宜为4个字符，状态代码宜为1个字符。

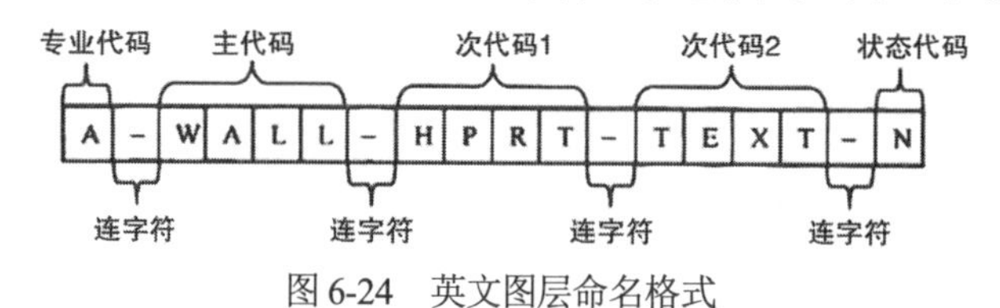

图6-24　英文图层命名格式

- 图层名称宜选用《房屋建筑制图统一标准》(GB/T 50001—2017)附录B所列出的常用图层名称。

提示：

养成按标准管理图层的习惯能够提高绘图效率，便于各专业协同工作。

6.8 操作实践

如图 6-25 所示，完成建筑图常见图层的设置，新建“建筑-轴线”“建筑-尺寸标注”“建筑-文字标注”“建筑-墙线”“建筑-门窗”“建筑-卫生洁具”“建筑-散水”和“建筑-家具”图层；再将轴线层设置为红色并采用点划线，将尺寸标注层设置为绿色，将文字标注层设置为黄色，将墙线层设置为黑色，将门窗层设置为蓝色，将卫生洁具层设置为洋红色，将散水层设置为绿色，将家具层设置为青色；然后将墙线层的线宽设置为 0.30mm，其他采用默认设置；最后将第 4 章操作实践所绘制的平面中对应的图形放在设置的图层上。

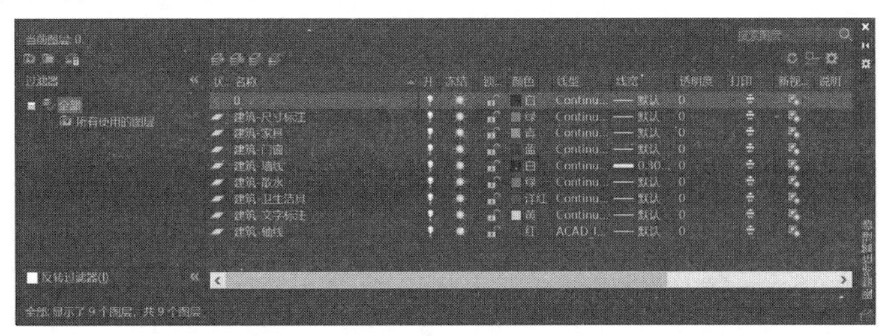

图 6-25　建筑图常见图层的设置

具体操作步骤如下。

(1) 打开第 4 章所绘制的平面图“Ex04-1 传达室.dwg”。

(2) 选择“格式”|“图层”命令，弹出“图层特性管理器”选项板，连续单击“新建图层”按钮，图层列表框中将出现“图层 1”至“图层 8”共 8 个图层。

(3) 单击“图层 1”，图层名处于可编辑状态，输入图层名“建筑-轴线”，按照同样方法，将“图层 2”至“图层 8”命名为“建筑-尺寸标注”“建筑-文字标注”“建筑-墙线”“建筑-门窗”“建筑-卫生洁具”“建筑-散水”和“建筑-家具”，效果如图 6-26 所示。

(4) 单击“建筑-轴线”图层的颜色图标■白，弹出“选择颜色”对话框，在“索引颜色”选项卡中选择红色色块，单击“确定”按钮完成设置，如图 6-27 所示。按同样方法为其他图层设置相应的颜色。

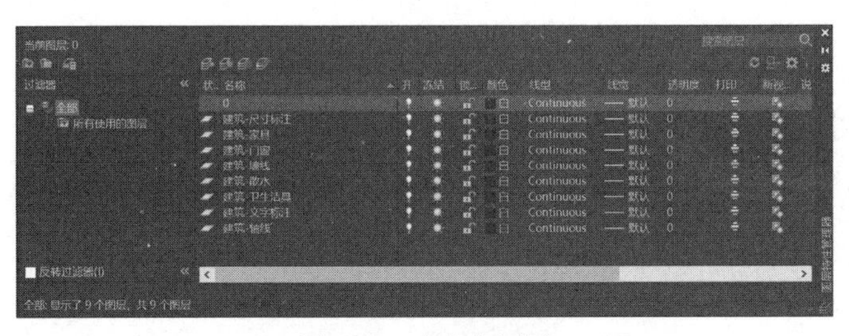

图 6-26　命名各图层

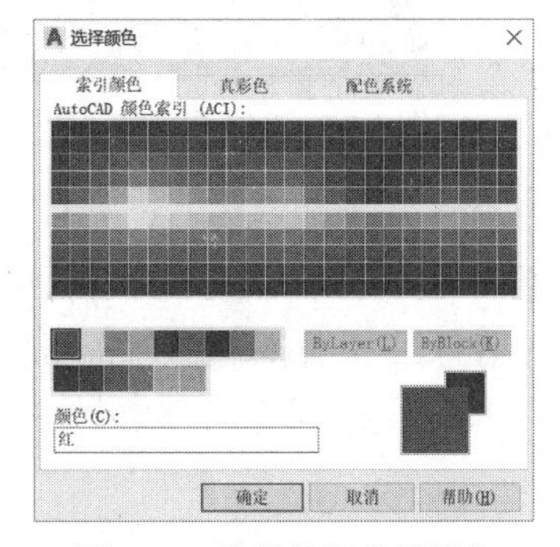

图 6-27　为轴线层设置颜色

(5) 单击“建筑-轴线”图层的线型图标Continuous，弹出“选择线型”对话框，单击“加载”按钮，弹出“加载或重载线型”对话框，在“可用线型”列表框中选择线型 ACAD_ISO10W100，单击“确定”按钮返回“选择线型”对话框，线型 ACAD_ISO10W100 便会出现在对话框中。

选择刚加载的线型，单击“确定”按钮，完成“建筑-轴线”图层线型的设置。

(6) 单击“建筑-墙线”图层的线宽图标—— 默认，弹出“线宽”对话框，在“线宽”列表框中选择 1.0mm，单击“确定”按钮，完成“建筑-墙线”图层线宽的设置。

(7) 单击“确定”按钮，关闭“图层特性管理器”选项板，完成常见的建筑图层设置。

(8) 选择“格式”|“线型”命令，弹出如图 6-28 所示的“线型管理器”对话框，选择 ACAD_ISO10W100，将“全局比例因子”设为 100。单击“确定”按钮返回绘图区。

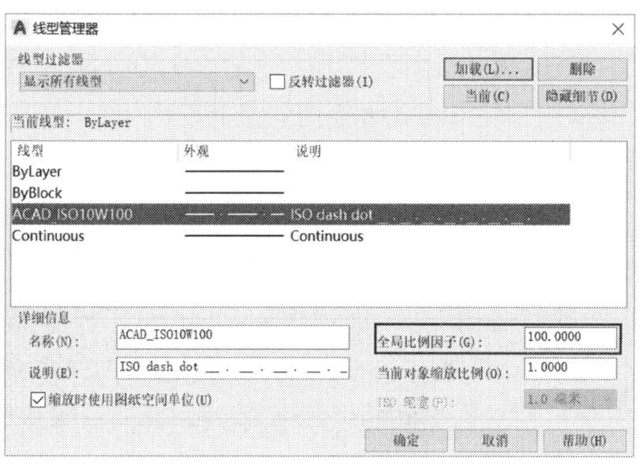

图 6-28　设置线型比例

(9) 单击“标准”工具栏上的“对象特性”按钮，然后选择所有轴线，在“常规”组中单击“图层”，然后在下拉列表框中选择“建筑-轴线”选项，如图 6-29 所示，即把所有轴线从 0 层转换到“建筑-轴线”图层，轴线由直线变成了单点长划线，效果如图 6-30 所示。

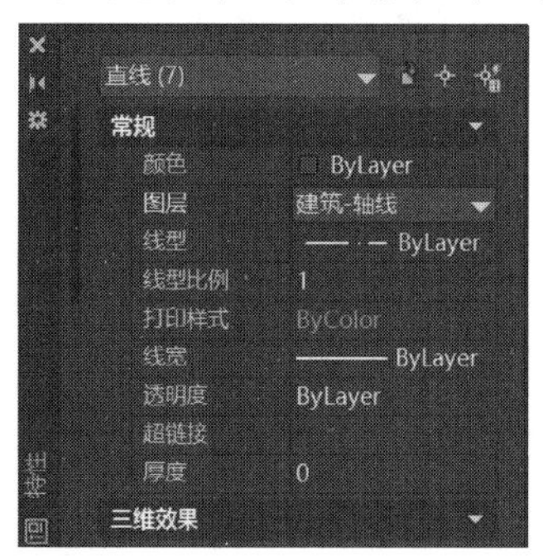

图 6-29　转换图层至“轴线”层

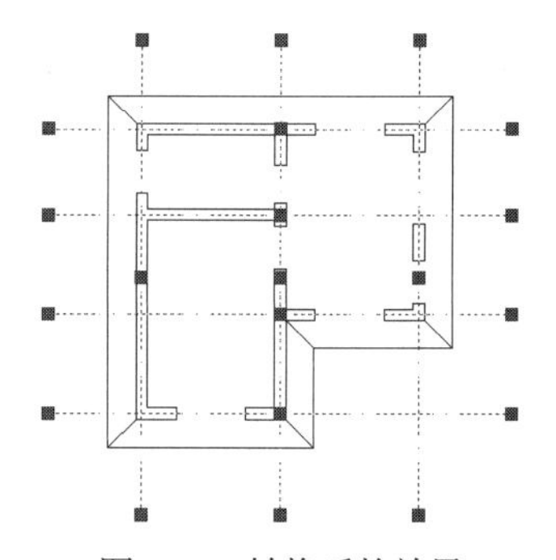

图 6-30　转换后的效果

(10) 在“图层”工具栏的下拉列表框中选择“建筑-轴线”图层，并单击图标，图标变为，图层变为关闭状态，得到如图 6-31 所示的效果。

(11) 与步骤(6)类似，将墙线图形对象转换到“建筑-墙线”图层，单击“状态栏”的“线宽”按钮，显示线宽，效果如图 6-32 所示。

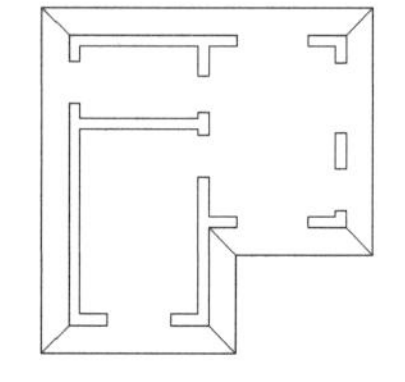

图 6-31　关闭轴线层

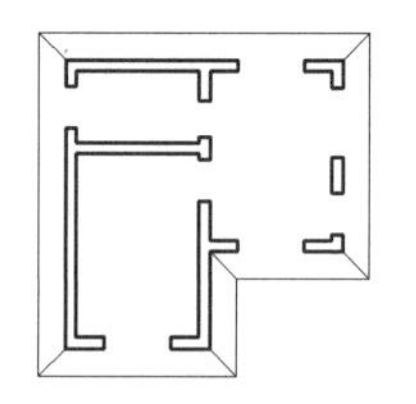

图 6-32　改变线宽

(12) 同步骤(6)～(9)，完成其他图形对象的转换。

(13) 选择“文件”|“保存”命令，保存文件。

6.9 习题

6.9.1 填空题

(1) AutoCAD 提供了标准的线型库，库文件为________和________。

(2) AutoCAD 线型中更改全局的线型比例的因子是________，更改当前对象的线型比例的因子为________。

(3) 一个图形文件中，________、________、________、________图层不可以删除。

(4) AutoCAD 2020 中文版提供了________和________两种图层过滤器。

6.9.2 选择题

(1) 对于长时间不需要看到的图层，用户可以使该图层处于(　　)状态。

A. 关闭　　B. 冻结　　C. 锁定　　D. 解冻

(2) 如果需要不断地切换可见性，则最好使该图层处于(　　)状态。

A. 关闭　　B. 冻结　　C. 锁定　　D. 解冻

(3) 用户对图形上一个图层的对象进行操作，其他图层的图形为参考，则此时最好使其他图层处于(　　)状态。

A. 关闭　　B. 冻结　　C. 锁定　　D. 解冻

6.9.3 上机操作

新建建筑施工图的常见图层，并根据规范要求设置线宽和线型，一共设置“建筑-轴线”“建筑-轮廓线”“建筑-剖面线”“建筑-细实线”“建筑-尺寸标注”“建筑-文字标注”“建筑-洞口”7个图层，其中“建筑-轴线”采用点划线，“洞口”线采用虚线，“轮廓线”层线宽为0.7mm，颜色设置由用户选择，其他采用默认设置。

第7章

建筑制图中的文字与表格

在用 AutoCAD 绘制的图纸中，除了图形对象外，文字和表格也是非常重要的部分。文字为图形对象提供了必要的说明和注释。表格主要用于集中统计构件或材料的数量或其他信息，方便用户查阅。

AutoCAD 2020 中可以自行设置文字的样式，如楷体、宋体、仿宋等。对于文字输入，简短的文字一般使用单行文字输入，带有内部格式或较长的文字一般使用多行文字输入。另外，AutoCAD 2020 的表格功能也非常强大，熟练掌握表格的绘制和编辑方法能够大幅提高工程制图中表格的绘制效率。

本章主要介绍在图纸中标注文字、编辑文字、创建表格和编辑表格的方法，以及建筑制图规范对文字标注的一般要求。

知识要点

- 设置文字样式。
- 创建单行文字。
- 创建多行文字。
- 编辑文字。
- 表格的创建。
- 表格的编辑。
- 规范对文字的要求。

7.1 文字样式

在 AutoCAD 中，要先设置文字的样式，然后使创建的文字内容套用当前的文字样式。当前的文字样式决定了输入文字的字体、字高、角度、方向和其他文字特征。输入文字时，可以在如图 7-1 所示的“样式”工具栏的“文字样式控制”下拉列表框中(或功能区“注释”选项卡中“文字”面板的文字样式下拉列表框中)选择合适的已定义的文字样式作为 AutoCAD 当前的文字样式。

图 7-1　选择文字样式

7.1.1　新建文字样式

选择“格式”|“文字样式”命令，或单击“文字”工具栏上的“文字样式”按钮，或在命令行中输入 style 命令，均可弹出如图 7-2 所示的“文字样式”对话框。在该对话框中可以设置字体名称、字体大小、宽度系数等参数。

“文字样式”对话框中包括“样式”“字体”“大小”“效果”“预览”5 部分内容。下面分别进行介绍。

1. “样式”列表框

“样式”列表框中显示了已经创建好的文字样式。默认情况下，“样式”列表框中存在 Annotative 和 Standard 两种文字样式，图标表示创建的是注释性文字的文字样式。

当选择“样式”列表框中的某个样式时，右侧便会显示该样式的各种参数，用户可以对参数进行修改，单击“应用”按钮，则可以完成样式参数的修改。单击“置为当前”按钮，则可以把当前选择的文字样式设置为当前使用的文字样式。

单击“新建”按钮，弹出如图 7-3 所示的“新建文字样式”对话框，在对话框的“样式名”文本框中输入样式名称，单击“确定”按钮，即可创建一种新的文字样式。

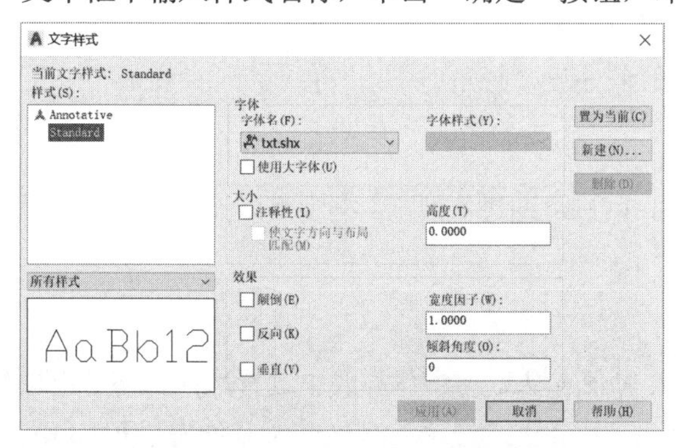

图 7-2　“文字样式”对话框

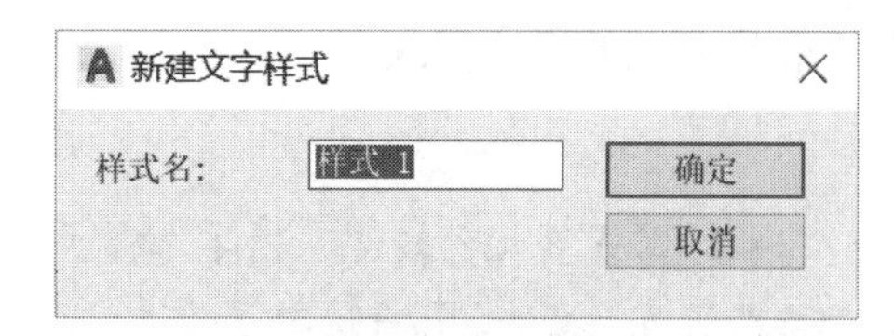

图 7-3　“新建文字样式”对话框

右击存在的样式名，在弹出的快捷菜单中选择“置为当前”命令，可以将该样式设置为当前样式；选择“重命名”命令，可以对除 Standard 以外的文字样式进行重命名；选择“删除”命令，可以删除所选择的除 Standard 以外的非当前文字样式。

2. “字体”选项组

“字体”选项组用于设置字体文件。字体文件分为两种：一种是普通字体文件，即 Windows 系列应用软件所提供的字体文件，为 TrueType 类型的字体；另一种是 AutoCAD 特有的字体文件，称为大字体文件。

当勾选了“使用大字体”复选框时，“字体”选项组显示“SHX 字体”和“大字体”两个下拉列表，如图 7-4 所示。只有在“字体名”中指定 SHX 文件，才能使用“大字体”，只有 SHX 文件可以创建“大字体”。

当取消勾选“使用大字体”复选框时，“字体”选项组仅有“字体名”下拉列表，下拉列表框包含用户 Windows 系统中的所有字体文件，如图 7-5 所示。

图 7-4　使用大字体

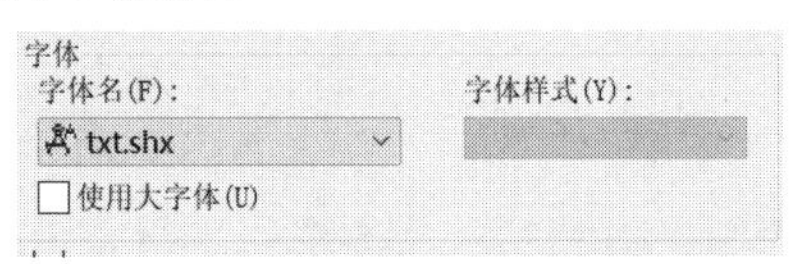

图 7-5　不使用大字体

3. “大小”选项组

“大小”选项组用于设置文字的大小。勾选“注释性”复选框后，表示创建的文字为注释性文字，此时“使文字方向与布局匹配”复选框可勾选，该复选框用于指定图纸空间视口中的文字方向与布局方向匹配。如果取消勾选“注释性”复选框，则显示“高度”文本框，同样可设置文字的高度。

4. “效果”选项组

“效果”选项组方便用户设置字体的具体特征，其中包括以下几个设置项。

- “颠倒”复选框：用来确定是否将文字旋转 180°。
- “反向”复选框：用来确定是否将文字以镜像方式标注。
- “垂直”复选框：用来确定文字是水平标注还是垂直标注。
- “宽度因子”文本框：用来设定文字的宽度系数。
- “倾斜角度”文本框：用来确定文字的倾斜角度。

5. “预览”框

“预览”框用来预览用户所设置的字体样式，用户可通过“预览”框观察所设置的字体样式是否满足自己的设计要求。

提示：

一般只需设置几种较常用的字体样式，需要时便可从这些字体样式中进行选择，而不用每次都重新设置。另外，只有选择了有中文字库的字体文件，如宋体、楷体或大字体中的 hztxt.shx 等字体文件，才能进行中文标注，否则将会出现问号或者乱码。

7.1.2　应用文字样式

定义完各种文字样式之后，从“文字样式”对话框的“样式”列表框中选择某种文字样式，单击“置为当前”按钮，然后单击“关闭”按钮，则所选择的文字样式就是当前的文字样式。

创建单行文字时，可以输入单行文字要使用的文字样式，否则将使用目前系统默认的当前文字样式，命令行提示如下。

```
命令: text                                           //在命令行输入 text 命令
当前文字样式: Standard   当前文字高度: 2.5000        //系统提示文字样式信息
指定文字的起点或 [对正(J)/样式(S)]: S                //选择设定文字样式
输入样式名或 [?] <Standard>:样式 1                   //输入要选择的文字样式
当前文字样式: 样式 1   当前文字高度: 2.5000          //系统提示当前文字样式的信息
```

在创建多行文字时，可以使用“文字格式”工具栏设置文字的样式(后文会有详细讲解)，还可以在“特性”选项板的“文字”下拉列表框中对文字样式进行修改，如图 7-6 所示。

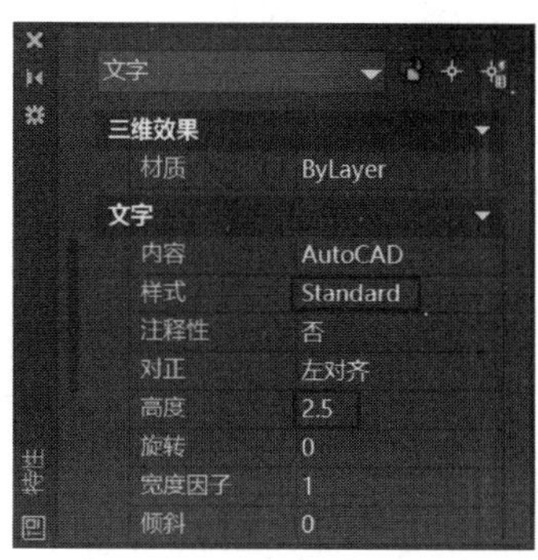

图 7-6　在“特性”选项板中修改文字样式

7.2 输入单行文字

在绘图过程中，经常要输入一些较短的文字来注释对象，如一些图名。通常情况下，当输入的文字只采用一种字体和文字样式时，可以使用单行文字命令来标注文字。在 AutoCAD 中，使用 text 和 dtext 命令都可以在图形中添加单行文字。用 text 命令从键盘上输入文字时，能同时在屏幕上看到所输入的文字，并且可以输入多个单行文字，每一行文字是一个单独的对象。

可以通过以下 3 种方法启用单行文字命令。

- 选择“绘图”|“文字”|“单行文字”命令。
- 单击“文字”工具栏上的“单行文字”按钮，如图 7-7 所示。
- 在命令行中输入 text 或 dtext 命令。

图 7-7　“文字”工具栏

单击“文字”工具栏上的“单行文字”按钮，命令行提示如下。

```
命令: dtext                                          //单击按钮执行命令
当前文字样式: Standard   当前文字高度: 2.5000        //系统提示文字样式信息
指定文字的起点或 [对正(J)/样式(S)]:                  //选择文字的起点
指定高度 <2.5000>:                                   //输入文字的高度
指定文字的旋转角度 <0>:                              //输入文字旋转的角度
```

输入旋转角度或者接受默认的角度直接按 Enter 键便可输入文字，文字输入完成后按 Enter 键将会换行，若不需要换行书写，可以连按两次 Enter 键或在编辑框外直接单击，完成单行文字的输入。

命令行提示包括“指定文字的起点”“对正(J)”和“样式(S)”3 个选项。

- “指定文字的起点”：该选项为默认项，用来确定文字行基线的起点位置。

- “对正(J)”：该选项用来确定标注文字的排列方式及排列方向，创建单行文字时用来设置对齐方式。该选项决定字符的哪一部分与插入点对齐。左对齐是默认选项，因此要使文字左对齐，不必在“对正”提示中输入选项。在命令行中输入 J 即可，命令行继续提示如下。

```
指定文字的起点或 [对正(J)/样式(S)]: J            //输入 J，设置对正方式
输入选项                                        //系统提示信息
[左(L)/居中(C)/右(R)对齐(A)/中间(M)/布满(F)/左上(TL)/中上(TC)/右上(TR)/左中(ML)/正中(MC)/右中(MR)/左下(BL)/中下(BC)/右下(BR)]:
//系统提供了 15 种对正的方式，用户可以从中任意选择一种
```

- “样式(S)”：该选项用于选择文字样式。此内容在前一节已经进行了介绍，在此不再赘述。

在一些特殊的文字中，常常需要输入下画线、百分号等特殊符号，在 AutoCAD 中，这些特殊符号有专门的代码，标注文字时，输入代码即可。常见的特殊符号的代码及含义如表 7-1 所示。

表 7-1　特殊符号的代码及含义

代码	字符	含义
%%o	¯	上画线
%%u	_	下画线
%%%	%	百分号
%%c	Φ	直径符号
%%p	±	正负公差符号
%%d	°	度

【例 7-1】创建单行文字。

使用单行文字，创建文字“北”，要求设置字高为 500，旋转角度为 0，以中下点对齐指北针的针尖，效果如图 7-8 所示。

具体操作步骤如下。

(1) 在任意一个工具栏上右击，在弹出的快捷菜单中选择“文字”命令，弹出如图 7-7 所示的“文字”工具栏。

(2) 单击“文字”工具栏上的“文字样式”按钮，在“文字样式”对话框中的“样式”列表框中选择 Standard，在“字体名”下拉列表框中选择“仿宋”选项。在“高度”文本框中输入“500”。单击“应用”按钮，应用该字体，然后单击“确定”按钮，完成设置。

(3) 单击“文字”工具栏上的“单行文字”按钮，命令行提示如下。

```
命令: dtext                                      //单击按钮执行命令
当前文字样式: Standard   当前文字高度: 500       //系统提示信息
指定文字的起点或 [对正(J)/样式(S)]: J            //输入 J，设置对正样式
输入选项                                        //系统提示信息
[左(L)/居中(C)/右(R)对齐(A)/中间(M)/布满(F)/左上(TL)/中上(TC)/右上(TR)/左中(ML)/正中(MC)/右中(MR)/左下(BL)/中下(BC)/右下(BR)]: BC   //采用中下对正样式
指定文字的中下点:                                //在绘图区拾取指北针针尖点
```

```
指定高度 <500>:                                    //按 Enter 键，采用默认高度
指定文字的旋转角度 <0>:
//按 Enter 键，采用默认旋转角度 0，在屏幕上输入“北”，然后在编辑框外单击，完成输入
```

(4) 如果采用系统默认的左对齐，而不选中下对齐的对齐方式，绘制效果如图 7-9 所示。

图 7-8　中下对齐后的效果

图 7-9　默认左对齐的效果

7.3 输入多行文字

当输入文字内容较长、格式较复杂的文字段时，可以使用多行文字输入。多行文字会根据用户设置的文本宽度自动换行。可以通过以下 4 种方法启用多行文字命令。

- 选择“绘图”|“文字”|“多行文字”命令。
- 单击“文字”工具栏上的“多行文字”按钮 A。
- 单击“绘图”工具栏上的“多行文字”按钮 A。
- 在命令行中输入 mtext 命令。

单击“文字”工具栏上的“多行文字”按钮 A，命令行提示如下。

```
命令: mtext 当前文字样式:"Standard"  当前文字高度:2.5            //系统提示信息
指定第一角点:                                                  //指定文字输入区的第一个角点
指定对角点或 [高度(H)/对正(J)/行距(L)/旋转(R)/样式(S)/宽度(W)/栏(C)]: //系统给出 7 个选项
```

命令行提示中共有 7 个选项，分别为“高度(H)”“对正(J)”“行距(L)”“旋转(R)”“样式(S)”“宽度(W)”“栏(C)”。

- “高度(H)”：该选项用于标注文字框的高度。用户可以在屏幕上拾取一点，该点与第一角点的距离即为文字的高度，也可以在命令行中直接输入高度值。
- “对正(J)”：该选项用于确定文字排列方式，与单行文字类似。
- “行距(L)”：该选项用于设置多行文字对象行与行之间的间距。
- “旋转(R)”：该选项用于确定文字倾斜角度。
- “样式(S)”：该选项用于确定文字字体样式。
- “宽度(W)”：该选项用于确定标注文字框的宽度。
- “栏 (C)”：该选项用于确定文字是否分栏，确定是静态栏还是动态栏。

设置好以上选项后，系统都会提示“指定对角点”，此选项用来确定标注文字框的另一个对角点，AutoCAD 将在这两个对角点形成的矩形区域中进行文字标注，矩形区域的宽度就是所标注文字的宽度。

指定对角点之后，系统会弹出如图 7-10 所示的多行文字编辑器，用户可以在编辑框中输入

需要插入的文字，选择文字，可以修改其大小、字体、颜色等，完成编辑一般文字时的常用操作。多行文字编辑器中包含了制表位和缩进，因此用户可以轻松地创建段落，并对文字元素边框进行缩进。制表位、缩进的运用和 Microsoft Office Word 相似。编辑器中的标尺如图 7-11 所示，标尺左端上面的小三角为“首行缩进”标记，该标记用于控制首行的起始位置。标尺左端下面的小三角为“段落缩进”标记，该标记用于确定该自然段左端的边界。标尺右端的两个小三角为设置多行文字对象的宽度标记，单击该标记然后按住鼠标左键拖动便可调整文本宽度。另外，单击标尺还能够生成用户设置的制表位。

图 7-10　多行文字编辑器

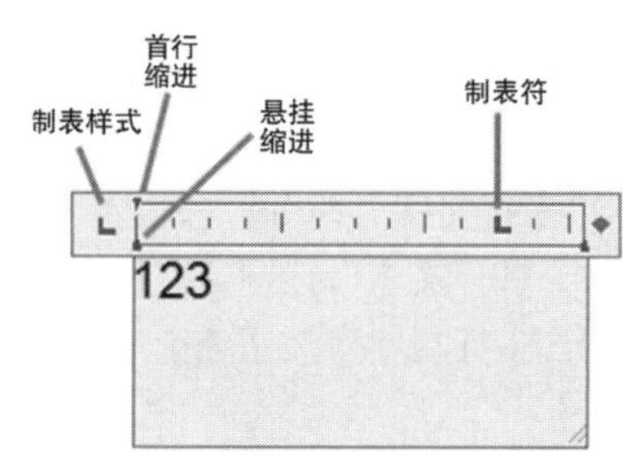

图 7-11　标尺

在文字编辑框的上方还有一个“文字格式”工具栏，该工具栏上各项的含义如下。

- “文字样式”下拉列表框 Standard 用于设置文字样式；“字体”下拉列表框 txt 用于设置字体类型；“字高”下拉列表框 2.5 用于设置字符高度；“注释性”按钮用于表示创建的多行文字是否为注释性文字。
- “粗体”按钮 **B** 用于将被选择的文字设置成粗实体；“斜体”按钮 *I* 用于将被选择的文字设置成斜体；“删除线”按钮用于为被选择的文字添加删除线；“下画线”按钮 U 用于为被选择的文字添加下画线；“上画线”按钮 O 用于为被选择的文字添加上画线；“匹配文字格式”按钮用于将现有文字对象的样式应用到其他的文字对象。
- 单击“放弃”按钮即可放弃操作，包括对文字内容或文字格式所做的修改。单击“重做”按钮即可重新执行操作，包括对文字内容或文字格式所做的修改。
- “堆叠”按钮用于创建分数等堆叠文字。当使用堆叠字符、插入符(^)、正向斜杠(/)和磅符号(#)时，单击该按钮，堆叠字符左侧的文字将堆叠在字符右侧的文字之上。选定堆叠文字，单击该按钮则取消堆叠。默认情况下，将包含插入符(^)的文字转换为左对正的公差值；将包含正斜杠(/)的文字转换为居中对正的分数值，斜杠被转换为一条同较长的字符串长度相同的水平线；将包含磅符号(#)的文字转换为被斜线(高度与两个字符串高度相同)分开的分数，斜线上方的文字向右下对齐，斜线下方的文字向左上对齐。
- “颜色”下拉列表框 ByLayer 用于设置当前文字的颜色。

- “显示标尺”按钮用于控制标尺的显示。
- 单击“选项”按钮，将弹出菜单栏，菜单栏中集中了绝大部分多行文字的操作命令，用户如果不习惯操作工具栏，可以使用菜单命令设置多行文字。
- 工具栏上的对齐按钮包括左对齐、居中对齐、右对齐、对正和分布 5 种对齐方式。
- 单击“编号”按钮，将弹出“项目符号和编号”下拉菜单，显示用于创建列表的选项。
- 单击“插入字段”按钮，将弹出“字段”对话框，用户可以在其中选择所要插入的字段。当字段更新时，将显示最新的字段值，如日期、时间等。
- “大写”按钮用于将字母由小写转换为大写；“小写”按钮用于将字母由大写转换为小写。
- 单击“符号”按钮，将弹出如图 7-12 所示的“符号”下拉菜单，菜单中包括一些常用的符号。选择“其他”选项，系统弹出如图 7-13 所示的“字符映射表”对话框，该对话框中提供了更多的符号供用户选择。

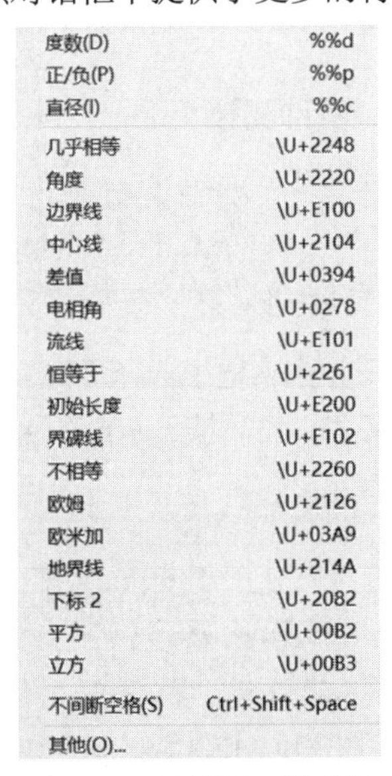

图 7-12　“符号”下拉菜单

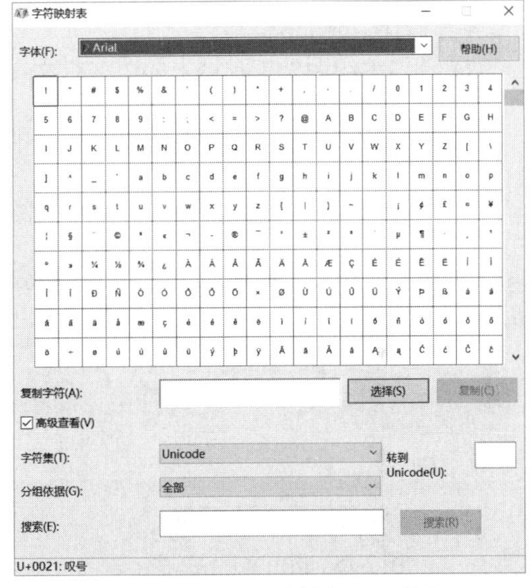

图 7-13　“字符映射表”对话框

- “倾斜”文本框用于设置选定文字的倾斜角度。倾斜角度表示的是相对于 90°角方向的偏移角度。
- “追踪”文本框用于控制增大或减小选定字符之间的空间，1.0 是常规间距。设置为大于 1.0 的数值可增大间距，设置为小于 1.0 的数值可减小间距。
- “宽度比例”文本框用于控制扩展或收缩选定的字符。1.0 是此字体中字母的常规宽度。
- 单击“栏”按钮，将弹出“栏”下拉菜单，在此处，用户可以将多行文字对象的格式设置为多栏，还可以指定栏宽和栏间距的宽度、高度及栏数等。系统提供了创建和操作栏两种不同的模式：静态模式和动态模式。要创建多栏，必须始终从创建单个栏开始。

- 单击“多行文字对正”按钮，将弹出“多行文字对正”下拉菜单，系统提供了 9 个对齐选项，“左上”为默认选项。
- 单击“段落”按钮，将弹出“段落”对话框，在该对话框中可以为段落和段落的第一行设置缩进，指定制表位和缩进，控制段落对齐方式、段落间距和段落行距。
- 单击“行距”按钮，将弹出“行距”下拉菜单，通过该菜单可以选择建议的行距，也可以打开“段落”对话框，在当前段落或选定段落中设置行距。

设置完成后，单击“确定”按钮，多行文字即创建完毕。

【例 7-2】创建多行文字。

使用多行文字，创建如图 7-14 所示的多行文字，要求：设置第一行文字字高为 700，字体为仿宋体；设置其他行文字字高为 500，中文字体为仿宋体。

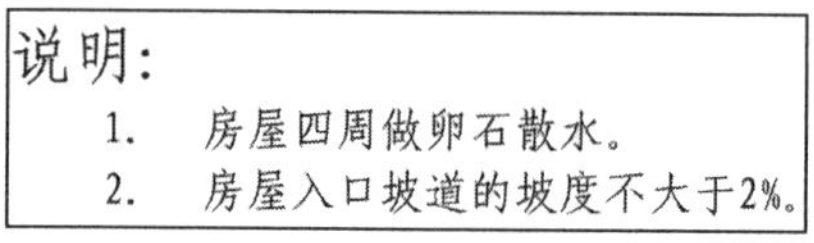

说明：
1. 房屋四周做卵石散水。
2. 房屋入口坡道的坡度不大于2%。

图 7-14　多行文字

具体操作步骤如下。

(1) 单击“绘图”工具栏上的“多行文字”按钮 A，命令行提示如下。

```
命令: mtext 当前文字样式:"Standard"  当前文字高度:2.5                    //系统提示信息
指定第一角点:                                                            //拾取第一个角点
指定对角点或 [高度(H)/对正(J)/行距(L)/旋转(R)/样式(S)/宽度(W)/栏(C)]: //拾取对角点，如图 7-15 所示
```

(2) 指定对角点后，弹出多行文字编辑器，在“字体”下拉列表框中选择“仿宋”，在“字高”文本框中输入 500，在编辑框中输入如图 7-16 所示的文字，然后按 Enter 键换行。

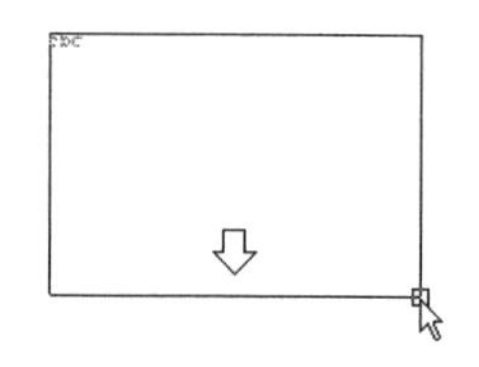

图 7-15　指定文字输入区

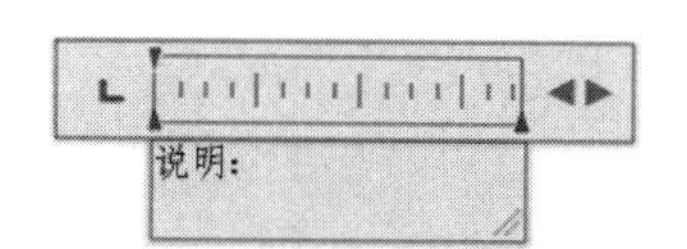

图 7-16　输入部分文字

(3) 在标尺上拖动“首行缩进”标记至图 7-17 所示的位置，然后输入图示中的两行文字。

(4) 单击“文字格式”工具栏上的“符号”按钮，在弹出的下拉菜单中选择“其他”选项，系统弹出“字符映射表”对话框，选择“%”符号，单击“选定”按钮，然后单击“复制”按钮，在编辑框中右击，在弹出的快捷菜单中选择“粘贴”命令，将符号粘贴到所需位置。插入符号后的效果如图 7-18 所示。

图 7-17　首行缩进

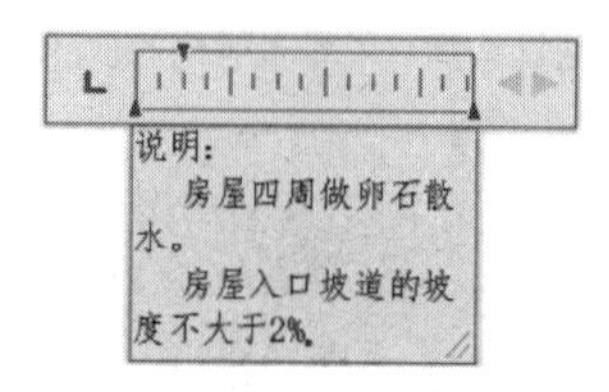

图 7-18　插入符号

(5) 选择后两段文字，单击“编号”按钮，将得到如图 7-19 所示的效果。

(6) 拖动“段落缩进”和“制表位”标记对文字位置进行调整，调整后的效果如图 7-20 所示。

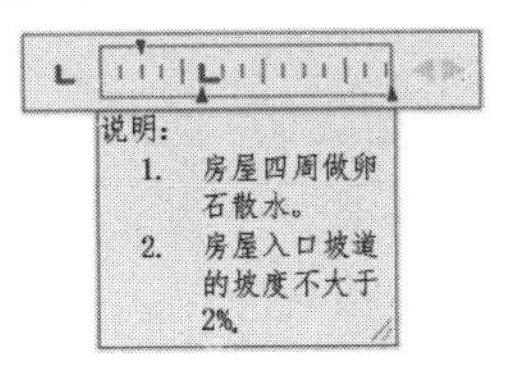

图 7-19　对文字进行编号

图 7-20　调整格式

(7) 拖动标尺右端的两个小三角，调整编辑框的宽度，如图 7-21 所示。

图 7-21　调整编辑框的宽度

(8) 选择第一行文字，在“字高”文本框中输入 700，单击“文字格式”工具栏上的“确定”按钮，完成多行文字的输入，如图 7-22 所示。

图 7-22　调整文字高度

7.4　编辑文字

7.4.1　编辑文字内容

文字标注完成后，有时需要对已经标注的文字或其属性进行修改，可以通过以下 4 种方法启动文本编辑的命令。

- 选择“修改”|“对象”|“文字”|“编辑”命令。
- 单击“文字”工具栏上的“编辑文字”按钮。
- 在命令行中输入 ddedit 命令(在命令行中输入 mtedit 命令，只能编辑多行文字)。
- 直接双击文字段，即可进入编辑状态。

单击“文字”工具栏上的“编辑文字”按钮，命令行提示如下。

```
命令: ddedit
选择注释对象或 [放弃(U)]:
```

使用光标在图形中选择需要修改的文字对象，选择的文字对象不同，系统会出现以下两种不同的响应。

- 如果选择的是单行文字，则只能对文字内容进行修改；如果要修改文字的字体样式、字高等属性，可以修改该单行文字所采用的文字样式，或者通过单击“比例”按钮来修改。

- 如果选择的是多行文字，系统会显示多行文字编辑器，用户可以直接在其中对文字的内容和格式进行修改。

7.4.2 文字高度与对正

在“文字”工具栏上，AutoCAD 2020 还提供了“比例”和“对正”两个按钮。

1. 比例

“比例”按钮主要用于调整单行文字或多行文字的高度，单击该按钮，命令行提示如下。

```
命令: scaletext                                           //单击“比例”按钮
选择对象: 找到 1 个                                        //选择文字对象
选择对象:                                                 //按 Enter 键，结束对象选择
输入缩放的基点选项
[现有(E)/左对齐(L)/居中(C)/中间(M)/右对齐(R)/左上(TL)/中上(TC)/右上(TR)/左中(ML)/正中(MC)/右中
(MR)/左下(BL)/中下(BC)/右下(BR)] <现有>: MC                  //选择缩放的参考点
指定新模型高度或 [图纸高度(P)/匹配对象(M)/比例因子(S)] <500>: 300  //输入文字的新高度
```

另外，还有“匹配对象(M)”和“缩放比例(S)”两个选项，在提示栏中输入 M，选择匹配的方式，命令行提示如下。

```
指定新高度或 [匹配对象(M)/缩放比例(S)] <300>: M     //选择匹配方式
选择具有所需高度的文字对象:                         //选择参考高度的文字
高度=700                                          //系统提示信息
```

在提示栏中输入 S，选择缩放的方式，命令行提示如下。

```
指定新高度或 [匹配对象(M)/缩放比例(S)] <300>: S     //选择缩放方式
指定缩放比例或 [参照(R)] <2>: 2.5                   //输入比例因子
```

2. 对正

“对正”按钮主要用于调整单行文字或多行文字的对齐位置，单击该按钮，命令行提示如下。

```
命令: justifytext                                   //单击“对正”按钮
选择对象: 找到 1 个                                  //选择需要调整对齐点的文字对象
选择对象:                                           //按 Enter 键，退出对象选择
输入对正选项
[左对齐(L)/对齐(A)/布满(F)/居中(C)/中间(M)/右对齐(R)/左上(TL)/中上(TC)/右上(TR)/左中(ML)
/正中(MC)/右中(MR)/左下(BL)/中下(BC)/右下(BR)] <左对齐>: R    //输入新的对正点
```

7.4.3 文字的查找和替换

在进行文字编辑时，通常需要对整个图形或图形的某一个部分的文字进行内容或属性的更改。如何才能在大量的文字中找出需要更改的文字并进行更改？AutoCAD 2020 提供了查找和替换命令方便用户编辑。可以通过以下 3 种方式启动文字的查找和替换命令。

- 选择“编辑”|“查找”命令。
- 单击“文字”工具栏上的“查找”按钮。

- 在命令行中输入 find 命令。

单击“文字”工具栏上的“查找”按钮，系统弹出如图 7-23 所示的“查找和替换”对话框。下面在绘图区域将【例 7-2】中的文字“卵石散水”替换为“混凝土散水”，具体操作步骤如下。

(1) 单击“文字”工具栏上的“查找”按钮。

(2) 在“查找和替换”对话框中的“查找位置”下拉列表框中选择默认的“整个图形”。

(3) 在“查找内容”文本框中输入“卵石散水”，在“替换为”文本框中输入“混凝土散水”。

(4) 单击“查找”按钮，便可找到包含该字符串的多行文字。

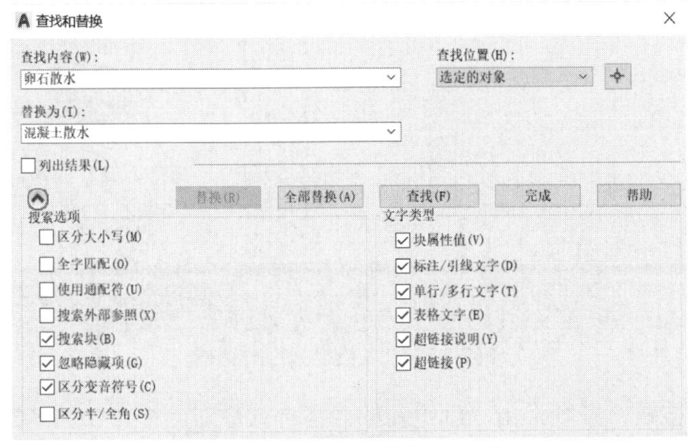

图 7-23　“查找和替换”对话框

(5) 用户可以逐一“查找”，然后单击“替换”按钮一个个地替换，也可以直接单击“全部替换”按钮，进行一次性替换。对话框的下方会提示替换结果。

(6) 单击“关闭”按钮，完成查找与替换操作。最终效果如图 7-24 所示。

图 7-24　查找和替换后的效果

提示：

还可以把“查找和替换”范围控制在选择集中，此时只需在选择对象后将“查找位置”设为“当前选择”即可。

7.5 创建表格

在建筑制图中，表格常用来创建门窗表等关于材料和面积的表格。表格能够帮助用户更清晰地表达一些统计数据。

7.5.1　创建表格样式

表格的外观由表格样式控制，表格样式可以指定标题行、列标题行和数据行的格式。选择

“格式”|“表格样式”命令，系统弹出“表格样式”对话框，如图 7-25 所示。“样式”列表框用于显示已创建的表格样式。

在默认状态下，表格样式中仅有 Standard 一种样式，其中第一行是标题行，由文字居中的合并单元行组成。第二行是列标题行，其他行都是数据行。用户设置表格样式时，可以指定标题行、列标题行和数据行的格式。

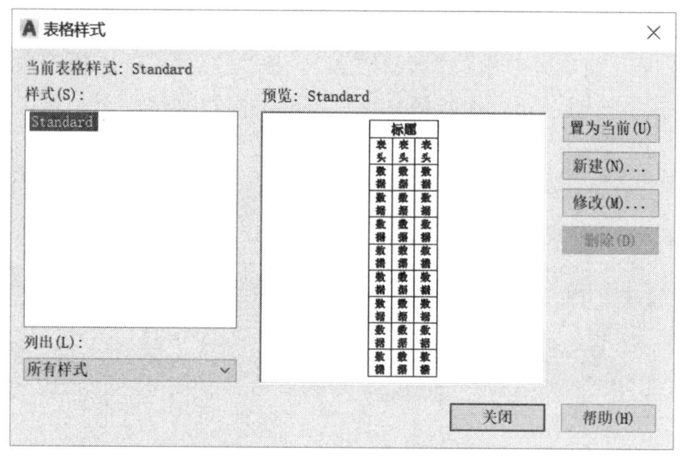

图 7-25 “表格样式”对话框

单击“新建”按钮，系统弹出“创建新的表格样式”对话框，如图 7-26 所示。

在“新样式名”文本框中输入新的样式名称，在“基础样式”下拉列表框中选择一个表格样式为新的表格样式提供默认设置，单击“继续”按钮，系统弹出“新建表格样式：明细表”对话框，如图 7-27 所示。

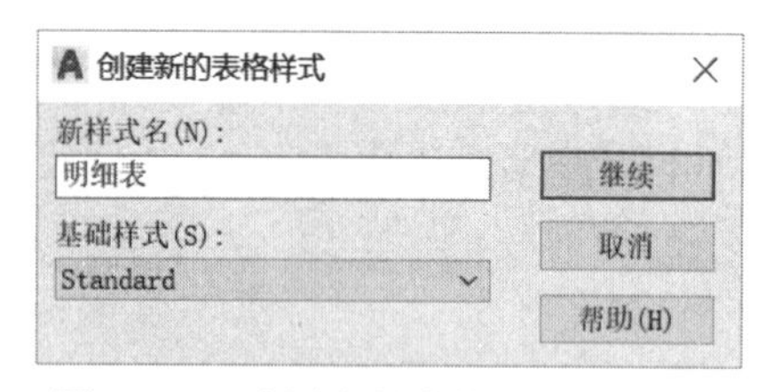

图 7-26 “创建新的表格样式”对话框

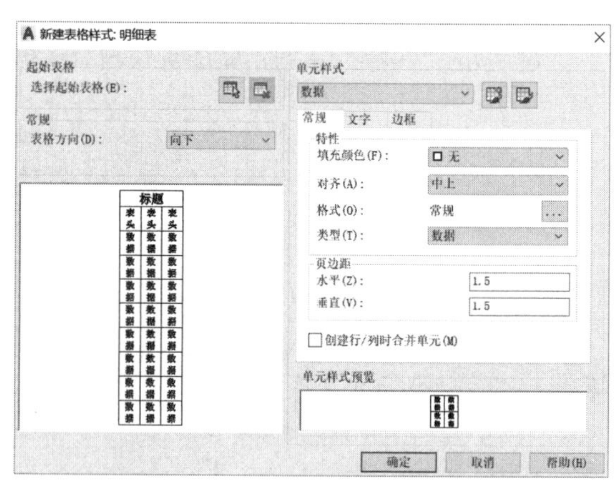

图 7-27 “新建表格样式：明细表”对话框

1. “起始表格”选项组

“起始表格”选项组用于在绘图区指定一个表格作为样例来设置新表格样式的格式。单击选择表格按钮，回到绘图区选择表格后，可以指定要从该表格复制到表格样式的结构和内容。

2. “常规”选项组

“常规”选项组用于更改表格方向，系统提供了“向下”和“向上”两个选项，“向下”表示标题栏在上方，“向上”表示标题栏在下方。

3. “单元样式”选项组

“单元样式”选项组用于创建新的单元样式，并对单元样式的参数进行设置。系统提供了“数据”“标题”和“表头”3 种默认单元样式，不可重命名，不可删除。在“单元样式”下拉列表框中选择一种单元样式作为当前单元样式，即可在下方的“常规”“文字”和“边框”选项卡中对参数进行设置。用户如果想要创建新的单元样式，可以单击“创建新单元样式”按钮和“管理单元样式”按钮进行相应的操作。

7.5.2　表格创建方式

选择“绘图”|“表格”命令，或单击“绘图”工具栏上的“表格”按钮，或在命令行中输入 table 命令，系统均可弹出“插入表格”对话框，如图 7-28 所示。

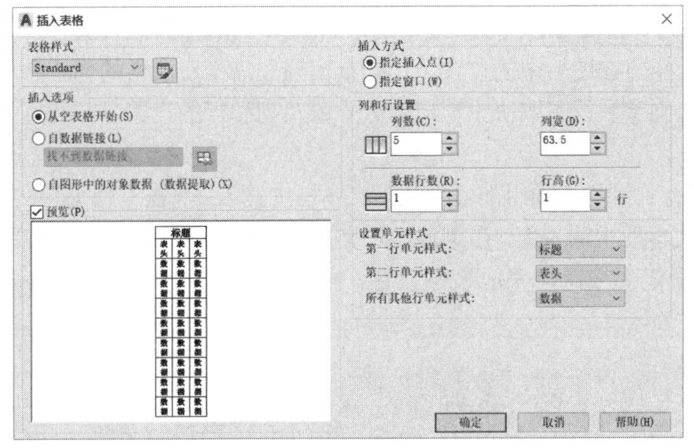

图 7-28　“插入表格”对话框

系统提供了以下 3 种创建表格的方式。

- 单击“从空表格开始”单选按钮，可以创建能手动填充数据的空表格。
- 单击“自数据链接”单选按钮，可以从外部电子表格中获取数据创建表格。
- 单击“自图形中的对象数据”单选按钮，可以启动“数据提取”向导来创建表格。

系统默认以“从空表格开始”方式创建表格。当选择“自数据链接”方式时，右侧参数均不可设置，变成灰色。

下面以创建一个表格为例介绍表格的创建过程。

【例 7-3】 创建表格。

创建如图 7-29 所示的表格，标题栏的字高为 700，列标题的字高为 500，数据栏的字高为 500，单元边距竖直方向为 100，水平方向为 200，数据栏为 5 行 3 列。具体操作步骤如下。

门窗表		
门窗编号	规格	数量

图 7-29　所需创建的表格

(1) 单击“绘图”工具栏上的“表格”按钮，系统弹出如图 7-28 所示的“插入表格”对话框。

(2) 在“表格样式”下拉列表框中选择所需要的表格样式，系统默认的样式为 Standard。用户可以在“预览”窗口查看表格样式。若样式不符合用户的要求，可以通过单击“表格样式”

选项组中的按钮，进行新样式设置，或对当前样式进行修改。

(3) 单击按钮，系统弹出“表格样式”对话框。单击“新建”按钮，系统弹出“创建新的表格样式”对话框，输入样式名“样式 1”，选择基础样式为 Standard，即在 Standard 样式的基础上创建。

(4) 单击“继续”按钮，系统弹出“新建表格样式”对话框，在“表格方向”选项组中选择表格方向为“向下”，标题栏将位于数据栏的上方，即表格向下列示。

(5) 设置“数据”“表头”和“标题”的对齐方式均为“正中”，水平页边距为 200，垂直页边距为 100，文字样式为 Standard，字体为“仿宋”，“数据”“表头”文字高度为 500，“标题”文字高度为 700。

(6) 完成设置后单击“确定”按钮，完成表格样式“样式 1”的创建。

(7) 在“表格样式”对话框中，选择该样式，单击“置为当前”按钮，将当前的表格样式设为“样式 1”，单击“关闭”按钮，返回“插入表格”对话框。

(8) “插入方式”选项组中包含“指定插入点”和“指定窗口”两种方式。“指定插入点”即指定表格的左上角点在图形中的位置。“指定窗口”需指定表格的大小和位置，选定此选项时，行数、列数、列宽和行高取决于窗口的大小以及列和行的设置。在此选择“指定插入点”单选按钮。

(9) 在“列和行设置”选项组的“列数”文本框中输入 3，在“列宽”文本框中输入 2000，在“数据行数”文本框中输入 5，在“行高”文本框中输入 1。

(10) 单击“确定”按钮，完成表格设置。命令行提示如下。

```
命令: table
指定插入点:    //指定表格的左上角点的位置，将出现如图 7-30 所示的编辑状态
```

(11) 通过按键盘上的“上”“下”“左”“右”键，选择要输入内容的单元格，输入字符。输入完成后，单击“文字格式”工具栏上的“确定”按钮，完成整个表格的创建。

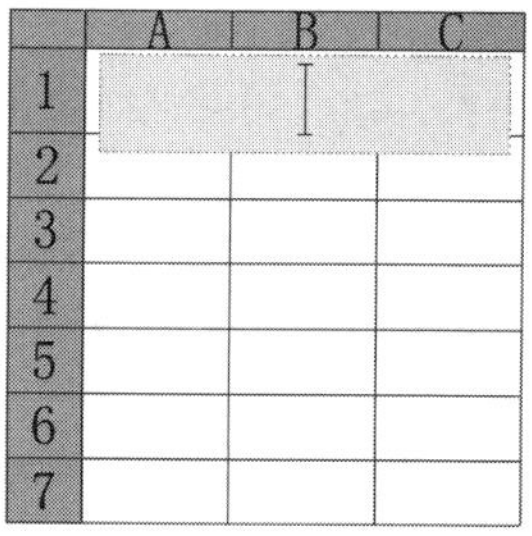

图 7-30　待输入表格内容

7.6 编辑表格

创建完表格后，一般都要对表格的内容或格式进行修改。AutoCAD 2020 提供了多种方式对表格进行编辑，其中包括“表格”工具栏、夹点编辑方式、选项板编辑方式和“表格单元”选项卡编辑方式。下面分别介绍这几种编辑方式的应用。

7.6.1 “表格”工具栏

当用户选择表格中的单元格时，表格状态如图 7-31 所示，用户可以对表格中的单元格进行编辑处理，表格上方的“表格”工具栏提供了各种各样的对单元格进行编辑的工具。

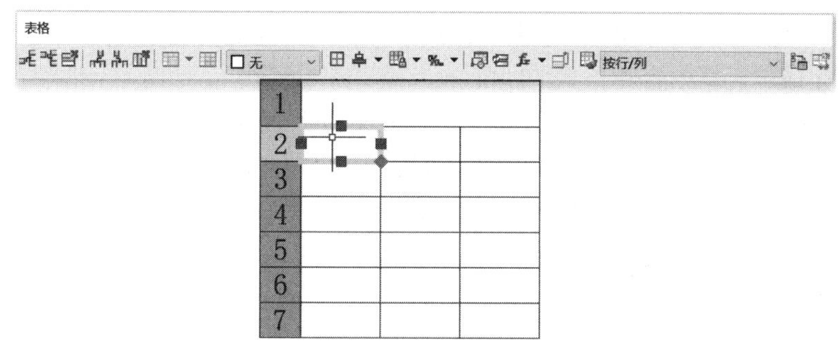

图 7-31　单元格选中状态

“表格”工具栏上各选项的含义如下。

- “在上方插入行”按钮：单击该按钮，将在选中的单元格上方插入一行，插入行的格式与其下一行的格式相同。
- “在下方插入行”按钮：单击该按钮，将在选中的单元格下方插入一行，插入行的格式与其上一行的格式相同。
- “删除行”按钮：单击该按钮，将删除选中单元格所在的行。
- “在左侧插入列”按钮：单击该按钮，将在选中单元格的左侧插入整列。
- “在右侧插入列”按钮：单击该按钮，将在选中单元格的右侧插入整列。
- “删除列”按钮：单击该按钮，将删除选中单元格所在的列。
- “合并单元”按钮：单击该按钮右侧的下三角按钮，在弹出的“合并单元方式”下拉菜单中选择合并方式，可以选择以“全部”“按行”和“按列”的方式合并选中的多个单元格。
- “取消合并单元”按钮：单击该按钮，将取消单元格合并。
- “单元边框”按钮：单击该按钮，可以在弹出的“单元边框特性”对话框中设置所选单元格边框的线型、线宽、颜色等特性，以及这些边框特性的应用范围。
- “对齐方式”按钮：单击该按钮右侧的下三角按钮，可以在弹出的“对齐方式”菜单中选择单元格中各种文字的对齐方式。
- “锁定”按钮：单击该按钮右侧的下三角按钮，可以在弹出的“锁定内容”菜单中选择要锁定的内容。若选择“解锁”命令，则所选单元格的锁定状态被解除；若选择“内容已锁定”命令，则所选单元格的内容不能被编辑；若选择“格式已锁定”命令，则所选单元格的格式不能被编辑；若选择“内容和格式已锁定”命令，则所选单元格的内容和格式都不能被编辑。
- “数据格式”按钮：单击该按钮右侧的下三角按钮，可以在弹出的菜单中选择数据的格式。
- “插入块”按钮：单击该按钮，在弹出的“在表格单元中插入块”对话框中选择合适的块后单击“确定”按钮，块就会被插入到单元格中。
- “插入字段”按钮：单击该按钮，在弹出的“字段”对话框中选择或创建需要的字段后单击“确定”按钮，即可将字段插入单元格。
- “插入公式”按钮：单击该按钮，可以在弹出的下拉菜单中选择公式的类型，在“文本”编辑框中编辑公式内容。

- “匹配单元”按钮：单击该按钮，然后在其他需要匹配已选单元格式的单元格中单击，即可完成单元格内容和格式的匹配。
- “按行/列”下拉列表框：在此下拉列表框中可以选择单元格的样式。
- “链接单元”按钮：单击该按钮，在弹出的“选择数据链接”对话框中选择已有的Excel表格(或创建新的表格)后单击“确定”按钮，可以插入表格。
- “从源文件下载更改”按钮：单击该按钮，可以将Excel表格中进行过更改的数据下载到表格中，完成数据的更新。

7.6.2 夹点编辑方式

单击网格的边框线选中表格，将显示如图7-32所示的夹点编辑模式。各个夹点的功能都不相同。

- 左上夹点：用于移动表格。
- 右上夹点：用于修改表宽并按比例修改所有列。
- 左下夹点：用于修改表高并按比例修改所有行。
- 右下夹点：用于修改表高和表宽并按比例修改行和列。
- 列夹点：在列标题行的顶部，用于将列的宽度修改到夹点的左侧，并加宽或缩小表格以适应此修改。
- Ctrl+列夹点：用于加宽或缩小相邻列而不改变表宽。

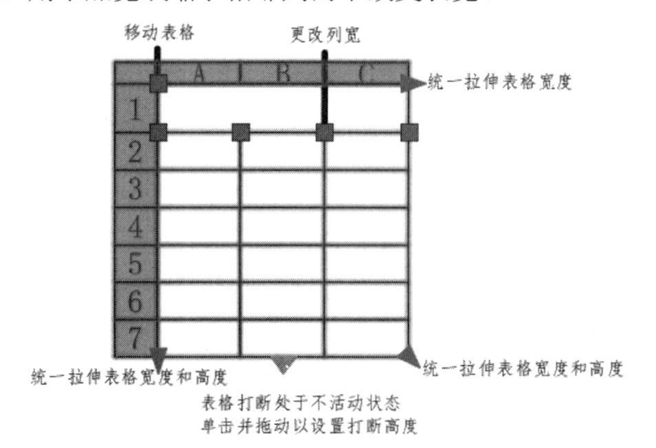

图7-32 表格的夹点编辑方式

单击某个单元格后，按住Shift键，再单击另一个单元格，便可同时选中这两个单元格，以及它们之间的所有单元格，如图7-33所示。要修改选定单元格的行高，可拖动顶部或底部的夹点。如果选中多个单元格，则每行的行高将做同样的修改；要修改选定单元格的列宽，可拖动左侧或右侧的夹点。如果选中多个单元格，则每列的列宽都将做同样的修改。

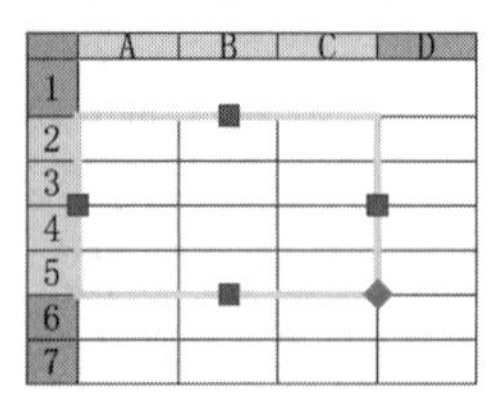

图7-33 单元格的夹点编辑方式

7.6.3　选项板编辑方式

单击“标准”工具栏上的“特性”按钮，然后选择要编辑的单元格，即可弹出如图 7-34 所示的“特性”选项板。在“特性”选项板中可以更改单元宽度、单元高度、对齐方式、文字内容、文字样式、文字高度、文字颜色等。

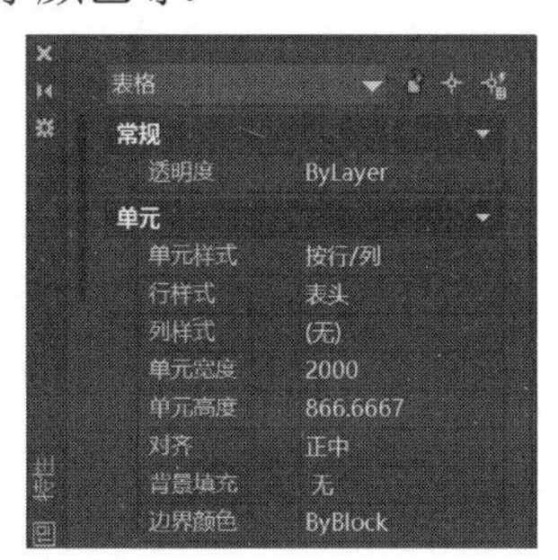

图 7-34　“特性”选项板编辑方式

7.6.4　“表格单元”选项卡编辑方式

在“草图与注释”工作空间，选择需要编辑的单元格，功能区就会出现“表格单元”选项卡，如图 7-35 所示。选项卡中的功能与 7.6.1 节中介绍的“表格”工具栏上的功能相同，用户同样可以对表格中的单元格进行各种设置和操作，这里就不再详细介绍了。

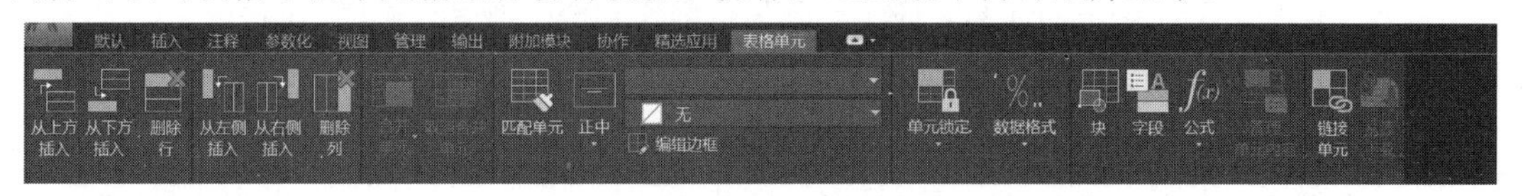

图 7-35　“表格单元”选项卡编辑方式

7.7　建筑制图规范对文字的要求

《房屋建筑制图统一标准》(GB/T 50001—2017)要求图纸上所书写的文字或数字等，均应笔画清晰、字体端正、排列整齐；标点符号应清楚正确。如果用的是中文矢量字体，则文字的字高应从如下系列中选用：3.5mm、5mm、7mm、10mm、14mm、20mm。如果用的是 TRUETYPE 字体或非中文矢量字体，则文字的字高应从如下系列中选用：3mm、4mm、6mm、8mm、10mm、14mm、20mm。如果需书写更大的字，其高度应按 $\sqrt{2}$ 的比值递增。

图样及说明中的汉字，宜采用长仿宋体(矢量字体)或黑体，同一图纸中字体种类不应超过两种。长仿宋体的字高与字宽的关系应符合表 7-2 的规定，黑体字的宽度与高度应相同。大标题、图册封面、地形图等的汉字，也可书写成其他字体，但应易于辨认。

表 7-2　长仿宋体字高与字宽关系表

单位：mm

字高	3.5	5	7	10	14	20
字宽	2.5	3.5	5	7	10	14

拉丁字母、阿拉伯数字与罗马数字的书写与排列应符合表 7-3 的规定。

表 7-3　拉丁字母、阿拉伯数字与罗马数字的书写规则

单位：mm

书写格式	一般字体	窄字体
大写字母高度	*h*	*h*
小写字母高度(上下均无延伸)	7/10*h*	10/14*h*
小写字母伸出头和尾部	3/10*h*	4/14*h*
笔画宽度	1/10*h*	1/14*h*
字母间距	2/10*h*	2/14*h*
上下行基准线最小间距	15/10*h*	21/14*h*
词间距	6/10*h*	6/14*h*

拉丁字母、阿拉伯数字与罗马数字，如需写成斜体字，其斜度应从字的底线逆时针向上倾斜 75°。斜体字的高度与宽度应与相应的正体字相等。

拉丁字母、阿拉伯数字与罗马数字的字高，应不小于 2.5mm。数量的数值注写，应采用正体阿拉伯数字。各种计量单位凡前面有量值的，均应采用国家颁布的单位符号注写，单位符号应采用正体字母。

分数、百分数和比例数的注写，应采用阿拉伯数字和数学符号，例如，四分之三、百分之二十五和一比二十应分别写成 3/4、25%和 1∶20。

当注写的数字小于 1 时，必须写出个位的“0”，小数点应采用圆点，对齐基准线书写，如 0.01。

长仿宋汉字、字母、数字应符合现行国家标准《技术制图字体》(GB/T 14691)的有关规定。

7.8 操作实践

创建如图 7-36 所示的表格，具体步骤如下。

门窗表				
门窗编号	断面等级	洞口尺寸	樘数	备注
C0915	铝合金窗90系列	900X1500	1	
C1515	铝合金窗90系列	1500X1500	3	
合计			4	
M0821	夹板门	800X2100	1	
M0921A	夹板门	900X2100	1	
M0921	镶板门	900X2100	1	
合计			3	

图 7-36　门窗表

(1) 选择“格式”|“文字样式”命令，在弹出的“文字样式”对话框中单击“新建”按钮，系统弹出“新建文字样式”对话框，在“样式名”文本框中输入“表格汉字”，单击“确定”按钮，返回“文字样式”对话框，设置“字体名”为“仿宋”。在“宽度因子”文本框中输入 0.7，单击“应用”按钮。

(2) 单击“新建”按钮，在弹出的“新建文字样式”对话框的“样式名”文本框中输入“表格数据”，单击“确定”按钮，返回“文字样式”对话框，在“字体名”下拉列表框中选择 simplex.shx，单击“应用”按钮，最后单击“关闭”按钮，完成文字样式的设置。

(3) 单击“绘图”工具栏上的“表格”按钮，弹出“插入表格”对话框，单击“表格样式”按钮，弹出“表格样式”对话框，再单击“新建”按钮，弹出“创建新的表格样式”对话框，在“新样式名”文本框中输入“门窗表”。

(4) 单击“继续”按钮，弹出“新建表格样式：门窗表”对话框，设置“数据”对齐方式为“中上”，“表头”和“标题”的对齐方式均为“正中”，水平页边距为 200，垂直页边距为 200，文字样式为“表格数据”，“数据”文字高度为 350，“表头”文字高度为 500，“标题”文字高度为 700。

(5) 单击“确定”按钮完成表格样式的设置，在“表格样式”对话框的“样式”列表框中选择“门窗表”，再单击“置为当前”按钮，然后单击“关闭”按钮，返回“插入表格”对话框。

(6) 在“列和行设置”选项组的“列数”文本框中输入 5，在“列宽”文本框中输入 3000，在“数据行数”文本框中输入 7，在“行高”文本框中取默认值 1。

(7) 单击“确定”按钮，插入表格，如图 7-37 所示。

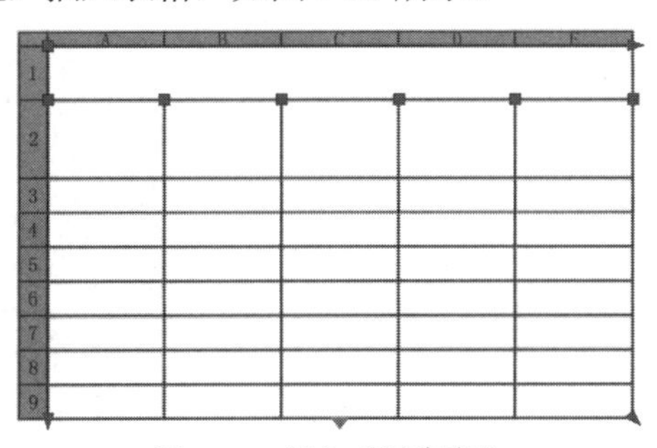

图 7-37　插入“门窗表”

(8) 按照图 7-36 输入相应的文字，注意，若输入的是汉字，则应在“文字格式”工具栏选择前面设置的“表格汉字”文字样式。若输入的是数字或英文字符，则应在“文字格式”工具栏选择前面设置的“表格数据”文字样式。

(9) 单击“文字格式”工具栏上的“确定”按钮，或直接单击，完成单元内容的输入。

(10) 选择“门窗表”，采用夹点编辑方式进行编辑调整，如图 7-38 所示。

(11) 选择第 4 个列夹点将其激活，按住 Ctrl 键，向右拖动光标至合适位置，按 Enter 键完成列宽调整，效果如图 7-39 所示。

图 7-38　采用夹点编辑方式编辑门窗表

门窗表				
门窗编号	断面等级	洞口尺寸	樘数	备注
C0915	铝合金窗系列	900×1500	1	
C1515	铝合金窗系列	1500×1500	3	
M0821	夹板门	800×2100	1	
M0921A	夹板门	900×2100	1	
M0921	纯实木门	900×2100	1	

图 7-39　调整列宽后的效果

(12) 再单击单元格，并按住 Shift 键选择多个单元格，如图 7-40 所示。右击，在弹出的快捷菜单中选择“合并”|“按行”命令。合并后的效果如图 7-41 所示。

门窗表				
门窗编号	断面等级	洞口尺寸	樘数	备注
C0915	铝合金窗系列	900×1500	1	
C1515	铝合金窗系列	1500×1500	3	
M0821	夹板门	800×2100	1	
M0921A	夹板门	900×2100	1	
M0921	纯实木门	900×2100	1	

图 7-40　选择要合并的单元格

门窗表				
门窗编号	断面等级	洞口尺寸	樘数	备注
C0915	铝合金窗系列	900×1500	1	
C1515	铝合金窗系列	1500×1500	3	
M0821	夹板门	800×2100	1	
M0921A	夹板门	900×2100	1	
M0921	纯实木门	900×2100	1	

图 7-41　合并单元格后的效果

(13) 选择所有数据行，先单击表格数据栏中的左上第一个单元格，然后按住 Shift 键单击右下最后一个单元格，选择两者之间的所有单元格，如图 7-42 所示。右击，在弹出的快捷菜单中选择“特性”命令，弹出如图 7-43 所示的“特性”选项板，在“特性”选项板的“单元高度”文本框中输入 1000，将数据行的行高统一设为 1000，在“对齐”选项框中选择以“正中”方式对齐。调整后的效果如图 7-44 所示。

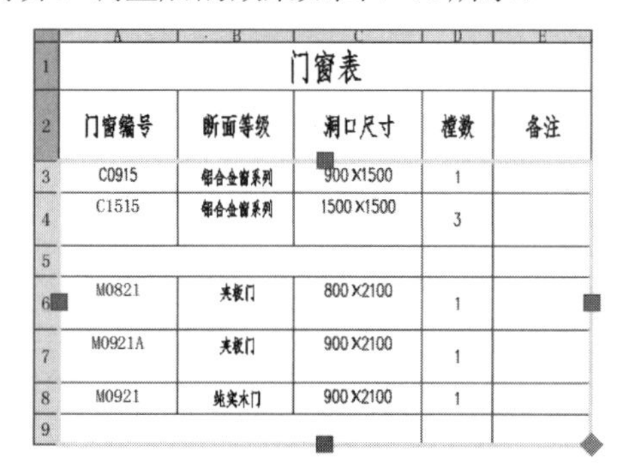

门窗表				
门窗编号	断面等级	洞口尺寸	樘数	备注
C0915	铝合金窗系列	900×1500	1	
C1515	铝合金窗系列	1500×1500	3	
M0821	夹板门	800×2100	1	
M0921A	夹板门	900×2100	1	
M0921	纯实木门	900×2100	1	

图 7-42　选择要进行行调整的单元格

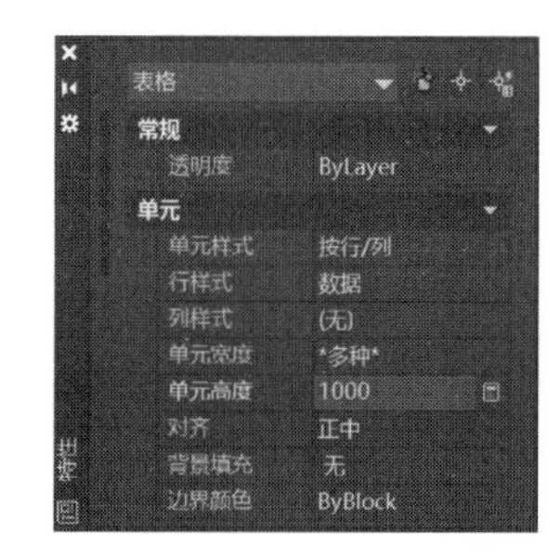

图 7-43　通过“特性”选项板编辑表格

门窗表				
门窗编号	断面等级	洞口尺寸	樘数	备注
C0915	铝合金窗系列	900×1500	1	
C1515	铝合金窗系列	1500×1500	3	
M0821	夹板门	800×2100	1	
M0921A	夹板门	900×2100	1	
M0921	纯实木门	900×2100	1	

图 7-44　调整行后的效果

(14) 在步骤(12)中合并的单元格内输入“合计”字符，采用“表格汉字”文字样式，如图 7-45 所示。

(15) 选择要插入公式的单元格，右击，在弹出的快捷菜单中选择“插入”|“公式”|“求和”命令，系统提示选择求和单元格的范围，图 7-46 中框选出的单元格即为求和单元格范围，命令行提示如下。

```
命令:
选择表单元范围的第一个角点:            //选择求和单元格的起点
选择表单元范围的第二个角点:            //选择求和单元格的终点
```

门窗表				
门窗编号	断面等级	洞口尺寸	樘数	备注
C0915	铝合金窗90系列	900X1500	1	
C1515	铝合金窗90系列	1500X1500	3	
合计				
M0821	夹板门	800X2100	1	
M0921A	夹板门	900X2100	1	
M0921	镶板门	900X2100	1	
合计				

图 7-45　在合并后的单元格中输入内容

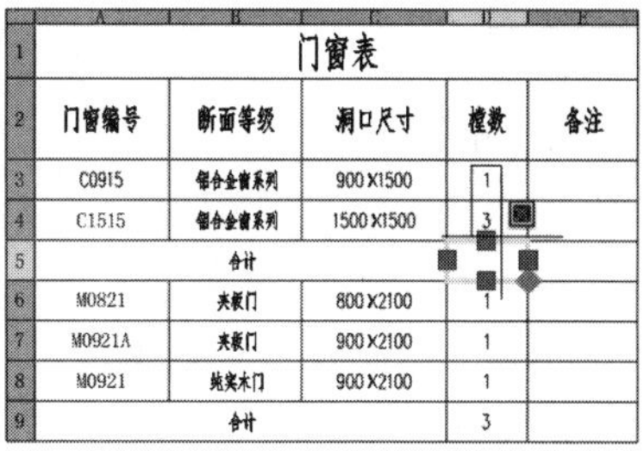

	A	B	C	D	E
1	门窗表				
2	门窗编号	断面等级	洞口尺寸	樘数	备注
3	C0915	铝合金窗系列	900×1500	1	
4	C1515	铝合金窗系列	1500×1500	3	
5	合计				
6	M0821	夹板门	800×2100	1	
7	M0921A	夹板门	900×2100	1	
8	M0921	纯实木门	900×2100	1	
9	合计			3	

图 7-46　选择求和单元格的范围

(16) 选择单元格范围后，AutoCAD 2020 在单元格处显示公式，如图 7-47 所示，单击“文字格式”工具栏上的“确定”按钮，系统将公式计算的值以字段的形式插入，如果需要，还可以对该字段进行编辑，在此不再赘述有关字段编辑的内容。以同样的方法可以插入另一个公式，效果如图 7-48 所示。

	A	B	C	D	E
1	门窗表				
2	门窗编号	断面等级	洞口尺寸	樘数	备注
3	C0915	铝合金窗系列	900×1500	1	
4	C1515	铝合金窗系列	1500×1500	3	
5	合计			=Sum(D3:D4)]	
6	M0821	夹板门	800×2100	1	
7	M0921A	夹板门	900×2100	1	
8	M0921	纯实木门	900×2100	1	
9	合计			3	

图 7-47　选择单元格范围后

门窗表				
门窗编号	断面等级	洞口尺寸	樘数	备注
C0915	铝合金窗系列	900×1500	1	
C1515	铝合金窗系列	1500×1500	3	
合计			4	
M0821	夹板门	800×2100	1	
M0921A	夹板门	900×2100	1	
M0921	纯实木门	900×2100	1	
合计			3	

图 7-48　插入公式后的效果

提示：

AutoCAD 提供的表格工具非常强大，除了求和外，还有均值、计数、单元以及方程式等常用公式类型。其中，计数是指统计选择范围内的单元格数目；单元是指插入公式的单元引用选择单元格的内容；方程式是在等号后面，以单元的编号为参数(如 D3、D4 等)，编辑所需的计算公式。

7.9 习题

7.9.1 填空题

(1) 常见的文字输入包括________和__________。

(2) 除了能在“文字样式”对话框中将需要运用的文字样式置为当前外，还可以在______工具栏的________下拉列表框中选择当前需要使用的文字样式。

(3) 在输入文字时，输入代码________表示正负号，输入代码________表示直径，输入代码________表示度数。

(4) 编辑表格的方式有 4 种，分别是________、________、________和________。

7.9.2 选择题

(1) 插入表格的命令为(　　)。

A. table　　B. text　　C. dtext　　D. ddedit

(2) 在建筑图纸中汉字字体一般用(　　)。

A. 楷体　　B. 宋体　　C. 长仿宋体　　D. 黑体

(3) 当字高为 7mm 时，字宽应该为(　　)。

A. 3.5mm　　B. 4mm　　C. 4.5mm　　D. 5mm

(4) 制图规范规定拉丁字母、阿拉伯数字与罗马数字的字高应不小于(　　)。

A. 2.5mm　　B. 3mm　　C. 3.5mm　　D. 4mm

7.9.3 上机操作

(1) 创建多行文字，其中要求文字采用仿宋体，设置文字“说明：”的字高为 700 并加粗，其余文字字高为 500，效果如图 7-49 所示。

(2) 创建一个表格，设置表格标题的字高为 700，列标题字高为 500，数据字高为 300，并对表格中的数据求和，效果如图 7-50 所示。

说明:

1. 砖墙厚度：外墙和楼梯间墙为240mm,其余隔墙均为120mm。
2. 卫生间、厨房和阳台地面比该楼层室内地面低30mm。
3. 未注明标高的楼面与该楼层标高相同。

图 7-49　创建多行文字

面积统计表		
户型	面积（m^2）	数量
A	95	20
B	105	20
C	140	10
D	160	10
总面积		7000

图 7-50　面积统计表

第8章 建筑制图中的尺寸标注

尺寸标注作为一种图形信息，对于设计工作来说十分重要。在建筑工程图纸中，尺寸标注反映了构件的尺寸和相互之间的位置关系，尺寸标注值能够帮助用户检查规范的符合情况。没有尺寸标注的图只能作为示意图，不能作为真正的图纸用来施工。

利用 AutoCAD 的尺寸标注命令，可以方便快速地标注图纸中的各种方向，以及各种形式的尺寸。AutoCAD 提供了三种基本的标注：线性标注、半径标注和角度标注，这些标注能够显示对象的测量值、对象之间的距离或角度等几何关系。

本章主要介绍依据建筑制图规范要求创建、修改标注样式的方法，在已创建的标注样式中修改各种尺寸的标注方式，并按照规范要求对图形进行标注。

知识要点

- 建筑制图中尺寸标注的要求。
- 创建尺寸标注样式。
- 创建长度型尺寸标注。
- 创建径向尺寸标注。
- 创建角度尺寸标注。
- 编辑尺寸标注。

8.1 尺寸标注概述

建筑图样上标注的尺寸具有以下独特的元素：标注文字(尺寸数字)、尺寸线、尺寸起止符号和尺寸界线，如图 8-1 所示。对于圆标注，还有圆心标记和中心线。

- 标注文字(尺寸数字)：用于指示测量值的字符串或汉字。
- 尺寸线：用于指示标注的方向和范围。对于角度标注，尺寸线是一段圆弧。
- 尺寸起止符号：显示在尺寸线的两端。系统默认为箭头，但建筑制图中一般为粗斜线。在对角度、半径、直径和弧长等进行标注时采用箭头作为起止符。
- 尺寸界线：也称为投影线或证示线，从部件延伸到尺寸线。
- 圆心标记：标记圆或圆弧中心的小十字。
- 中心线：标记圆或圆弧中心的虚线。

AutoCAD 将标注置于当前图层，每一个标注都采用当前标注样式。可以在“标注”菜单中选择合适的命令，或单击如图 8-2 所示的“标注”工具栏或功能区“注释”选项卡的“标注”面板中的相应按钮，都可以进行相应的尺寸标注。

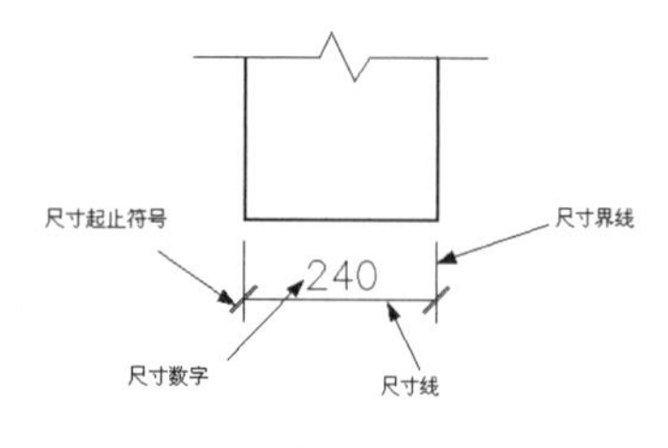

图 8-1　尺寸标注元素组成示意图

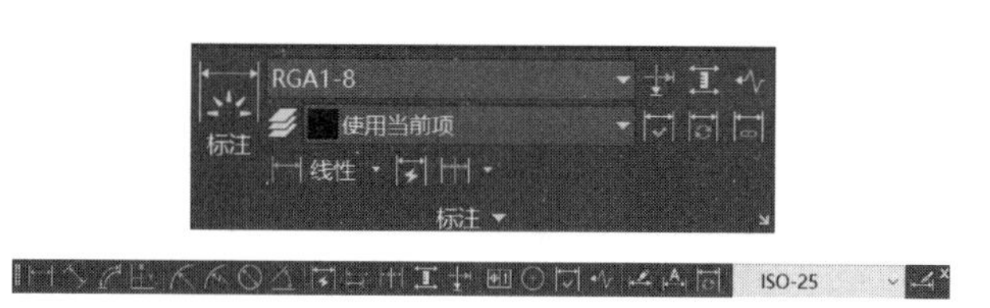

图 8-2　“标注”面板和“标注”工具栏

8.2 建筑制图规范要求

《房屋建筑制图统一标准》(GB/T 50001—2017)对建筑制图中的尺寸标注有着详细的规定。下面分别介绍规范对尺寸界线、尺寸线、尺寸起止符号和标注文字(尺寸数字)的要求。

8.2.1 尺寸界线、尺寸线及尺寸起止符号

尺寸界线应用细实线绘制，一般与被注长度垂直，其一端应离开图样轮廓线不小于 2mm，另一端宜超出尺寸线 2～3mm。图样轮廓线可用作尺寸界线，如图 8-3 所示。

尺寸线应用细实线绘制，应与被注长度平行。图样本身的任何图线均不得用作尺寸线，因此应调整好尺寸线的位置，避免与图线重合。

尺寸起止符号一般用中粗斜短线绘制，其倾斜方向应与尺寸界线呈顺时针 45°角，长度宜为 2～3mm。半径、直径、角度与弧长的尺寸起止符号，宜用箭头表示，如图 8-4 所示。

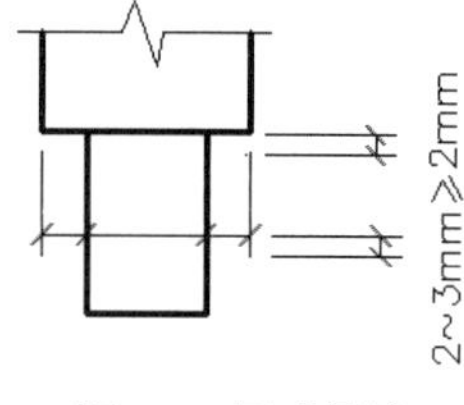

图 8-3　尺寸界线

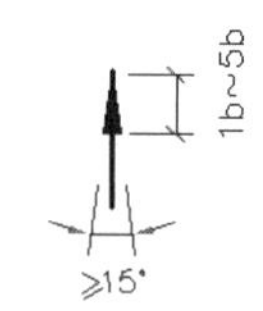

图 8-4　箭头尺寸起止符号

8.2.2 尺寸数字

图样上的尺寸，应以尺寸数字为准，不得从图上直接量取。建议按比例绘图，这样可以减少绘图错误。图样上的尺寸单位，除标高及总平面以 m 为单位外，其他必须以 mm 为单位。

尺寸数字的方向，应按图 8-5 所示的规定注写。若尺寸数字在 30°斜线区内，宜按图 8-6 所示的形式注写。

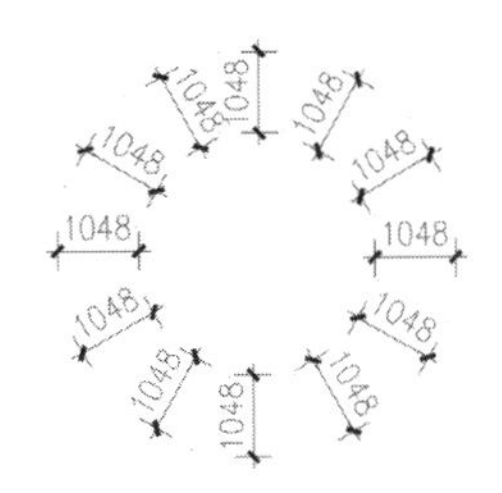

图 8-5　尺寸数字的方向

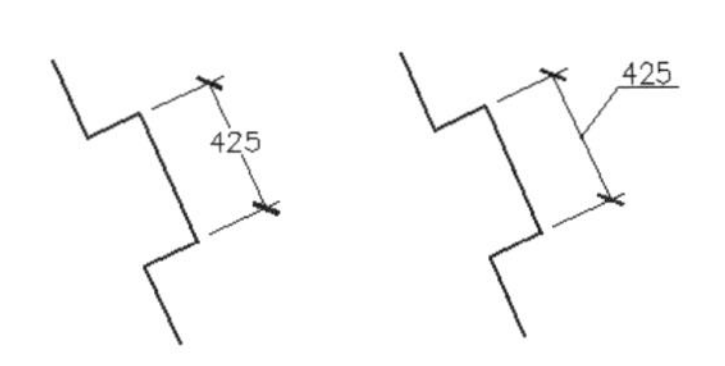

图 8-6　30°斜线区内尺寸数字的方向

尺寸数字一般应依据其方向注写在靠近尺寸线的上方中部。如果没有足够的注写位置，最外边的尺寸数字可注写在尺寸界线的外侧，中间相邻的尺寸数字可错开注写，如图 8-7 所示。

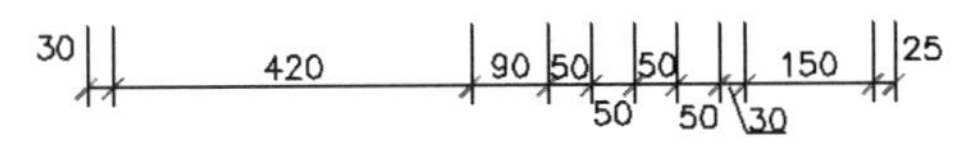

图 8-7　尺寸数字的注写位置

8.2.3　尺寸的排列与布置

尺寸宜标注在图样轮廓以外，不宜与图线、文字及符号等相交，如图 8-8 所示。

互相平行的尺寸线，应在被注写的图样轮廓线外由近向远整齐排列，较小尺寸应离轮廓线较近，较大尺寸应离轮廓线较远，如图 8-9 所示。

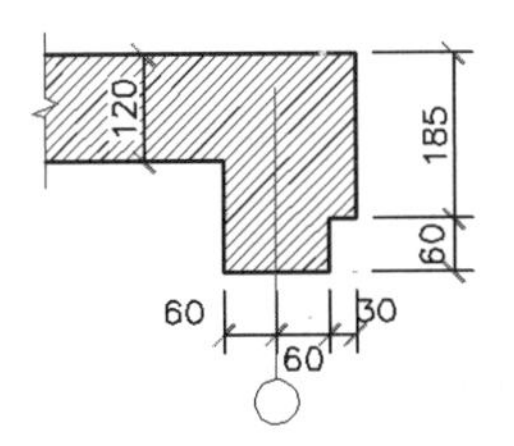

图 8-8　尺寸数字的注写

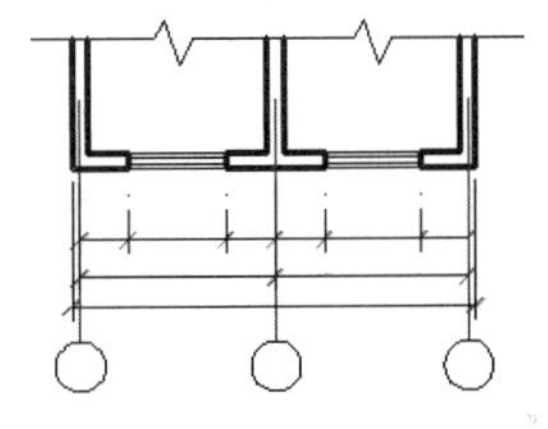

图 8-9　尺寸的排列

图样轮廓线以外的尺寸线，距图样最外轮廓之间的距离，不宜小于 10mm。平行排列的尺寸线的间距，宜为 7～10mm，并应保持一致，如图 8-9 所示。

总尺寸的尺寸界线应靠近所指部位，中间的分尺寸的尺寸界线可稍短，但其长度应相等，如图 8-9 所示。

8.2.4　半径、直径、球的尺寸标注

半径的尺寸线应一端从圆心开始，另一端画箭头指向圆弧。半径数字前应加注半径符号 R，如图 8-10 所示。较小圆弧的半径，可按图 8-11 所示形式标注；较大圆弧的半径，可按图 8-12 所示形式标注。

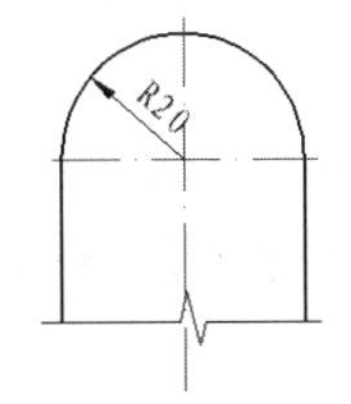

图 8-10　半径标注方法

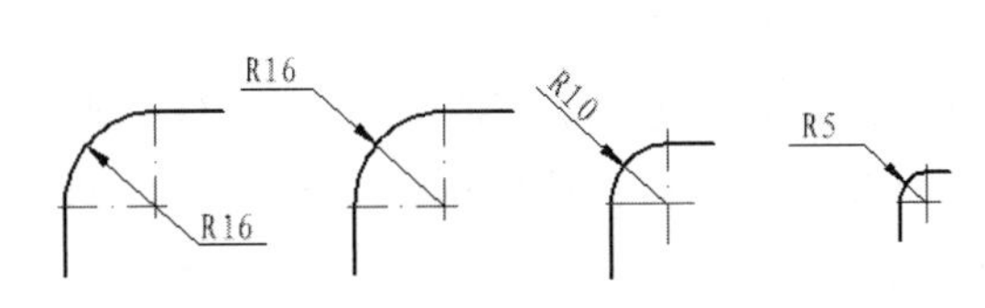

图 8-11　小圆弧半径标注方法

图 8-12　大圆弧半径标注方法

标注圆的直径尺寸时，直径数字前应加注直径符号ϕ。在圆内标注的尺寸线应通过圆心，两端画箭头指向圆弧，如图 8-13 所示，对于小圆直径，可按图 8-14 所示形式标注。

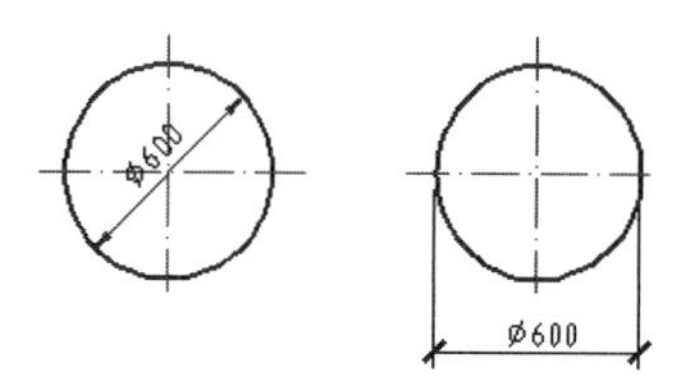

图 8-13　圆直径标注方法

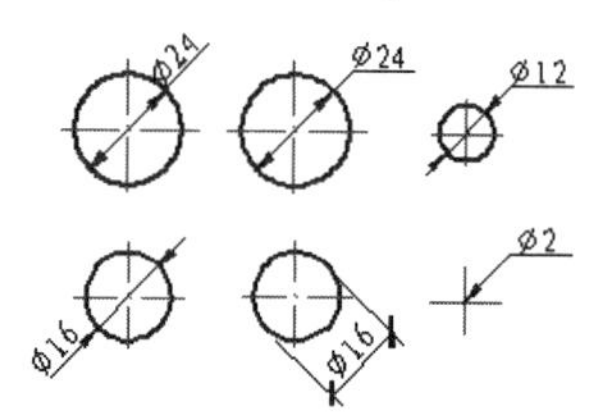

图 8-14　小圆直径标注方法

标注球的半径尺寸时，应在尺寸数字前加注符号 SR。标注球的直径尺寸时，应在尺寸数字前加注符号 Sϕ。标注方法与圆弧半径和圆直径的尺寸标注方法相同。

8.2.5　角度、弧长、弦长的标注

角度的尺寸线应以圆弧表示。该圆弧的圆心应是该角的顶点，角的两条边为尺寸界线。起止符号应以箭头表示，如果没有足够的位置画箭头，可用圆点代替，角度数字应按水平方向注写，如图 8-15 所示。

标注圆弧的弧长时，尺寸线应以与该圆弧同心的圆弧线表示，尺寸界线应垂直于该圆弧的弦，起止符号用箭头表示，弧长数字上方应加注圆弧符号⌒，如图 8-16 所示。

标注圆弧的弦长时，尺寸线应以平行于该弦的直线表示，尺寸界线应垂直于该弦，起止符号用中粗斜短线表示，如图 8-17 所示。

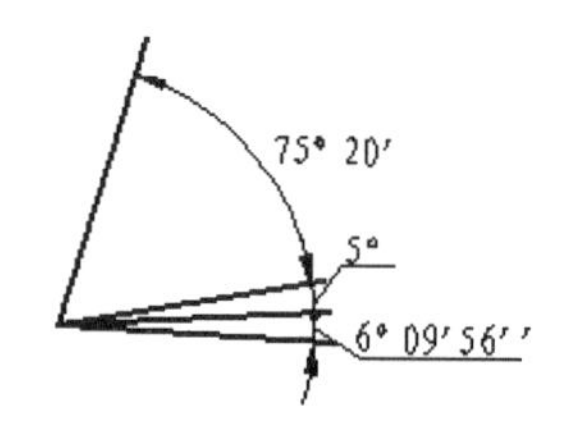

图 8-15　角度标注方法

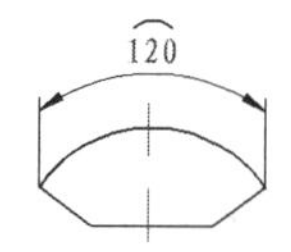

图 8-16　弧长标注方法

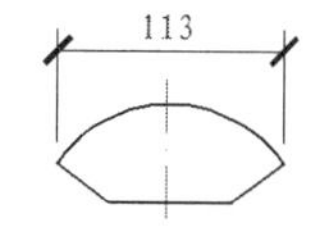

图 8-17　弦长标注方法

8.2.6　薄板厚度、正方形、坡度、非圆曲线等尺寸的标注

在薄板板面标注板厚尺寸时，应在厚度数字前加注厚度符号 *t*，如图 8-18 所示。

标注正方形的尺寸，可用“边长×边长”的形式，也可在边长数字前加注正方形符号□，如图 8-19 所示。

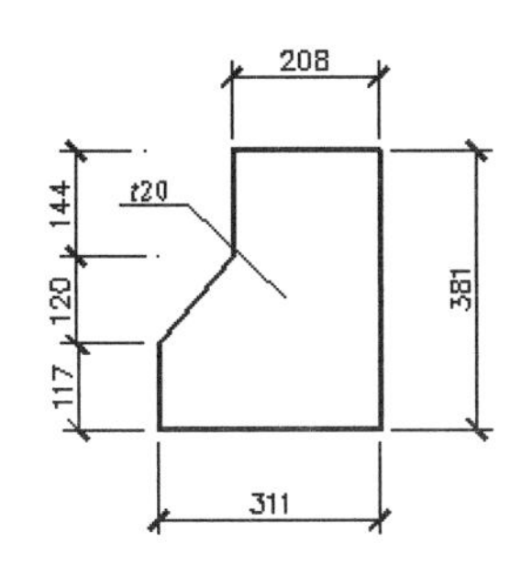

图 8-18　薄板厚度标注方法

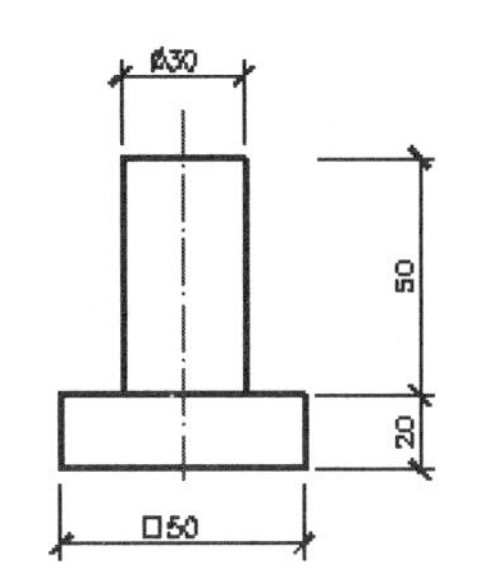

图 8-19　正方形标注方法

标注坡度时，应加注坡度符号“ ”，该符号为单向箭头，箭头应指向下坡方向。坡度也可用直角三角形形式标注，如图 8-20 所示。

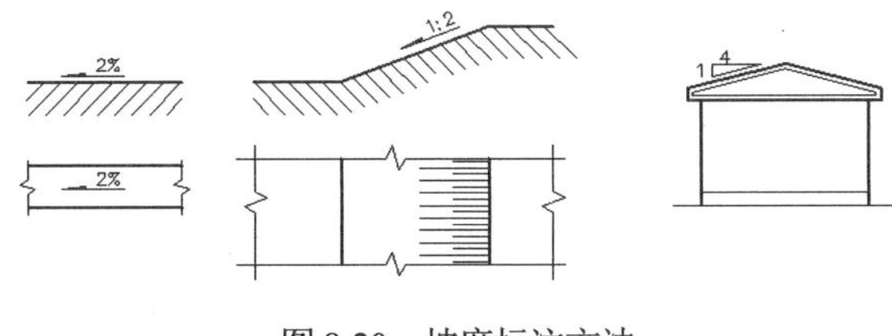

图 8-20　坡度标注方法

外形为非圆曲线的构件，可用坐标形式标注尺寸，如图 8-21 所示。复杂的图形，可用网格形式标注尺寸，如图 8-22 所示。

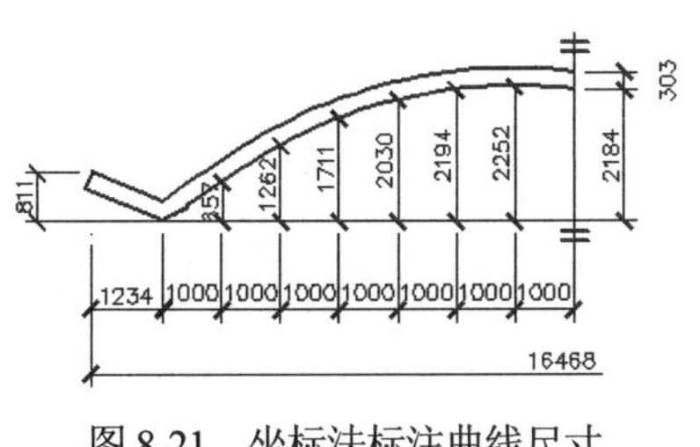

图 8-21　坐标法标注曲线尺寸

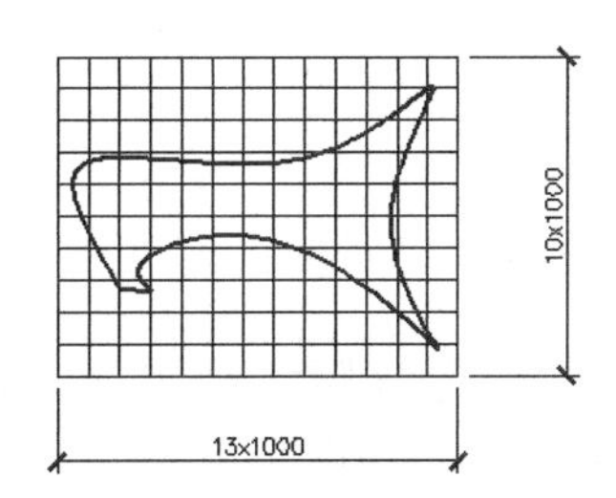

图 8-22　网格法标注曲线尺寸

8.2.7　尺寸的简化标注

连续排列的等长尺寸，可用“个数×等长尺寸=总长”的形式标注，如图 8-23 所示。构配件内的构造因素(如孔、槽等)如果相同，可仅标注其中一个要素的尺寸，如图 8-24 所示。

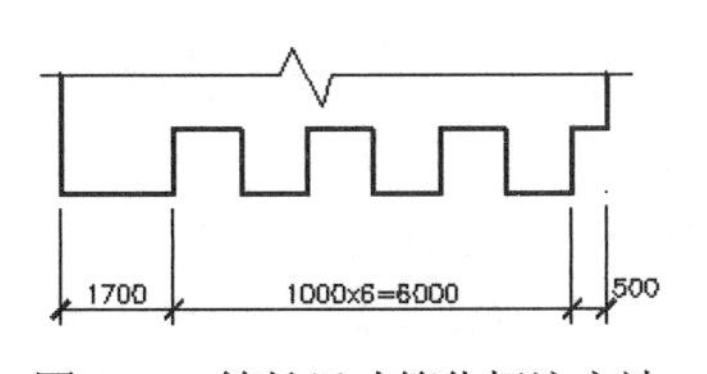

图 8-23　等长尺寸简化标注方法

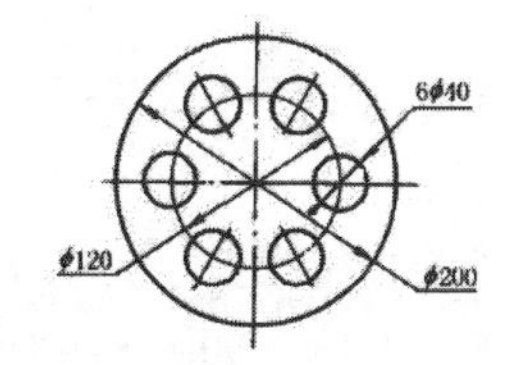

图 8-24　相同要素尺寸标注方法

对称构配件采用对称省略画法时，该对称构配件的尺寸线应略超过对称符号，仅在尺寸线的一端画尺寸起止符号，尺寸数字应按整体全尺寸注写，其注写位置宜与对称符号对齐，如图 8-25 所示。

两个构配件，如果个别尺寸数字不同，可在同一图样中将其中一个构配件的不同尺寸数字注写在括号内，该构配件的名称也应注写在相应的括号内，如图 8-26 所示。

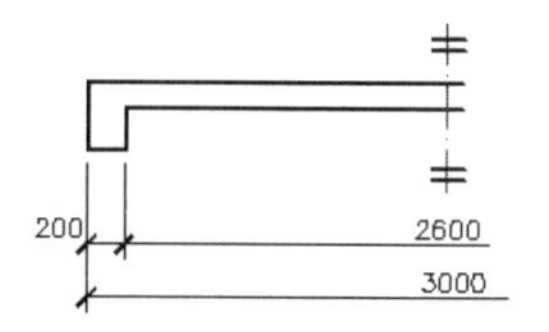

图 8-25　对称构配件尺寸标注方法

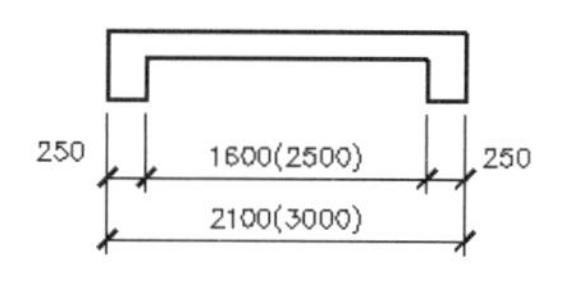

图 8-26　相似构配件尺寸标注方法

多个构配件，如果仅某些尺寸不同，这些有变化的尺寸数字，可用拉丁字母注写在同一图样中，另列表格写明其具体尺寸，如图 8-27 所示。

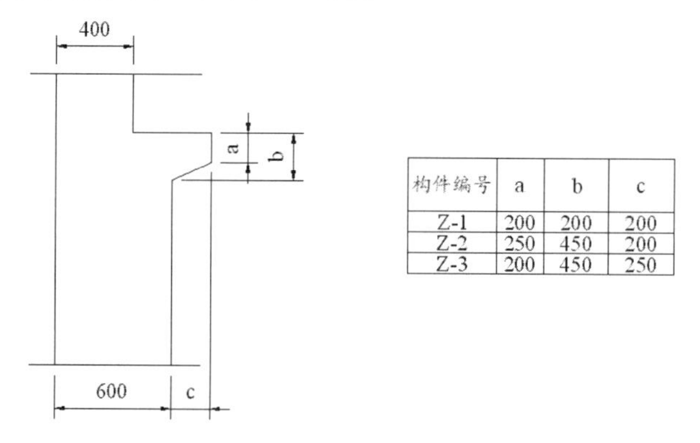

构件编号	a	b	c
Z-1	200	200	200
Z-2	250	450	200
Z-3	200	450	250

图 8-27　多个构配件尺寸标注方法

8.2.8　标高

标高符号应以等腰直角三角形表示，按图 8-28(a)所示形式用细实线绘制，如果标注位置不够，也可按图 8-28(b)所示形式绘制。标高符号的具体画法如图 8-28(c)、图 8-28(d)所示。L 取适当长度标注标高数字，h 根据需要取适当高度。

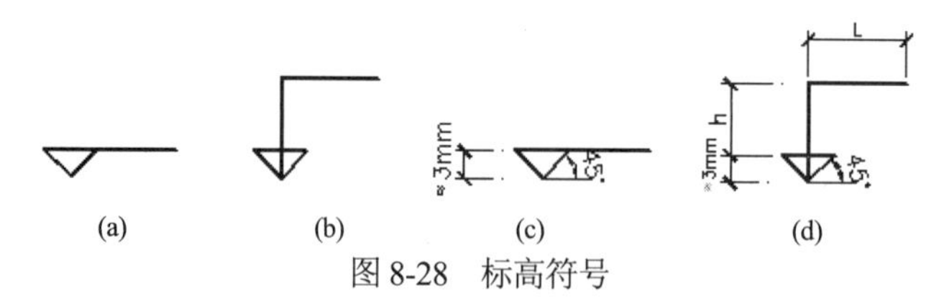

图 8-28　标高符号

总平面图室外地坪标高符号，宜用涂黑的三角形表示，如图 8-29(a)所示，具体画法如图 8-29(b)所示。

标高符号的尖端应指向被注高度的位置。尖端一般向下，也可向上。标高数字应注写在标高符号的左侧或右侧，如图 8-30 所示。

标高数字应以 m 为单位，注写到小数点以后第 3 位。在总平面图中，可注写到小数点以后第 2 位。零点标高应注写成±0.000，正数标高不注“+”，负数标高应注“−”，如 3.000、−0.600。

在图样的同一位置需表示几个不同标高时，标高数字可按图 8-31 所示形式注写。

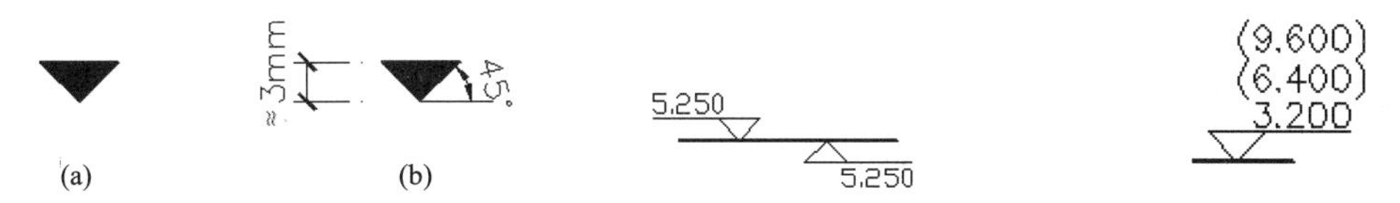

图 8-29　总平面室外地坪标高符号　　图 8-30　标高的指向　　图 8-31　同一位置注写多个标高

8.3 创建尺寸标注样式

在 AutoCAD 中进行尺寸标注时，尺寸的外观及功能取决于当前尺寸样式的设定。尺寸标注样式控制的尺寸变量有尺寸线、标注文字、尺寸文本相对于尺寸线的位置、尺寸界线、箭头的外观及方式。

选择“格式”|“标注样式”命令，或单击“标注”工具栏上的“标注样式”按钮，系统弹出如图 8-32 所示的“标注样式管理器”对话框，在该对话框中，可以创建新的尺寸标注样式、管理已有的尺寸标注样式。

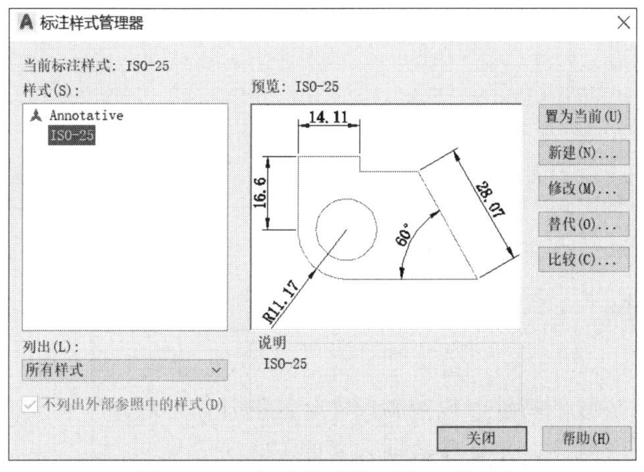

图 8-32　“标注样式管理器”对话框

尺寸标注样式管理器的主要功能包括预览尺寸标注样式、创建新的尺寸标注样式、修改已有的尺寸标注样式、设置一个尺寸标注样式的替代、设置当前的尺寸标注样式、比较尺寸标注样式、重命名尺寸标注样式、删除尺寸标注样式。

在“标注样式管理器”对话框中，“样式”列表框用于显示图形中所有的尺寸标注样式或正在使用的样式，在该列表框中选择合适的标注样式后，单击“置为当前”按钮，则可将选择的样式置为当前。

单击“新建”按钮，系统弹出“创建新标注样式”对话框。单击“修改”按钮，系统弹出“修改标注样式”对话框，此对话框用于修改当前尺寸标注样式的设置。单击“替代”按钮，系统弹出“替代当前样式”对话框，此对话框用于设置临时的尺寸标注样式，以替代当前尺寸标注样式的相应设置。

8.3.1　创建新尺寸标注样式

单击“标注样式管理器”对话框中的“新建”按钮，系统弹出如图 8-33 所示的“创建新标注样式”对话框。在“新样式名”文本框中可以设置新创建的尺寸标注样式的名称；在“基础样式”下拉列表框中可以选择新创建的尺寸标注样式以哪个已有的样式为模板；在“用于”下拉列表框中可以指定新创建的尺寸标注样式用于哪些类型的尺寸标注。

单击“继续”按钮将关闭“创建新标注样式”对话框，并弹出如图 8-34 所示的“新建标注样式”对话框，在该对话框的各选项卡中设置相应的参数，设置完成后单击“确定”按钮，返回“标注样式管理器”对话框，在“样式”列表框中可以看到新创建的标注样式。

“新建标注样式”对话框中共有“线”“符号和箭头”“文字”“调整”“主单位”“换算单位”和“公差”7 个选项卡。

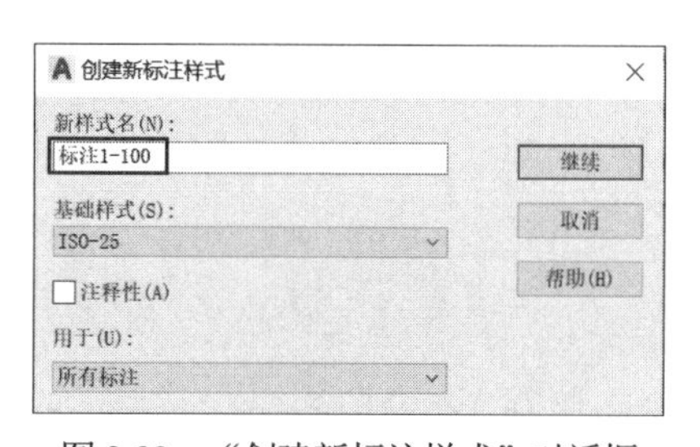

图 8-33　“创建新标注样式”对话框

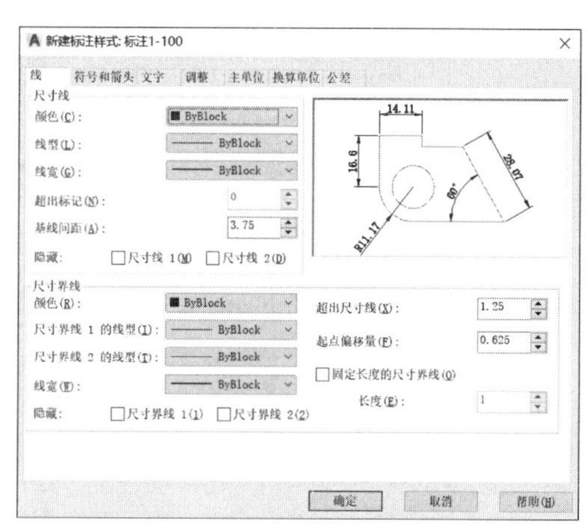

图 8-34　“新建标注样式”对话框

1. “线”选项卡

“线”选项卡如图 8-34 所示，由“尺寸线”和“尺寸界线”两个选项组组成，该选项卡用于设置尺寸线和尺寸界线的特性，以控制尺寸标注的几何外观。

在“尺寸线”选项组中，主要参数项含义如下。

- “超出标记”微调框用于设定使用倾斜尺寸界线时，尺寸线超过尺寸界线的距离。
- “基线间距”微调框用于设定使用基线标注时各尺寸线间的距离。
- “隐藏”及其复选框用于控制尺寸线的显示，“尺寸线 1”复选框用于控制第 1 条尺寸线的显示，“尺寸线 2”复选框用于控制第 2 条尺寸线的显示。

在“尺寸界线”选项组中，主要参数项含义如下。

- “超出尺寸线”微调框用于设定尺寸界线超过尺寸线的距离。
- “起点偏移量”微调框用于设置尺寸界线相对于尺寸界线起点的偏移距离。
- “隐藏”及其复选框用于设置尺寸界线的显示，“尺寸界线 1”复选框用于控制第 1 条尺寸界线的显示，“尺寸界线 2”复选框用于控制第 2 条尺寸界线的显示。

2. “符号和箭头”选项卡

“符号和箭头”选项卡如图 8-35 所示，用于设置箭头、圆心标记、折断标注、弧长符号、半径折弯标注及线性折弯标注的特性，以控制尺寸标注的几何外观。

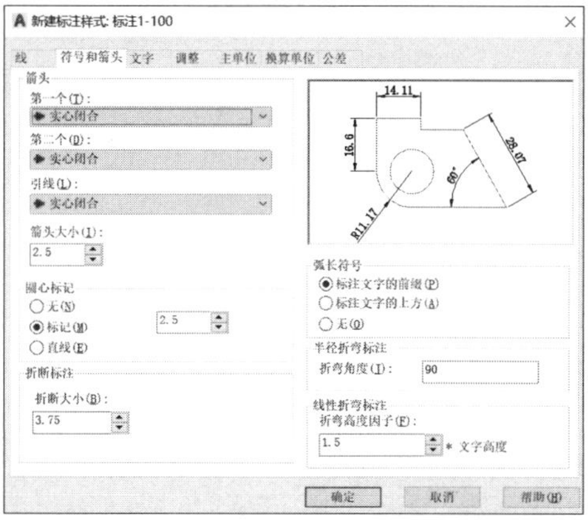

图 8-35　“符号和箭头”选项卡

- “箭头”选项组用于选定表示尺寸线端点的箭头的外观形式。“第一个”“第二个”下拉列表框中列出了常见的箭头形式，常用的为“实心闭合”和“建筑标记”两种。“引线”下拉列表框中列出了尺寸线引线部分的形式。“箭头大小”文本框用于设定箭头相对其他尺寸标注元素的大小。
- “圆心标记”选项组用于控制当标注半径和直径尺寸时，中心线和中心标记的外观。“标记”单选按钮将在圆心处放置一个与“大小”文本框 2.5 中的值相同的圆心标记，选择“直线”单选按钮将在圆心处放置一个与“大小”文本框 2.5 中的值相同的中心线标记；选择“无”单选按钮将不在圆心处放置中心线和圆心标记。“大小”文本框 2.5 用于设置圆心标记或中心线的大小。
- “折断标注”选项组用于控制折断标注的间距宽度，在“折断大小”文本框中可以显示和设置折断标注的间距大小。
- “弧长符号”选项组用于控制弧长标注中圆弧符号的显示。选择“标注文字的前缀”单选按钮，弧长符号“⌒”将放在标注文字的前面；选择“标注文字的上方”单选按钮，弧长符号“⌒”将放在标注文字的上面；选择“无”单选按钮将不显示弧长符号。在建筑制图中一般选择“标注文字的上方”单选按钮。
- “半径折弯标注”主要用于控制折弯(Z 字形)半径标注的显示。半径折弯标注通常在中心点位于页面外部时创建，即半径十分大时。用户可以在“折弯角度”文本框中输入折弯角度。
- “线性折弯标注”选项组用于控制线性标注折弯的显示。通过形成折弯角度的两个顶点之间的距离确定折弯高度，线性折弯高度=线性折弯高度因子×文字高度。

3. “文字”选项卡

“文字”选项卡如图 8-36 所示，由“文字外观”“文字位置”和“文字对齐”3 个选项组组成，用于设置标注文字的格式、位置及对齐方式等特性。

- “文字外观”选项组用于设置标注文字的格式和大小。“文字样式”下拉列表框用于设置标注文字所用的样式，单击后面的按钮…，会弹出“文字样式”对话框，该对话框的用法在前面已经讲解过，这里不再赘述。

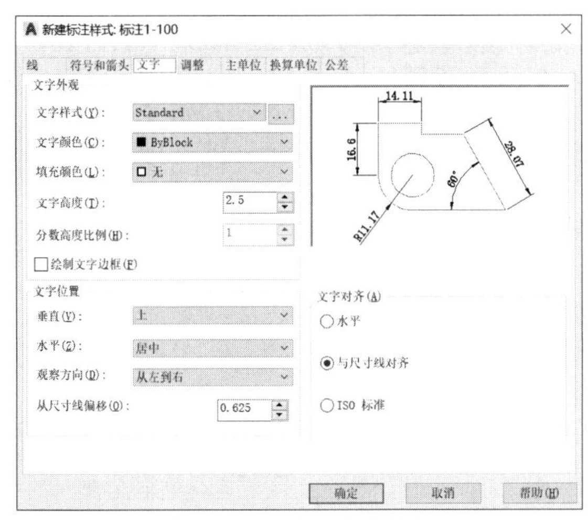

图 8-36 “文字”选项卡

- “文字位置”选项组用于设置标注文字的位置。“垂直”下拉列表框用于设置标注文字沿尺寸线在垂直方向上的对齐方式，在建筑制图中一般选择“上”。“水平”下拉列表框用于设置标注文字沿尺寸线和尺寸界线在水平方向上的对齐方式，在建筑制图中一般选择“居中”。“从尺寸线偏移”文本框用于设置文字与尺寸线的间距。
- “文字对齐”选项组用于设置标注文字的方向。选择“水平”单选按钮表示标注文字沿水平线放置；选择“与尺寸线对齐”单选按钮表示标注文字沿尺寸线方向放置；选择“ISO 标准”单选按钮表示当标注文字在尺寸界线之间时，沿尺寸线的方向放置；当标注文字在尺寸界线外侧时，水平放置标注文字。建筑制图中可以采用“与尺寸线对齐”或“ISO 标准”对齐方式。

4. “调整”选项卡

“调整”选项卡如图 8-37 所示，由“调整选项”“文字位置”“标注特征比例”和“优化”4 个选项组组成，用于控制标注文字、箭头、引线和尺寸线的放置。

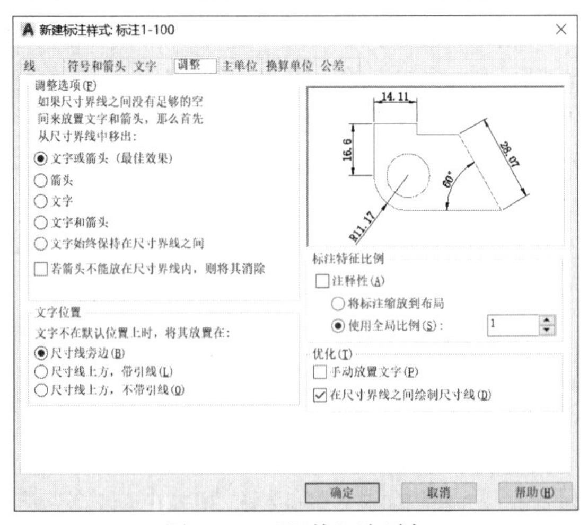

图 8-37 “调整”选项卡

- “调整选项”选项组用于控制基于尺寸界线之间可用空间的文字和箭头的位置。如果有足够大的空间，将文字和箭头都放置在尺寸界线内；否则，按照“调整”选项放置文字和箭头。
- “文字位置”选项组用于设置标注文字从默认位置(由标注样式定义的位置)移动时标注文字的位置。
- “标注特征比例”选项组用于设置全局标注比例或图纸空间比例。
- “优化”选项组提供用于放置标注文字的其他选项，勾选“手动放置文字”复选框，将忽略所有水平对正设置，并把文字放在“尺寸线位置”提示下指定的位置；勾选“在尺寸界线之间绘制尺寸线”复选框，即使箭头放在测量点之外，也在测量点之间绘制尺寸线。

5. “主单位”选项卡

“主单位”选项卡如图 8-38 所示，用于设置主单位的格式及精度，同时还可以设置标注文字的前缀和后缀。

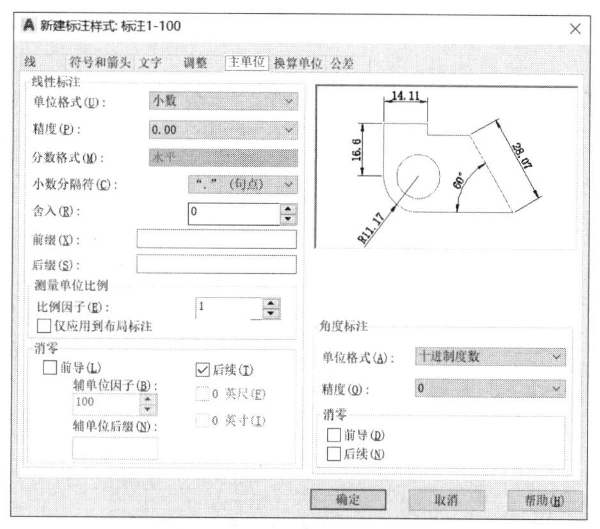

图 8-38　“主单位”选项卡

- “线性标注”选项组用于设置线性标注单位的格式及精度。
- “测量单位比例”选项组用于确定测量时的缩放系数，“比例因子”文本框用于设置线性标注测量值的比例因子，例如，如果输入 2，则 1mm 直线的尺寸将显示为 2mm，经常用于建筑制图中，绘制 1∶100 的图形，比例因子为 1；绘制 1∶50 的图形比例因子为 0.5。该值不应用到角度标注，也不应用到舍入值或正负公差值。
- “消零”选项组用于控制是否显示前导 0 或尾数 0。
- “角度标注”选项组用于设置角度标注的单位格式。

提示：

AutoCAD 2018 还可以让用户分别设置一种样式下不同类型的尺寸标注，例如，同样是“标注 1-100”样式，标注长度采用一种设置，标注角度采用另一种设置。详细的操作步骤在后续例题中介绍。“换算单位”和“公差”选项卡在建筑制图中不常用，在此不做介绍。

8.3.2　修改和替代标注样式

在“标注样式管理器”对话框的“样式”列表框中选择需要修改的标注样式，单击“修改”按钮，系统弹出“修改标注样式”对话框，在该对话框中可以对该样式的参数进行修改。

在“标注样式管理器”对话框的“样式”列表框中选择需要替代的标注样式，单击“替代”按钮，系统弹出“替代当前样式”对话框，在该对话框中可以设置临时的尺寸标注样式，以替代当前尺寸标注样式的相应设置。

其实，“修改标注样式”“替代当前样式”和“新建标注样式”的操作方式类似，用户学会了“新建标注样式”对话框中的相关设置，其他两个对话框的设置也就会了，这里不再赘述。

提示：

如果想删除某个标注样式，直接在“标注样式管理器”对话框的“样式”列表框中选择相应的标注样式，按Delete键；或右击，在弹出的快捷菜单中选择“删除”命令，均可以删除该标注样式。

8.3.3　比较标注样式

在“标注样式管理器”对话框的“样式”列表框中选择需要比较的标注样式，单击“比较”按钮，将会弹出“比较标注样式”对话框，如图8-39所示。用户在“与(W)”下拉列表框中选择要进行比较的标注样式，“说明”列表中将会出现两者之间的差异。

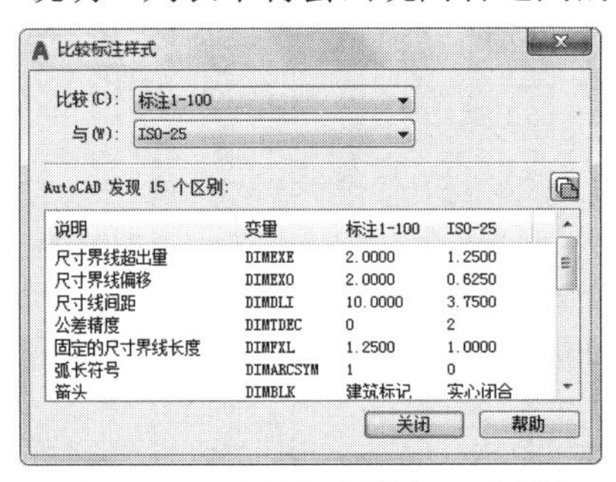

图8-39　“比较标注样式”对话框

【例8-1】按建筑制图规范设置两款标注样式，图纸的比例是1∶100，其中还有1∶25的详图，样式的名称分别为“标注1-100”和“标注1-25”。

(1) 单击“标注”工具栏上的“标注样式”按钮，系统弹出如图8-32所示的“标注样式管理器”对话框。单击“新建”按钮，系统弹出“创建新标注样式”对话框，如图8-33所示。在“新样式名”文本框中输入“标注1-100”。

(2) 单击“继续”按钮，在弹出的“新建标注样式”对话框中进行参数设置。

(3) 打开“线”选项卡，在“尺寸线”选项组的“超出标记”微调框中输入0，在“基线间距”微调框中输入10。在“尺寸界线”选项组的“超出尺寸线”微调框中输入2，在“起点偏移量”微调框中输入2，其他参数使用默认值。

(4) 打开“符号和箭头”选项卡，在“箭头”选项组中，在“第一个”和“第二个”下拉列表框中选择“建筑标记”作为尺寸起止符号。在“弧长符号”选项组中选择“标注文字的上方”单选按钮。在“半径折弯标注”选项组中的“折弯角度”文本框中输入45。

(5) 打开“文字”选项卡，在“文字外观”选项组中，单击“文字样式”后面的按钮[...]，在弹出的“文字样式”对话框中设置一个“标注文字”的文字样式，“字体名”选择 simplex.shx，创建方法已经在前面章节进行了介绍，在此不再赘述。选择该样式的文字作为标注的文字样式(文字样式中的文字高度设为 0 即可)，在“文字高度”文本框中输入 2.5。在“文字位置”选项组的“垂直”下拉列表框中选择“上”，在“水平”下拉列表框中选择“居中”，在“从尺寸线偏移”文本框中输入 1。在“文字对齐”选项组中选择“与尺寸线对齐”单选按钮。

(6) 打开“调整”选项卡，在“调整选项”选项组中选择“文字”单选按钮。在“文字位置”选项组中选择“尺寸线上方，不带引线”单选按钮。在“标注特征比例”选项组中选择“使用全局比例”单选按钮，然后输入 100，这样就会把标注的一些特征放大 100 倍(例如原来的字高为 2.5，放大后为 250)，按 1∶100 输出后，字体高度仍然为 2.5mm。在“优化”选项组中，勾选“在尺寸界线之间绘制尺寸线”复选框。

(7) 选择“主单位”选项卡，在“线性标注”选项组的“单位格式”下拉列表框中选择“小数”选项，在“精度”下拉列表框中选择 0 选项，在“小数分隔符”下拉列表框中选择“.”(句点)来分隔小数。设置“测量单位比例”选项组中的“比例因子”为 1。“消零”选项组用于控制是否显示前导 0 或尾数 0。在“角度标注”选项组，设置角度标注的“单位格式”为“度/分/秒”，分秒都按两位数设置精度 00'00"。单击“确定”按钮返回“标注样式管理器”对话框。

(8) 在“样式”列表框中选择“标注 1-100”选项，然后单击“新建”按钮，在弹出的“创建新标注样式”对话框的“用于”下拉列表框中选择“线性标注”选项(见图 8-40)，单击“继续”按钮，系统弹出“新建标注样式”对话框，然后直接单击“确定”按钮，返回“标注样式管理器”对话框。

(9) 再选择“标注 1-100”选项，然后单击“新建”按钮，在弹出的“创建新标注样式”对话框的“用于”下拉列表框中选择“角度标注”选项，单击“继续”按钮，然后在“符号和箭头”选项卡的“箭头”选项组的“第一个”和“第二个”下拉列表框中选择“实心闭合”的箭头作为尺寸起止符号。同理，将“半径标注”“直径标注”的尺寸标注起止符号也设为“实心闭合”的箭头，完成“标注 1-100”样式的设置，如图 8-41 所示。

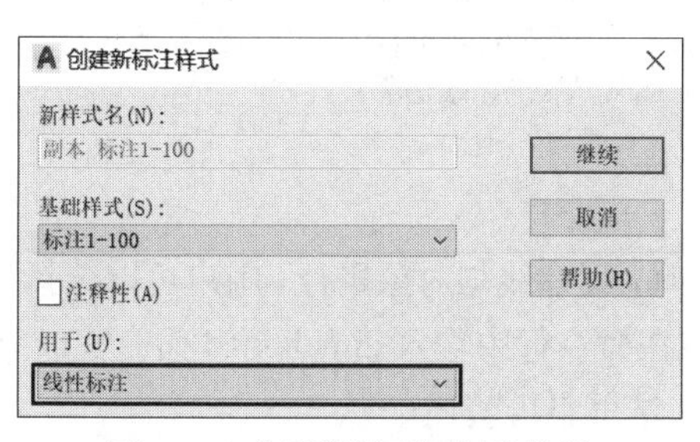

图 8-40　分别设置不同标注特性

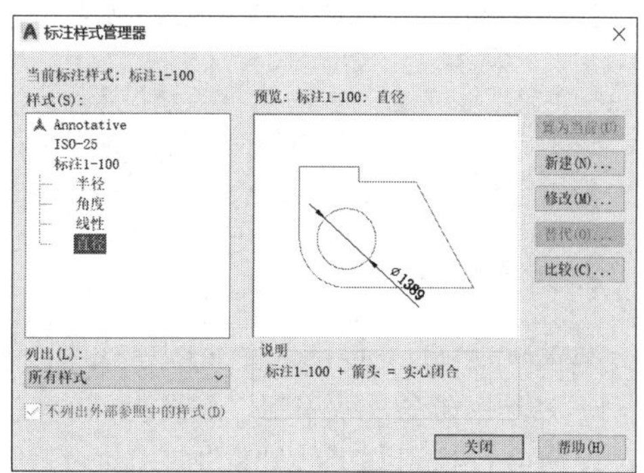

图 8-41　“标注 1-100”的设置

(10) 再次选择“标注 1-100”然后单击“新建”按钮，在弹出的“创建新标注样式”对话框的“用于”下拉列表框中选择“全部标注”选项，在“新样式名”文本框中输入“标注 1-25”，单击“继续”按钮，然后在“主单位”选项卡的“测量单位比例”选项组的“比例因子”文本框中输入 0.25，单击“确定”按钮，完成“标注 1-25”样式的设置，同理，将“角度标注”“半径标注”和“直径标注”的标注起止符号也设为“实心闭合”的箭头。

(11) 若同一图纸中包含两种不同比例的图形，可以在“样式”工具栏上分别选择不同的标注样式给予标注，其效果分别如图 8-42 和图 8-43 所示。

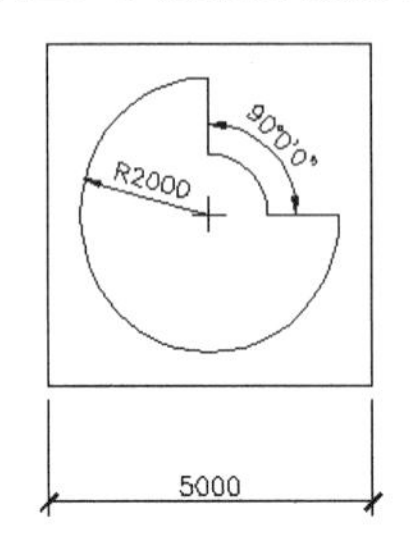

图 8-42 “标注 1-100”的标注效果

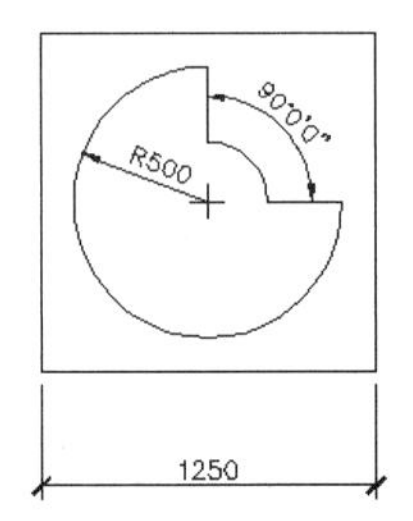

图 8-43 “标注 1-25”的标注效果

> **提示：**
> 设置标注样式是尺寸标注的关键，尤其是在同一张图纸中绘制多个不同比例的图形时。

8.4 长度型尺寸标注

长度型尺寸是工程制图中最常见的尺寸，包括线性标注、对齐标注、基线标注和连续标注。下面分别介绍这几种尺寸的标注方法。

1. 线性标注

线性标注能够标注水平尺寸、垂直尺寸和旋转尺寸，这些尺寸都归结为长度类尺寸。用户可以选择“标注”|“线性”命令，或单击“线性标注”按钮，或在命令行中输入 dimlinear 命令标注水平尺寸、垂直尺寸和旋转尺寸。单击“线性标注”按钮，命令行提示如下。

```
命令: dimlinear                                         //单击按钮执行命令
指定第一个尺寸界线原点或 <选择对象>:                      //拾取第一条尺寸界线的原点
指定第二条尺寸界线原点:                                   //拾取第二条尺寸界线的原点
指定尺寸线位置或          //系统提示信息，可以指定尺寸线位置，也可设置其他选项
[多行文字(M)/文字(T)/角度(A)/水平(H)/垂直(V)/旋转(R)]:     //一般移动光标指定尺寸线位置
标注文字= 5000                                          //系统提示信息
```

2. 对齐标注

通过对齐标注，标注某一条倾斜线段的实际长度时，尺寸线与对象平行。用户可以选择“标注”|“对齐”命令，或单击“对齐标注”按钮，或在命令行中输入 dimaligned 命令完成对齐标注。命令行提示与“线性标注”命令行提示类似，这里不再赘述。

3. 基线标注

在工程制图中，往往以某一面(或线)作为基准，其他尺寸都以该基准进行定位或画线，这就是基线标注。建筑制图中的分级尺寸，可以通过基线标注来实现。基线标注需要以事先完成的线性标注为基础。用户可以选择“标注”|“基线”命令，或单击“基线标注”按钮，或在

命令行中输入 dimbaseline 命令完成基线标注。命令行提示如下。

```
命令: dimbaseline                                  //单击按钮执行命令
指定第二条尺寸界线原点或 [放弃(U)/选择(S)] <选择>:    //拾取第二条尺寸界线原点
标注文字= 82.57                                     //系统提示信息
…                                                   //继续提示拾取第二条尺寸界线原点
```

4. 连续标注

连续标注是首尾相连的多个标注，前一尺寸的第二尺寸界线就是后一尺寸的第一尺寸界线。用户可以选择“标注”|“连续”命令，或单击“连续标注”按钮，或在命令行中输入 dimcontinue 命令完成连续标注。单击“连续标注”按钮，命令行提示与“基线标注”命令行提示类似，这里不再赘述。

【例 8-2】为如图 8-44 所示的源图创建长度型尺寸标注，效果如图 8-45 所示。

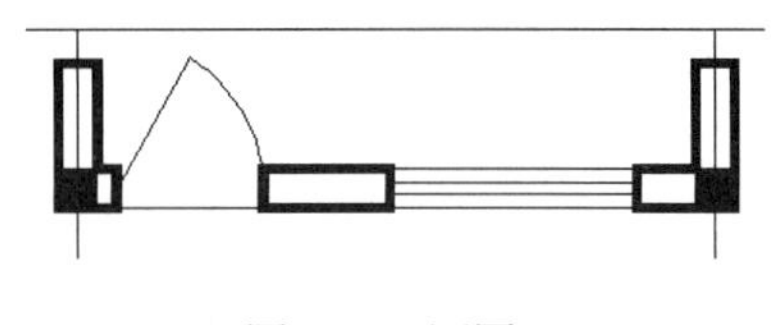

图 8-44　源图

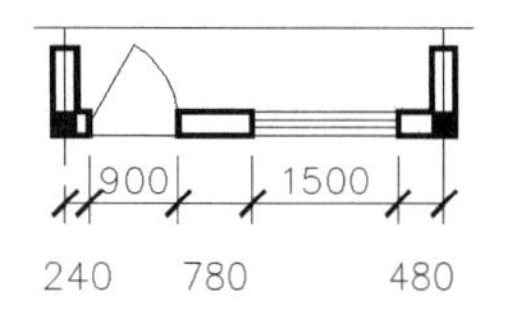

图 8-45　长度型尺寸标注效果

(1) 单击“线性标注”按钮，命令行提示如下。

```
命令: dimlinear                                     //单击按钮执行命令
指定第一个尺寸界线原点或 <选择对象>:                  //拾取如图 8-46 所示的原点
指定第二条尺寸界线原点:                              //拾取如图 8-47 所示的原点
指定尺寸线位置或                                     //系统提示信息
[多行文字(M)/文字(T)/角度(A)/水平(H)/垂直(V)/旋转(R)]: //移动光标到图 8-48 所示位置单击
标注文字=240                                         //系统提示信息
```

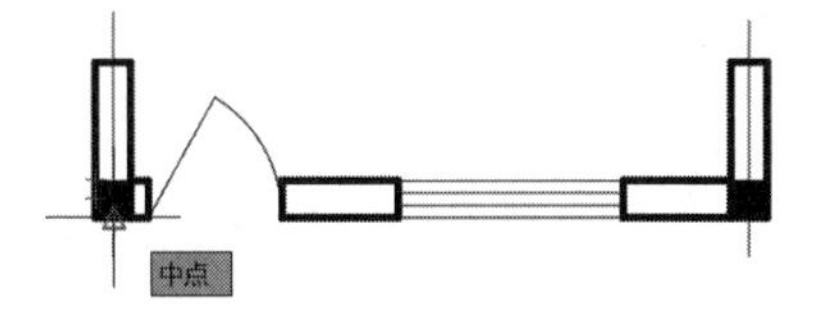

图 8-46　指定第一个尺寸界线原点

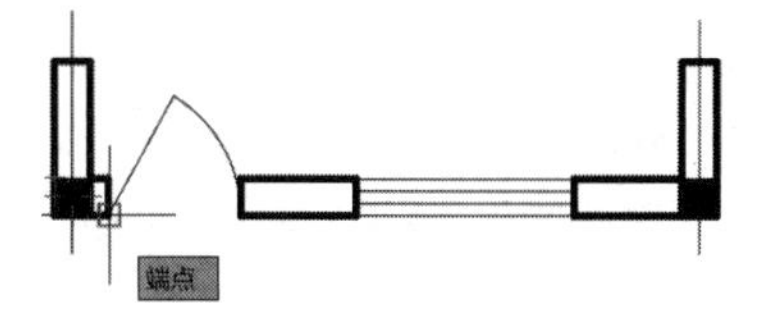

图 8-47　指定第二条尺寸界线原点

(2) 水平尺寸的标注效果如图 8-49 所示。单击“连续标注”按钮，命令行提示如下。

```
命令: dimcontinue                                   //单击按钮执行命令
指定第二条尺寸界线原点或 [放弃(U)/选择(S)] <选择>:    //拾取如图 8-49 所示门右下角的点
标注文字= 900                                       //系统提示信息
指定第二条尺寸界线原点或 [放弃(U)/选择(S)] <选择>:    //拾取如图 8-49 所示窗左下角的点
标注文字= 780                                       //系统提示信息
指定第二条尺寸界线原点或 [放弃(U)/选择(S)] <选择>:    //拾取如图 8-49 所示窗右下角的点
标注文字=1500                                       //系统提示信息
指定第二条尺寸界线原点或 [放弃(U)/选择(S)] <选择>:    //拾取如图 8-49 所示柱中的点
标注文字=480                                        //系统提示信息
指定第二条尺寸界线原点或 [放弃(U)/选择(S)] <选择>:    //连续按两次 Enter 键，效果如图 8-45 所示
```

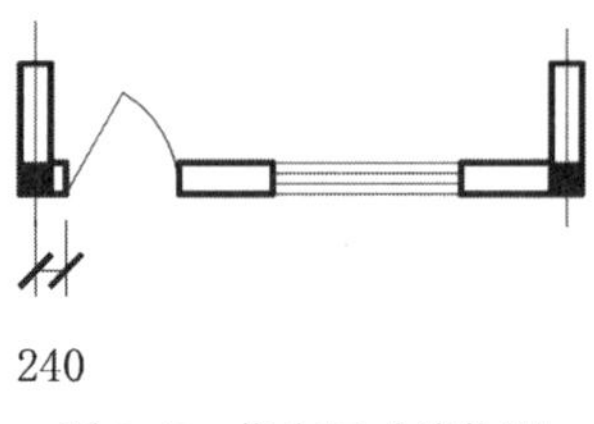

图 8-48　指定尺寸线位置

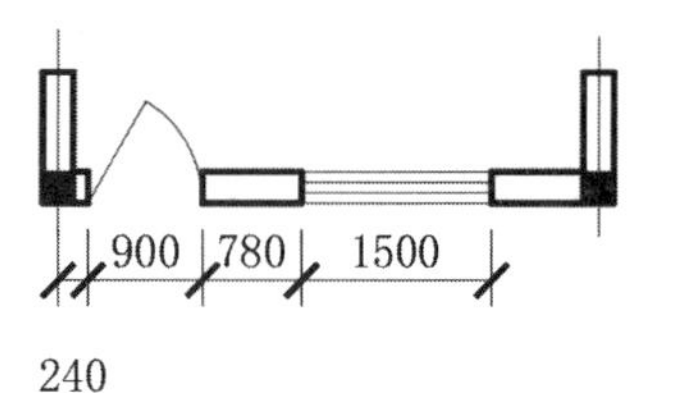

图 8-49　水平尺寸的标注效果

8.5 径向尺寸标注

径向尺寸是建筑制图中另一种比较常见的尺寸，常用于车道、旋转楼梯等尺寸的标注，包括标注半径尺寸和标注直径尺寸。下面将分别介绍这两种尺寸的标注方法。

选择“标注”|“半径”命令，或单击“半径标注”按钮，或在命令行中输入 dimradius 命令完成半径标注。命令行提示如下。

```
命令: dimradius                                  //单击按钮执行命令
选择圆弧或圆:                                    //选择要标注半径的圆或圆弧对象
标注文字= 25                                     //系统提示信息
指定尺寸线位置或 [多行文字(M)/文字(T)/角度(A)]:   //移动光标至合适位置单击
```

选择“标注”|“直径”命令，或单击“直径标注”按钮，或在命令行中输入 dimdiameter 命令完成直径标注。命令行提示与“半径标注”命令行提示类似，这里不再赘述。

【例 8-3】标注图示径向尺寸，效果如图 8-50 所示。采用【例 8-1】中“标注 1-100”的标注样式。

(1) 单击“半径标注”按钮，命令行提示如下。

```
命令: dimradius                                  //单击按钮执行命令
选择圆弧或圆:                                    //选择小圆弧
标注文字= 882                                    //系统提示信息
指定尺寸线位置或 [多行文字(M)/文字(T)/角度(A)]:   //指定尺寸线位置，如图 8-51 所示
```

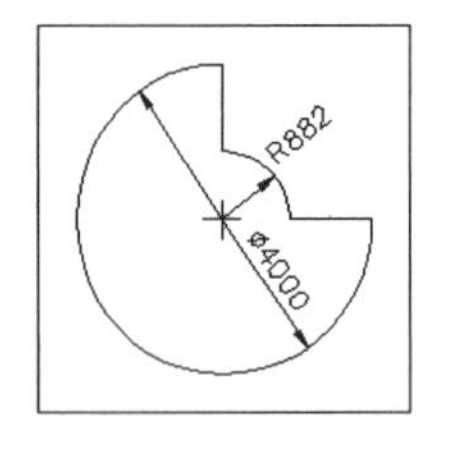

图 8-50　径向标注效果

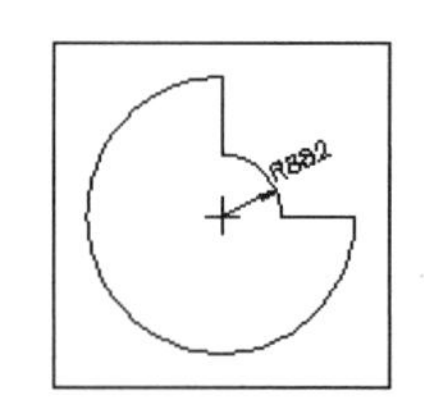

图 8-51　半径标注

(2) 直径标注效果如图 8-50 所示。单击“直径标注”按钮，命令行提示如下。

```
命令: dimdiameter                                //单击按钮执行命令
选择圆弧或圆:                                    //选择大圆弧
标注文字=4000                                    //系统提示信息
指定尺寸线位置或 [多行文字(M)/文字(T)/角度(A)]:   //指定尺寸线位置，如图 8-50 所示
```

提示：

当要标注半径较大的圆弧时，可以采用“折弯”方式标注圆弧半径。单击“折弯”按钮，可以很方便地标注圆心在图纸之外的圆弧半径。

8.6 角度和弧长尺寸标注

角度尺寸标注用于标注两条直线或三个点之间的角度。要测量圆的两条半径之间的角度，可以选择此圆，然后指定角度端点。对于其他对象，需要选择对象然后指定标注位置。

选择“标注” | “角度”命令，或单击“角度标注”按钮，或在命令行中输入 dimangular 命令完成角度标注。单击“角度标注”按钮，命令行提示如下。

```
命令: dimangular                                          //单击按钮执行命令
选择圆弧、圆、直线或 <指定顶点>:                            //选择标注角度尺寸对象
选择第二条直线:                                            //选择标注角度尺寸的另一对象
指定标注弧线位置或 [多行文字(M)/文字(T)/角度(A)]:           //移动光标至合适位置单击
标注文字= 90d0'0"                                          //系统提示信息，如图 8-52 所示
```

选择“标注” | “弧长”命令，或单击“弧长标注”按钮，或在命令行中输入 dimarc 命令完成弧长标注。单击“弧长标注”按钮，命令行提示如下。

```
命令: dimarc
选择弧线段或多段线弧线段:                                   //选择要标注的弧
指定弧长标注位置或 [多行文字(M)/文字(T)/角度(A)/部分(P)/引线(L)]:  //指定尺寸线的位置
标注文字= 4826                                             //系统提示信息，效果如图 8-53 所示
```

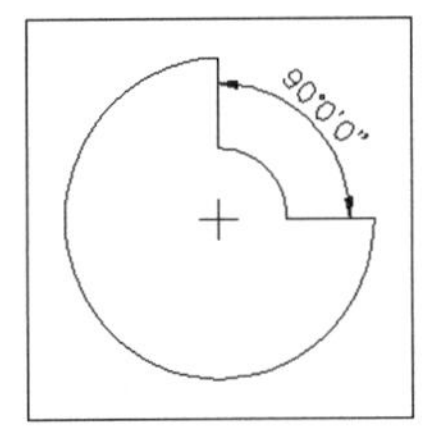

图 8-52　角度标注

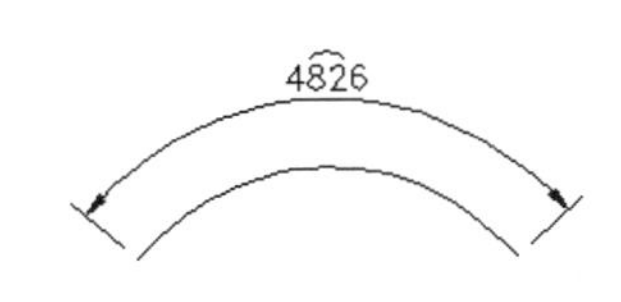

图 8-53　弧长标注

提示：

对于角度标注也可以创建基线和连续角度标注，但基线和连续角度标注将小于或等于 180º。要获得大于 180º的基线和连续角度标注，请使用夹点编辑拉伸现有基线或连续标注的尺寸界线的位置。

8.7 引线标注

在建筑制图中通常有很多说明文字需要进行引出说明，AutoCAD 提供了两种创建引出说明的方法。

8.7.1 快速引线

快速引线标注在建筑工程制图中也是一种常用的标注类型，引线标注由引线和文字两部分标注对象组成。引线是连接注释和图形对象的直线或曲线，文字是最普通的文本或数字注释。引线标注使用起来很方便，可以从图形的任意点或对象上创建引线，引线可以是直线段或平滑的样条曲线。

在命令行中输入 qleader 命令即可完成快速引线标注。

```
命令: qleader                                   //单击按钮执行命令
指定第一个引线点或 [设置(S)] <设置>:             //拾取引线第一个点
指定下一点:                                     //指定下一个点，这里利用极轴追踪捕捉下一个点
指定下一点:                                     //指定下一个点，继续利用极轴追踪捕捉
指定文字宽度 <0>: 1000                          //设置文字宽度为 1000
输入注释文字的第一行 <多行文字(M)>: t20          //输入注释文字
输入注释文字的下一行:                           //按 Enter 键，完成输入，标注效果如图 8-54 所示
```

若输入 S，选择“设置”选项，将弹出如图 8-55 所示的“引线设置”对话框，用户可以分别对“注释”“引线和箭头”及“附着”选项卡进行设置。在“引线和箭头”选项卡中选择“样条曲线”单选按钮，进行引线标注后的效果如图 8-56 所示。

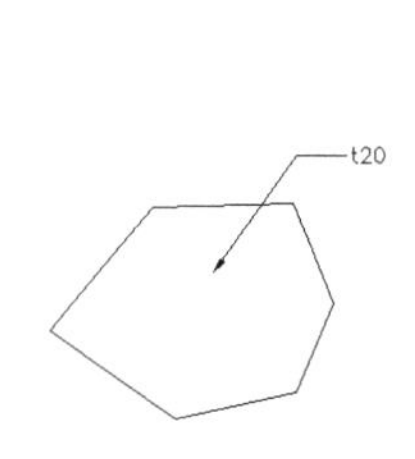

图 8-54 引线标注

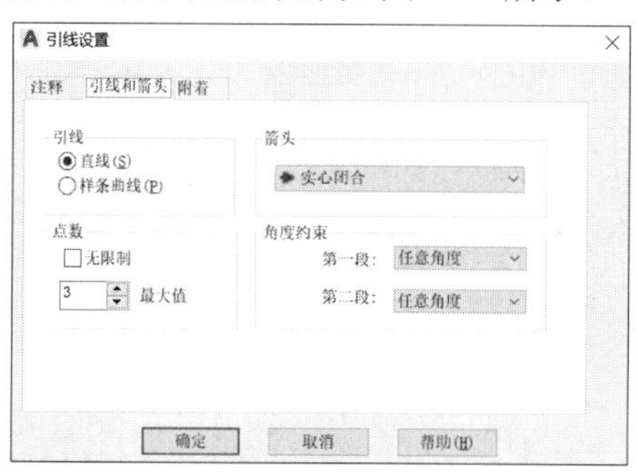

图 8-55 引线设置

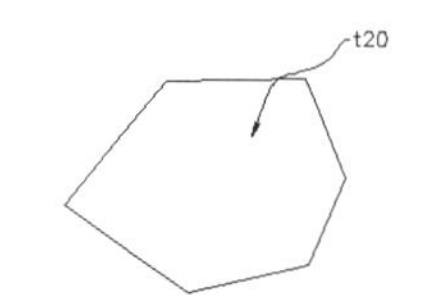

图 8-56 样条曲线引线标注

8.7.2 多重引线

多重引线对象是一条线或样条曲线，其一端带有箭头，另一端带有多行文字对象(或块)。在某些情况下，有一条短水平线(又称为基线)将文字(或块)和特征控制框连接到引线上。基线和引线与多行文字对象(或块)关联，因此当重新定位基线时，内容和引线将随其移动。AutoCAD 提供如图 8-57 所示的“多重引线”工具栏和功能区“注释”选项卡中的“引线”面板供用户对多重引线进行创建、编辑及其他操作。

图 8-57 “多重引线”工具栏和“引线”面板

1. 创建引线样式

选择“格式”|“多重引线样式”命令，或单击“多重引线”工具栏上的“多重引线样式管

理器”按钮，系统弹出如图 8-58 所示的“多重引线样式管理器”对话框，在该对话框中可以设置当前多重引线样式，也可以新建、修改和删除多重引线样式。单击“新建”按钮，系统弹出如图 8-59 所示的“创建新多重引线样式”对话框，在该对话框中可以定义新多重引线样式。单击“继续”按钮，系统弹出如图 8-60 所示的“修改多重引线样式”对话框，在该对话框中可以设置引线、箭头和内容的格式。

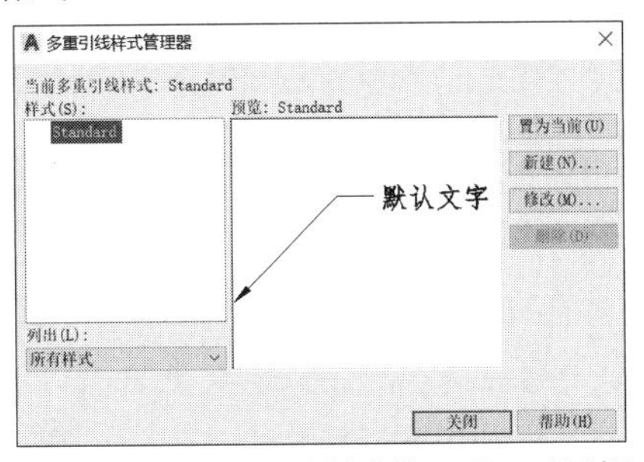

图 8-58　“多重引线样式管理器”对话框

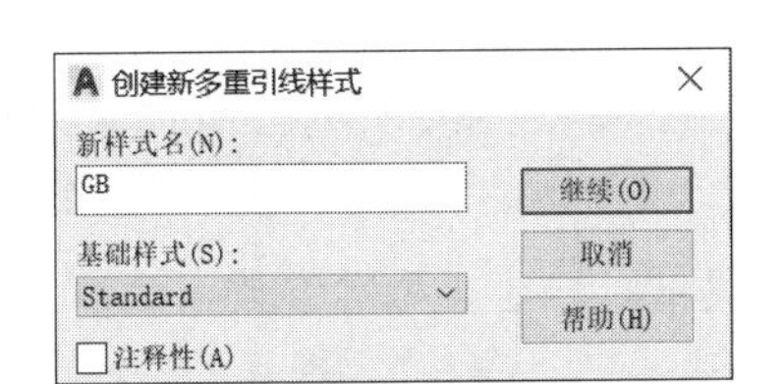

图 8-59　“创建新多重引线样式”对话框

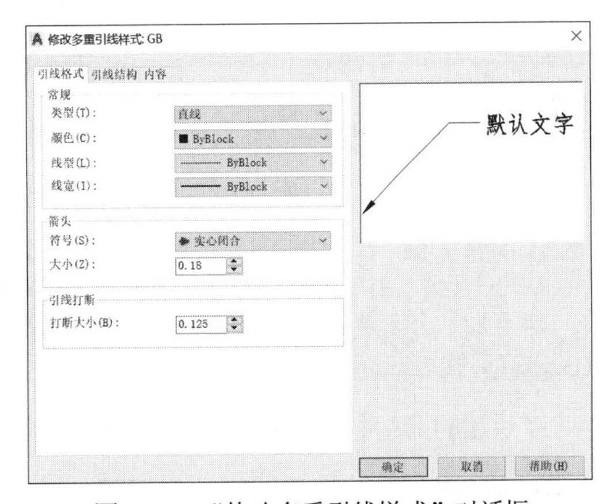

图 8-60　“修改多重引线样式”对话框

“修改多重引线样式”对话框中有“引线格式”“引线结构”和“内容”3 个选项卡，下面介绍各选项卡的含义。

- “引线格式”选项卡用于控制多重引线的引线类型、颜色、线型和线宽，箭头的外观，以及引线打断的大小。
- “引线结构”选项卡用于控制多重引线的最大引线点数、引线角度、基线的距离，以及多重引线的缩放。
- “内容”选项卡用于确定多重引线是包含文字还是包含块，并设置相应内容的外观。

2. 创建引线

选择“标注”|“多重引线”命令，或单击“多重引线”按钮，均可执行“多重引线”命令。

创建多重引线时可以选择箭头优先、引线基线优先或内容优先，如果已使用多重引线样式，则可以从该指定样式创建多重引线。在命令行中，如果选择箭头优先，则按照命令行提示在绘图区指定箭头的位置，命令行提示如下。

```
命令: mleader
指定引线箭头的位置或 [引线基线优先(L)/内容优先(C)/选项(O)] <选项>:
                                        //在绘图区指定箭头的位置
指定引线基线的位置:      //在绘图区指定基线的位置，弹出在位文字编辑器，可输入多行文字或块
```

如果选择引线基线优先，则需要在命令行中输入 L，命令行提示如下。

```
命令: mleader
指定引线箭头的位置或 [引线基线优先(L)/内容优先(C)/选项(O)] <选项>: L
                                        //输入 L，表示引线基线优先
指定引线基线的位置或 [引线箭头优先(H)/内容优先(C)/选项(O)] <选项>:  //在绘图区指定基线的位置
指定引线箭头的位置:      //在绘图区指定箭头的位置，弹出在位文字编辑器，可输入多行文字或块
```

如果选择内容优先，则需要在命令行中输入 C，命令行提示如下。

```
命令: mleader
指定引线基线的位置或 [引线箭头优先(H)/内容优先(C)/选项(O)] <选项>: C
                                        //输入 C，表示内容优先
指定文字的第一个角点或 [引线箭头优先(H)/引线基线优先(L)/选项(O)] <选项>:
                                        //指定多行文字的第一个角点
指定对角点:                              //指定多行文字的对角点，弹出在位文字编辑器，输入多行文字
指定引线箭头的位置:                      //在绘图区指定箭头的位置
```

在命令行中，另外提供了选项 O，输入后，命令行提示如下。

```
命令: mleader
指定引线箭头的位置或 [引线基线优先(L)/内容优先(C)/选项(O)] <引线基线优先>: O
输入选项 [引线类型(L)/引线基线(A)/内容类型(C)/最大节点数(M)/第一个角度(F)/第二个角度(S)/退出选项
(X)] <内容类型>:
```

在后续的命令行中，用户可以设置引线类型、引线基线、内容类型等参数。

3. 编辑引线

在创建完多重引线后，用户可以通过夹点的方式对多重引线进行拉伸或移动位置；可以添加和删除引线；可以对多重引线进行合并或对齐。下面分别讲述这些方法。

(1) 夹点编辑。用户可以使用夹点修改多重引线的外观，当选中多重引线后，夹点效果如图 8-61 所示。使用夹点，可以拉长或缩短基线、引线；可以重新指定引线头点；可以调整文字位置和基线间距；可以移动整个引线对象。

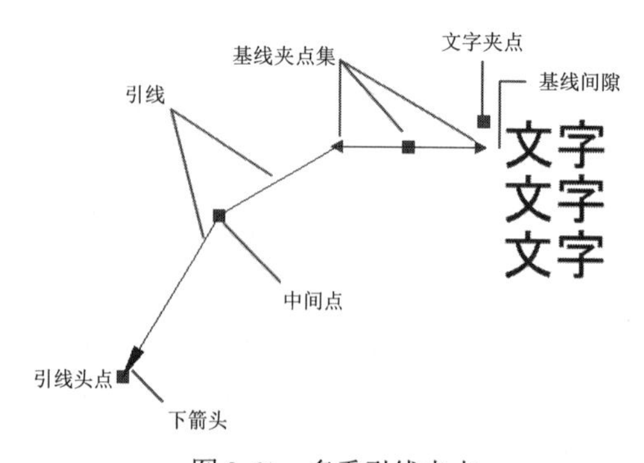

图 8-61　多重引线夹点

(2) 添加和删除引线。多重引线对象可包含多条引线，因此一个注解可以指向图形中的多个对象。单击“引线”面板中的“添加引线”按钮，可以将引线添加至选定的多重引线对象。如果用户需要删除添加的引线，则单击“删除引线”按钮，即可从选定的多重引线对象中删除引线。

(3) 多重引线合并。单击“多重引线合并”按钮，可以将选定的包含块的多重引线作为内容组织为一组并附着到单引线。

(4) 多重引线对齐。单击“多重引线对齐”按钮，可以将多重引线对象沿指定的直线均匀排序。

8.8 编辑尺寸标注

在绘图过程中创建标注后，经常要对标注后的文字进行旋转，或用新文字替换现有文字，可以将文字移动到新位置或返回，也可以将标注文字沿尺寸线移动到左、右、中心或尺寸界线之内或之外的任意位置。用户可以通过命令编辑方式和夹点编辑方式进行编辑。

8.8.1 命令编辑方式

AutoCAD 提供多种方法使用户对尺寸标注进行编辑，dimedit 和 dimtedit 是两种较常用的对尺寸标注进行编辑的命令。

1. dimedit

单击“编辑标注”按钮，或在命令行中输入 dimedit 命令即可执行该命令。命令行提示如下。

```
命令: dimedit                                                  //单击按钮执行命令
输入标注编辑类型 [默认(H)/新建(N)/旋转(R)/倾斜(O)] <默认>:
```

此提示中有 4 个选项，分别为“默认(H)”“新建(N)”“旋转(R)”“倾斜(O)”，各选项含义如下。

- “默认(H)”：此选项用于将尺寸文本按 DDIM 所定义的默认位置、方向重新放置。
- “新建(N)”：此选项用于更新所选择的尺寸标注的尺寸文本。
- “旋转(R)”：此选项用于旋转所选择的尺寸文本。
- “倾斜(O)”：此选项用于倾斜标注，即编辑线性尺寸标注，使其尺寸界线倾斜一个角度，不再与尺寸线相垂直，常用于标注锥形图形。

2. dimtedit

单击“编辑标注文字”按钮，或在命令行中输入 dimtedit 命令即可执行该命令。命令行提示如下。

```
命令: dimtedit                                                  //单击按钮执行命令
选择标注:                                                       //选择需要编辑的尺寸标注
指定标注文字的新位置或 [左(L)/右(R)/中心(C)/默认(H)/角度(A)]:   //拖动文字到需要的位置
```

此提示中有“左(L)”“右(R)”“中心(C)”“默认(H)”“角度(A)”5 个选项，各选项含义如下。

- “左(L)”：此选项用于更改尺寸文本沿尺寸线左对齐。
- “右(R)”：此选项用于更改尺寸文本沿尺寸线右对齐。
- “中心(C)”：此选项用于更改尺寸文本沿尺寸线中间对齐。
- “默认(H)”：此选项用于将尺寸文本按 DDIM 所定义的默认位置、方向重新放置。
- “角度(A)”：此选项用于旋转所选择的尺寸文本。

8.8.2　夹点编辑方式

用夹点方式编辑标注是一种非常有效的编辑方式。用户可以先选择要编辑的尺寸标注，如图 8-62 所示。激活文字中间夹点，拖动鼠标，移动文字，如图 8-63 所示。移动后的效果如图 8-64 所示。若需要对文字进行更改，可以右击，在弹出的快捷菜单中选择“特性”命令，通过“特性”选项板来进行更改；或激活标注原点的夹点，拖动鼠标，选择需要重新标注的点，尺寸标注数将随标注点的变化而变化，如图 8-65 所示。拉伸后的效果如图 8-66 所示。激活尺寸起止符处的夹点，拖动鼠标，可以调整尺寸线的位置，如图 8-67 所示。调整后的效果如图 8-68 所示。

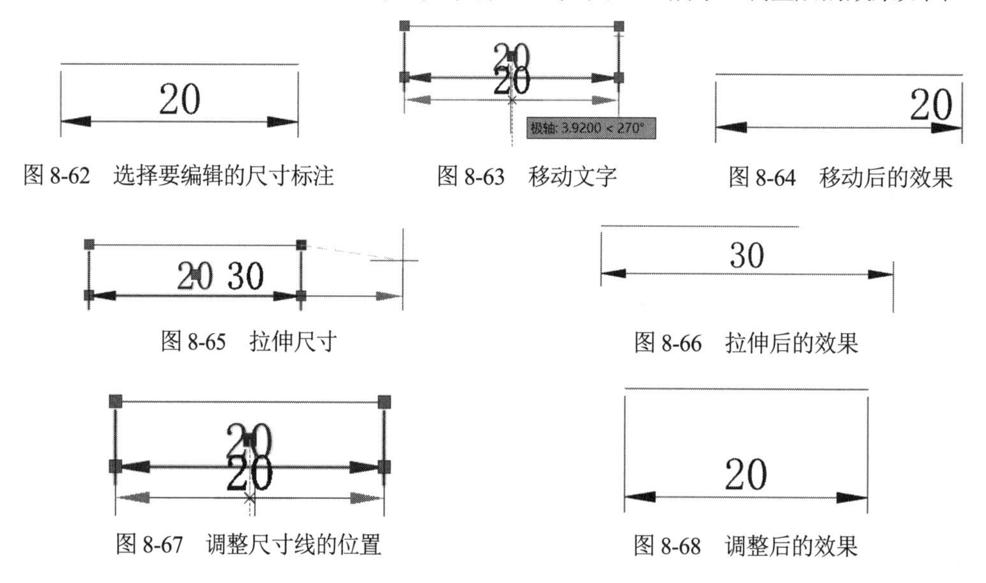

图 8-62　选择要编辑的尺寸标注　　图 8-63　移动文字　　图 8-64　移动后的效果

图 8-65　拉伸尺寸　　图 8-66　拉伸后的效果

图 8-67　调整尺寸线的位置　　图 8-68　调整后的效果

提示：
可以对尺寸标注统一使用复制、旋转、移动、延伸等一些基本的编辑操作命令。

8.9　操作实践

【例 8-4】利用【例 8-1】中设置的标注样式“标注 1-100”标注“Ex04-1 传达室.dwg”(见图 8-69)的图形，标注效果如图 8-70 所示。

具体操作步骤如下。

(1) 打开“Ex04-1 传达室.dwg”，在“图层”工具栏的下拉列表框中选择“建筑-尺寸标注”为当前图层。

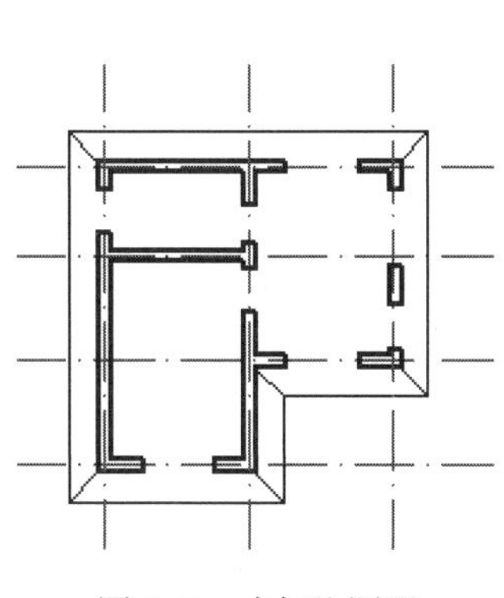

图 8-69　未标注图形

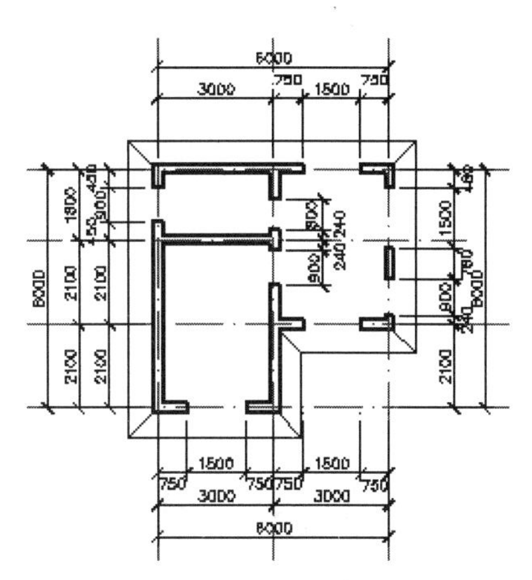

图 8-70　标注完成后的效果

(2) 按照【例 8-1】的步骤设置“标注 1-100”标注样式。

(3) 在任意一个工具栏上右击，在弹出的快捷菜单中选择“样式”命令，系统弹出“样式”工具栏，然后在“标注样式”下拉列表框中选择“标注 1-100”为当前标注样式。

(4) 单击“线性标注”按钮，命令行提示如下。

```
命令: dimlinear                                      //单击按钮执行命令
指定第一个尺寸界线原点或 <选择对象>:                   //捕捉轴线与墙线的交点 1
指定第二条尺寸界线原点:                               //捕捉门窗洞口的角点
指定尺寸线位置或                                      //系统提示信息
[多行文字(M)/文字(T)/角度(A)/水平(H)/垂直(V)/旋转(R)]:   //移动尺寸线至合适位置单击
标注文字 =750                                         //标注完成，如图 8-71 所示
```

(5) 打开“对象捕捉”开关，并确保“端点”“交点”和“垂足”捕捉是打开的，若无法捕捉，请在“工具”|“绘图设置”中重新设置，单击“连续标注”按钮，命令行提示如下。

```
命令: dimcontinue                                     //单击按钮执行命令
指定第二条尺寸界线原点或 [放弃(U)/选择(S)] <选择>:     //选择窗户的另一端点
标注文字 =1500                                        //系统提示信息
指定第二条尺寸界线原点或 [放弃(U)/选择(S)] <选择>:     //选择轴线与墙线的交点
标注文字 =750                                         //系统提示信息
指定第二条尺寸界线原点或 [放弃(U)/选择(S)] <选择>:     //按 Enter 键，完成标注，如图 8-72 所示
```

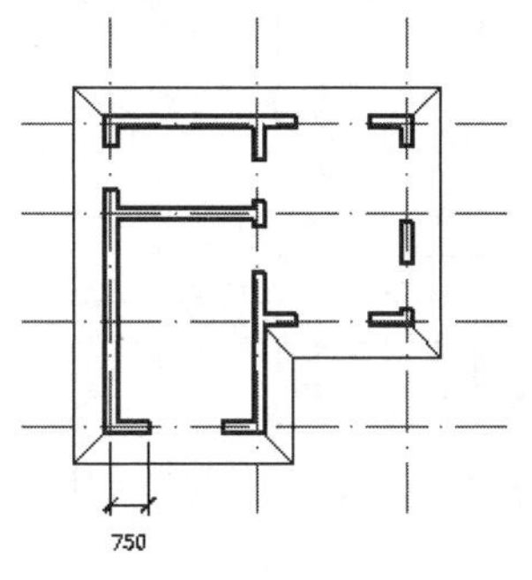

图 8-71　线性标注

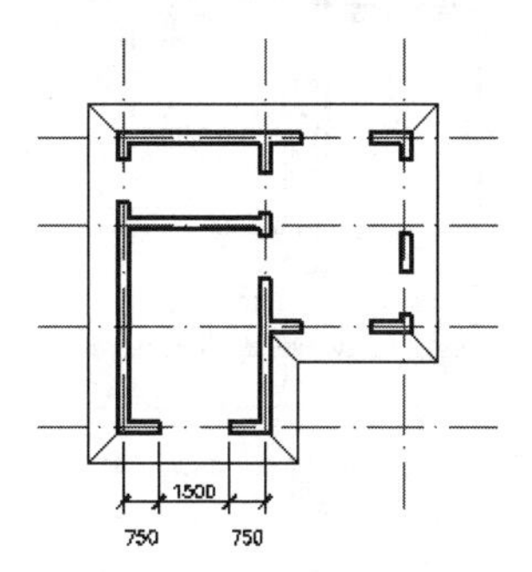

图 8-72　连续标注

(6) 当需要对离尺寸线较远的图形对象进行标注时，可以通过绘制辅助线的方式来完成。单击“构造线”按钮，选择远离尺寸线的窗户角点，绘制垂直的构造线，如图 8-73 所示。命令行提示如下。

```
命令: xline 指定点或 [水平(H)/垂直(V)/角度(A)/二等分(B)/偏移(O)]:  //指点构造线通过点
指定通过点:      //指定第二个通过点
指定通过点:      //按 Enter 键，完成构造线的绘制
```

(7) 单击“连续标注”按钮，选择与构造线和轴线的垂足为标注原点进行标注，效果如图 8-74 所示。

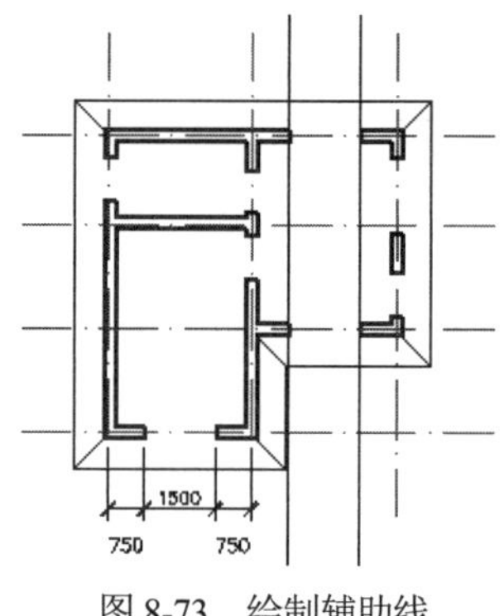

图 8-73 绘制辅助线

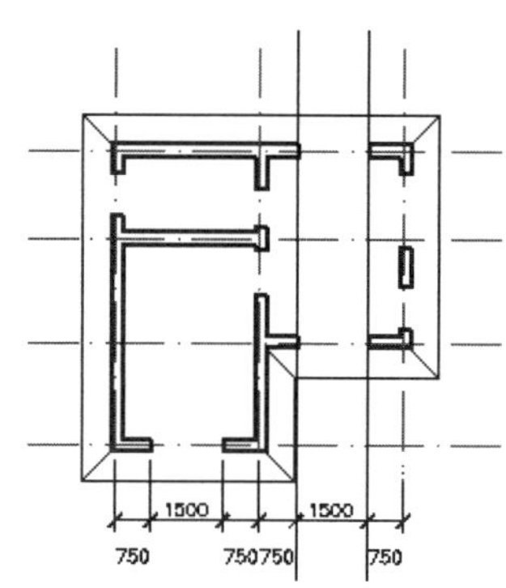

图 8-74 标注远距离对象

(8) 当需要标注第二排尺寸时，同样可以通过绘制辅助线的方式来确定第二排尺寸线的位置，单击“构造线”按钮，输入 H，选择第一排尺寸线上的任意一点绘制水平构造线。然后单击“偏移”按钮，设置第二条尺寸线偏移的距离 800，然后再偏移 1000，如图 8-75 所示。

(9) 单击“线性标注”按钮，标注轴线之间的尺寸，尺寸线的位置落在辅助线上，效果如图 8-76 所示。

(10) 删除辅助线，选择要移动标注的文字，如图 8-77 所示。采用夹点编辑方式移动标注文字的位置，移动后的效果如图 8-78 所示。

(11) 按照类似方法标注其他位置的尺寸，最终的效果如图 8-70 所示。

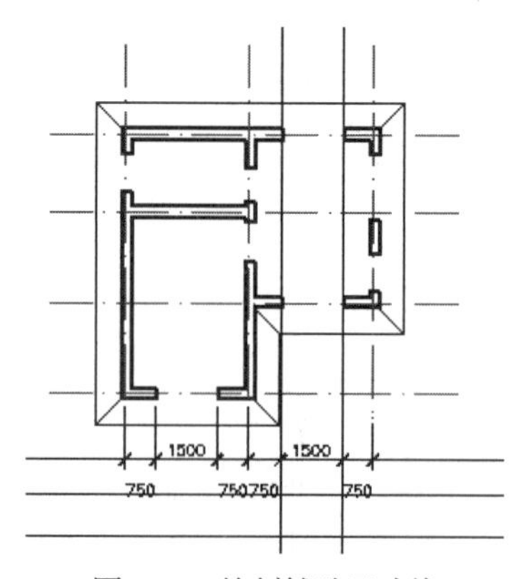

图 8-75 绘制辅助尺寸线

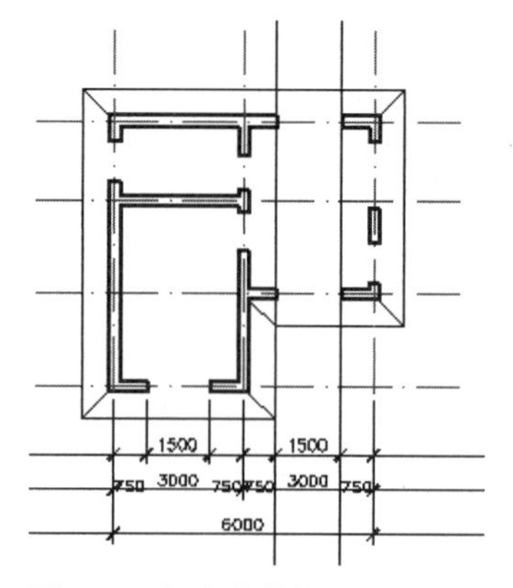

图 8-76 标注其他位置的尺寸线

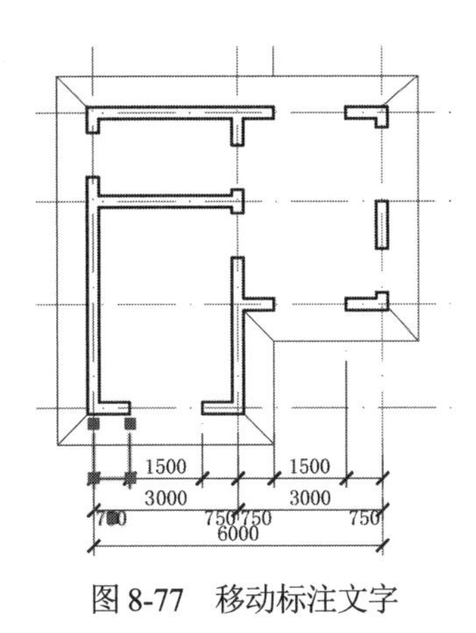

图 8-77　移动标注文字

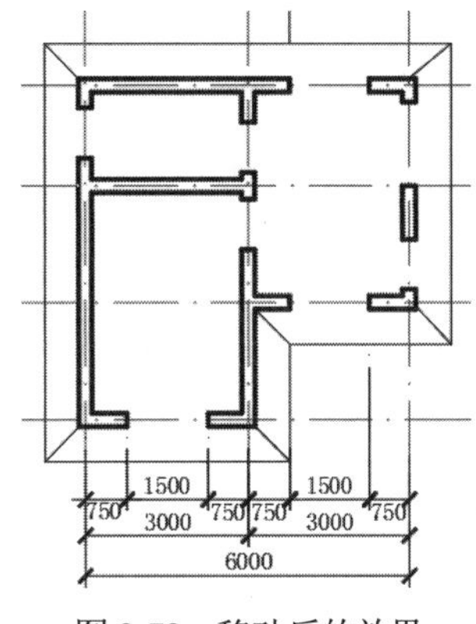

图 8-78　移动后的效果

8.10 习题

8.10.1　填空题

(1) 线性标注尺寸一般由_______、_______、_______和_______组成。

(2) 要标注倾斜直线的实际长度，使用_______命令。

(3) 要使尺寸界线倾斜一个角度，使用_______命令。

(4) 尺寸起止符号一般用_______绘制。半径、直径、角度与弧长的尺寸起止符号，宜用_______表示。

8.10.2　选择题

(1) 建筑制图中平行排列的尺寸线的间距一般为(　　)。

A. 3～6mm　　B. 4～7mm　　C. 5～10mm　　D. 7～10mm

(2) 薄板厚度的标注可以通过 AutoCAD 的(　　)标注形式实现。

A. 引线　　B. 线性　　C. 半径　　D. 弧长

(3) 在 1∶100 标注样式的基础上，在设置标注样式的过程中，在“主单位”选项卡的“测量单位比例”选项组的“比例因子”文本框中输入(　　)，即可完成 1∶10 的标注样式的设置。

A. 1.0　　B. 0.1　　C. 0.25　　D. 0.5

8.10.3　上机操作

(1) 按规范要求在 1∶100 的图纸绘制中创建一个标注弧长的标注样式，将其命名为“标注 1-100(弧长)”。

(2) 标注如图 8-79 所示的图形。

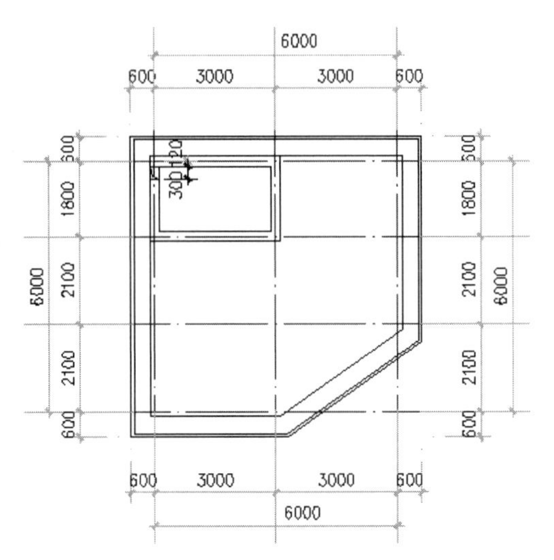

图 8-79　标注屋顶平面尺寸

ꕤ 第9章 ꕤ

提升建筑制图效率——块操作

在 AutoCAD 中，使用图块是提高绘图效率的有效方法，能够增加绘图的准确性、提高绘图速度、减小文件大小等。图块是组成复杂对象的一组实体的总称。在图块中，各图形实体都有各自的图层、线型及颜色等特性，只是 AutoCAD 将图块作为一个单独、完整的对象来操作。我们可以根据实际需要将图块按给定的缩放系数和旋转角度插入指定的位置，也可以对整个图块进行复制、移动、旋转、缩放、镜像和阵列等基本操作。块定义可以包含用于向块中添加动态行为的元素，用户可以在块编辑器中将这些元素添加到块中。向块中添加动态行为，可以为几何图形增添灵活性和智能性。如果在图形中插入带有动态行为的块参照，就可以通过自定义夹点或自定义特性(这取决于块的定义方式)来操作该块参照中的几何图形。

本章主要介绍创建图块、创建带属性的图块、插入图块的方法，以及动态块的创建和编辑方法。在熟练掌握图块的基本操作前，可以先跳过动态块部分的内容。

知识要点

- 创建图块。
- 插入图块。
- 创建带属性的图块。
- 动态块。

9.1 创建图块

在实际使用中，可以使用下面两种方法创建块：第一种方法是合并对象以在当前图形中创建块；第二种方法是创建一个图形文件，通过写块操作将它作为块插入其他图形中。块是绘制在几个图层上的不同颜色、线型和线宽特性的对象的组合。尽管块总是在当前图层上，但块参照保存了有关包含在该块中的对象的原图层、颜色和线型特性的信息。用户可以控制块中的对象是保留其原特性还是继承当前的图层、颜色、线型或线宽设置。

9.1.1 创建内部图块

选择“绘图”|“块”|“创建”命令，或单击“绘图”工具栏上的“创建块”按钮，或在命令行中输入 block 命令，都将弹出如图 9-1 所示的“块定义”对话框，用户可以在各选项组中设置相应的参数，从而创建一个内部图块。

图 9-1　“块定义”对话框

1. “名称”下拉列表框

“名称”下拉列表框用于输入或选择当前要创建的块的名称。

2. “基点”选项组

“基点”选项组用于指定块的插入基点，默认值是(0,0,0)，即该块的插入基准点也是块在插入过程中旋转或缩放的基点。用户可以分别在 X、Y、Z 文本框中输入坐标值确定基点，也可以单击“拾取点”按钮，此时对话框暂时关闭以使用户能在当前图形中拾取插入基点。

3. “对象”选项组

“对象”选项组用于指定新块中要包含的对象，以及创建块之后如何处理这些对象，是保留还是删除选定的对象，或是将它们转换成块实例。各参数含义如下。

- 单击“选择对象”按钮，“块定义”对话框暂时关闭，允许用户到绘图区选择块对象，完成对象选择后，按 Enter 键重新显示“块定义”对话框。
- 单击“快速选择”按钮，系统弹出“快速选择”对话框，该对话框用于定义选择集。
- “保留”单选按钮用于设置设定创建块以后，是否将选定对象保留在图形中作为区别对象。
- “转换为块”单选按钮用于设置设定创建块以后，是否将选定对象转换成图形中的块实例。
- “删除”单选按钮用于设置设定创建块以后，是否从图形中删除选定的对象。
- “选定的对象”选项显示选定对象的数目，未选择对象时，显示“未选定对象”。

4. “方式”选项组

“方式”选项组用于指定块的行为。“注释性”复选框用于设置指定块为注释性的；“按统一比例缩放”复选框指定块参照按统一比例缩放，即各方向按指定的相同比例缩放；“允许分解”复选框指定块参照是否可以被分解。

5. “设置”选项组

“设置”选项组主要用于指定块的设置，其中“块单位”下拉列表框可以提供用户选择块参照插入的单位。单击“超链接”按钮，系统弹出“插入超链接”对话框，用户可以在该对话框中将某个超链接与块定义相关联。

6. “在块编辑器中打开”复选框

勾选“在块编辑器中打开”复选框，当用户单击“确定”按钮后，将在块编辑器中打开当前的块定义，一般用于动态块的创建和编辑。

7. “说明”文本框

“说明”文本框用于指定块的文字说明。

【例 9-1】创建“双扇门”图块。

打开第 3 章【例 3-5】中所绘制的双扇门，文件名为 Ex3-05。将如图 9-2 所示的门创建为一个图块，命名为“双扇门”，基准点选择门左下角点。

具体操作步骤如下。

(1) 单击“绘图”工具栏上的“创建块”按钮，在弹出的“块定义”对话框的“名称”下拉列表框中输入“双扇门”。

(2) 单击“拾取点”按钮，切换到绘图区，命令行提示如下。

```
命令: block                        //单击按钮执行“创建块”命令
指定插入基点:                      //指定如图 9-3 所示的左下角点为插入基点
```

(3) 指定完基点后，返回“块定义”对话框，单击“选择对象”按钮，切换到绘图区，命令行提示如下。

```
选择对象: 指定对角点: 找到 11 个    //选择如图 9-2 所示的整个双扇门为创建图块的图形实体
选择对象:                          //按 Enter 键，对象选择完毕
```

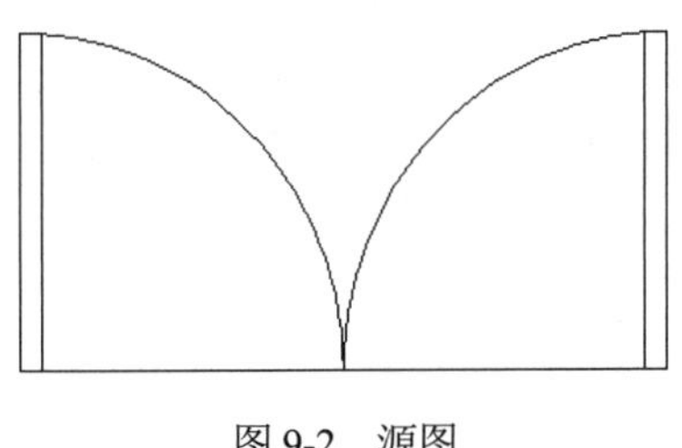

图 9-2　源图

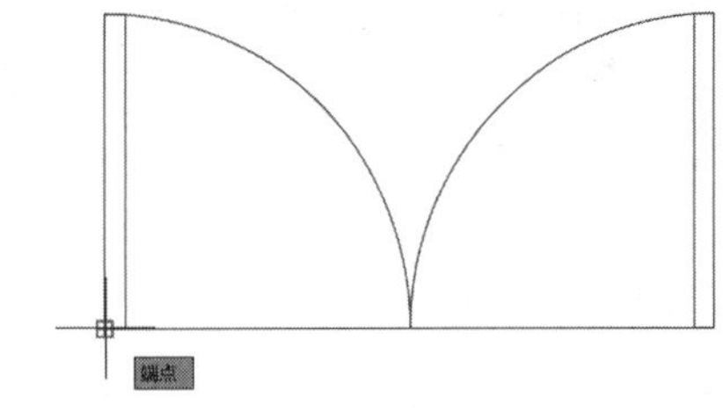

图 9-3　选择基点图

(4) 返回“块定义”对话框后，可以预览“双扇门”图块图标。单击“确定”按钮，完成图块创建。

9.1.2　创建外部图块

在命令行中输入 wblock 命令，将弹出如图 9-4 所示的“写块”对话框，用户在各选项组中可以设置相应的参数，从而创建一个外部图块，方便绘制其他图纸时调用。

“写块”对话框中的“基点”和“对象”选项组的设置与“块定义”对话框中的相应选项组是一致的，这里不再赘述。“写块”与“块定义”对话框的区别在于“源”选项组和“目标”选项组。

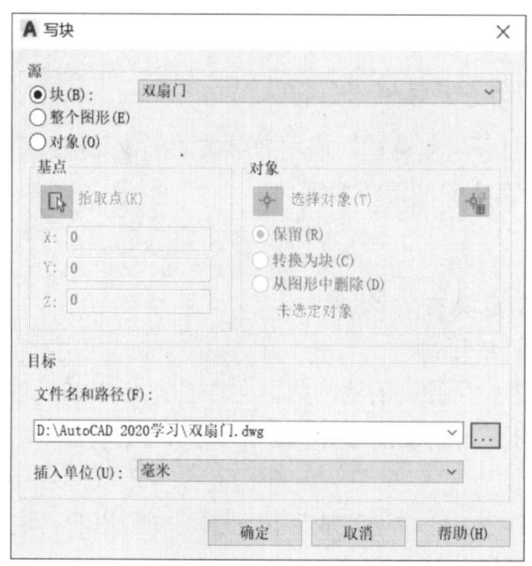

图 9-4 “写块”对话框

“源”是指对象来源，当选择“块”单选按钮时，指定要保存为文件的现有块，可以从下拉列表框中选择。当选择“整个图形”单选按钮时，选择当前图形作为一个块保存为文件。当选择“对象”单选按钮时，类似于“写块”操作，选择基点和对象创建块。

“目标”选项组用于设置图块保存的位置和名称。用户可以在“文件名和路径”下拉列表框中直接输入图块保存的路径和文件名，或单击按钮...，在弹出的“浏览图形文件”对话框的“保存于”下拉列表框中选择保存路径，在“文件名”文本框中设置名称。

【例 9-2】“写块”操作。

还是以【例 9-1】中的双扇门为例，通过写块操作，在文件“Ex3-05”相同目录下生成一个文件名为“双扇门”的图形，以供在不同的建筑图中使用。在命令行中输入 wblock 命令，选择如图 9-3 所示的基点及图形，在“文件名和路径”下拉列表框中输入名称为“Ex3-05”的图形所在的路径为“D:\AutoCAD 2020 学习\双扇门.dwg”，如图 9-4 所示，单击“确定”按钮，完成外部图块的创建。

提示：

若创建图块时勾选了“允许分解”复选框，则单击“分解”按钮，可以将选择的图块进行分解。图块分解完成后，可以对组成图块的各个元素进行单独的编辑。

9.2 插入图块

定义完块之后，就要将图块插入图形中。插入块或图形文件时，一般需要确定块的 4 组特征参数：插入的块名、插入点位置、插入比例系数和旋转角度。

在命令行中输入 classicinsert 命令，可以弹出如图 9-5 所示的“插入”对话框，在该对话框中设置相应的参数，单击“确定”按钮，就可以插入内部或外部图块。

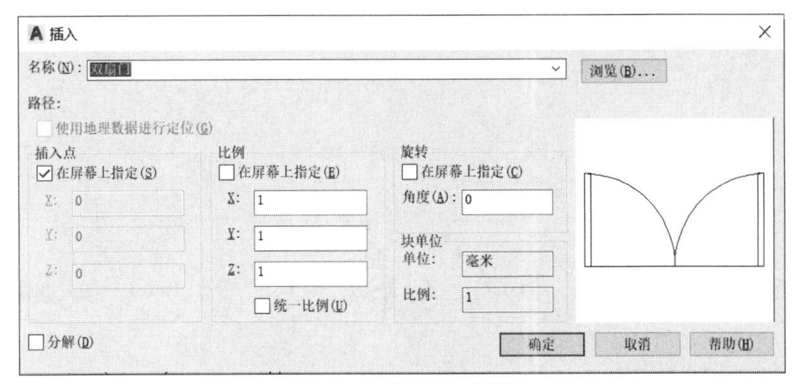

图 9-5　“插入”对话框

在“名称”下拉列表框中可以选择已定义的需要插入图形中的内部图块，或单击“浏览”按钮，在弹出的“选择图形文件”对话框中找到要插入的外部图块，单击“打开”按钮，返回“插入”对话框进行其他参数的设置，在预览区域可以查看图块。

- “插入点”选项组：该选项组用于指定图块的插入位置，通常勾选“在屏幕上指定”复选框，在绘图区以“对象捕捉”功能配合拾取点方式指定，也可以直接输入坐标。
- “比例”选项组：该选项组用于设置图块插入后的比例。勾选“在屏幕上指定”复选框，则可以在命令行中指定缩放比例；还可以直接在 X、Y、Z 文本框中输入数值，指定各个方向上的缩放比例。“统一比例”复选框用于设定图块在 X、Y、Z 方向上缩放是否一致，勾选该复选框，X、Y、Z 3 个方向将按相同的比例缩放。当需要将图块进行镜像变化时，可以考虑通过设置比例因子为负值来完成。
- “旋转”选项组：该选项组用于设定图块插入后的角度。勾选“在屏幕上指定”复选框，则可以在命令行中指定旋转角度；还可以直接在“角度”文本框中输入数值来指定旋转角度。
- “分解”复选框：该复选框用于控制插入后图块是否自动分解为基本的图元。

【例 9-3】插入双扇门图块。

需插入图块的墙体如图 9-6 所示，在门洞中插入已经定义好的“双扇门”图块。

具体操作步骤如下。

(1) 在命令行输入 insert(I)命令，系统弹出“插入”对话框，在“名称”下拉列表框中选择已经定义好的图块“双扇门”。

(2) 勾选“在屏幕上指定”复选框，不勾选“统一比例”复选框，将 X、Z 方向的比例设为 1，将 Y 方向的比例设为−1，并将旋转角度设为 0。

(3) 单击“确定”按钮，返回绘图区，命令行提示如下。

```
命令: insert    //单击按钮执行“插入块”命令
指定插入点或 [比例(S)/X/Y/Z/旋转(R)/预览比例(PS)/PX/PY/PZ/预览旋转(PR)]:
//打开“对象捕捉”的“中点”捕捉功能，捕捉如图 9-6 所示的点 1 为插入点
```

(4) 指定完插入点后，按 Enter 键，完成点 1 处图块的插入，如图 9-7 所示。

(5) 重复执行“插入块”命令，完成点 2 处的图块插入，此时对“插入”对话框进行设置，在“旋转”选项组的“角度”文本框中输入 270，在“比例”选项组中勾选“统一比例”复选

框，设置比例值为 1，插入图块后的效果如图 9-8 所示。

图 9-6 需插入图块的墙体　　图 9-7 在点 1 处插入图块　　图 9-8 插入图块后的效果

9.3 创建带属性的图块

图块的属性是图块的一个组成部分，它是块的非图形的附加信息，是包含于块中的文字对象，就像商品上的标签。可以通过图块属性增加图块的功能，文字信息可以说明图块的类型、数目等。当插入一个块时，其属性也一起被插入图中；当对块进行操作时，其属性也将改变。块的属性由属性标签和属性值两部分组成，属性标签是指一个项目名称，属性值是指具体的项目情况。用户可以对块的属性进行定义、修改及显示等操作。

9.3.1 定义带属性的图块

选择“绘图”|“块”|“定义属性”命令，或在命令行中输入 attdef 命令，系统弹出如图 9-9 所示的“属性定义”对话框。“属性定义”对话框中有“模式”“属性”“插入点”和“文字设置”4 个选项组，以及一个“在上一个属性定义下对齐”复选框。各项含义如下。

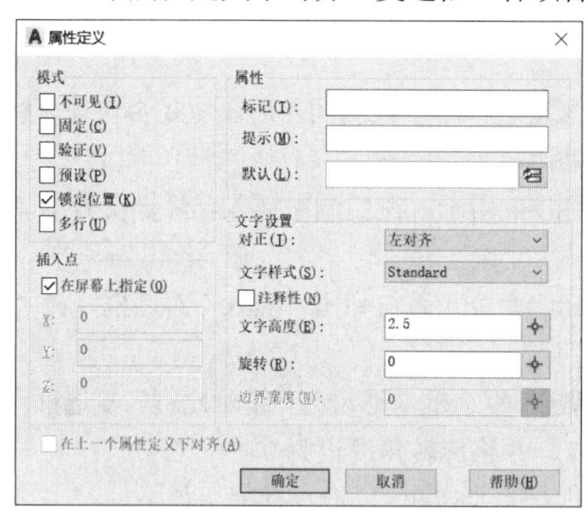

图 9-9 “属性定义”对话框

- “模式”选项组：该选项组用于设置属性模式。勾选“不可见”复选框，表示插入图块，再输入属性值后，属性值不在图中显示；勾选“固定”复选框，表示属性值是一个固定值；勾选“验证”复选框，系统会提示输入两次属性值，以便验证属性值是否正确；勾选“预设”复选框，表示当插入包含预置属性值的块时，将属性设置为默认值；勾选“锁定位置”复选框，表示锁定块参照中属性的位置，若解锁，属性可以相对于使用夹点编辑的块的其他部分移动，并且可以调整多行属性的大小；“多行”复选框用于指定属性值可以包含多行文字，勾选该复选框后，可以指定属性的边界宽度。

- “属性”选项组：该选项组用于设置属性的一些参数。“标记”文本框用于输入显示标记；“提示”文本框用于输入提示信息，提醒用户指定属性值；“默认”文本框用于输入默认的属性值。用户还可以单击“插入字段”按钮，在弹出的“字段”对话框中插入一个字段作为属性的全部或部分值。
- “插入点”选项组：该选项组用于指定图块属性的位置。勾选“在屏幕上指定”复选框，即可在绘图区中指定插入点，也可以直接在 X、Y、Z 文本框中输入坐标值确定插入点，一般采用“在屏幕上指定”的方式。
- “文字设置”选项组：该选项组用于设定属性值的一些基本参数。“对正”下拉列表框用于设定属性值的对齐方式；“文字样式”下拉列表框用于设定属性值的文字样式；“文字高度”文本框用于设定属性值的高度；“旋转”文本框用于设定属性值的旋转角度。
- “在上一个属性定义下对齐”复选框：该复选框用于将属性标记直接置于定义的上一个属性下面。如果之前没有创建属性定义，则此选项不可用。

通过“属性定义”对话框，只能定义一个属性，但是并不能指定该属性属于哪个图块，因此必须通过“块定义”对话框将图块和定义的属性重新定义为一个新的图块。

提示：

在“文字设置”选项组中，还可以分别单击“文字高度”和“旋转”文本框后面的按钮，切换到绘图区，通过拾取两点的方式分别指定属性值的高度和旋转角度。

【例 9-4】定义轴线编号图块。

定义绘制好的轴线圆(见图 9-10)，直径为 800mm，给其定义一个属性：设置标记为“竖向轴线编号”、属性提示为“请输入竖向轴线编号”、默认值为“1”。预先设置文字样式为 Standard、采用“仿宋”字体；设置文字对正方式为“正中”、文字高度为 500、旋转角度为 0；选择圆顶部的象限点，作为插入点；打开“对象捕捉”的“圆心”捕捉功能。文字样式设置和捕捉设置在此不再赘述。

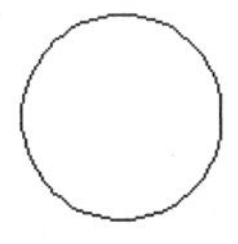

图 9-10　“轴线圆”图块

具体操作步骤如下。

选择“绘图”|“块”|“定义属性”命令，系统弹出“属性定义”对话框，在“标记”文本框中输入“竖向轴线编号”，在“提示”文本框中输入“请输入竖向轴线编号”，在“默认”文本框中输入“1”。在“对正”下拉列表框中选择“正中”选项，在“文字样式”下拉列表框中选择 Standard，在“文字高度”文本框中输入 500，“旋转”文本框采用默认设置，如图 9-11 所示。

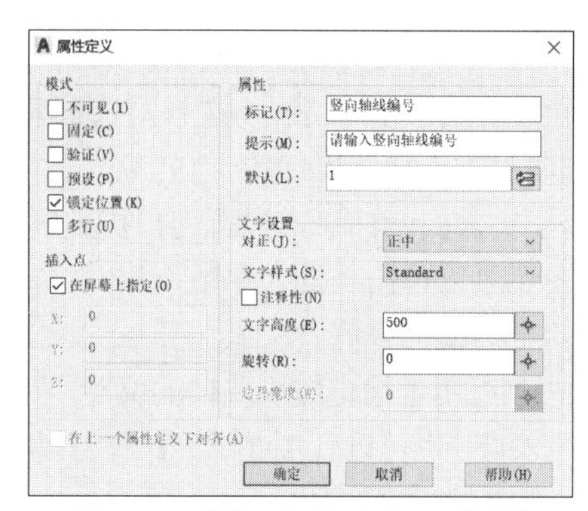

图 9-11　设置“属性定义”对话框

(2) 单击“确定”按钮，返回绘图区，命令行提示“指定起点:”，捕捉圆心，单击，效果如图 9-12 所示。

竖向轴线编号

图 9-12　原始属性效果

(3) 选择“绘图”|“块”|“创建”命令，系统弹出“块定义”对话框，在“名称”文本框中输入块名“竖向轴线编号”，如图 9-13 所示。单击“拾取点”按钮，打开“对象捕捉”的“象限点”功能，捕捉圆顶部的象限点，单击“选择对象”按钮，选择圆和属性。

(4) 单击“确定”按钮，带属性的“竖向轴线编号”图块如图 9-14 所示。

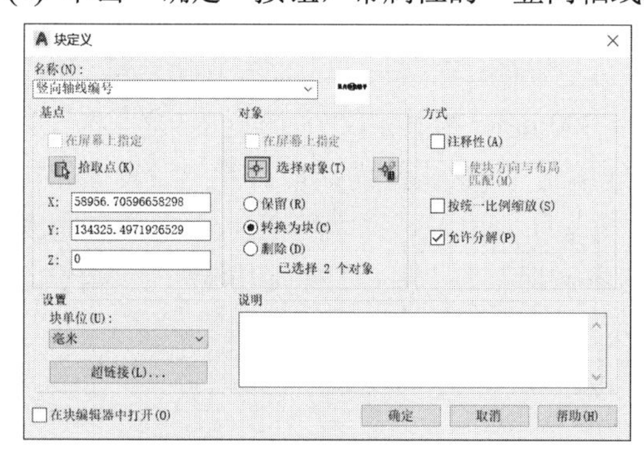

图 9-13　设置“块定义”对话框

图 9-14　“竖向轴线编号”图块

(5) 在命令行中输入 classicinsert 命令，将弹出如图 9-5 所示的“插入”对话框，在“名称”下拉列表框中选择已经定义好的图块“竖向轴线编号”，插入图中，命令行提示如下。

```
命令: classicinsert                                           //启动插入命令
指定插入点或 [基点(B)/比例(S)/旋转(R)/预览比例(PS)/预览旋转(PR)]:   //指定图块的插入点
输入属性值
请输入竖向轴线编号 <1>: 2                                       //提示输入属性值
```

在命令行中输入 I，将弹出如图 9-15 所示的“块”选项板，可在当前图形列表中选择已经定义好的图块“竖向轴线编号”，双击，插入图中，命令行提示如下。

```
命令: I          //启动插入命令(弹出如图 9-15 所示的选项板，双击待插入图块)
```

```
指定插入点或[基点(B)/比例(S)/X/Y/Z/旋转(R)]     //指定插入点位置
输入属性值
请输入竖向轴线编号 <1>: 2                       //提示输入属性值
```

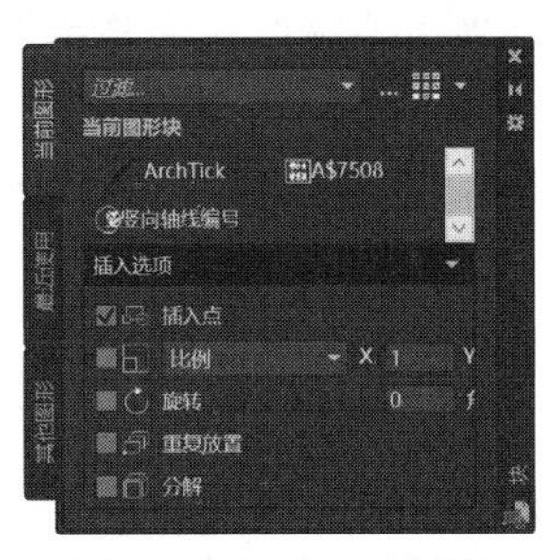

图 9-15 “块”选项板

提示：

若属性标记以问号的形式显示，则说明 AutoCAD 的字体库中没有当前所采用的字体。可以通过设定字体样式，采用其他字体来解决这个问题。

9.3.2 编辑图块属性

在命令行中输入 attedit 命令，命令行提示如下。

```
命令: attedit              //执行 attedit 命令
选择块参照:                //要求指定需要编辑属性值的图块
```

在绘图区选择需要编辑属性值的图块后，系统弹出“编辑属性”对话框，如图 9-16 所示。用户可以在定义的提示信息文本框中输入新的属性值，单击“确定”按钮完成修改；也可以选择“修改”|“对象”|“属性”|“单个”命令，选择相应的图块后，在弹出的如图 9-17 所示的“增强属性编辑器”对话框的“属性”选项卡的“值”文本框中修改属性的值。在如图 9-18 所示的“文字选项”选项卡中，可以修改文字属性，包括文字样式、对正、高度等，其中“反向”和“倒置”复选框主要用于镜像后进行的修改。在如图 9-19 所示的“特性”选项卡中，可以对属性所在的图层、线型、颜色和线宽等进行设置。

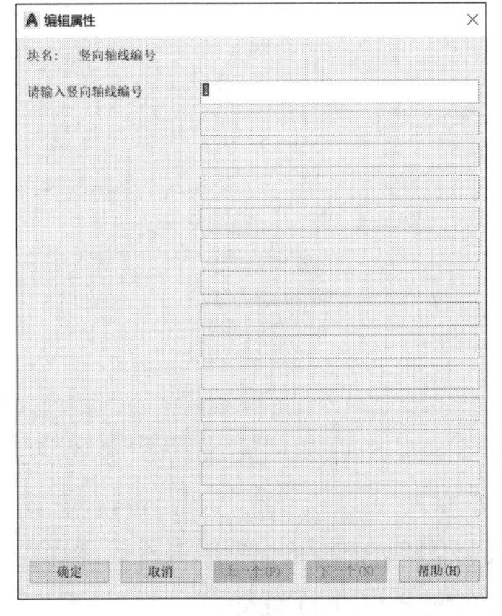

图 9-16 “编辑属性”对话框

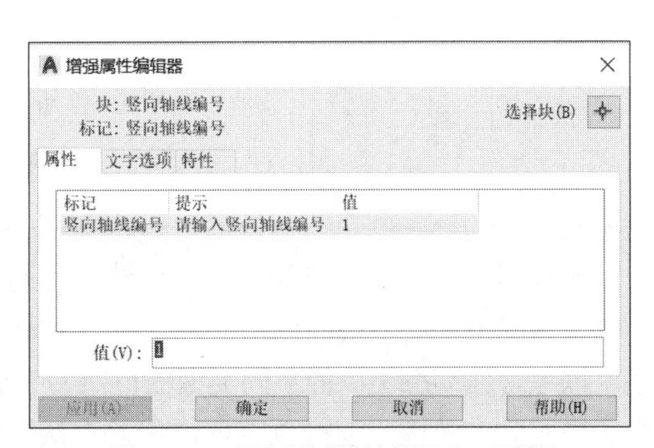

图 9-17 “增强属性编辑器”对话框

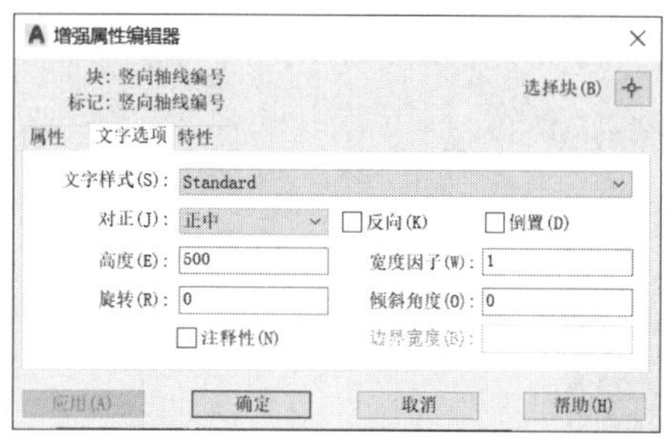

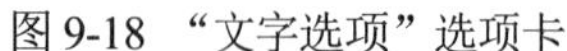
图 9-18 “文字选项”选项卡

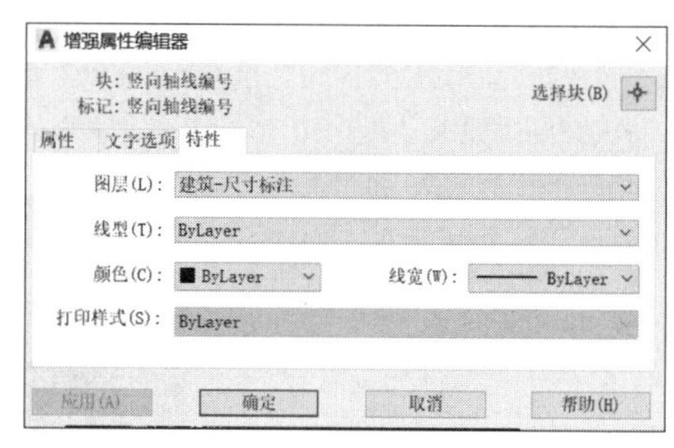

图 9-19 “特性”选项卡

用户还可以通过“特性”选项板来编辑图块的属性。先选择要编辑的图块，右击，在弹出的快捷菜单中选择“特性”命令，系统弹出“特性”选项板，在该选项板内可对参数进行设置。

9.4 动态块

动态块具有灵活性和智能性。用户在操作时可以轻松地更改图形中的动态块参照，还可以通过自定义夹点或自定义特性来修改几何图形。

例如，如果要在图形中插入一个门块参照，编辑图形时可能需要更改门的大小和开启角度。如果该块是动态的，并且定义为可调整大小和角度，那么只需拖动自定义夹点或在“特性”选项板中指定不同的尺寸就可以修改门的大小和开启角度。若该门块还包含对齐夹点，则可以使用对齐夹点轻松地将门与图形中的其他几何图形对齐，如表 9-1 所示。

表 9-1 动态块效果示意

图块操作	效果示意
拉伸图块长度	
控制门开启角度	30° 45° 60° 90°
控制门对齐	

动态块具有自定义夹点和自定义特性，可通过这些自定义夹点和自定义特性来修改块。

默认情况下，动态块的自定义夹点的颜色和样式与标准夹点的颜色和样式不同。表 9-2 显示了可以包含在动态块中的不同类型的自定义夹点。如果分解或按非统一缩放某个动态块参照，就会丢失其动态特性，但可以将该块重置为默认值，从而使其重新具有动态性。

表 9-2　夹点操作方式表

夹点类型	图样	夹点在图形中的操作方式	参数：关联的动作
标准	■	平面内的任意方向	基点：无 点：移动、拉伸 极轴：移动、缩放、拉伸、极轴拉伸、阵列 X Y：移动、缩放、拉伸、阵列
线性	►	按规定方向或沿某一条轴往返移动	线性：移动、缩放、拉伸、阵列
旋转	●	围绕某一条轴旋转	旋转：旋转
翻转	◆	切换到块几何图形的镜像	翻转：翻转
对齐	▶	平面内的任意方向；如果在某个对象上移动，则使块参照与该对象对齐	对齐：无(隐含动作)
查寻	▼	显示值列表	可见性：无(隐含动作) 查寻：查寻

要使块成为动态块，必须至少添加一个参数，以及一个与该参数关联的动作。用户可以通过单击“标准”工具栏上的“块编辑器”按钮，或选择“工具”|“块编辑器”命令，或在命令行中输入 bedit 命令来定义动态块。

单击“标准”工具栏上的“块编辑器”按钮，将弹出如图 9-20 所示的“编辑块定义”对话框。在“要创建或编辑的块”文本框中可以选择已经定义的块，也可以选择当前图形创建的新动态块，如果选择“<当前图形>”，当前图形将在块编辑器中打开。在图形中添加动态元素后，可以保存图形并将其作为动态块参照插入另一个图形中。用户可以在“预览”框中查看选择的块，“说明”栏将显示关于该块的一些信息。

单击“编辑块定义”对话框中的“确定”按钮，即可进入“块编辑器”界面，如图 9-21 所示。“块编辑器”界面由“块编辑器”工具栏、“块编写选项板”和编写区域三部分组成。

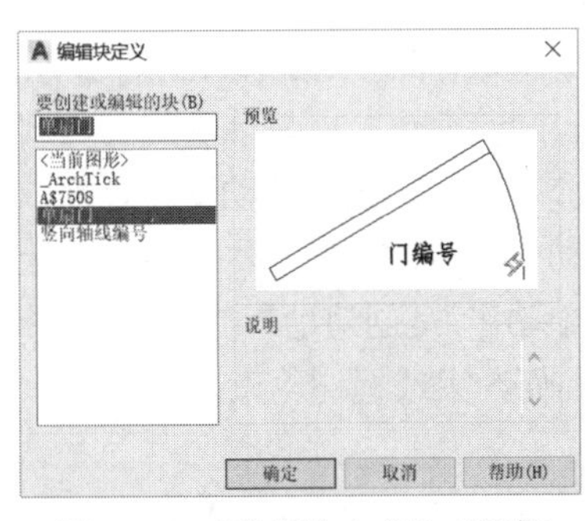

图 9-20　“编辑块定义”对话框

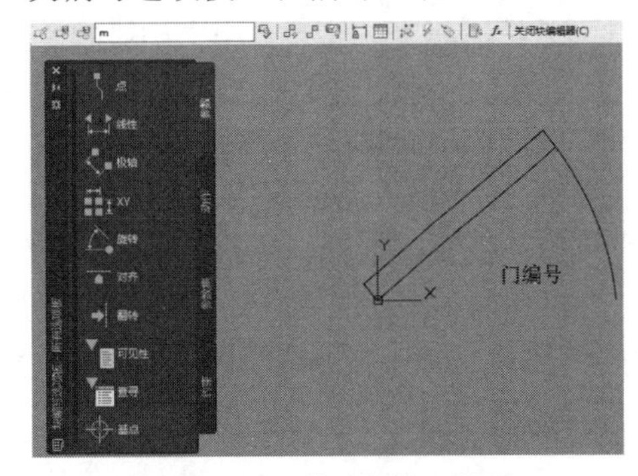

图 9-21　“块编辑器”界面

提示：

如果是在“草图与注释”工作空间，单击“确定”按钮后，功能区会出现“块编辑器”选项卡，该选项卡的功能与“块编辑器”工具栏的功能一致。

1. “块编辑器”工具栏

“块编辑器”工具栏位于整个编辑区的正上方，如图 9-21 所示，提供了用于创建动态块、设置可见性状态的工具。主要选项的功能如下。

- “编辑或创建块定义”按钮：单击该按钮，将弹出“编辑块定义”对话框，用户可以重新选择需要创建的动态块。
- “保存块定义”按钮：单击该按钮，将保存当前块定义。
- “将块另存为”按钮：单击该按钮，将弹出“将块另存为”对话框，用户可以重新输入块名并另存。
- “名称”文本框：用于显示当前块的名称。
- “测试块”按钮：单击该按钮，可以从块编辑器打开一个外部窗口测试动态块。
- “自动约束对象”按钮：单击该按钮，可根据对象相互的方向将几何约束自动应用于对象。
- “应用几何约束”按钮：单击该按钮，可在对象或对象上的点之间应用几何约束。
- “显示/隐藏约束栏”按钮：单击该按钮，可以控制对象上的可用几何约束的显示或隐藏。
- “参数约束”按钮：单击该按钮，可将约束参数应用于选定对象，或将标注约束转换为参数约束。
- “块表”按钮：单击该按钮，可显示对话框以定义块的变量。
- “编写选项板”按钮：单击该按钮，可以控制“块编写选项板”的开关。
- “参数”按钮：单击该按钮，将向动态块定义中添加参数。
- “动作”按钮：单击该按钮，将向动态块定义中添加动作。
- “定义属性”按钮：单击该按钮，将弹出“属性定义”对话框，从中可以定义模式、属性标记、提示、值、插入点和属性的文字选项。
- “关闭块编辑器”按钮关闭块编辑器(C)：单击该按钮，将关闭块编辑器返回绘图区域。

2. 块编写选项板

“块编写选项板”中包含用于创建动态块的工具，有“参数”“动作”“参数集”和“约束”4个选项卡，“参数”选项卡用于向块编辑器中的动态块添加参数，动态块的参数包括点参数、线性参数、极轴参数、XY参数、旋转参数、对齐参数、翻转参数、可见性参数、查询参数和基点参数；“动作”选项卡用于向块编辑器中的动态块添加动作，包括移动动作、缩放动作、拉伸动作、极轴拉伸动作、旋转动作、翻转动作、阵列动作和查询动作；“参数集”选项卡用于在块编辑器中向动态块定义中添加一个参数和至少一个动作，是创建动态块的一种快捷方式；“约束”选项卡用于在块编辑器中向动态块定义中添加几何约束或标注约束。

3. 编写区域

编写区域类似于绘图区域。可以在编写区域进行缩放操作，还可以给要编写的块添加参数和动作。用户可以先在“块编写选项板”的“参数”选项卡中选择添加给块的参数，当出现感叹号图标时，表示该参数还没有相关联的动作；然后在“动作”选项卡中选择相应的动作，命令行会提示用户选择参数，选择参数后，选择动作对象；最后设置动作位置，以“动作”选项卡中相应动作的图标表示。不同的动作，操作均不相同。下面通过创建一个窗户平面的动态块来介绍动态块的具体操作步骤。

9.5 操作实践

设置建筑标高图块，效果如图 9-22 所示。标高文字高为 250，预先设置文字样式为 Standard，采用“仿宋”字体，设置步骤不再赘述。要求设置成动态块能够快速镜像，具体步骤如下。

(1) 利用“直线”命令，绘制如图 9-23 所示的标高线，具体过程这里不再赘述。

图 9-22　标高标注效果　　图 9-23　标高线

(2) 选择“绘图”|“块”|“定义属性”命令，系统弹出“属性定义”对话框，如图 9-24 所示。在“标记”文本框中输入“标高”，在“提示”文本框中输入“请输入标高值”，在“默认”文本框中输入 0.000，在“对正”下拉列表框中选择“左下”，在“文字样式”下拉列表框中选择 Standard，在“文字高度”文本框中输入 250。单击“确定”按钮，完成属性定义显示标高，效果如图 9-25 所示。

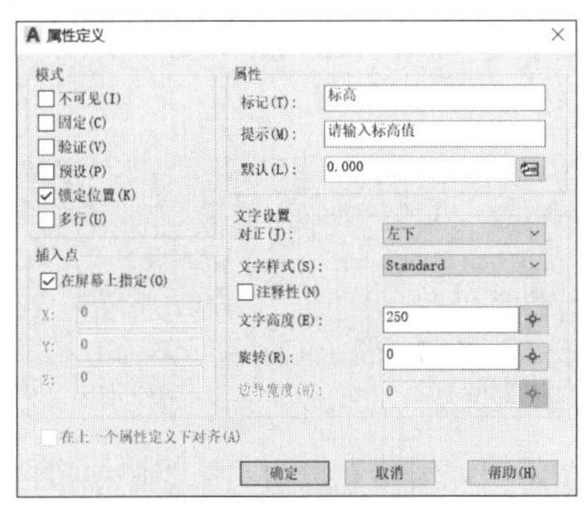

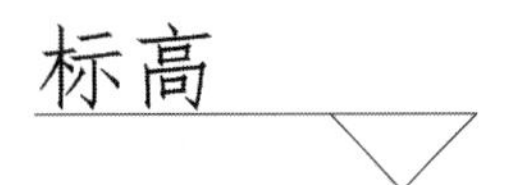

图 9-24　设置属性定义　　图 9-25　完成属性定义后的标高

(3) 单击“绘图”工具栏上的“创建块”按钮，系统弹出“块定义”对话框，如图 9-26 所示，勾选“在块编辑器中打开”复选框(若不需生成动态块，可以不勾选)，拾取基点的时候打开“对象捕捉”的“端点”和“交点”捕捉功能，捕捉如图 9-27 所示的三角形下顶点为基点，单击“确定”按钮，进入编辑属性，然后再单击“确定”按钮进入块编辑器。

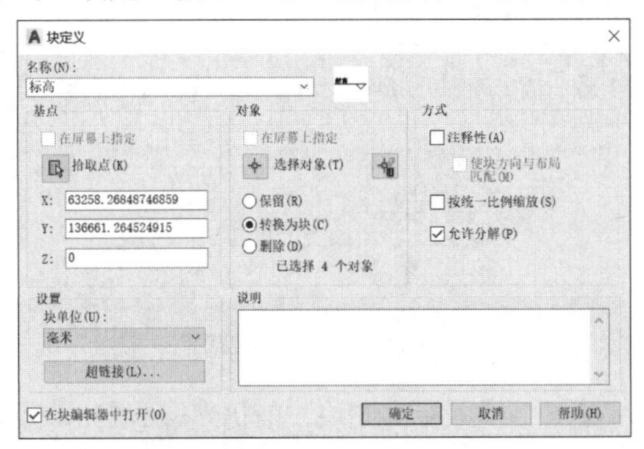

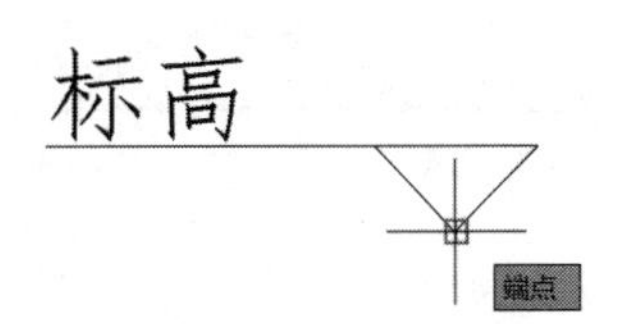

图 9-26　创建“标高”块　　图 9-27　选择顶点为基点

(4) 在块编辑器中，选择“参数”选项卡中的“翻转”命令，选择三角形的下顶点并拉出一条水平线为投影线，如图 9-28 所示。指定命令行提示如下。

```
命令: BParameter 翻转                                          //添加翻转参数
指定投影线的基点或 [名称(N)/标签(L)/说明(D)/选项板(P)]:   //设置投影线的基点
指定投影线的端点:                                              //设置远处另一端点
指定标签位置:                                                  //设置标签位置
```

(5) 选择“参数”选项卡中的“翻转参数”命令，打开“对象追踪”和“正交”开关，先将鼠标指针移至下三角点，等出现临时捕捉标记后，移至需要捕捉的水平线附近，即可捕捉交点。其他操作同第(4)步，如图 9-29 所示。

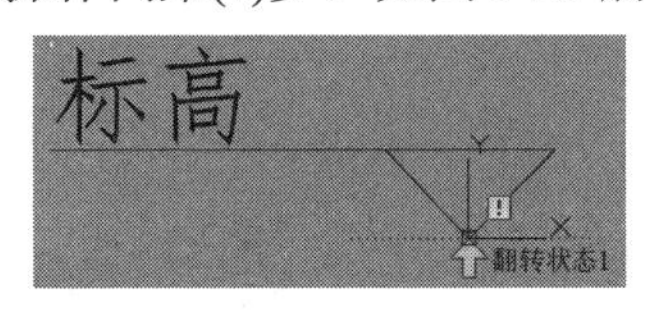

图 9-28　添加“翻转”状态 1

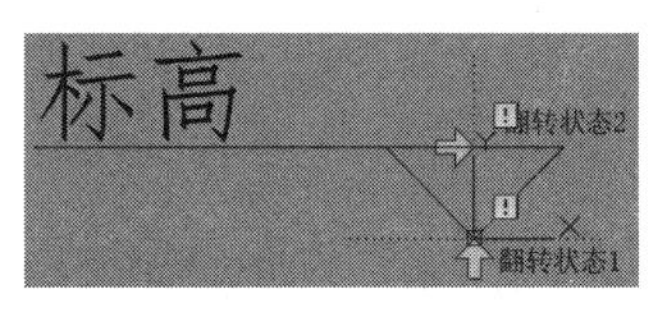

图 9-29　添加“翻转”状态 2

(6) 选择“动作”选项卡中的“翻转动作”，先选择“翻转参数”的“翻转状态 1”，然后选择全部对象和翻转夹点，再确定标签位置。同理，重复前面的操作，完成另一“翻转”参数“翻转状态 2”的翻转动作，如图 9-30 所示。命令行提示如下。

```
命令: BActionTool 翻转                   //添加翻转动作
选择参数:                                //选择翻转参数
指定动作的选择集
选择对象: 指定对角点: 找到 7 个          //选择翻转对象
选择对象:                                //按 Enter 键，完成对象选择
指定动作位置:                            //指定标签的放置位置
```

(7) 单击按钮，保存当前块定义。然后单击“关闭块编辑器”按钮，关闭块编辑器回到绘图区域。

(8) 单击“插入块”按钮，系统弹出“插入”对话框，在“当前图形块”列表框中双击“标高”选项，命令行提示如下。

```
命令: insert                             //单击按钮执行“插入块”命令
指定插入点或 [基点(B)/比例(S)/X/Y/Z/旋转(R)]:
                                         //打开“对象捕捉”，捕捉需要插入标高的点
输入属性值                               //系统提示信息
请输入标高值 <0.000>: 5.250              //根据属性提示，输入标高值 5.250，如图 9-31 所示
```

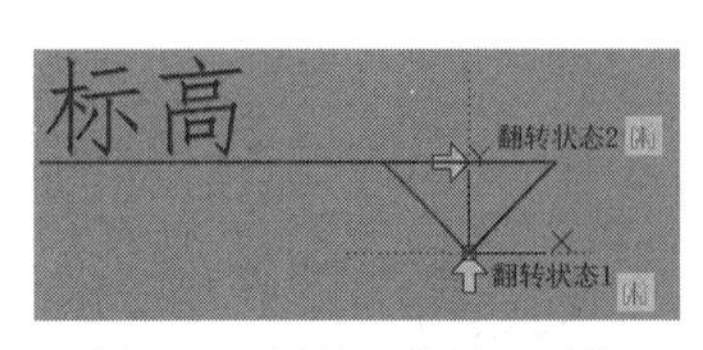

图 9-30　添加“翻转”动作

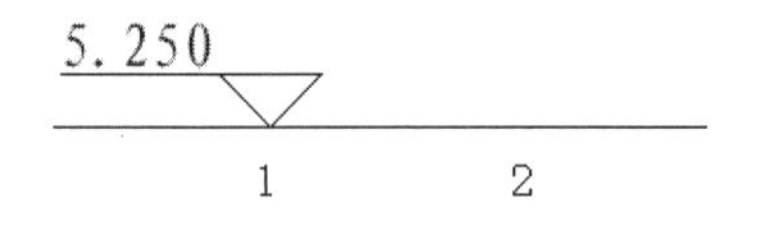

图 9-31　输入标高值

(9) 按 Enter 键，重复执行“插入块”命令，在点 2 插入标高图块，值仍然取 5.250，效果如图 9-32 所示。单击标高尖点处的翻转夹点，得到如图 9-33 所示的效果；单击水平线处的翻转夹点，得到如图 9-34 所示的效果。

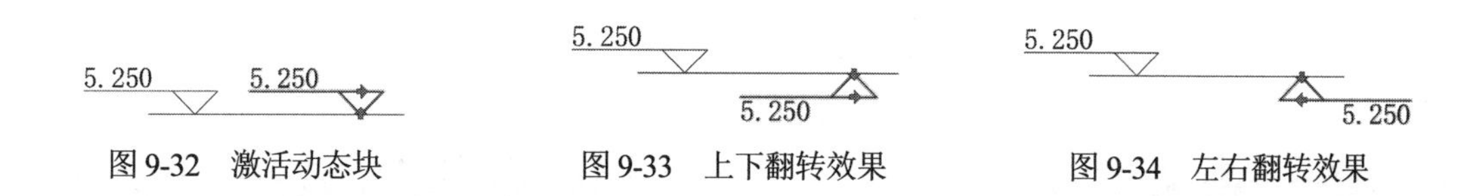

图 9-32　激活动态块　　图 9-33　上下翻转效果　　图 9-34　左右翻转效果

> **提示：**
> 初学者可以跳过动态块部分。

9.6 习题

9.6.1 填空题

(1) 在 AutoCAD 2020 中，创建内部图块，需要在命令行中输入________命令；创建外部图块，需要在命令行中输入________命令。

(2) “插入”对话框中的________复选框用于控制图块在 X、Y、Z 方向上缩放是否一致。

(3) 在定义“属性”前，应该理解块的属性由________和________组成。

(4) 创建动态块要在块编辑器中添加________和________。

9.6.2 选择题

(1) AutoCAD 2020 中文版中插入图块的命令是(　　)。

A. block　　B. wblock
C. classicinsert　　D. find

(2) AutoCAD 2020 中文版中定义图块属性的命令是(　　)。

A. block　　B. wblock　　C. attedit　　D. attdef

(3) 在 AutoCAD 2020 中文版中要定义动态块，需要在块编辑器中进行，打开块编辑器的命令是(　　)。

A. block　　B. wblock　　C. attedit　　D. bedit

9.6.3 上机操作

(1) 将单扇门定义成图块，命名为“单扇门”，并给“单扇门”图块附加“编号”属性，如 M900，效果如图 9-35 所示。

(2) 将“单扇门”图块创建成动态块，从而控制门的位置、大小和可翻转状态，如图 9-36 所示。

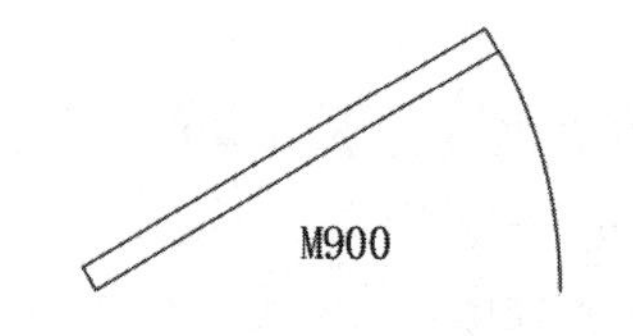

图 9-35　带属性的“单扇门”图块

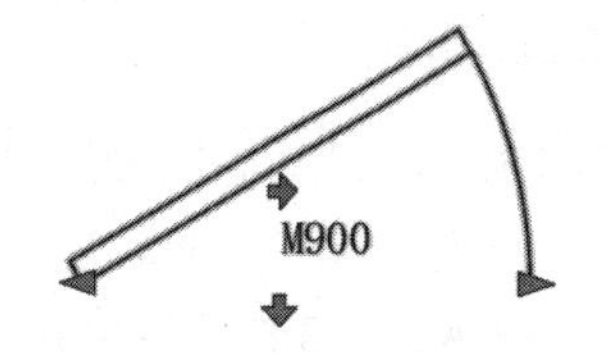

图 9-36　“单扇门”动态块

ɛ 第10章 ɜ

绘制建筑平、立、剖面图和详图图纸

建筑设计通常分为初步设计和施工图设计两个阶段，规模较大、形式复杂或非常重要的建筑也可分为初步设计、技术设计和施工图设计三个阶段，其中施工图设计阶段的图纸最为详细。通常需要绘制总平面图，平、立、剖面图，以及建筑详图等大量的图纸，以确保施工队伍能够实现设计者的设计意图。

通常情况下，建筑施工图主要指的是建筑各层的平面图、各个立面图纸与一些主要和重要位置的剖面图纸，以及一些复杂部位的局部放大的建筑详图。

《房屋建筑制图统一标准》(GB/T 50001—2017)和《建筑制图标准》(GB/T 50104—2010)是目前我国建筑制图的主要标准，也是每一位工程技术人员必须遵守的法规，只有熟悉现行的制图标准，才能在设计时绘制出符合要求的施工图纸。

充分发挥 AutoCAD 2020 中文版的强大功能，结合规范的要求绘制出标准的建筑图纸，将是本章乃至本书最主要的内容。下面将主要介绍建筑图纸中的一些基本规范、要求和绘制方法，以及标准中的各种基本规定如何在 AutoCAD 中实现。

知识要点

- 图框与图幅。
- 常用建筑制图的符号。
- 建筑平面图的绘制方法。
- 建筑立面图的绘制方法。
- 建筑剖面图的绘制方法。
- 建筑详图的绘制方法。

10.1 图幅、图框与绘图比例

10.1.1 图幅与图框

图幅是指图纸幅面的大小，分为横式幅面和立式幅面，包括 A0、A1、A2、A3 和 A4，图幅与图框的大小规范有严格的规定。图纸以短边作为垂直边的称为横式，以短边作为水平边的称为立式。一般 A0～A3 图纸宜横式使用，必要时，也可立式使用。具体尺寸如表 10-1 所示及图 10-1～图 10-3 所示。

表 10-1 图幅及图框尺寸

单位：mm

幅面代号 尺寸代号	A0	A1	A2	A3	A4
b×l	841×1189	594×841	420×594	297×420	210×297
c	10			5	
a	25				

注：表中 b 为幅面短边尺寸，l 为幅面长边尺寸，c 为图框线与幅面线间宽度，a 为图框线与装订边间宽度。

如果需要微缩复制的图纸，其一条边上应附有一段准确的米制尺度，4 条边上均应附有对中标志，米制尺度的总长应为 100mm，分格应为 10mm。对中标志应画在图纸各边长的中点处，线宽应为 0.35mm，伸入框内应为 5mm，如图 10-1～图 10-3 所示。

图纸的短边一般不应加长，长边可加长，但应符合表 10-2 所示的规定。一个工程设计中所使用的图纸，一般不宜多于两种幅面，不含目录及表格所采用的 A4 幅面。

表 10-2 图纸长边加长尺寸

单位：mm

幅面尺寸	长边尺寸	长边加长后的尺寸
A0	1189	1486、1635、1783、1932、2080、2230、2378
A1	841	1051、1261、1471、1682、1892、2102
A2	594	743、891、1041、1189、1338、1486、1635、1783、1932、2080
A3	420	630、841、1051、1261、1471、1682、1892

注：有特殊需要的图纸，可采用 B×l 为 841mm×891mm 与 1189mm×1261mm 的幅面。

10.1.2 标题栏、会签栏及装订边

纸的标题栏、会签栏及装订边的位置如图 10-1～图 10-4 所示，其格式和具体尺寸还应符合下列规定。

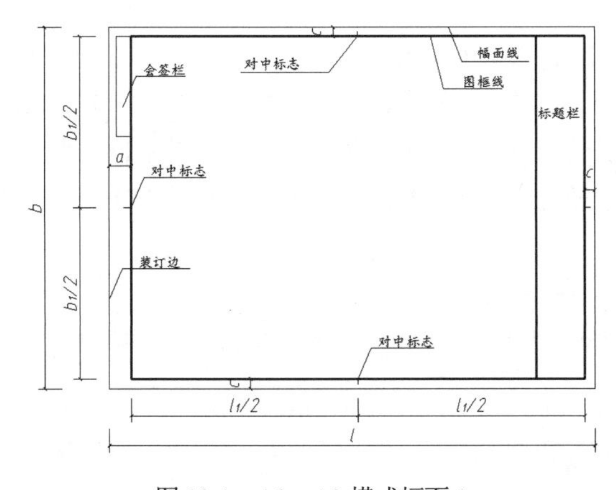

图 10-1 A0～A3 横式幅面 1

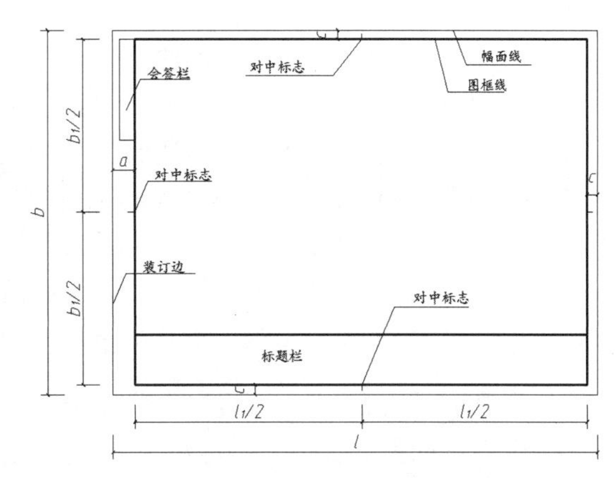

图 10-2 A0～A3 横式幅面 2

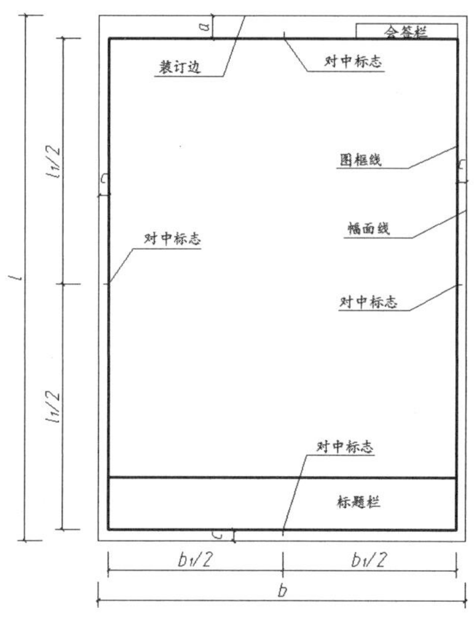

图 10-3　A0～A4 立式幅面 1

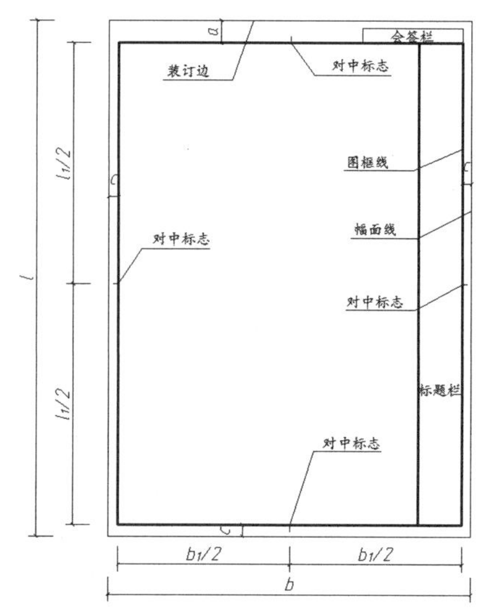

图 10-4　A0～A4 立式幅面 2

- 标题栏应按图 10-5 所示，根据工程需要确定其尺寸、格式及分区。标题栏的签字区应包含实名列和签名列；涉外工程的标题栏内，各项主要内容的中文下方应附有译文；设计单位的上方或左方，应加“中华人民共和国”字样。

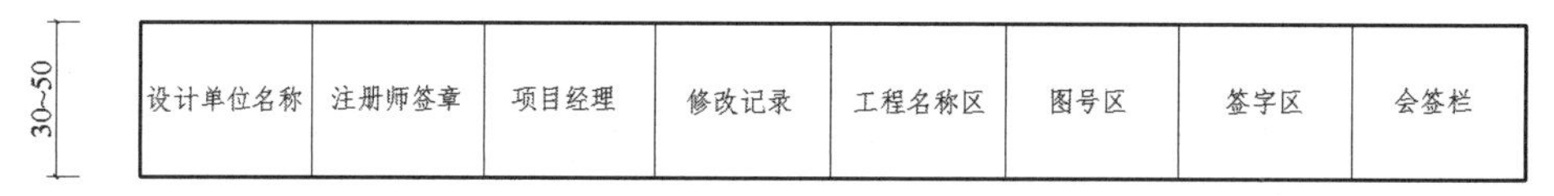

设计单位名称	注册师签章	项目经理	修改记录	工程名称区	图号区	签字区	会签栏

30~50

图 10-5　标题栏

- 图框线、标题栏线和会签栏线的宽度标准如下。A0 和 A1 图幅的图纸的图框线线宽采用 1.4mm，标题栏的外框线线宽采用 0.7mm，标题栏的分格线和会签栏线线宽采用 0.35mm；A2、A3 和 A4 图幅的图纸的图框线线宽采用 1.0mm，标题栏的外框线线宽采用 0.7mm，标题栏的分格线和会签栏线线宽采用 0.35mm。

10.1.3　绘图比例

比例是图形与实物相对应的线性尺寸之比。比例的大小是指比值的大小，如比例 1∶50 就大于比例 1∶100。比例的符号为“∶”，比例应以阿拉伯数字表示，如 1∶1、1∶2、1∶100 等。若在同一张图纸中只有一个比例，则在标题栏中统一注明图纸的比例大小。若在同一张图纸中有多个比例，则比例大小应该注明在图名的右侧，且字的基准线应取平；比例的字高宜比图名的字高小一号或二号，如图 10-6 所示。

平面图 1:00　⑥1:20

图 10-6　比例的注写

绘图时所用的比例，应根据图样的用途与被绘制对象的复杂程度，从表 10-3 中选用，并应优先用表中的常用比例。一般情况下，一个图样选用一种比例。根据专业制图需要，同一图样也可选用两种比例。

表 10-3　绘图时所用的比例

常用比例	1∶1、1∶2、1∶5、1∶10、1∶20、1∶30、1∶50、1∶100、1∶150、1∶200、1∶500、1∶1000、1∶2000
可用比例	1∶3、1∶4、1∶6、1∶15、1∶25、1∶40、1∶60、1∶80、1∶250、1∶300、1∶400、1∶600、1∶5000、1∶10000、1∶20000、1∶50000、1∶100000、1∶200000

【例 10-1】绘制 1∶100 比例图纸中的一个标准 A2 图框如图 10-7 所示。

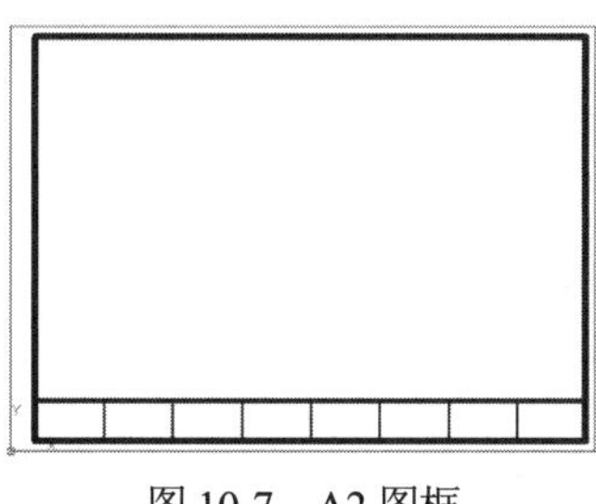

图 10-7　A2 图框

具体操作步骤如下。

(1) 单击“矩形”按钮，命令行提示如下。

```
命令: rectang                                              //启动绘制矩形命令
指定第一个角点或 [倒角(C)/标高(E)/圆角(F)/厚度(T)/宽度(W)]:  //指定第一角点
指定另一个角点或 [面积(A)/尺寸(D)/旋转(R)]: D                //选择通过尺寸方式来绘制
指定矩形的长度 <42000.0000>: 59400                          //输入 A2 图幅长度
指定矩形的宽度 <29700.0000>: 42000                          //输入 A2 图幅宽度
指定另一个角点或 [面积(A)/尺寸(D)/旋转(R)]:                  //指定一点确定矩形位置
```

(2) 单击“分解”按钮，选择绘制的矩形将其分解。

(3) 单击“偏移”按钮，偏移矩形的边线，按规范要求输入偏移距离 1000 和 2500，效果如图 10-8 所示。

(4) 单击“圆角”按钮，将圆角半径设为 0，选择 4 个角线，圆角后的效果如图 10-9 所示。

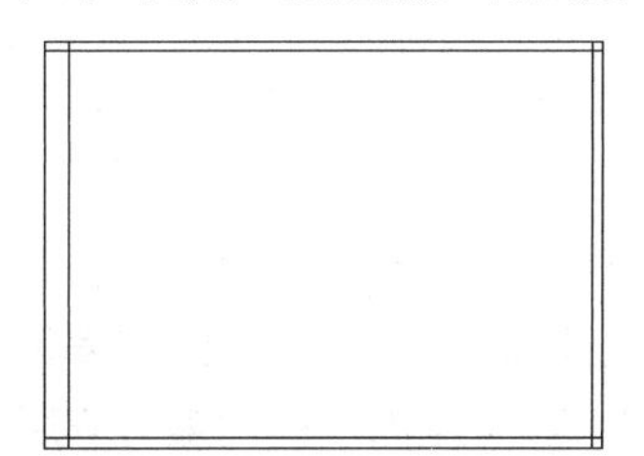

图 10-8　偏移图幅边线

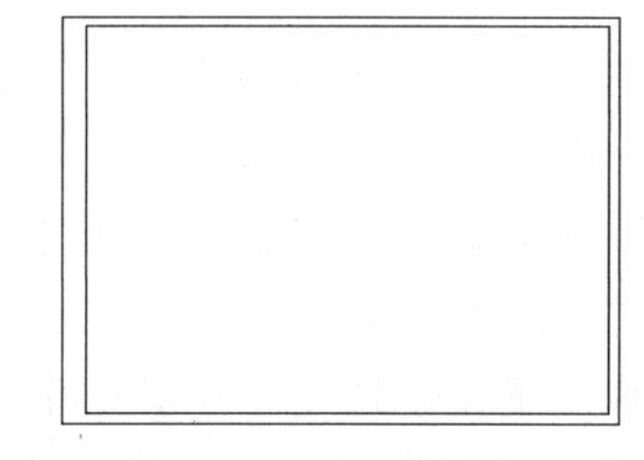

图 10-9　圆角图框边线

(5) 单击“矩形”按钮，绘制标题栏，命令行提示如下。

```
命令: rectang                                              //启动绘制矩形命令
指定第一个角点或 [倒角(C)/标高(E)/圆角(F)/厚度(T)/宽度(W)]:  //指定第一角点
指定另一个角点或 [面积(A)/尺寸(D)/旋转(R)]: D                //选择通过尺寸方式来绘制
指定矩形的长度 <2400.0000>: 55900                           //输入标题栏的长度
指定矩形的宽度 <4000.0000>: 4000                            //输入标题栏的宽度
指定另一个角点或 [面积(A)/尺寸(D)/旋转(R)]:                  //确定矩形的位置
```

(6) 单击“分解”按钮，选择绘制的矩形将其分解。

(7) 选择“绘图”|“点”|“定数等分”命令，将标题栏长方形的边分成 8 份，将水平线等分成 8 份，打开“对象捕捉”的“节点”“端点”和“垂足”捕捉功能，若没有选择“工具”|“绘图设置”命令，则可在打开的“草图设置”对话框的“对象捕捉”选项卡中进行设置。

(8) 单击状态栏上的“正交”按钮，打开正交开关，单击“直线”按钮，按照如图 10-10 所示的图形连接节点和垂足。

图 10-10　绘制完成的标题栏

由于不同的单位对于标题栏和会签栏的填写并不相同，这里不再对标题栏进行细化，用户在实际绘制时，可以根据本公司或相应的设计院的要求进行设定。

(9) 单击“修改”工具栏上的“移动”按钮，选择标题栏，捕捉右下角点为移动的基点，捕捉图框的右下角点，完成移动，效果如图 10-5 所示。

(10) 选择所有图框线，在“特性”工具栏的“线宽控制”下拉列表框中选择 1.0mm 的线宽。

(11) 选择标题栏的外框线，在“特性”工具栏的“线宽控制”下拉列表框中选择 0.7mm 的线宽。

(12) 选择会签栏线和标题栏的分格线，在“特性”工具栏的“线宽控制”下拉列表框中选择 0.35mm 的线宽，效果如图 10-7 所示。

10.2　常用建筑制图符号

绘制建筑施工图时，经常要绘制许多符号，如定位轴线编号、标高等。本节主要介绍各种符号的规范要求，以及在 AutoCAD 中的绘制方法。

10.2.1　定位轴线编号和标高

定位轴线编号和标高的绘制方法在前面的章节中已经介绍过，在此主要介绍规范中对定位轴线编号的一些要求。

轴线应用细点划线绘制，定位轴线一般应编号，编号应注写在轴线端部的圆内。圆应用细实线绘制，直径为 8～10mm。定位轴线圆的圆心应在定位轴线的延长线上或延长线的折线上。

对平面图中的定位轴线进行编号时，宜标注在图样的下方与左侧。横向编号应用阿拉伯数字，按照从左至右的顺序编写，竖向编号应用大写拉丁字母，按照从下到上的顺序编写，如图 10-11 所示。为了防止与数字 1、0、2 混淆，拉丁字母 I、O、Z 不得用于轴线编号。如果字母数量不够使用，可增用双字母或单字母加数字注脚，如 AA、BA…YA 或 A1、B1…Y1。

在组合较复杂的平面图中，定位轴线也可采用分区编号，编号的注写形式应为“分区号-该分区编号”。分区号采用阿拉伯数字或大写拉丁字母表示，如图 10-12 所示。

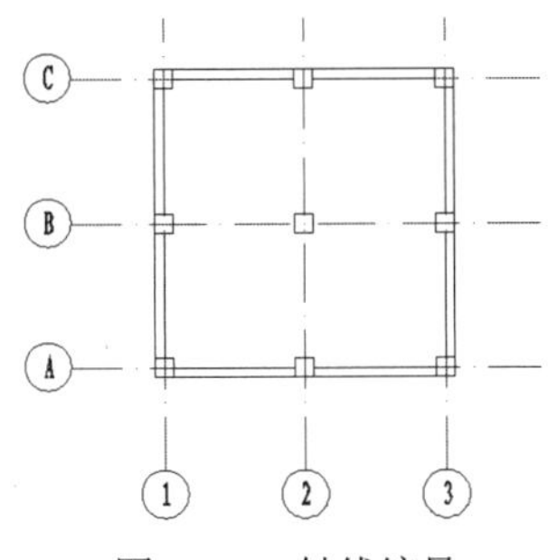

图 10-11　轴线编号

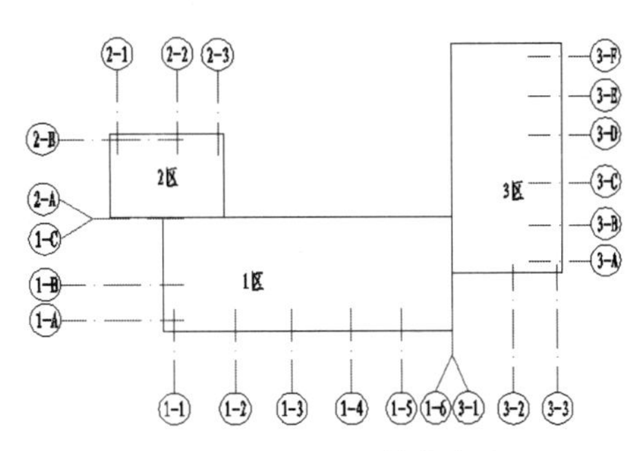

图 10-12　分区轴线编号

附加定位轴线的编号应以分数形式表示，并应按下列规定编写：两条轴线间的附加轴线，应以分母表示前一轴线的编号，以分子表示附加轴线的编号，编号宜用阿拉伯数字按顺序编写；1 号轴线或 A 号轴线之前的附加轴线的分母应以 01 或 0A 表示，如图 10-13 所示。

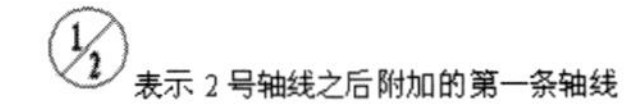

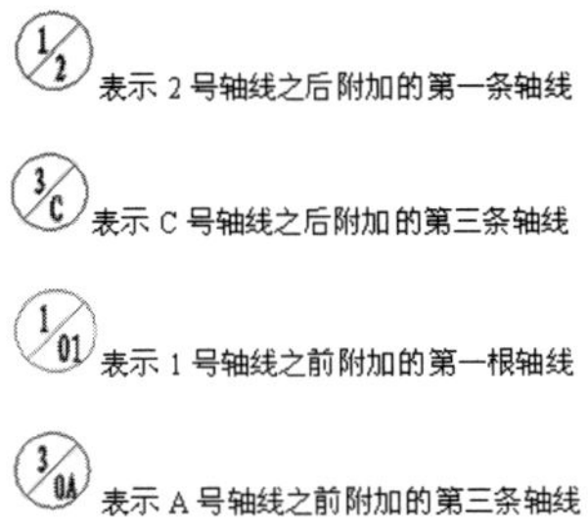

3/C 表示 C 号轴线之后附加的第三条轴线

1/01 表示 1 号轴线之前附加的第一根轴线

3/0A 表示 A 号轴线之前附加的第三条轴线

图 10-13　附加定位轴线的编号

当一个详图适用于多条轴线时，应同时注明各有关轴线的编号；通用详图中的定位轴线，应只画圆，不注写轴线编号，如图 10-14 所示。

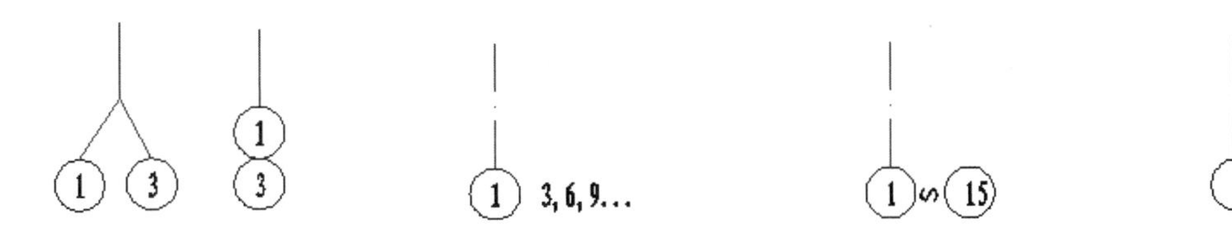

(a) 用于两条轴线时　(b) 用于 3 条或 3 条以上的轴线　(c) 用于 3 条以上连续的轴线　(d) 通用详图轴线编号

图 10-14　详图的轴线编号

对圆形平面图中的定位轴线进行编号时，径向轴线宜用阿拉伯数字表示，从左下角开始，按逆时针顺序编写；圆周轴线宜用大写拉丁字母表示，按从外向内的顺序编写，如图 10-15 所示。对折线形平面定位图中的定位轴线进行编号时，可按图 10-16 所示的形式绘制。

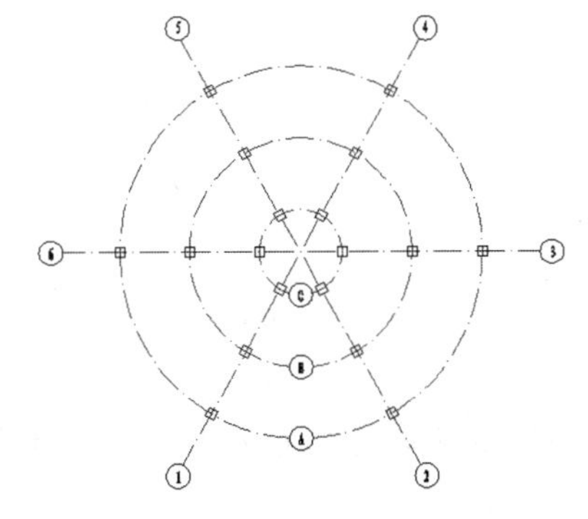

图 10-15　圆形平面定位轴线

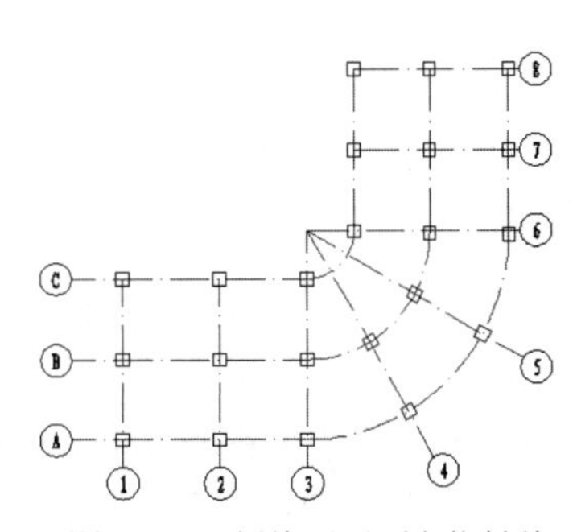

图 10-16　折线形平面定位轴线

10.2.2 索引符号、零件编号与详图符号

1. 索引符号

工程图样中的某一局部或构件，如需另见详图，应通过索引符号索引。索引符号由直径为10mm 的圆和水平直径组成，索引圆中的数字宜采用 2.5 号或 3.5 号字书写，圆及水平直径均应以细实线绘制。索引符号应按下列规定编写。

索引出的详图，如与被索引的详图在同一张图纸内，应在索引符号的上半圆中用阿拉伯数字注明该详图的编号，并在下半圆中间画一段水平细实线，如图 10-17 所示。

索引出的详图，如与被索引的详图不在同一张图纸内，应在索引符号的上半圆中用阿拉伯数字注明该详图的编号，并在索引符号的下半圆中用阿拉伯数字注明该详图所在图纸的编号，如图 10-18 所示。当数字较多时，可加文字标注。

索引出的详图，如采用标准图，应在索引符号水平直径的延长线上加注该标准图册的编号，如图 10-19 所示。

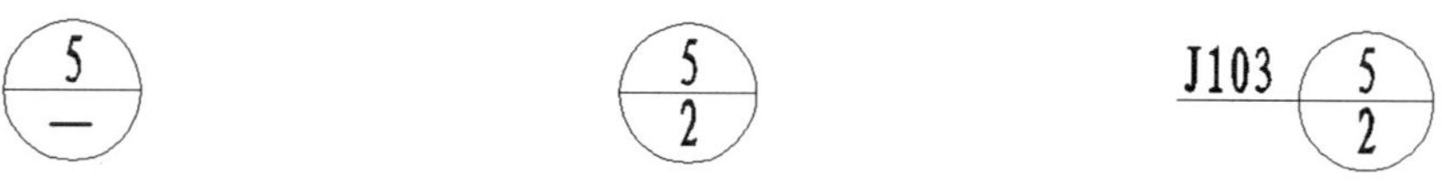

图 10-17　同图索引　　图 10-18　异图索引　　图 10-19　标准图索引

索引符号如果用于索引剖视详图，应在被剖切的部位绘制剖切位置线，并以引出线引出索引符号，引出线所在的一侧应为投射方向。剖切位置线用 6～10mm 长的粗实线绘制，与引出线的间隙约为 1mm，如图 10-20 所示。

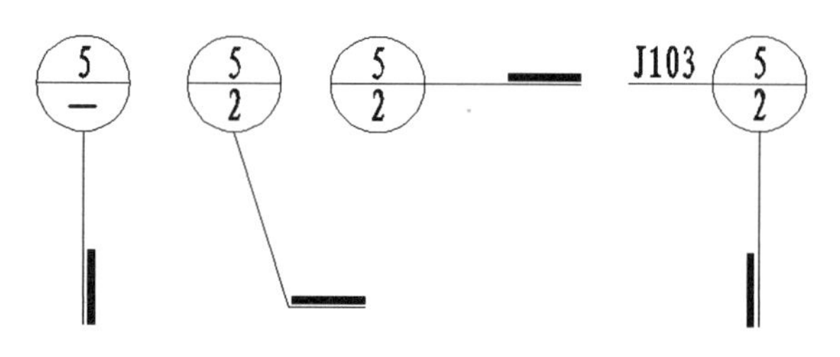

图 10-20　用于索引剖面详图的索引符号

2. 零件编号

零件、杆件、钢筋、设备等的编号一般以直径为 4～6mm(同一图样应保持一致)的细实线圆表示，其编号应用阿拉伯数字按顺序编写。

3. 详图符号

详图的位置和编号应以详图符号表示。详图符号的圆应以直径为 14mm 的粗实线绘制。详图应按下列规定编号。

- 当详图与被索引的图样在同一张图纸内时，应在详图符号内用阿拉伯数字注明详图的编号，如图 10-21 所示。
- 当详图与被索引的图样不在同一张图纸内时，应用细实线在详图符号内画一水平直径，在上半圆中注明详图编号，在下半圆中注明被索引的图纸的编号，如图 10-22 所示。

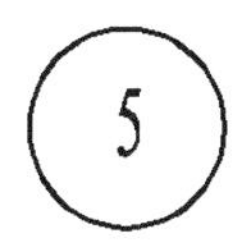

图 10-21　与被索引图样在同一张图纸内

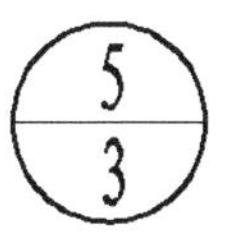

图 10-22　与被索引图样不在同一张图纸内

10.2.3　指北针

指北针的形状宜如图 10-23 所示，其圆的直径宜为 24mm，用细实线绘制；指针尾部的宽度宜为 3mm，指针头部应注“北”或 N。当用较大直径绘制指北针时，指针尾部宽度宜为直径的 1/8。

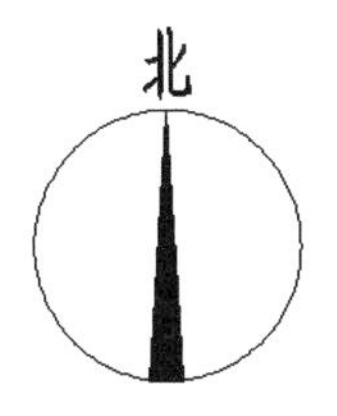

图 10-23　指北针

10.2.4　连接符号

连接符号应以折断线表示需连接的部位。当两部位相距过远时，折断线两端靠图样一侧应标注大写拉丁字母表示连接编号。两个被连接的图样必须用相同的字母编号，如图 10-24 所示。

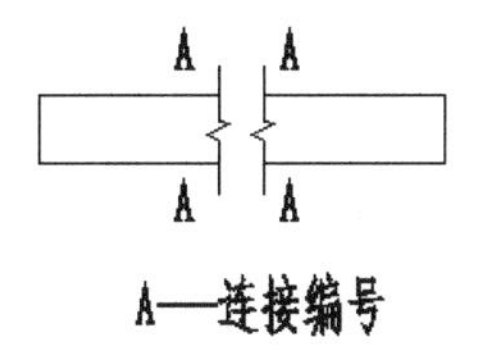

图 10-24　连接符号

10.2.5　对称符号

对称符号由对称线和两端的两对平行线组成。对称线用细点划线绘制；平行线用细实线绘制，其长度宜为 6～10mm，每对的间距宜为 2～3mm；对称线垂直平分两对平行线，两端宜超出平行线 2～3mm，如图 10-25 所示。

图 10-25　对称符号

10.2.6　图名

图名宜用 7 号长仿宋字书写，图名的下方绘制水平的粗实线，长度约与图名长度相当，当注明比例时，比例以 5 号或 3.5 号字注在图名的右侧。

10.2.7　剖面和断面的剖切符号

1. 剖面剖切符号

剖面的剖切符号应符合下列规定。

- 剖面的剖切符号由剖切位置线及投射方向线组成，均应以粗实线绘制。剖切位置线的长度宜为 6～10mm；投射方向线应垂直于剖切位置线，长度应短于剖切位置线，宜为 4～6mm。绘制时，剖面的剖切符号不应与其他图线接触，如图 10-26 所示。
- 剖面剖切符号的编号宜采用阿拉伯数字，按顺序由左至右、由下至上连续编排，并应注写在剖视方向线的端部。
- 需要转折的剖切位置线，应在转角的外侧加注与该符号相同的编号。
- 建(构)筑物剖面图的剖切符号宜注在±0.00 标高的平面图上。

2. 断面剖切符号

- 断面的剖切符号只用剖切位置线表示，应以粗实线绘制，长度宜为 6～10mm。
- 断面剖切符号的编号宜采用阿拉伯数字，按顺序连续编排，并应注写在剖切位置线的一侧；编号所在的一侧应为该断面的剖视方向，如图 10-27 所示。

剖面图或断面图如与被剖切图样不在同一张图内，可在剖切位置线的另一侧注明其所在图纸的编号，也可以在图上集中说明，如图 10-26 和图 10-27 所示。

图 10-26　剖面剖切符号　　图 10-27　断面剖切符号

10.2.8　建筑施工图中的文字级配

建筑施工图中的文字注写，一定要按照制图标准的规定注写。建议选用 10 号字注写标题栏中的设计单位名称，用 7 号字注写图名，用 5 号字书写设计说明，用 3.5 号或 2.5 号字注写尺寸，用 5 号或 3.5 号字注写轴线编号，用 3.5 号或 2.5 号字注写零件编号，用 7 号或 5 号字书写剖切标注。同一张图纸内的字号配置要一致。

10.3　建筑平、立、剖面图的线型

在前面的章节中已经介绍了建筑行业中线型的通用标示方法，在此再详细介绍一下各种线型在平面、立面、剖面和详图中的应用和含义，主要内容如表 10-4 所示。平面图、剖面图和详图图线宽度选用示例如图 10-28～图 10-30 所示。

表 10-4　建筑平、立、剖面图的线型

名称		线型	线宽	用途
实线	粗		b	• 平、剖面图中被剖切的主要建筑构造(包括构配件)的轮廓线 • 建筑立面图或室内立面轮廓线 • 建筑构造详图中被剖切的主要部分的轮廓线 • 建筑构配件详图中的外轮廓线 • 平、立、剖面图的剖切符号
	中粗		$0.7b$	• 平、剖面图中被剖切的次要建筑构造(包括构配件)的轮廓线 • 建筑平、立、剖面图中建筑构配件的轮廓线 • 建筑构造详图及建筑构配件详图中的一般轮廓线
	中		$0.5b$	小于 $0.7b$ 的图形线、尺寸线、尺寸界线、索引符号、标高符号、详图材料做法引出线、粉刷线、保温层线、地面、墙面的高差分界线等
	细		$0.25b$	图例填充线、家具线、纹样线等
虚线	中粗		$0.7b$	• 建筑构造详图及建筑构配件不可见的轮廓线 • 平面图中的梁式起重机(吊车)轮廓线 • 拟建、扩建建筑物轮廓线
	中		$0.5b$	投影线、小于 $0.5b$ 的不可见轮廓线
	细		0.25b	图例填充线、家具线等
单点划线	粗		b	起重机(吊车)轨道线
单点长划线	细		$0.25b$	中心线、对称线、定位轴线
折断线			$0.25b$	部分省略表示时的断开界线
波浪线			$0.25b$	• 部分省略表示时的断开界线，曲线形构间断开界线 • 构造层次的断开界线

注：地坪线的线宽可用 $1.4b$。

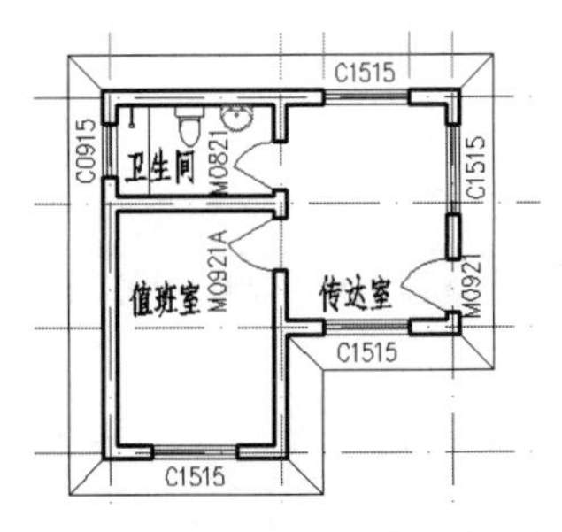

图 10-28　平面图图线宽度选用示例

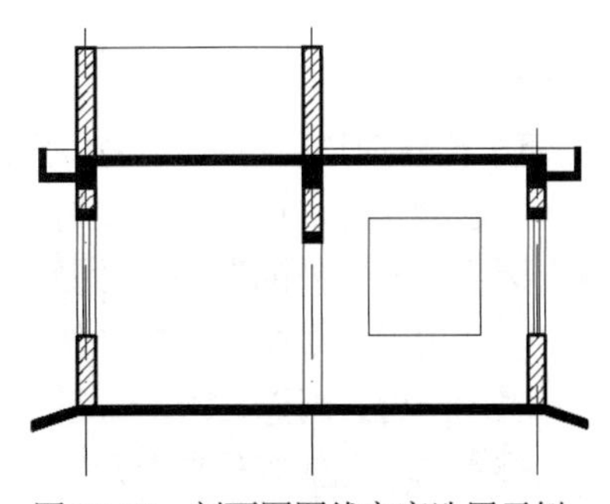

图 10-29　剖面图图线宽度选用示例

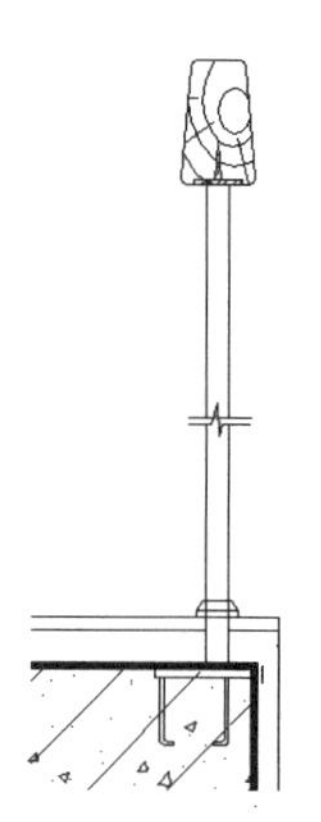

图 10-30　详图图线宽度选用示例

提示：

绘制较简单的图样时，可采用两种线宽的线宽组，其线宽比宜为 b∶0.25b。b 的选择参见表 6-1。

10.4 建筑平面图的绘制方法

建筑平面图是假想用一水平的剖切面沿某层门窗洞位置将建筑物剖切后，对剖切面以下部分所作的水平投影图。建筑平面图又简称为平面图，一般用平面图表示建筑物的平面形状，房间的布局、形状、大小、用途，墙、柱的位置，墙的厚度，柱子的尺寸，门窗的类型、位置、尺寸大小及各部分的联系。

建筑平面图是建筑施工图中最重要也是最基本的图样，是施工放线、墙体砌筑和安装门窗的依据。建筑平面图应与建筑层数对应，一般建筑物有几层就应有几个建筑平面图分别与之对应，如“首层平面图”“第一层平面图”“第二层平面图”“第三层平面图”“顶层平面图”等。当建筑物层数较多且中间层(除去首层和顶层的中间楼层)又完全相同时，可以共用一个建筑平面图，该平面层称为“标准层平面图”或“中间层平面图”。因此，一般情况下，三层或三层以上的建筑物，至少应绘制三个楼层平面图，即一层平面图、中间层平面图和顶层平面图。

屋顶平面图也是一种建筑平面图，它是在空中对建筑物的水平正投影图。

10.4.1 建筑平面图的内容及相关规定

1. 平面图内容

建筑平面图应该表达的内容如下。

- 表示墙、柱、墩，内外门窗位置及编号，房间的名称或编号，轴线编号。
- 标注出室内外的有关尺寸及室内楼、地面的标高(底层地面为±0.000)。
- 表示电梯、楼梯的位置及楼梯的上下行方向。
- 表示阳台、雨篷、踏步、斜坡、通气竖道、管线竖井、烟囱、消防梯、雨水管、散水、排水沟、花池等位置及尺寸。
- 标注出卫生器具、水池、工作台、橱、柜、隔断及重要设备位置。

- 表示地下室、地坑、地沟、各种平台、楼阁(板)、检查孔、墙上留洞、高窗等位置尺寸与标高。如果是隐蔽的或剖切面以上部位的内容，应以虚线表示。
- 标注出剖面图的剖切符号及编号(一般只标注在底层平面图上)。
- 标注有关部位上节点详图的索引符号。
- 在底层平面图附近绘制出指北针，一般取上北下南。
- 屋面平面图的内容有女儿墙、檐沟、屋面坡度、分水线与落水口、变形缝、楼梯间、水箱间、天窗、上人孔、消防梯及其他构筑物、索引符号等。

这些内容根据具体情况取舍。当比例大于 1∶50 时，平面图上的断面应画出其材料图例和抹灰层的面层线；当比例为 1∶100～1∶200 时，抹灰面层线可以不画，断面材料图例可用简化画法。

2. 绘制要求

绘制平面图时应当注意以下 3 个方面的原则性内容。

- 图示方法正确。
- 线型分明。
- 尺寸齐全。

绘制平面图时的具体要求如下。

- 平面图上的线型一般有粗实线、中粗实线和细实线 3 种。只有墙体、柱子等断面轮廓线、剖切符号以及图名底线用粗实线绘制，门扇的开启线用中粗实线绘制，其余部分均用细实线绘制。若有在剖切位置以上的构件，可以用细虚线或中粗虚线绘制。
- 底层平面图中，图样周围要标注三道尺寸。第一道是反映建筑物总长或总宽的总体尺寸；第二道是反映轴线间距的轴线尺寸；第三道是反映门窗洞口的大小和位置的细部尺寸。其他细部尺寸可以直接标注在图样内部或就近标注。底层平面图上应有反映房屋朝向的指北针。反映剖面图剖切位置的剖切符号必须画在底层平面图上。
- 中间层或标准层，除了没有指北针和剖切符号外，其余绘制的内容与底层平面图类似。这些平面图只标注两道尺寸——轴间尺寸和总体尺寸，与底层平面图相同的细部尺寸可以不标注。
- 屋顶平面是反映屋顶组织排水状况的平面图，对于一些简单的房屋可以省略不画。
- 在同一张图纸上绘制多于一层的平面图时，各层平面图宜按层数由低向高的顺序从左至右或从下至上布置。
- 除顶棚平面图外，各种平面图应按正投影法绘制。顶棚平面图宜用镜像投影法绘制。
- 建筑物平面图应注写房间的名称或编号。编号注写在直径为 6mm 细实线绘制的圆圈内，并在同一张图纸上列出房间名称表。
- 对于平面较大的建筑物，可分区绘制平面图，但每张平面图均应绘制组合示意图。各区应分别用大写拉丁字母编号。在组合示意图中要提示的分区，应采用阴影线或填充的方式表示。
- 为表示室内立面在平面图上的位置，应在平面图上用内视符号注明视点位置、方向及立面编号。符号中的圆圈应用细实线绘制，根据图面比例圆圈直径可选择 8～12mm。立面编号宜用拉丁字母或阿拉伯数字。内视符号示例如图 10-31 所示；平面图上内视符号示例如图 10-32 所示。

(a)单面内视符号

(b)双面内视符号

(C)四面内视符号

图 10-31　内视符号示例

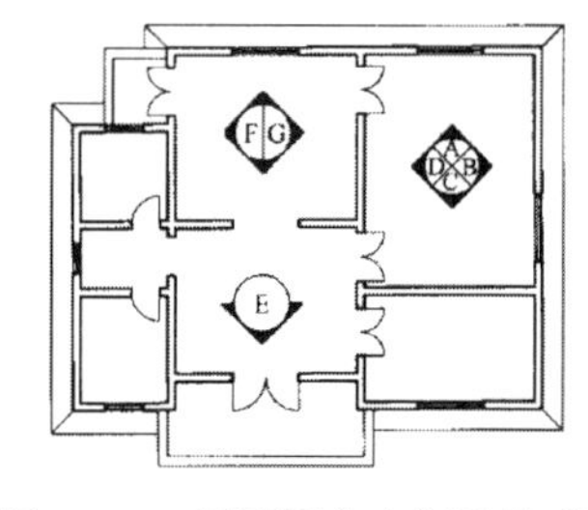

图 10-32　平面图上内视符号示例

10.4.2　建筑平面图的绘制

在前面的章节中已经绘制过与平面图相关的部分内容，其实绘制整个平面图与之是类似的。本节主要介绍绘制建筑平面图的具体步骤，以及在 AutoCAD 中的实现方法。

具体的绘制步骤如下。

(1) 绘制定位轴线、墙体和柱子。

绘制定位轴线之前，先新建轴线图层并将该图层置为当前图层。同时加载点划线线型，并设置线型的全局比例。主要用到的 AutoCAD 的命令有“直线”命令、“偏移”命令、“拉伸”命令，以及关于视图的“缩放”与“平移”命令。

在绘制墙体之前，先设置墙体图层，选择相应的颜色，并将该图层置为当前图层，同时设置墙线的线宽，用粗线绘制，建议采用 0.7mm 的线宽。用户可以采用多线方式绘制墙体，也可以采用普通的直线命令绘制墙线，主要用到的命令有“直线”命令、“多线”命令、“偏移”命令、“拉伸”命令、“修剪”命令、“圆角”或“倒角”命令等。

在绘制柱子之前，先设置柱子图层，选择相应的颜色，并将该图层置为当前图层，同时设置柱子图层的线宽，用粗线绘制。柱子主要采用“矩形”命令绘制，然后用“复制”命令、“阵列”命令、“比例”命令等完成对其他位置柱子的绘制。

(2) 绘制门窗洞口及其他图形。

切换目标层为当前图层，采用“偏移”命令对轴线偏移定位绘制门窗洞口，完成所有墙线的绘制。在对应的图层绘制楼梯、台阶、卫生间、散水等。

(3) 编辑修改图形，进行图层的整理。

运用图形编辑命令，如“复制”命令、“修剪”命令、“圆角”或“倒角”命令、“移动”命令、“删除”命令等对图层进行编辑。在相应的图层插入门窗图块和其他图块，然后通过“特性匹配”命令 matchprop，或单击“标准”工具栏上的“特性匹配”按钮，整理图线的图层，并检查图形对象和图层是否匹配。

(4) 标注尺寸和文字，绘制其他建筑符号。

经检查无误后，可以标注尺寸、门窗编号、剖切符号、图名、比例和其他说明文字，在底层平面图附近绘制指北针。填写图框的标题栏和会签栏，完成平面图纸的绘制。

【例 10-2】绘制底层平面图。

仍然以传达室的建筑平面图为例来介绍建筑平面图的绘制方法。打开原来绘制的底层平面图“Ex04-1 传达室.dwg”，如图 10-33 所示。其中建筑平面图绘制的第一步和第二步已经基本完成，第三步的内容有些也已经完成，为了配合本教程的讲解，没有严格按照常规的建筑制图的步骤进行，但基本思路是一致的。现介绍其他还未完成的内容，最终效果如图 10-34 所示。

具体操作步骤如下。

(1) 打开图形文件“Ex04-1 传达室.dwg”。

(2) 按照第 9 章【例 9-4】中介绍的方法创建“竖向轴线编号”图块，属性提示为“请输入竖向轴线编号”，默认值为“1”，设置对齐样式为“中间”，文字高度 500，旋转角度 0。

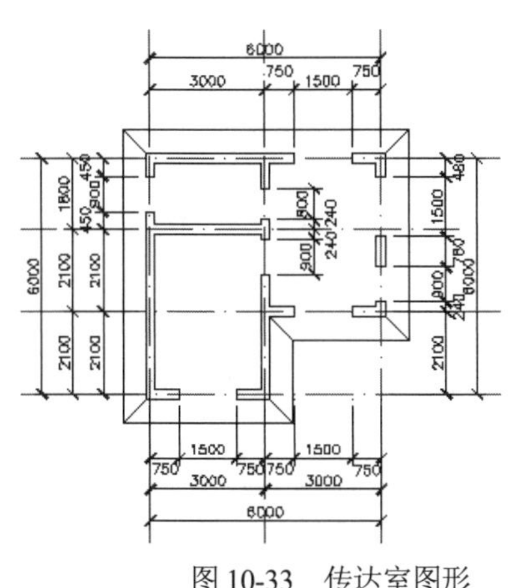

图 10-33　传达室图形

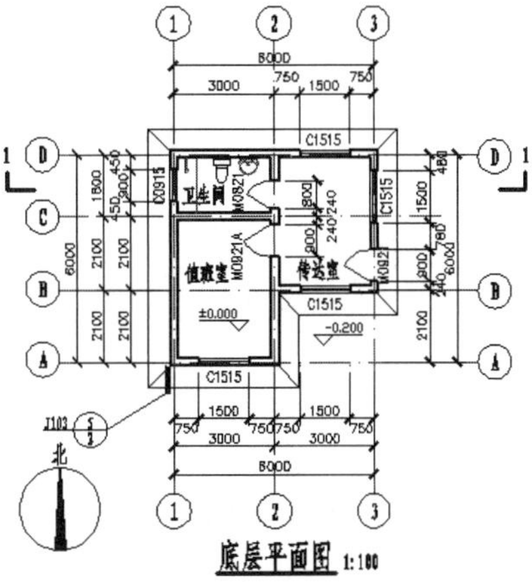

图 10-34　最终效果

(3) 按照上一步骤创建“水平轴线编号”图块，只是块的插入点选择右象限点。默认值为 A，其他设置与“竖向轴线编号”图块相同。

(4) 绘制辅助线，再使用“延伸”命令 extend，将较短的轴延伸。然后单击“绘图”工具栏上的“插入块”按钮，在相应的位置插入“竖向轴线编号”图块或“水平轴线编号”图块，效果如图 10-35 所示。

(5) 将“建筑-门窗”层置为当前图层，再将事先绘制好的门窗图块插入图形中，效果如图 10-36 所示。

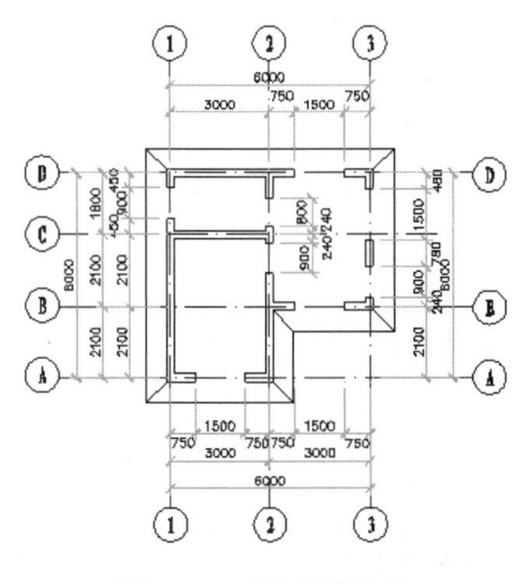

图 10-35　插入轴线编号

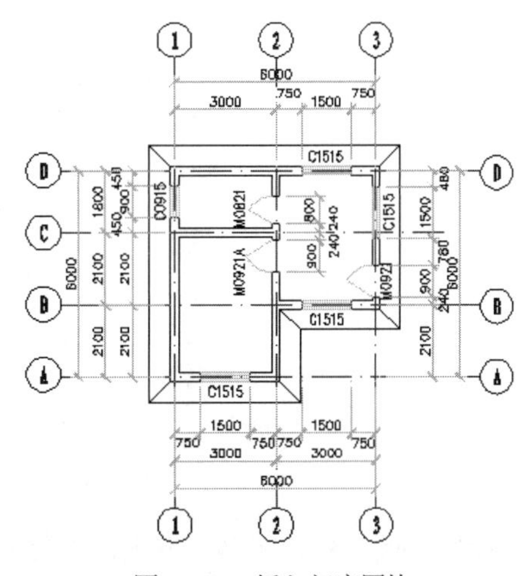

图 10-36　插入门窗图块

(6) 将“建筑-卫生洁具”层置为当前图层，将事先绘制好的卫生洁具图块插入图形中，效果如图 10-37 所示。

(7) 按照第 9 章操作实践中介绍的方法创建“标高”图块，然后再将其插入图形中，效果如图 10-38 所示。命令行提示如下。

```
命令: insert                                                                  //插入标高图块
指定插入点或 [基点(B)/比例(S)/旋转(R)/预览比例(PS)/预览旋转(PR)]:   //选取插入点
输入属性值
请输入标高值 <0.000>: %%p0.000                                                //输入±0.000
```

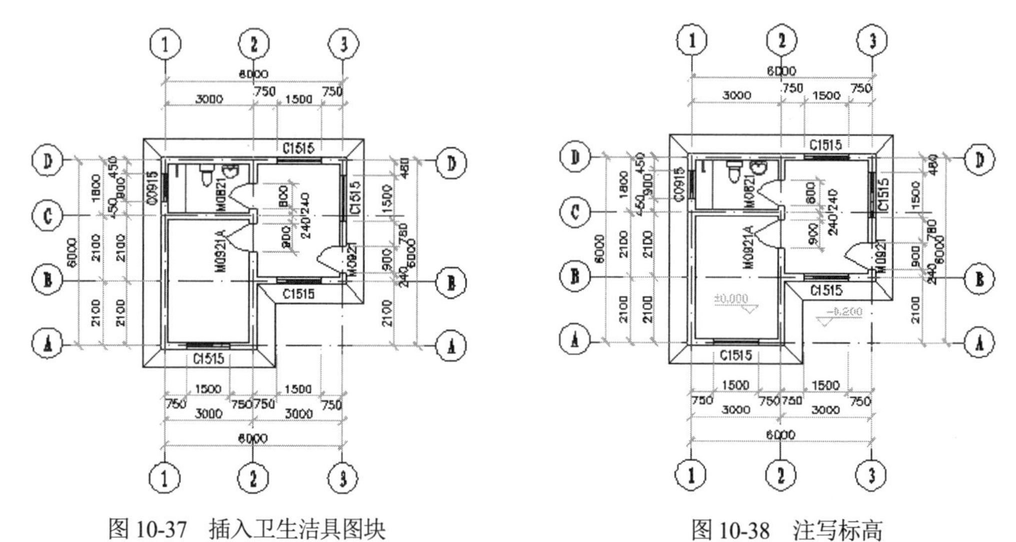

图 10-37　插入卫生洁具图块　　　　图 10-38　注写标高

(8) 切换到相应的图层或重新创建“建筑-符号”图层，绘制剖面的剖切符号、索引符号及指北针，效果如图 10-39 所示。

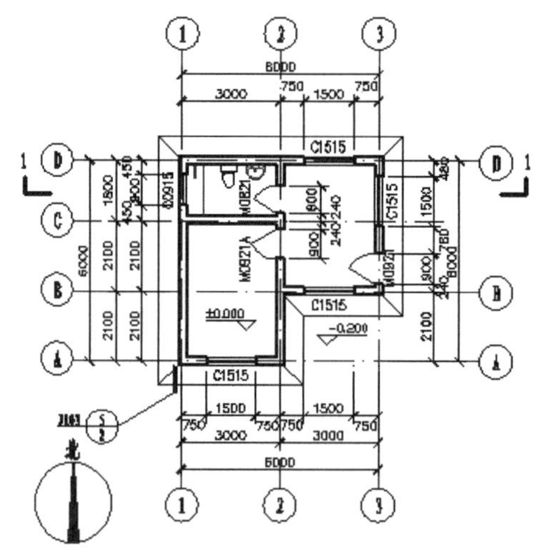

图 10-39　完成底层平面图的绘制

(9) 注写房间名称和图名，得到最终效果，如图 10-34 所示。

提示：

由于章节内容的限制，操作过程中是先绘制然后再调整图层的，实际绘图中建议读者在绘图前先建立一些常用的图层，或通过标准图创建新图。关于标准图的内容将在后续章节中介绍。

【例 10-3】绘制屋顶平面图。

依据底层平面图绘制传达室的屋顶平面图，效果如图 10-40 所示。具体操作步骤如下。

(1) 单击“修改”工具栏上的“复制”按钮，选择轴线和尺寸标注(总体尺寸和定位尺寸，细部尺寸省略)，打开状态栏上的“正交”开关，将其复制到底层平面图的正上方。复制后的效果如图 10-41 所示。

(2) 删除不需要的尺寸，添加一些定位尺寸，如图 10-42 所示。

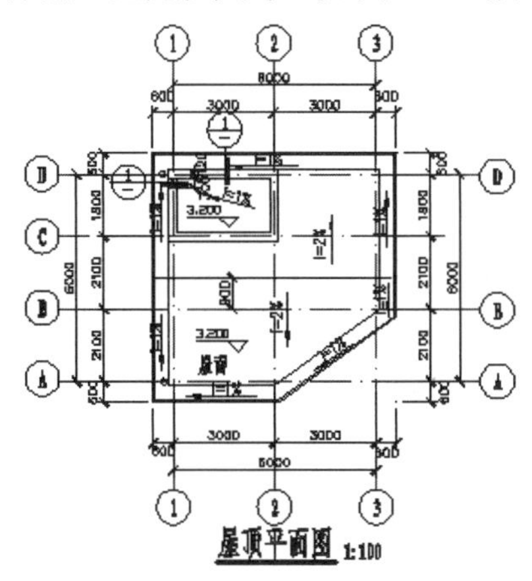

图 10-40　屋顶平面图的效果

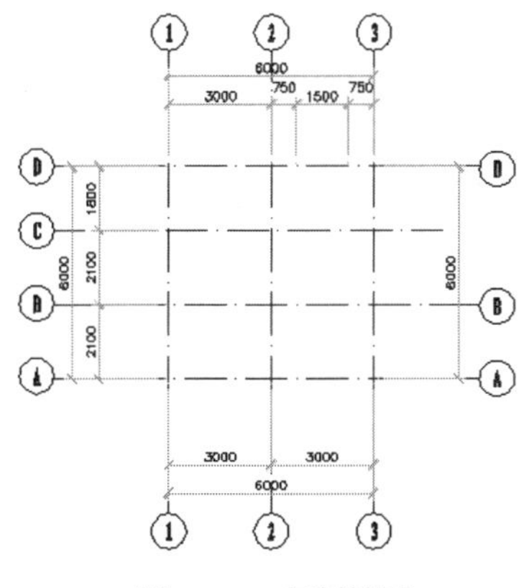

图 10-41　复制轴网

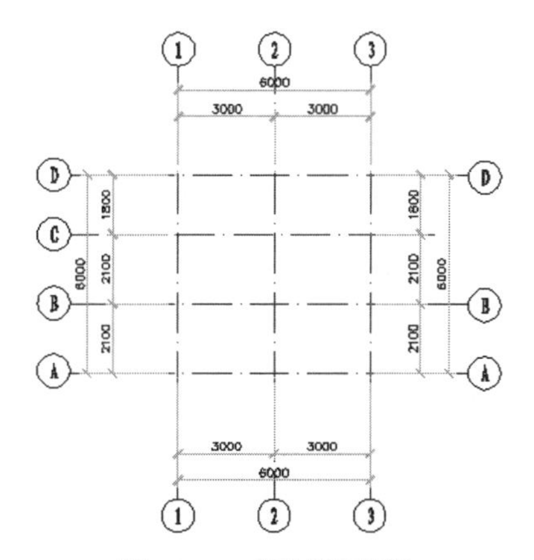

图 10-42　修改轴网标注

(3) 创建“建筑-屋顶边线”图层，线型为细实线，并将其置为当前图层。绘制屋顶层的边线，先单击“偏移”按钮，将外圈轴线偏移 120。命令行提示如下。

```
命令: offset                                                    //单击按钮启动命令
当前设置: 删除源=否  图层=源  OFFSETGAPTYPE=0                   //系统提示信息
指定偏移距离或 [通过(T)/删除(E)/图层(L)] <通过>: L               //设置偏移后变换图层
输入偏移对象的图层选项 [当前(C)/源(S)] <源>: C                   //变换为当前图层
指定偏移距离或 [通过(T)/删除(E)/图层(L)] <通过>: 120             //输入偏移距离
选择要偏移的对象，或 [退出(E)/放弃(U)] <退出>:                   //选择偏移对象
指定要偏移的那一侧上的点，或 [退出(E)/多个(M)/放弃(U)] <退出>:   //选择偏移方向
```

(4) 单击“直线”按钮和“修剪”按钮，可以将边线修剪成如图 10-43 所示的效果。

(5) 单击“偏移”按钮，将外圈轴线偏移 600，绘制天沟外边线，然后将外边线向内再偏移 60。

(6) 单击“圆角”按钮，设半径为 0，对图形进行编辑。

(7) 绘制天沟及建筑装饰墙平面，效果如图 10-44 所示。

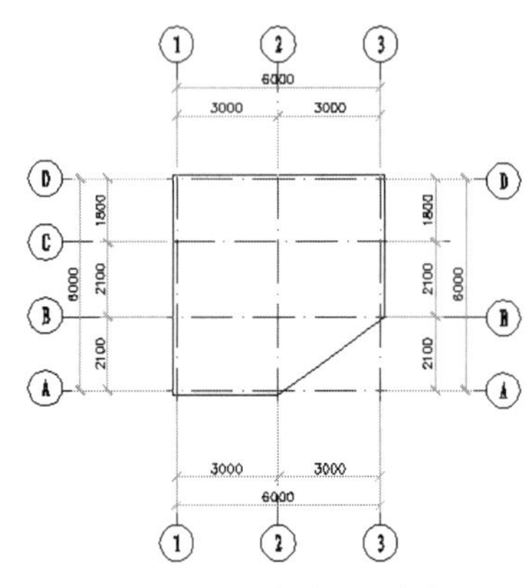

图 10-43　绘制屋顶边线

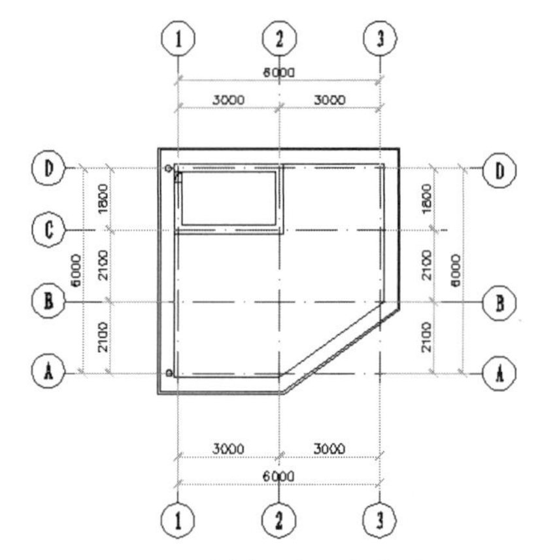

图 10-44　绘制天沟及装饰墙平面

(8) 绘制屋顶分水线及排水结构，效果如图 10-45 所示。

(9) 注写标高、细部尺寸和定位尺寸，如图 10-46 所示。

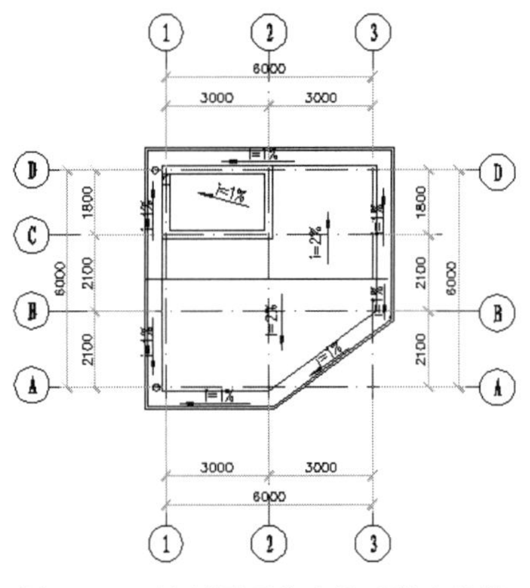

图 10-45　绘制屋顶分水线及排水结构

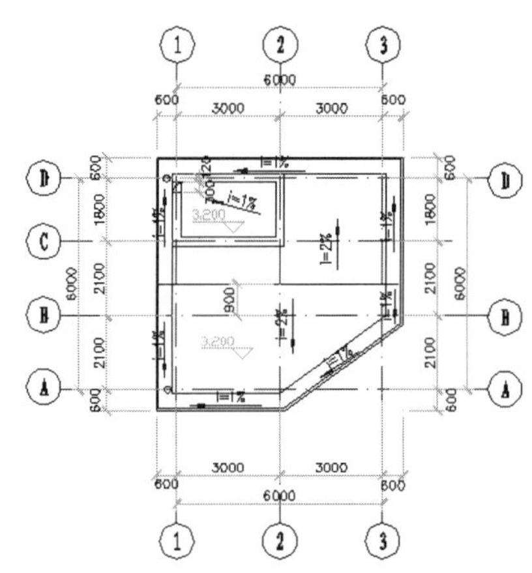

图 10-46　注写标高和尺寸

(10) 绘制其他索引符号、图名等，得到最终效果，如图 10-40 所示。

10.5 建筑立面图的绘制方法

建筑立面图是建筑物在与建筑物立面平行的投影面上投影所得的正投影图，其展示了建筑物外貌和外墙面装饰材料，是建筑施工中控制高度和外墙装饰效果等内容的技术依据。一般情况下，建筑物的每一面都应该绘制立面图，通常可以根据建筑物的朝向为建筑立面图命名，如南立面图、北立面图、东立面图、西立面图等；也可以根据建筑物的主要入口来命名，如正立面图、背立面图、侧立面图等；还可以按轴线编号来命名，如①～⑨立面图。

10.5.1　建筑立面图的内容及相关规定

建筑立面图应该表达的内容和绘制要求如下。

- 建筑立面图应包括投影方向可见的建筑外轮廓线和墙面脚线、构配件、墙面做法及必要的尺寸和标高等。
- 室内立面图应包括投影方向可见的室内轮廓线和装修构造、门窗、构配件、墙面做法、固定家具、灯具、必要的尺寸和标高及需要表达的非固定家具、灯具、装饰物件等(室内立面图的顶棚轮廓线，可根据具体情况只表达吊平顶或同时表达吊平顶及结构顶棚)。
- 一般情况下，建筑物的每一面都应该绘制立面图，但当侧立面图比较简单或者与其他立面图相同时，可以略去不画。当建筑物有曲线侧面时，可以将曲线侧面展开绘制展开立面图，从而反映建筑物的实际情况。平面形状曲折的建筑物，可绘制展开立面图、展开室内立面图。圆形或多边形平面的建筑物，可分段展开绘制立面图、室内立面图，但均应在图名后加注“展开”二字。
- 较简单的对称的建筑物或构配件等，在不影响构造处理和施工的情况下，立面图可绘制一半，并在对称轴线处画对称符号。在建筑物立面图上，相同的门窗、阳台、外檐装修、构造做法等可在局部重点表示，绘出其完整图形，其余部分只画轮廓线。
- 在建筑物立面图上，外墙表面分格线应表示清楚。应用文字说明各部位所用面材及色彩。
- 有定位轴线的建筑物，宜根据两端定位轴线号编注立面图名称(如①～⑩立面图、A～F立面图)。无定位轴线的建筑物可按平面图各面的朝向确定名称。
- 建筑物室内立面图的名称，应根据平面图中内视符号的编号或字母确定(如①立面图、A 立面图)。

10.5.2　建筑立面图的绘制

绘制建筑立面图的步骤如下。

(1) 确定轴线、室外地坪线、外墙轮廓线和屋面线。该步骤主要采用“直线”命令、“偏移”命令和“修剪”命令来完成。

(2) 确定门窗位置，画细部，如檐口、门窗洞口、窗台、雨篷、阳台、花池、雨水管等。该步骤的实现也主要靠“直线”命令、“偏移”命令和“修剪”命令来完成。

(3) 绘制门窗扇、装饰线条、墙面分格线，注明标高、图名、文字说明等。

绘制立面图时采用 4 种线宽：特粗、粗、中粗和细实线。

【例 10-4】绘制如图 10-47 所示的房屋的①～③轴立面图。

具体操作步骤如下。

(1) 单击“复制”按钮，在底层平面图中选择轴线①和轴线③，复制后的效果如图 10-48 所示。

(2) 单击“直线”按钮，绘制一条辅助线作为标高±0.000 的室内地坪线。

(3) 单击“偏移”按钮，将辅助线向下偏移 200，形成室内外高差。

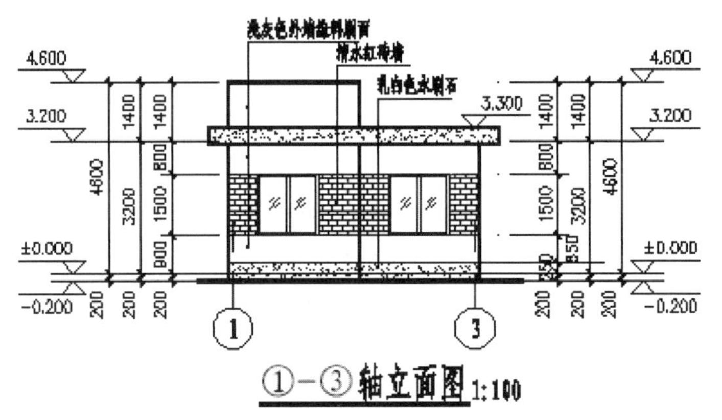

图 10-47　①～③轴立面图

(4) 创建“建筑-地坪线”图层，线宽采用 2.0mm，并将该层置为当前图层，绘制室外地坪线，如图 10-49 所示。

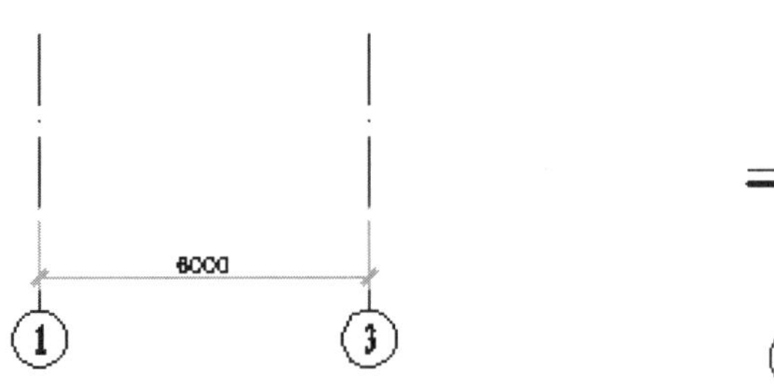

图 10-48　复制轴线

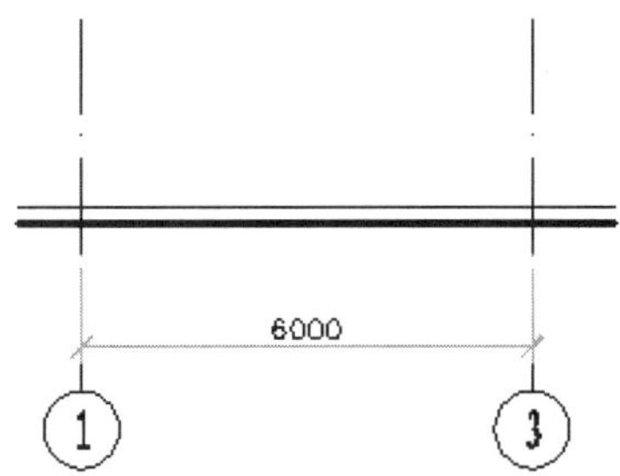

图 10-49　绘制室外地坪线

(5) 创建“建筑-立面轮廓线”图层，线宽采用 1.0mm，并将该层置为当前图层，根据平面图和图 10-47 所示的尺寸，将±0.000 处的直线作为水平基线，将轴线作为竖直基线，使用“直线”按钮、“偏移”按钮和“修剪”按钮，绘制立面轮廓线，如图 10-50 所示。

(6) 创建“建筑-立面细部线”图层，线宽采用 0.35mm，按照图 10-47 所示的尺寸，将±0.000 处的直线作为水平基线，将轴线作为竖直基线，使用“直线”按钮、“偏移”按钮和“修剪”按钮，可以绘制门窗洞口和墙分格线，如图 10-51 所示。

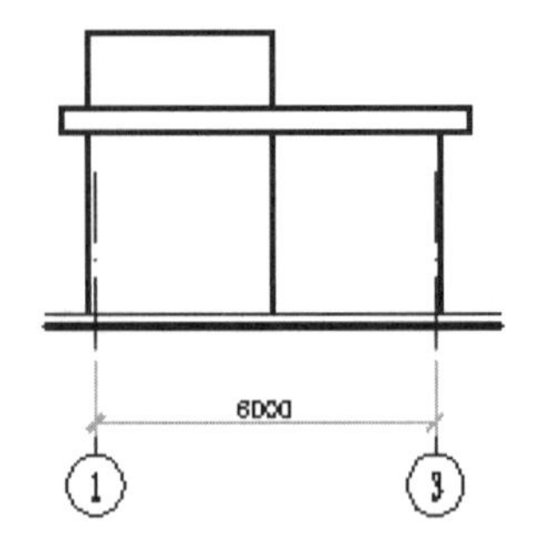

图 10-50　绘制立面轮廓线

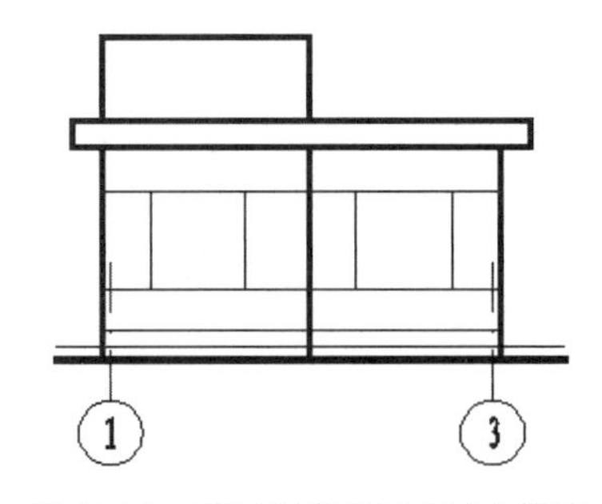

图 10-51　绘制门窗洞口和墙分格线

(7) 进一步使用“偏移”按钮和“修剪”按钮绘制窗扇，将窗框线向内偏移 60，单击“直线”按钮，连接窗框线上下中点，并向两侧偏移 30，绘制窗扇中框，再使用“修剪”命令修剪，添加小斜线，效果如图 10-52 所示。

(8) 采用第 5 章操作实践中的填充方法，在“其他预定义”选项卡中选择填充图案为 AR-SAND，填充比例为 100，填充水刷石部分；再选择填充图案 BREAK，填充比例为 50，填充清水红砖墙，对立面图进行填充，填充效果如图 10-53 所示。

(9) 在立面图上标注墙面颜色和材料，如图 10-54 所示。

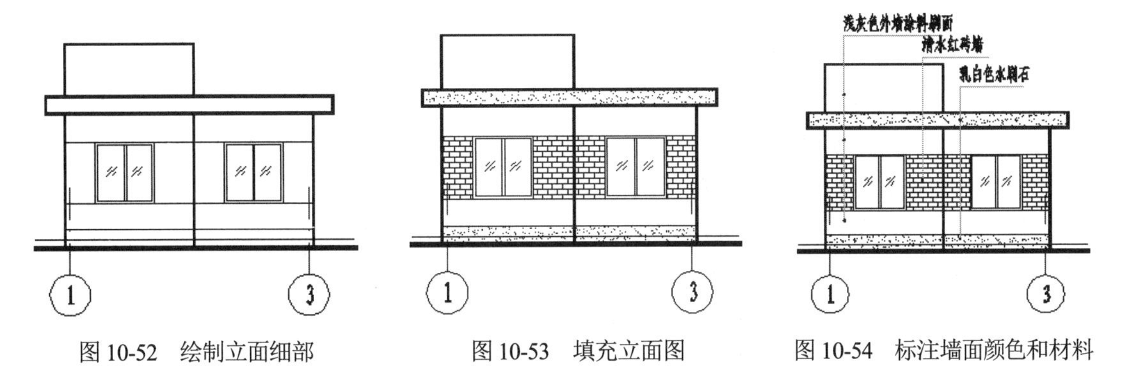

图 10-52　绘制立面细部　　图 10-53　填充立面图　　图 10-54　标注墙面颜色和材料

(10) 标注标高、尺寸和图名，即可得到如图 10-47 所示的效果。

10.6 建筑剖面图的绘制方法

假想用一个或多个垂直于外墙轴线的铅垂剖切面，将房屋剖开所得的投影图，称为建筑剖面图，简称为剖面图。剖面图用以表示房屋内部的结构或构造方式、屋面形状、分层情况和各部位的联系、材料及其高度等。剖面图与平面图、立面图互相配合，是不可缺少的重要图样之一。采用的比例一般也与平面、立面图一致。

为了清楚地反映建筑物的实际情况，建筑剖面图的剖切位置一般选择在建筑物内部构造复杂或具有代表性的位置。一般来说，剖切平面应该平行于建筑物长度或宽度方向，最好能通过门、窗洞。一般投影方向是向左或向上的。剖视图宜采用平行剖切面进行剖切，从而表达建筑物不同位置的构造异同。

不同图形之间，剖切面数量也是不同的。对于结构简单的建筑物，可能绘制一两个剖切面即可，但有的建筑物构造复杂，其内部功能又没有规律性，此时，需要绘制从多个角度剖切的剖切面才能满足要求。有的对称的建筑物，可以只绘制一半剖面图，有的建筑物在某一条轴线之间具有不同布局，也可以在同一个剖面图上绘制不同位置的剖面图，但是要给出说明。

10.6.1 建筑剖面图的内容及相关规定

建筑剖面图主要用于反映建筑内部的空间形式及标高，因此，剖面图要能反映剖切后所显现的墙、柱及其与定位轴线之间的关系，表现出各细部构造的标高和构造形式，表示出楼梯的梯段尺寸及踏步尺寸，以及位于墙体内的门窗高度和梁、板、柱的图面示意。

建筑剖面图的图示内容可以概括为以下几部分。

- 外墙(或柱)的定位轴线。

- 建筑物室内地层地面、地坑、地沟、各层楼面、顶棚、屋顶、门窗、楼梯、阳台、雨篷、留洞、墙裙、踢脚板、室外地面、散水、排水沟等结构。
- 标注各部位完成面的标高和高度方向的尺寸。
- 表示楼面、地面各层的构造做法。一般用引出线按照构造的层次顺序分层加以文字说明。
- 表示需要画详图之处的索引符号。

10.6.2 建筑剖面图的绘制

绘制建筑剖面图的步骤如下。

(1) 绘制轴线、室内外地坪线、楼面线、顶棚线，以及绘制墙线，主要使用的命令有“直线”命令、“偏移”命令和“修剪”命令。

(2) 确定门窗位置和楼梯位置，并绘制其他细部，如门洞、楼梯、楼板、雨篷、檐口、屋面、台阶等，主要通过“直线”命令和“修改”工具栏上的一些修改命令完成。

(3) 填充材料图案，注写标高、尺寸、图名、比例和相关的文字说明，调整图层。

【例 10-5】 绘制如图 10-55 所示的 1-1 剖面图。

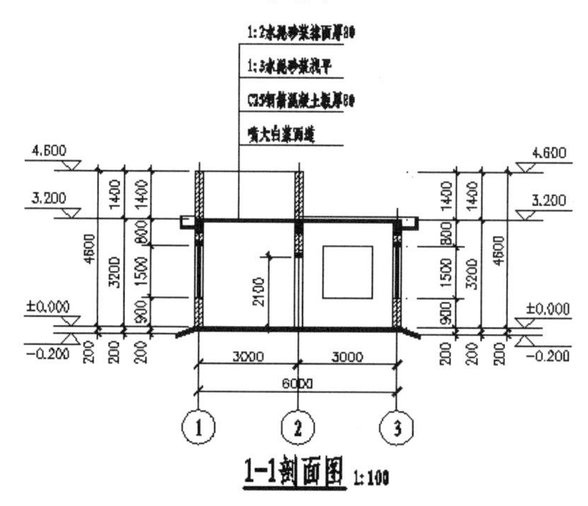

图 10-55 1-1 剖面图

具体操作步骤如下。

(1) 单击“复制”按钮，在底层平面图中选择轴线①和轴线③，可以复制到底层平面图的正上方或正下方，这样可以利用底层平面图上的尺寸，通过“构造线”命令绘制竖向辅助线帮助定位，从而提高绘图效率。

(2) 绘制室内地坪线和室外地坪线，将室外地坪线绘制在“建筑-地坪线”图层上。创建“建筑-剖面粗线”图层，线宽采用 0.7mm，置为当前图层后绘制室内地坪线。绘制效果如图 10-56 所示。

(3) 创建“建筑-剖面细线”图层，线宽采用 0.35mm，并置为当前图层。然后通过“直线”按钮、“偏移”按钮和“修剪”按钮，绘制门窗线和墙线，如图 10-57 所示。

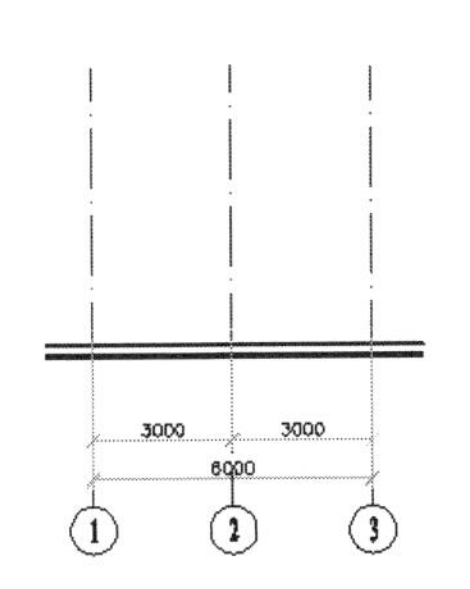

图 10-56　绘制室内外地坪线

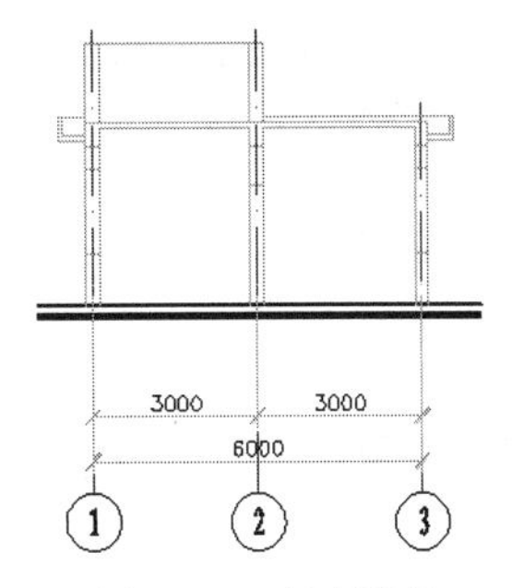

图 10-57　绘制墙线

(4) 按照立面和平面图相应位置的尺寸和标高，绘制可见的窗线。

(5) 切换到“建筑-剖面粗线”图层，绘制剖切到的墙体、楼板、梁等，效果如图 10-58 所示。

(6) 创建“建筑-门窗剖面线”图层，采用细线，并置为当前图层，绘制门窗剖面线后效果如图 10-59 所示。

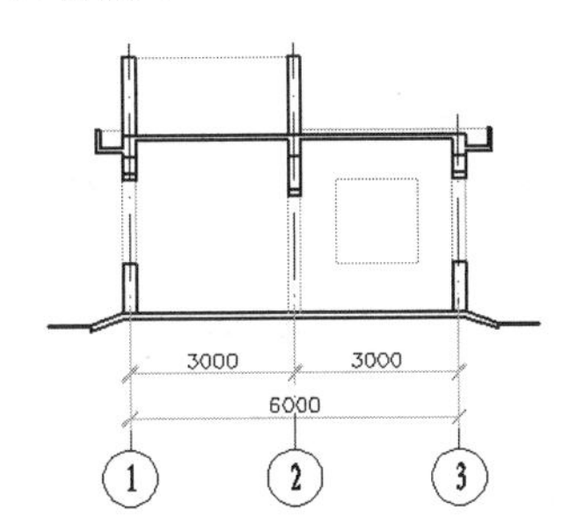

图 10-58　绘制剖切到的墙体和楼板

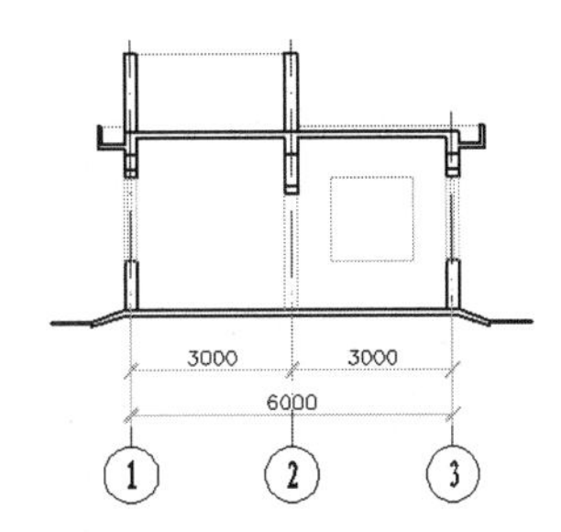

图 10-59　绘制门窗剖面线

(7) 创建“建筑-填充材料”图层，置为当前图层，填充图案类型选择“用户自定义”，角度为 45°，间距为 100，对剖面砖墙部分进行填充，钢筋混凝土部分选择 Solid 进行填充，效果如图 10-60 所示。

(8) 标注标高和尺寸，效果如图 10-61 所示。

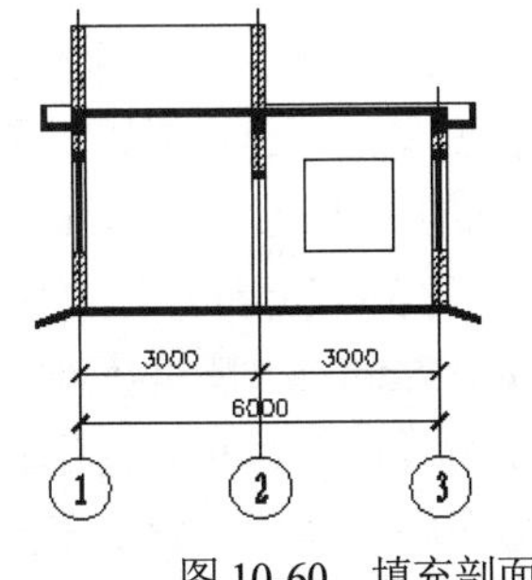

图 10-60　填充剖面图

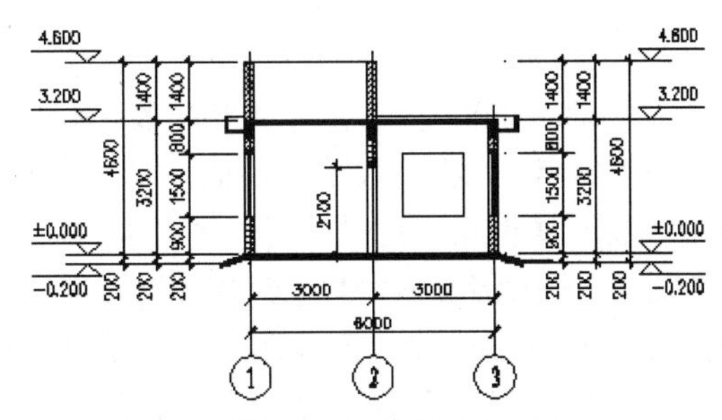

图 10-61　标注标高和尺寸

(9) 切换到“建筑-文字标注”图层，对剖面图进行文字标注，最终的标注效果如图 10-55 所示。

10.7 建筑详图的绘制方法

建筑详图一般有两种，分别是节点大样图和楼梯详图。本节主要介绍这两种详图的绘制要求和绘制方法。

10.7.1 建筑详图的内容及相关规定

1. 节点大样图

节点大样图又称为节点详图，通常用来反映房屋的细部构造、配件形式、大小、材料做法，一般采用较大的绘制比例，如 1∶20、1∶10、1∶5、1∶2、1∶1 等。节点详图图示详尽，表达清楚，尺寸标注齐全。详图的图示方法视细部构造的复杂程度而定。有时只需要一个剖面详图就能够表达清楚，有时还需要附加另外的平面详图或立面详图。详图的数量选择与房屋的复杂程度以及平、立、剖面图的内容和比例有关。

2. 楼梯详图

楼梯详图的绘制是建筑详图绘制的重点。楼梯由楼梯段(包括踏步和斜梁)、平台和栏杆扶手等组成。楼梯详图主要表达楼梯的类型、结构形式、各部位的尺寸及装修尺寸，是楼梯放样施工的主要依据。

楼梯详图一般包括平面图、剖面图，以及踏步、栏杆详图等，通常都绘制在同一张图纸中单独出图。平面和剖面的比例要一致，以便对照阅读。踏步和栏杆扶手详图的比例应该大一些，以便详细表达该部分的构造情况。楼梯详图包括建筑详图和结构详图，应分别绘制并编入建筑施工图和结构施工图中。对于一些结构比较简单的楼梯，可以考虑将楼梯的建筑详图和结构详图绘制在同一张图纸中。

楼梯平面图和房屋平面图一样，要绘制出底层平面图、中间层平面图(标准层平面图)和顶层平面图。楼梯平面图的剖切位置在该层往上走的第一梯段的休息平台下的任意位置。各层被剖切的梯段按照制图标准要求，用一条 45°的折断线表示，并用上行线、下行线表示楼梯的行走方向。

在楼梯平面图中，要注明楼梯间的开间和进深尺寸、楼地面的标高、休息平台的标高和尺寸，以及各细部的详细尺寸。通常将踏面数、踏步面宽度和梯段长度写在一起。例如，采用 11×260=2860 表示该梯段有 11 个踏步面，踏步面宽度为 260mm，梯段总长为 2860mm。

楼梯平面图的图层也可以使用“建筑-墙体”“建筑-轴线”“建筑-尺寸标注”“建筑-其他”4 个图层。一般情况下，“建筑-墙体”采用粗实线，建议线宽 0.7mm；“建筑-其他”采用细实线，线宽 0.35mm；其他和绘制建筑平面图时的设置类似。实际绘制时，可以先选择“绘图”|“点”|“定数等分”命令来划分踏步面，然后用“直线”命令和“偏移”命令来实现。

楼梯剖面图是用假想的铅垂面将各层通过某一梯段和门窗洞切开向未被切到的梯段投影。剖面图能够完整清晰地表达各梯段、平台、栏板的构造及相互间的空间关系。一般来说，楼梯间的屋面无特别之处，就无须绘制出来。在多层或高层房屋中，若中间各层楼梯的构造相同，则楼梯剖面图只需要绘制出底层、中间层和顶层剖面图，中间用 45°折断线分开。楼梯剖面图还应表达出房屋的层数、楼梯梯段数、踏步级数，以及楼梯类型和结构形式。剖面图中应注明地面、平台面、楼面等的标高和梯段、栏板的高度尺寸。

楼梯剖面图的图层设置与建筑剖面图的图层设置类似，但值得注意的是，当绘图比例大于等于 1∶50 时规范规定要绘制出材料图例。楼梯剖面图中除了断面轮廓线用粗实线外，其余的图形绘制均用细实线。

10.7.2 建筑详图的绘制

结合上述建筑详图绘制的内容和要求，下面介绍绘制建筑详图的步骤。

1. 节点大样图

节点大样图的绘制步骤如下。

(1) 确定绘制比例，定出该节点与轴线的定位关系。

(2) 用细线绘制大样的轮廓线和一些细部的线条。

(3) 用粗线绘制断面轮廓线，填充材料图例。

(4) 标注尺寸、标高。

(5) 注写说明文字、详图符号、比例。

2. 楼梯详图

楼梯详图的绘制步骤如下。

(1) 确定绘制比例，绘制楼梯平面图的轴线。

(2) 用细线绘制墙体、踏步面、平台板、门窗洞口、折断线和上下行线等。

(3) 用粗线绘制被剖墙体和柱子断面的轮廓线。

(4) 标注尺寸、标高。

(5) 注写说明文字、图名、比例，在底层平面图上绘制剖切符号，完成楼梯平面图的绘制。

(6) 复制楼梯平面图的轴线，于平面图的正上方或正下方，用细线绘制墙体、门窗、平台、梯段、屋面等。

(7) 用粗线绘制剖到的墙断面、梯段断面和平台断面等断面轮廓线。

(8) 填充材料图例。

(9) 标注尺寸、标高。

(10) 注写说明文字、图名、比例，完成楼梯剖面图的绘制。

(11) 绘制踏步和栏杆详图，绘制步骤与节点大样图的绘制步骤大致相同。

10.8 操作实践

绘制如图 10-62～图 10-66 所示的楼梯详图。

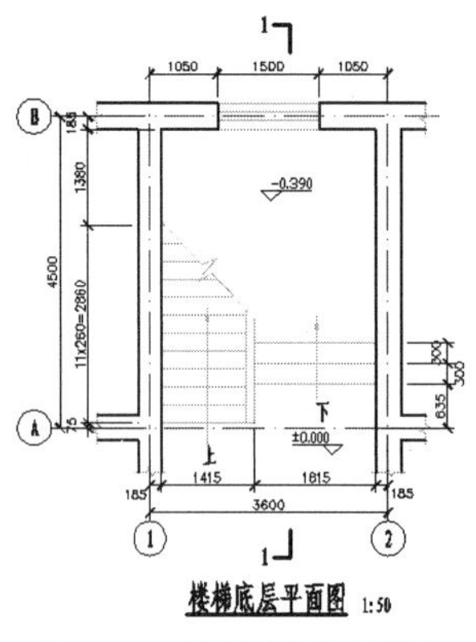

图 10-62　楼梯底层平面图

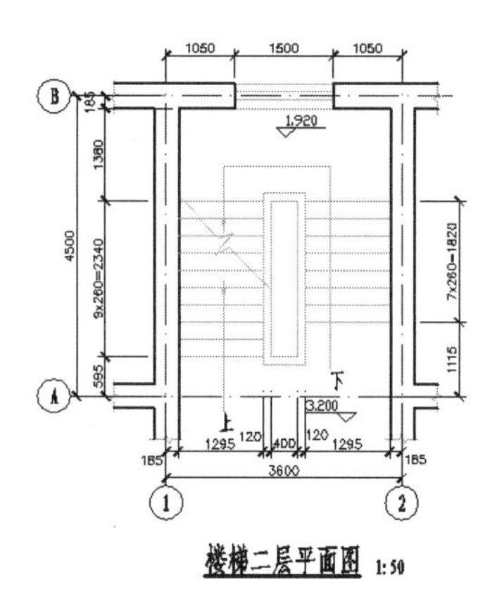

图 10-63　楼梯二层平面图

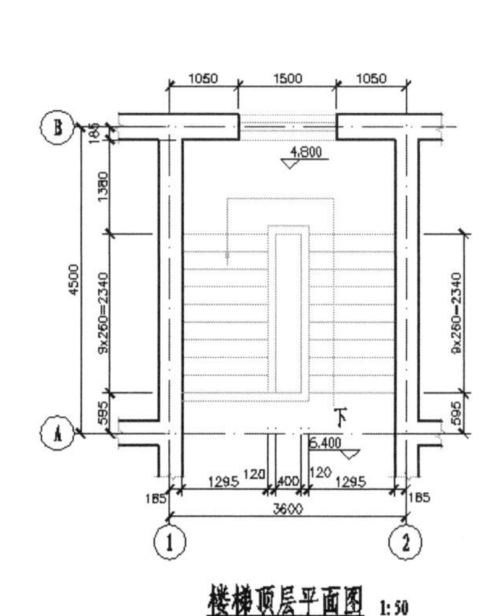

图 10-64　楼梯顶层平面图

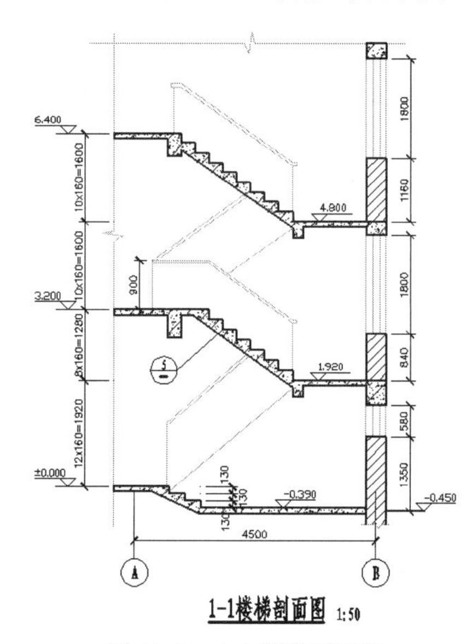

图 10-65　1-1 楼梯剖面图

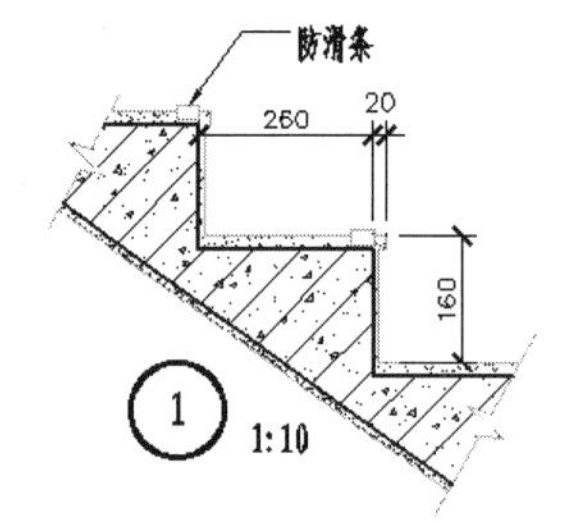

图 10-66　节点大样图

具体的绘制步骤如下。

(1) 与绘制建筑平面图类似，创建“建筑-墙体”“建筑-轴线”“建筑-尺寸标注”“建筑-其他”“建筑-符号”5 个图层。“建筑-墙体”采用粗实线，建议线宽 0.7mm。其他采用细实线，线宽 0.35mm。“建筑-轴线”图层采用点划线。

(2) 切换到“建筑-轴线”图层，通过“直线”按钮、“偏移”按钮，按照如图 10-62

所示尺寸，绘制楼梯平面图的定位轴线和轴线编号，效果如图 10-67 所示。

(3) 切换到“建筑-其他”图层，运用“偏移”按钮和“修剪”按钮，绘制墙线、门窗洞口、踏步面线、折断线和上下行线等，如图 10-68 所示。

(4) 切换到“建筑-墙体”图层，单击“直线”按钮，绘制墙体轮廓线，如图 10-69 所示。

(5) 切换到“建筑-尺寸标注”图层，标注尺寸、标高，效果如图 10-70 所示。

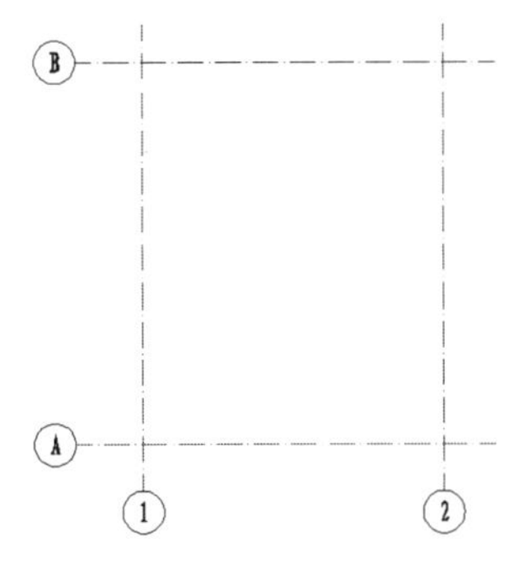

图 10-67　绘制楼梯平面图的轴线

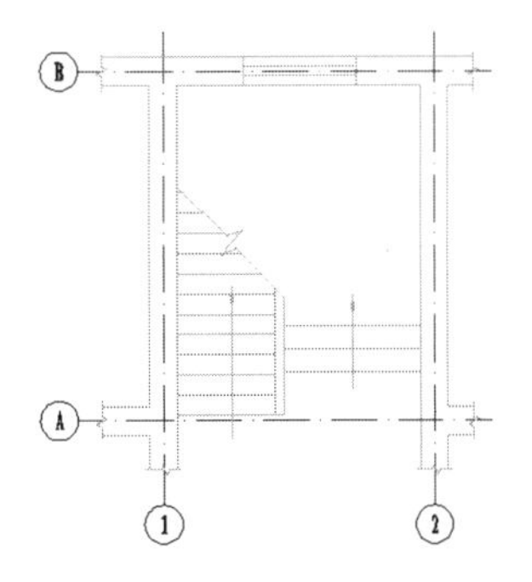

图 10-68　绘制楼梯平面图

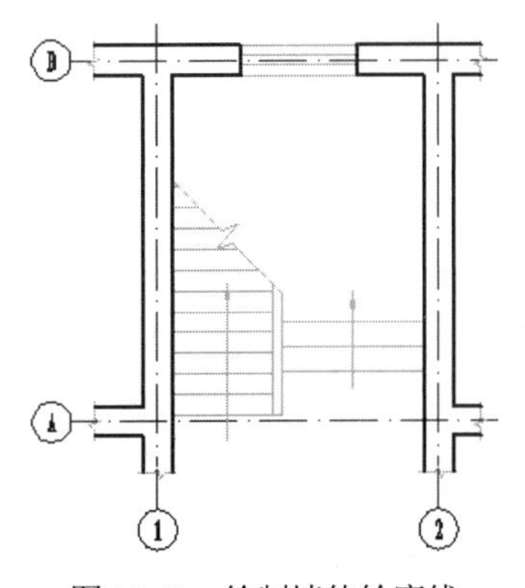

图 10-69　绘制墙体轮廓线

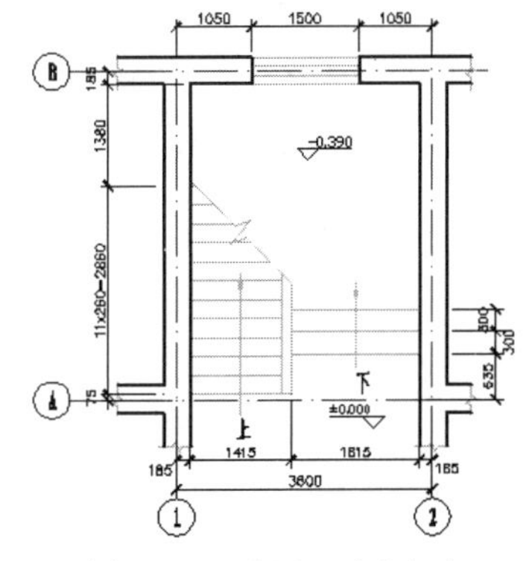

图 10-70　注写尺寸和标高

(6) 切换到“建筑-符号”图层，注写文字说明、图名、比例和剖切符号，效果如图 10-62 所示。

(7) 复制整个底层平面图，然后使用“绘图”工具栏上的命令和“修改”工具栏上的命令，修改编辑底层平面图的副本，注意梯段踏步数的变化和起始位置，并重新标注尺寸和标高，使之成为二层平面图，如图 10-63 所示。

(8) 按步骤(7)绘制顶层平面图，效果如图 10-64 所示。同样要注意各楼层梯段踏步数的变化和起始位置，以及顶层平台板处的绘制。

(9) 复制平面图的水平轴线，绘制楼梯剖面图的轴线，如图 10-71 所示。

(10) 切换到“建筑-其他”图层，结合已经绘制的三个楼梯平面图，用细线勾画出楼梯的雏形，如图 10-72 所示。在绘制时，先选择“绘图”|“点”|“等数分点”命令，再运用“构造线”命令、“直线”命令、“偏移”命令及“修剪”命令完成绘制。也就是先根据标高定出各层楼面线和休息平台位置的水平线，然后根据各层平面图上梯段的起点和终点确定梯段踏步的起点和终点，最后根据踏步面宽绘制踏步。

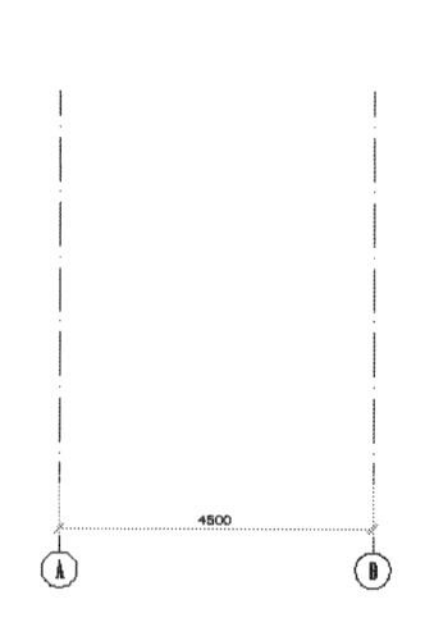

图 10-71　绘制楼梯剖面图轴线

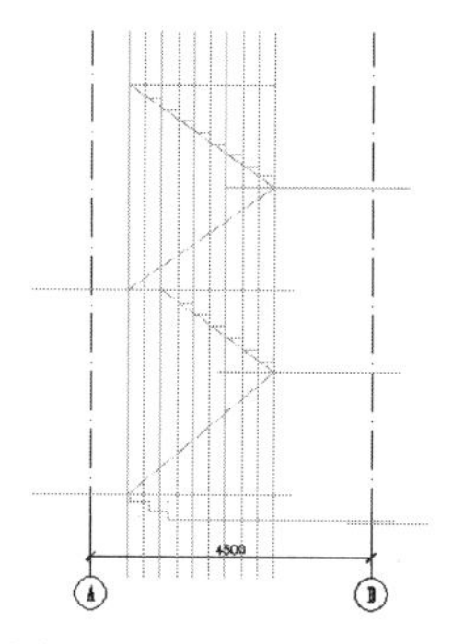

图 10-72　勾画楼梯雏形

(11) 运用“直线”命令、“偏移”命令及“修剪”命令，进一步细化剖面图，效果如图 10-73 所示。

(12) 切换到“建筑-墙体”图层，绘制剖切到的墙体、梯段板、平台板和楼板，用“多段线”命令绘制。

(13) 分别填充钢筋混凝土和砖墙图例，其中钢筋混凝土的填充参照第 5 章中的【例 5-1】。填充分两步进行，第一步选用“预定义”选项卡中的 AR-CONC 图案，按比例 2.5 填充，第二步选择“用户自定义”图案，按照角度 45°、间距 500 进行填充；砖墙部分选择“用户自定义”图案，按照角度 45°、间距 250 进行填充，如图 10-74 所示。

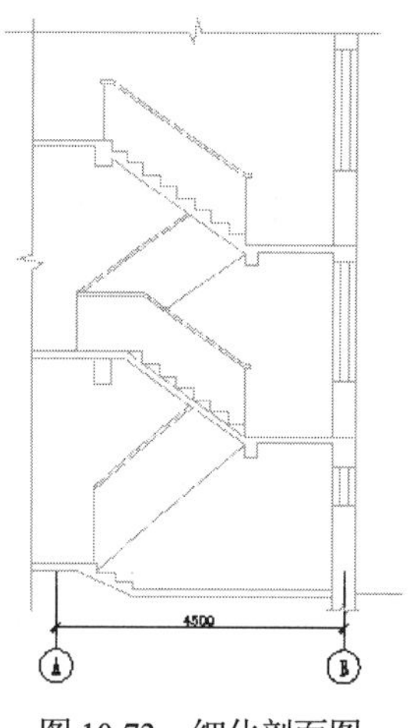

图 10-73　细化剖面图

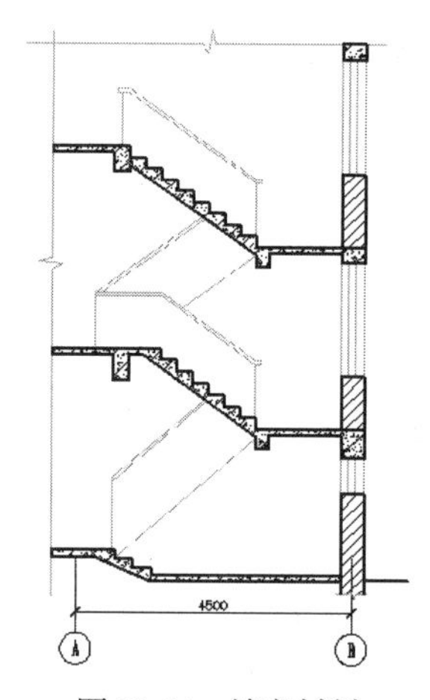

图 10-74　填充材料

(14) 切换到“建筑-尺寸标注”图层，标注尺寸、标高，注写说明文字、图名、比例和索引符号。完成楼梯剖面图的绘制，如图 10-65 所示。

(15) 绘制楼梯中的节点大样图，切换到“建筑-其他”图层，用细线勾画出大样的轮廓，如图 10-75 所示。

(16) 切换到“建筑-墙体”图层，用粗线绘制轮廓，用“预定义”选项卡中的 AR-CONC 图案，按比例 5 填充，再选择“用户自定义”图案，按照角度 45°、间距 250 填充相应的图形，如图 10-76 所示。

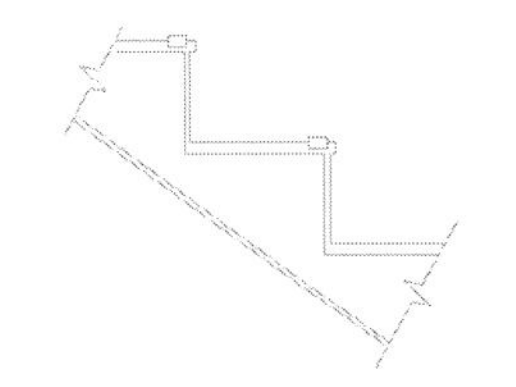

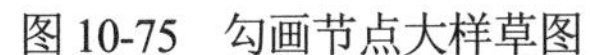

图 10-75　勾画节点大样草图

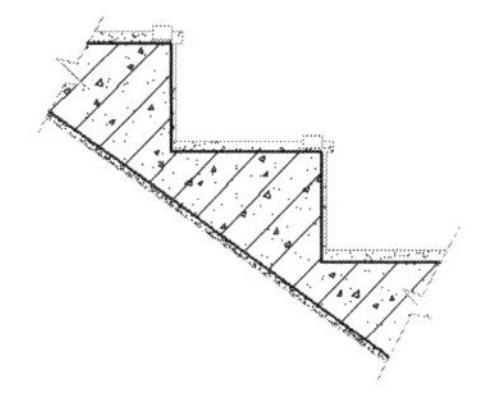

图 10-76　填充材料

(17) 再切换到“建筑-尺寸标注”图层，对大样进行标注。

(18) 切换到“建筑-其他”图层，绘制详图符号，注写文字说明和图名比例。完成节点大样的绘制，如图 10-66 所示。

提示：

用户在标注前应按照不同比例设置好标注样式，如“标注 1-50”“标注 1-10”等。具体的设置办法在前面的章节中已经进行了介绍，在此不再赘述。

10.9 习题

10.9.1 填空题

(1) 建筑制图中，A0 的图幅尺寸长为________mm，宽为__________mm。A2 的图幅尺寸长为________mm，宽为__________mm。

(2) 轴线应用__________绘制，定位轴线一般应编号，编号应注写在轴线端部的圆内。圆应用细实线绘制，直径为_________mm。

(3) 建(构)筑物剖面图的剖切符号宜注在标高为__________的平面图上。

10.9.2 选择题

(1) 建筑制图中比例(　　)使用得不规范。

A. 1∶1　　B. 1∶2　　C. 1∶35　　D. 1∶20

(2) 建筑图纸中能够反映建筑物的平面形状，房间的布局、形状、大小、用途，墙、柱的位置，墙的厚度，柱子的尺寸，门窗的类型、位置，尺寸大小及各部分的联系的图纸是(　　)。

A. 平面图　　B. 立面图　　C. 剖面图　　D. 总平面图

(3) 建筑图纸中能够表示房屋内部的结构或构造方式、屋面形状、分层情况和各部位的联系、材料及其高度的图纸是(　　)。

A. 平面图　　B. 立面图　　C. 剖面图　　D. 总平面图

10.9.3 上机操作

(1) 绘制如图 10-77 所示的住宅平面图。

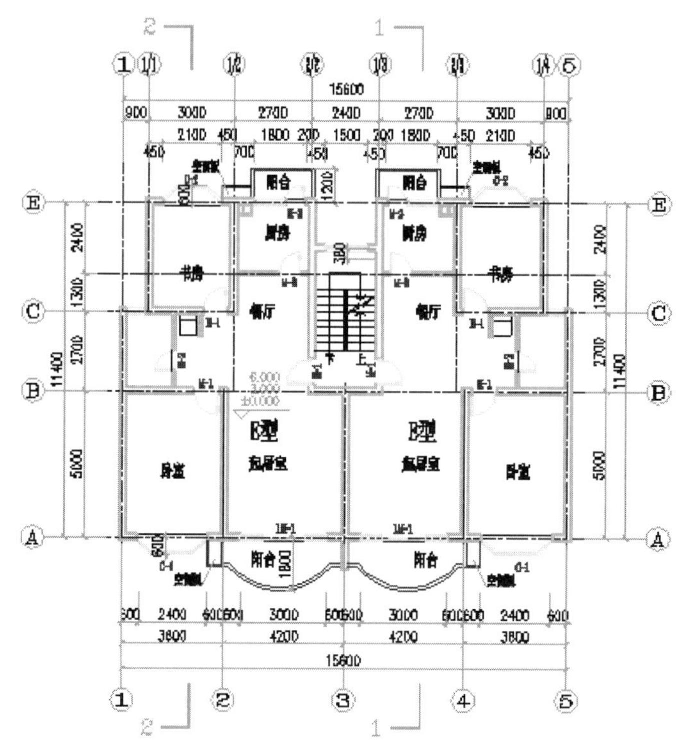
住宅一至三层平面 1:100

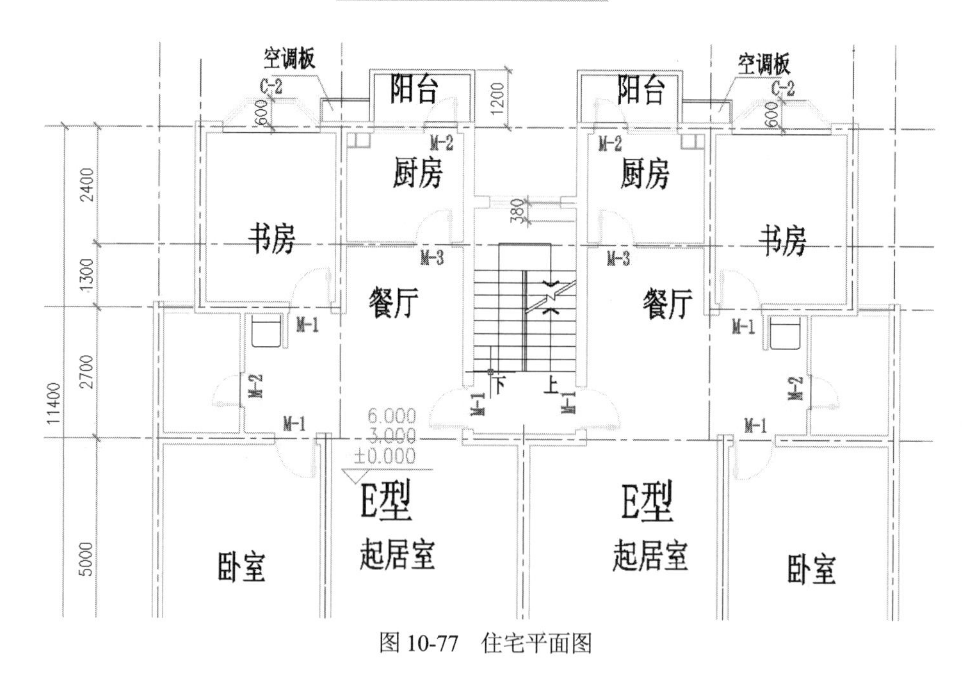
空调板
C-2
阳台
厨房
书房
餐厅
M-1
M-2
M-3
6.000
3.000
±0.000
E型
起居室
卧室
下
上

图 10-77 住宅平面图

(2) 绘制如图 10-78 所示的住宅立面图。

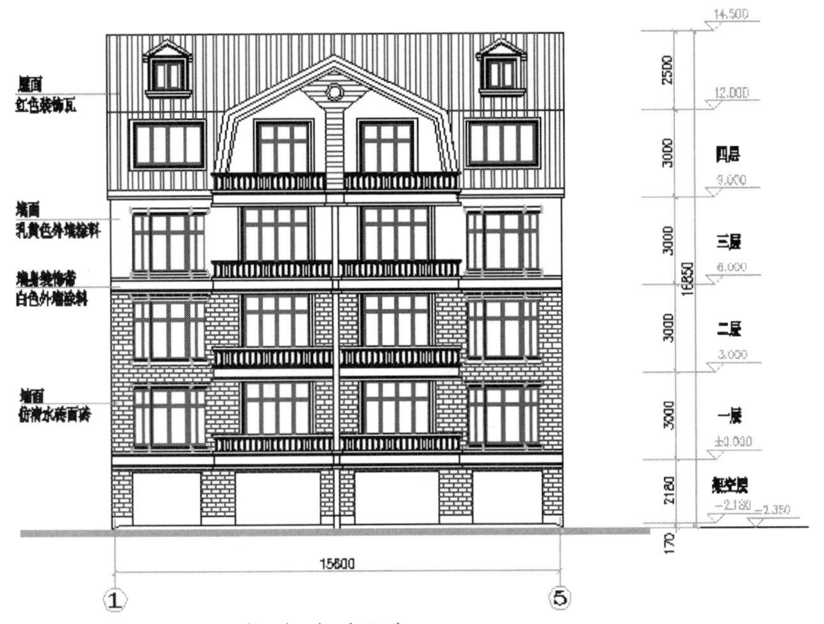

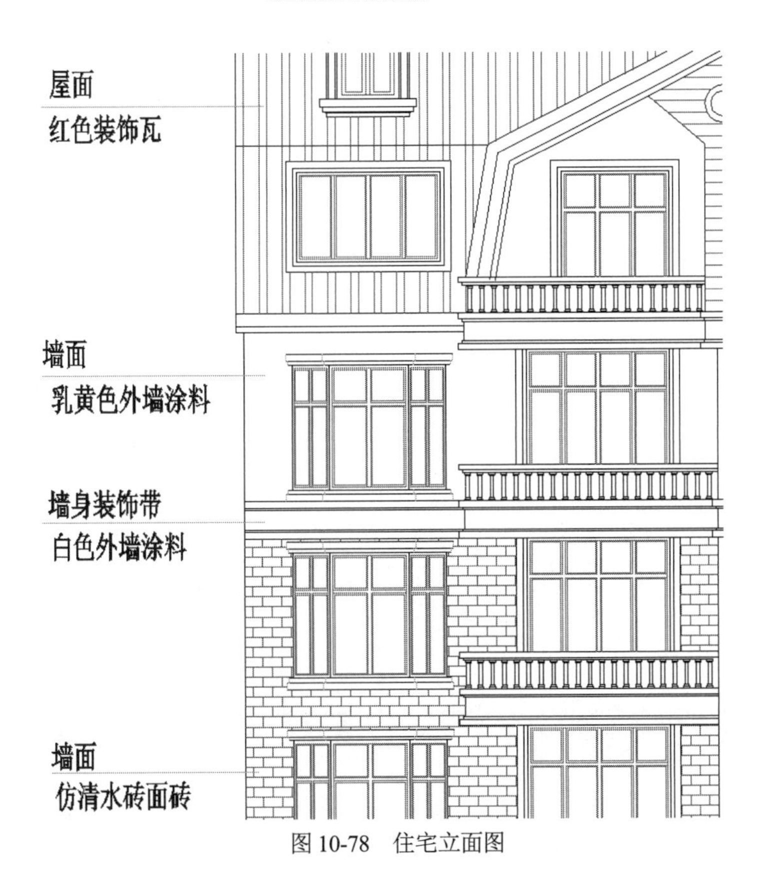

图 10-78　住宅立面图

(3) 绘制如图 10-79 所示的住宅剖面图。

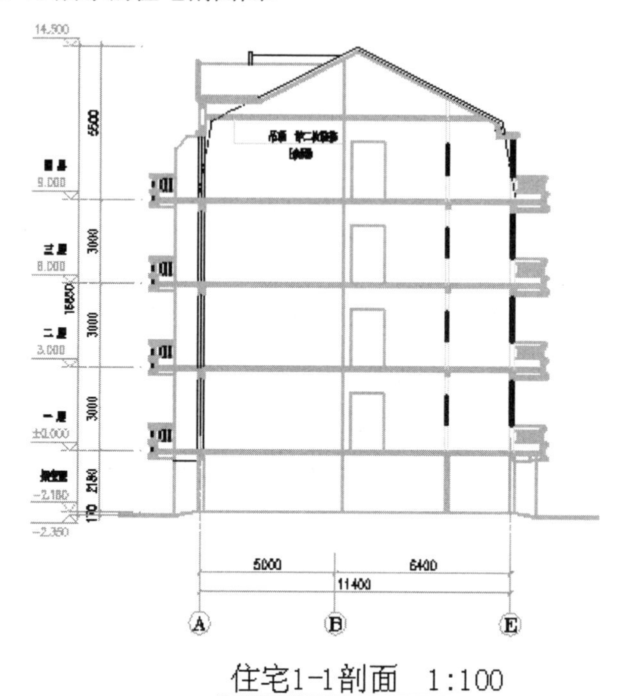

图 10-79 住宅剖面图

☙ 第 11 章 ❧

绘制建筑总平面图

在城市规划管理局或城、镇规划建设局批准的用地范围内，根据上级批准的设计任务书，结合地形、地质、气象、水文等自然因素，把建筑物、构筑物、交通运输、各种场地、绿化设施等，在平面图上进行合理、协调的规划、设计与布置，使工程的各个项目成为一个有机的整体，这样的设计称为建筑总平面设计，此设计图纸就是建筑总平面图。

建筑总平面图的绘制是建筑制图中必不可少的一个重要环节。通常通过在建设地域上空向地面一定范围投影得到总平面图。总平面图表明新建房屋所在地有关范围内的总体布置，它反映了新建房屋、建筑物等的位置和朝向，室外场地、道路、绿化等的布置情况，地形、地貌标高，以及与原有环境的关系和临界状况。建筑总平面图是建筑物及其他设施施工的定位、土方施工，以及绘制水、暖、电等管线总平面图和施工总平面图的依据。

本章主要介绍建筑总平面图包括的内容、《房屋建筑制图统一标准》(GB/T 50001—2017)和《总图制图标准》(GB/T 50103—2010)的一些相关的要求，以及运用 AutoCAD 高效、规范地绘制建筑总平面图的方法。

知识要点

- 总平面图表达的内容。
- 制图标准的相关要求。
- 总平面图的绘制方法。

11.1 建筑总平面图的内容及相关规定

11.1.1 建筑总平面图所要表达的内容

建筑总平面图所要表达的内容如下。

- 建筑地域的环境状况，例如地理位置、建筑物占地界线及原有建筑物、各种管道等。
- 应用图例表明新建区、扩建区和改建区的总体布置，各个建筑物和构筑物的位置，道路、广场、室外场地和绿化等的布置情况，以及各个建筑物和层数等。在总平面图上，一般应该画出所采用的主要图例及其名称。此外，对由于《总图制图标准》中缺乏规定而需要自定的图例，必须在总平面图中绘制清楚，并注明名称。
- 确定新建或扩建工程的具体位置，一般根据原有的房屋或道路来定位。

- 当新建成片的建筑物和构筑物或较大的公共建筑和厂房时，往往采用坐标确定每一个建筑物及其道路转折点等的位置。在地形起伏较大的地区，还应画出地形等高线。
- 注明新建房屋底层室内和室外平整地面的绝对标高。
- 未来计划扩建的工程位置。
- 画出风向频率玫瑰图形及指北针图形，用来表示该地区的常年风向频率和建筑物、构筑物等的方向，有时也可以只画出单独的指北针。
- 注写图名和比例尺。

11.1.2 制图标准的相关要求

根据《房屋建筑制图统一标准》(GB/T 50001—2017)和《总图制图标准》(GB/T 50103—2010)的相关要求，绘制建筑总平面图时应该注意以下内容。

1. 建筑总平面图线

图线的宽度 *b*，按照表 6-1 选取，总图制图应根据图纸功能按表 11-1 规定的线型选用。

表 11-1 总平面图图线

名称		线型	线宽	一般用途
实线	粗		*b*	• 新建建筑物±0.00 高度的主要可见轮廓线 • 新建铁路、管线
	中粗		0.7*b*	• 可见轮廓线、变更云线
	中		0.5*b*	• 新建构筑物、道路、桥涵、边坡、围墙、露天堆场、运输设施的可见轮廓线、尺寸线 • 原有标准轨距铁路
	细		0.25*b*	• 新建建筑物±0.00 高度以上的可见建筑物、构筑物轮廓线 • 原有建筑物、构筑物、原有窄轨、铁路、道路、桥涵、围墙的可见轮廓线 • 新建人行道、排水沟、坐标线、尺寸线、等高线 • 图例填充线、家具线
虚线	粗		*b*	新建建筑物、构筑物的地下轮廓线
	中粗		0.7 *b*	不可见轮廓线
	中		0.5*b*	计划预留扩建的建筑物、构筑物、铁路、道路、运输设施、管线、建筑红线及预留用地各线、不可见轮廓线、图例线
	细		0.25*b*	原有建筑物、构筑物、管线的地下轮廓线等 图例填充线、家具线
单点长划线	粗		*b*	露天矿开采边界线
	中		0.5*b*	土方填挖区的零点线
	细		0.25*b*	分水线、中心线、对称线、定位轴线

(续表)

名称		线型	线宽	一般用途
双点长划线	粗		b	用地红线
	中		$0.5b$	地下开采区塌落界线
	细		$0.25b$	建筑红线
折断线	细		$0.25b$	断开界线
波浪线	细		$0.25b$	新建人工水体轮廓线 断开界线

2. 绘图比例与计量单位

建筑总平面图所包括的范围较大，因此需要采用较大的比例，通常采用 1∶500、1∶1000、1∶5000 等比例尺，根据具体情况结合规范选择绘制比例。

总图中的坐标、标高、距离宜以 m 为单位，并应至少取至小数点后两位，不足时以“0”补齐。详图宜以 mm 为单位，如果不以 mm 为单位，应另加说明。建筑物、构筑物、铁路、道路方位角(或方向角)和铁路、道路转向角的度数，宜注写到“秒”，特殊情况，应另加说明。铁路纵坡度宜以千分计，道路纵坡度、场地平整坡度、排水沟沟底纵坡度宜以百分计，并应取至小数点后一位，不足时以“0”补齐。

计算机辅助制图时，采用 1∶1 的比例绘制图样时，应按照图中标注的比例打印成图。

计算机辅助制图时，宜采用适当的比例书写图样及说明中文字，但打印成图时应符合《房屋建筑制图统一标准》(GB/T 50001—2017)第 5.0.2 条～第 5.0.7 条的规定。

3. 坐标标注方法

总图应按上北下南的方向绘制。根据场地形状或布局，可向左或右偏转，但不宜超过 45°。

坐标网格应以细实线表示，分为测量坐标网和建筑坐标网。测量坐标网应画成交叉十字线，坐标代号宜用 X、Y 表示；建筑坐标网应画成网格通线，坐标代号宜用 A、B 表示，如图 11-1 所示。当坐标值为负数时，应注“−”，为正数时，“+”可省略。当总平面图上有测量和建筑两种坐标系统时，应在附注中注明两种坐标系统的换算公式。表示建筑物、构筑物位置的坐标，宜注其三个角的坐标，如果建筑物、构筑物与坐标轴线平行，可注其对角坐标。在一张图上，当主要建筑物、构筑物用坐标定位时，较小的建筑物、构筑物也可用相对尺寸定位。

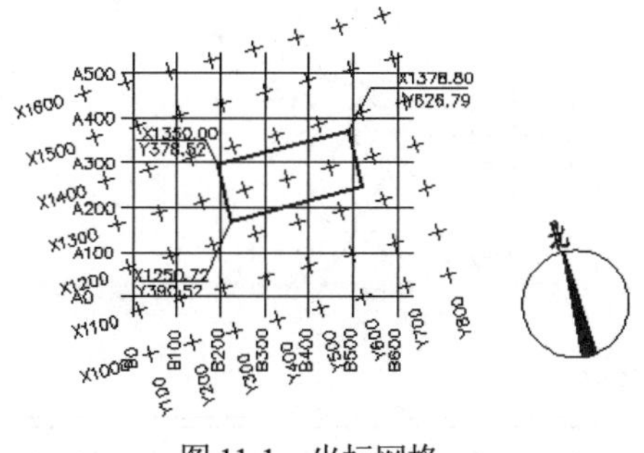

图 11-1　坐标网格

建筑物、构筑物、道路、管线等应标注下列部位的坐标或定位尺寸。

- 建筑物、构筑物的定位轴线(或外墙面)或其交点。
- 圆形建筑物、构筑物的中心。
- 皮带走廊的中线或其交点。
- 道路的中线或转折点。
- 管线(包括管沟、管架或管桥)的中线或其交点。
- 挡土墙墙顶外边缘线或转折点。

坐标宜直接标注在图上，如果图面无足够位置，也可列表标注。在一张图上，当坐标数字的位数太多时，可将前面相同的位数省略，其省略位数应在附注中加以说明。

《房屋建筑制图统一标准》(附条文说明)GB/T 50001—2017 中规定：计算机辅助制图的坐标系与原点应符合下列规定。

- 计算机辅助制图时，宜选择世界坐标系或用户定义坐标系。
- 绘制工程总平面图中有特殊要求的图样时，宜使用大地坐标系。
- 坐标原点的选择，宜使绘制的图样位于横向坐标轴的上方和纵向坐标轴的右侧并紧邻坐标原点(见图 11-2 和图 11-3)。
- 在同一工程中，各专业应采用相同的坐标系与坐标原点。

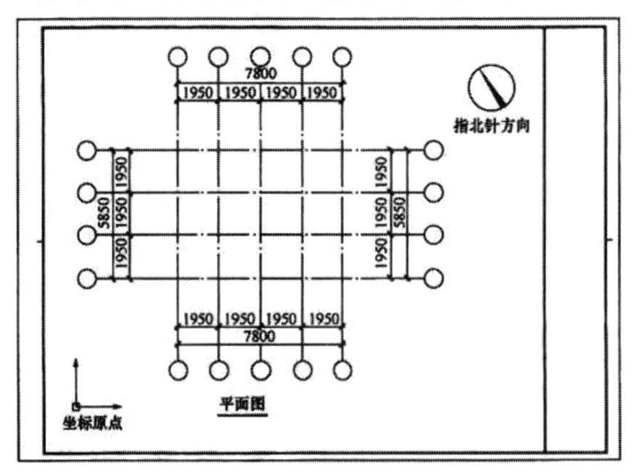

图 11-2　正交平面图制图方向与指北针方向示意

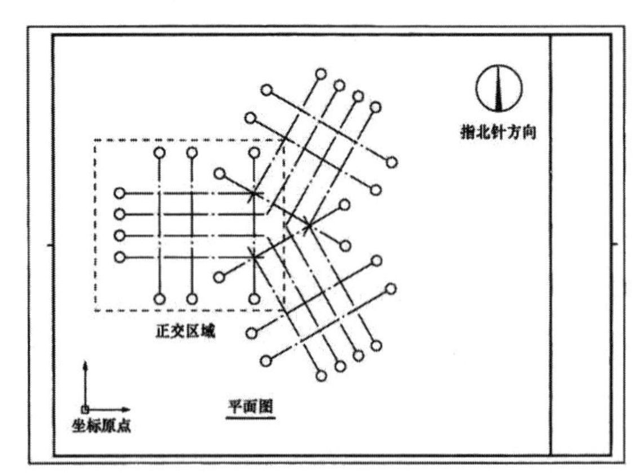

图 11-3　正交区域相互斜交的平面图制图方向与指北针方向示意

4. 标高标注方法

设计人员应以含有±0.00 标高的平面作为总图平面，总图中标注的标高应为绝对标高，如果标注相对标高，则应注明相对标高与绝对标高的换算关系。建筑物、构筑物、铁路、道路、管沟等应按以下规定标注有关部位的标高。

- 建筑物室内地坪，标注建筑图中±0.00 处的标高，对不同高度的地坪，分别标注其标高。
- 建筑物室外散水，标注建筑物四周转角或两对角的散水坡脚处的标高。
- 构筑物标注其有代表性的标高，并用文字注明标高所指的位置，如图 11-4 所示。
- 铁路标注轨顶标高。
- 道路标注路面中心交点及变坡点的标高。
- 挡土墙标注墙顶和墙趾标高，路堤、边坡标注坡顶和坡脚标高，排水沟标注沟顶和沟底标高。
- 场地平整标注其控制位置标高，铺砌场地标注其铺砌面标高。

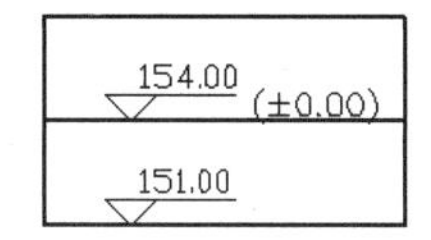

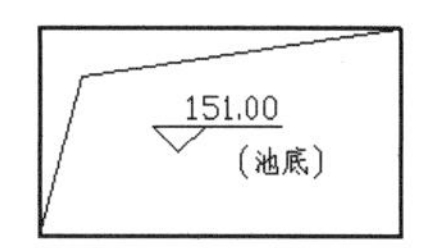

图 11-4　标高标注方法

5. 名称和编号

总图上的建筑物、构筑物应注写名称，名称宜直接标注在图上。当图样比例小或图面无足够位置时，也可编号列表编注在图内。当图形过小时，可标注在图形外侧附近处。总图上的铁路线路、铁路道岔、铁路及道路曲线转折点等，均应进行编号。

道路编号应符合下列规定：厂矿道路用外加圆圈的阿拉伯数字(如①、②等)按顺序编号；引道编号在上述数字后加-1、-2(如①-1、②-2 等)。

一个工程中，整套总图图纸所注写的场地、建筑物、构筑物、铁路、道路等的名称应统一，各设计阶段的上述名称和编号应一致。

6. 常用图例

总平面图以图例来表示新建的、原有的、拟建的建筑物，以及地形环境、道路和绿化布置，总平面图例应符合附录 B 中的规定。当标准图例不够时，必须另设图例，并在建筑总平面图中画出自定义的图例、注明其名称。

7. 布局

计算机辅助制图时，宜按照自下而上、自左至右的顺序排列图样，宜先布置主要图样，再布置次要图样。

表格、图纸说明宜布置在绘图区的右侧。

11.2 建筑总平面图的绘制方法及步骤

接下来，依据前面介绍的建筑总平面图的内容和规范要求，介绍建筑总平面图的绘制方法及步骤。

建筑总平面图主要表达新建房屋所在地有关范围内的总体布置，它反映了新建房屋、建筑物等的位置和朝向，室外场地、道路、绿化等的布置情况，地形、地貌标高，以及与原有环境的关系和临界状况。因此坐标、尺寸定位和标高是建筑总平面图绘制的关键。

绘制的具体步骤如下。

(1) 设定图形界限，按制图标准创建常用图层，如“总图-平面”“总图-道路”“总图-车场”“总图-尺寸”“总图-文字”等。

(2) 设定坐标原点，确定图纸坐标与测量点位置的坐标关系。

(3) 根据坐标值和设计依据文件中规定的位置关系绘制建筑红线图。

(4) 绘制已建建筑或构筑物的平面图和已有道路布置图。

(5) 坐标定位，新建建筑的平面和新建道路布置图。

(6) 绘制绿化和其他设施的布置图，如停车坪、运动场地等。

(7) 填充图样，规范未规定的图样，要单独绘制图例并注明。

(8) 标注文字、坐标及尺寸，绘制风向频率玫瑰图或指北针。

(9) 填写图框标题栏，打印出图。

11.3 操作实践

按照前面所介绍的要求和步骤绘制如图 11-5 所示的小区总平面图。

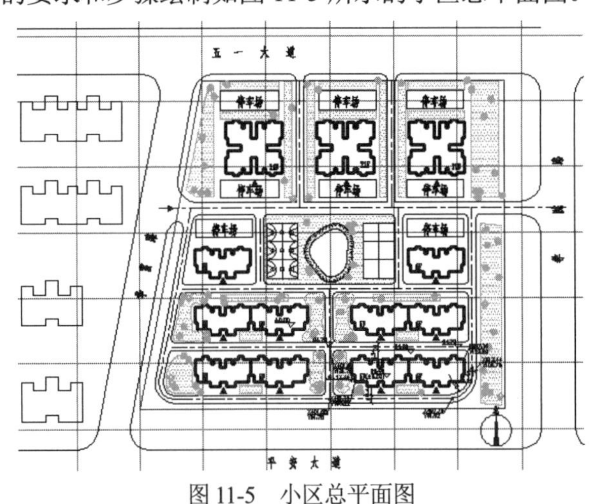

图 11-5　小区总平面图

具体操作步骤如下。

(1) 选择“格式”|“图形界限”命令，将图形界限设置为 841×594，命令行提示如下。

```
命令: '_limits                                          //启动图形界限命令
重新设置模型空间界限:
指定左下角点或 [开(ON)/关(OFF)] <0.0000,0.0000>:        //接受默认值
指定右上角点 <420.0000,297.0000>: 841,594
```

(2) 设置文字样式，字号分别为 5 号字和 7 号字，单击“样式”工具栏上的“文字样式”

按钮，系统弹出“文字样式”对话框，单击“新建”按钮，创建“总图 5 号字”样式，字体采用“仿宋”，不使用大字体，设置字高为 5，高宽比为 0.7。按照同样方法设置“总图 7 号字”的样式。

(3) 单击“样式”工具栏上的“标注样式”按钮，在弹出的“标注样式管理器”对话框中，单击“新建”按钮，打开“创建新标注样式”对话框，单击“继续”按钮设置总图标注样式。在“符号和箭头”选项卡的“箭头”选项组中设置“第一项”为“建筑标记”，在“主单位”选项卡中，设置“单位格式”为“小数”，“精度”为“0.00”，小数分隔符采用“.”。

(4) 设置常用图层，单击“图层”工具栏上的“图层特性管理器”按钮，在弹出的“图层特性管理器”选项板中创建下列图层：“总图-辅助线”“总图-平面-红线”“总图-平面-已建”“总图-平面-新建”“总图-平面-球场”“总图-平面-泳池”“总图-平面-绿化”“总图-道路-已建”“总图-道路-新建”“总图-车场”“总图-尺寸”和“总图-文字”。图层的颜色根据用户的习惯选择，线型和线宽根据前面介绍的要求进行设置，如图 11-6 所示。

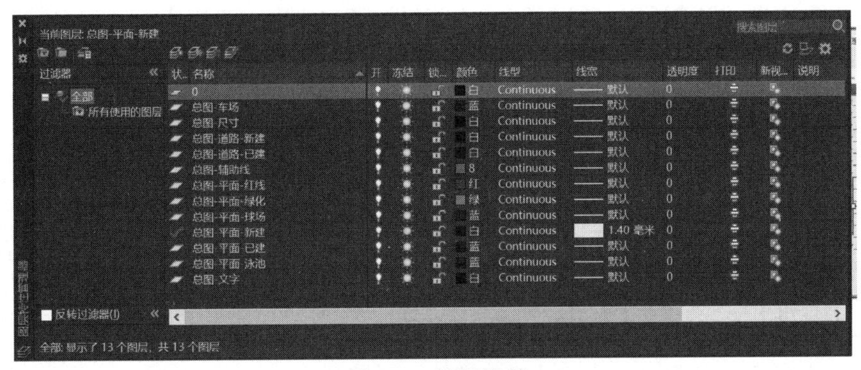

图 11-6　图层设置

(5) 在“图层”工具栏的下拉列表框中，将“总图-辅助线”图层置为当前图层，单击“绘图”工具栏上的“直线”按钮，绘制坐标网格线，并利用“修改”工具栏上的“偏移”按钮，形成 20m×20m 的坐标网格，如图 11-7 所示。

(6) 确定好设计文件提供的基准点与绘制坐标网的关系，网格左下角点的坐标为测量的坐标(152.30, 69.20)。移动网格至相对坐标(@152.30, 69.20)，如图 11-8 所示。

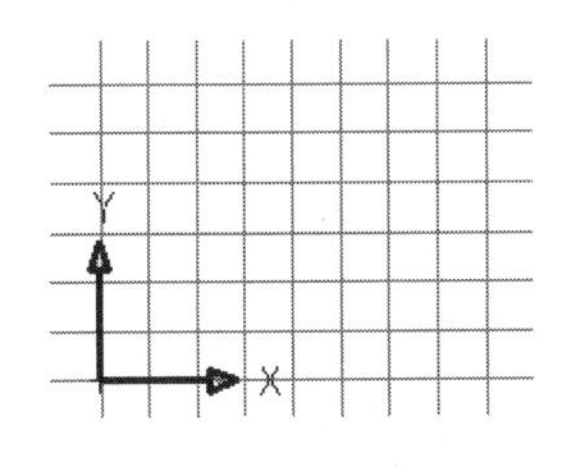

图 11-7　坐标网格

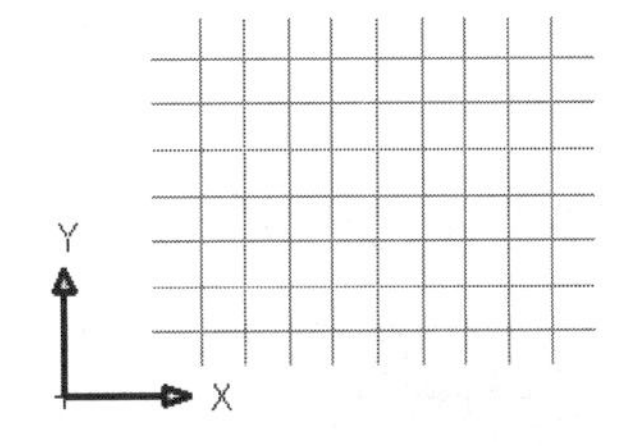

图 11-8　调整坐标点

(7) 锁定“总图-辅助线”图层，然后切换到“总图-平面-红线”图层，4 个角点坐标分别是(302.3000, 334.7025)、(538.8513, 334.7025)、(535.3304, 93.6450)、(252.3000, 84.7025)，先用 point 命令绘制红线角点，然后单击“绘图”工具栏上的“多段线”按钮，按照坐标绘制小区红线，如图 11-9 所示。

(8) 分别切换到“总图-平面-已建”和“总图-道路-已建”图层，根据测绘数据绘制已有的建筑物、构筑物和道路，如图 11-10 所示。

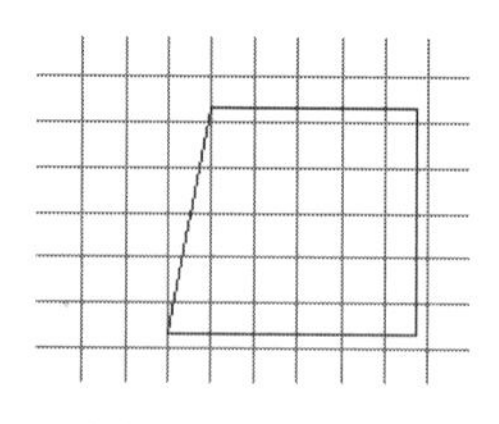

图 11-9　绘制红线

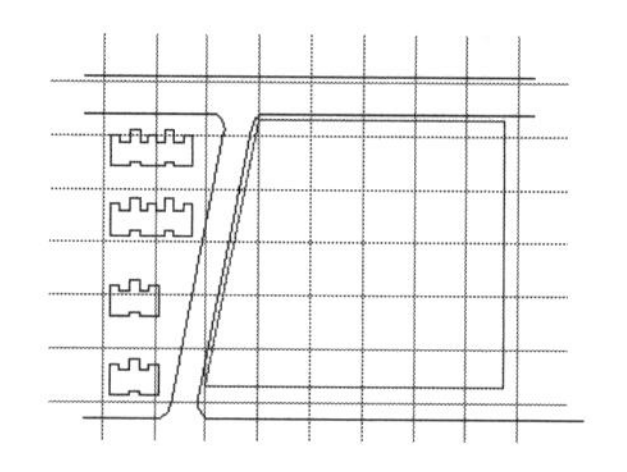

图 11-10　绘制已有建筑和道路

(9) 切换到“总图-平面-新建”图层，单独绘制新建建筑单体的轮廓线，尺寸如图 11-11 和图 11-12 所示。

(10) 在红线图内，按照设计的位置布置各种建筑，按平面图上从左至右、从上至下的顺序排列，各新建建筑左上角点的坐标分别为(321.0409, 302.5105)、(392.5711, 302.5105)、(464.1013, 302.5105)、(296.2189, 206.0352)、(463.1456, 206.0352)、(296.2189, 162.3036)、(419.1456, 162.3036)、(296.2189, 122.2162)、(419.1456, 122.2162)，如图 11-13 所示。

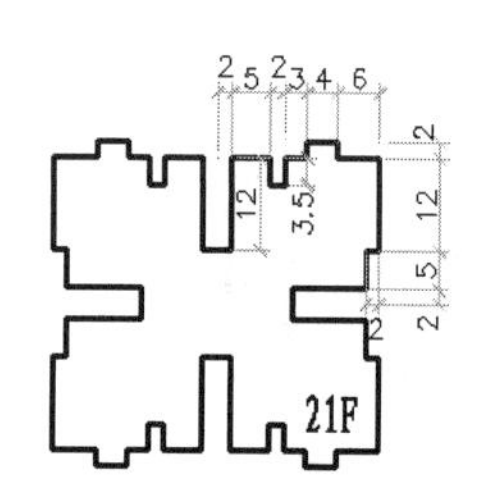

图 11-11　A 型住宅平面图

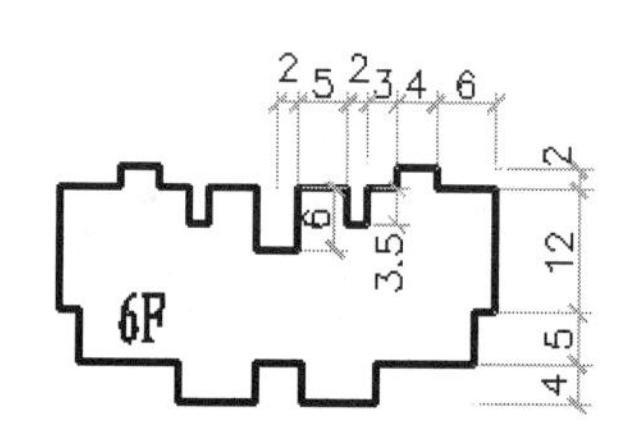

图 11-12　B 型住宅平面图

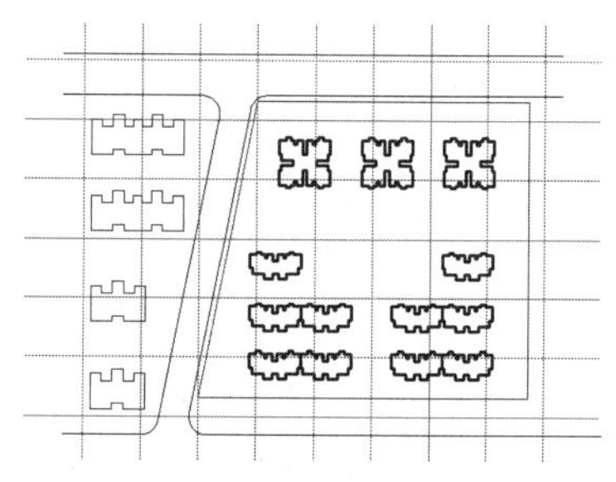

图 11-13　布置各类型建筑物

(11) 切换到“总图-道路-新建”图层，绘制小区道路，先按坐标点绘制道路中线，然后用“偏移”命令绘制道路。中心线采用点划线，如图 11-14 所示。

(12) 切换到“总图-平面-泳池”图层，选择“格式”|“点的样式”命令，在弹出的“点样式”对话框中选择 ⊕ 样式的点，按照设计位置绘制泳池边界点，如图 11-15 所示。

(13) 单击“绘图”工具栏上的“样条曲线”按钮，连接各点，确定好起点和端点的切线方向，如图 11-16 所示。

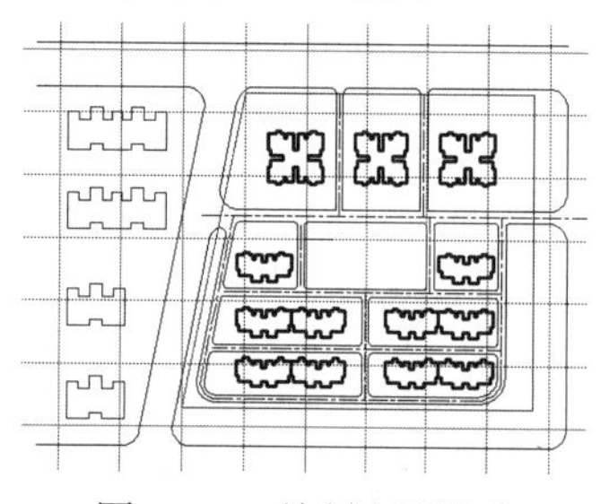

图 11-14　绘制小区道路

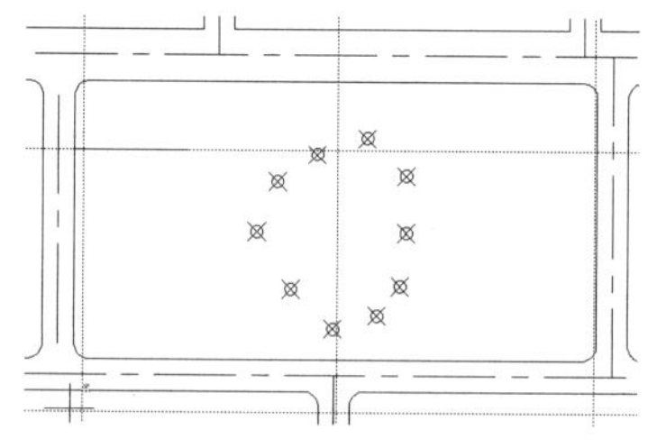

图 11-15　绘制泳池边界点

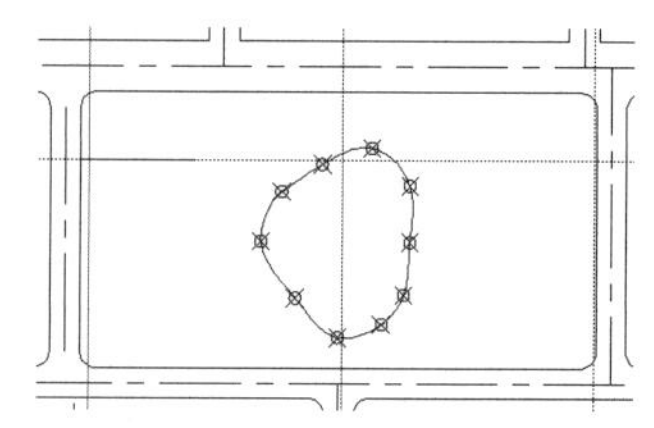

图 11-16　绘制泳池边界

(14) 单击“修改”工具栏上的“偏移”按钮，偏移 4m，然后向内偏移两次分别为 1m，选择“绘图”|“点”|“定数等分”命令，将外面的 3 个圈分成 80 份、80 份和 40 份，如图 11-17 所示，最后打开“对象捕捉”的“节点”捕捉功能，若没有请重新设置。单击“绘图”工具栏

上的“直线”按钮，绘制泳池的边坡线，边坡效果如图 11-18 所示。

(15) 切换到“总图-车场”图层，运用“直线”命令、“偏移”命令及“修剪”命令绘制 8 个 14m×45m 的停车场，位置用坐标定位，如图 11-19 所示。

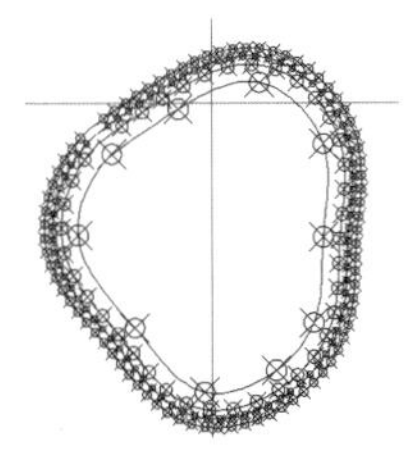

图 11-17　绘制边坡过程

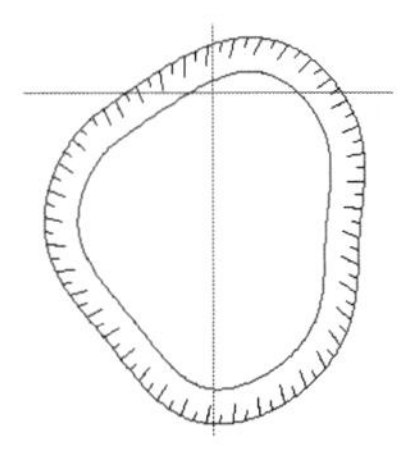

图 11-18　边坡效果

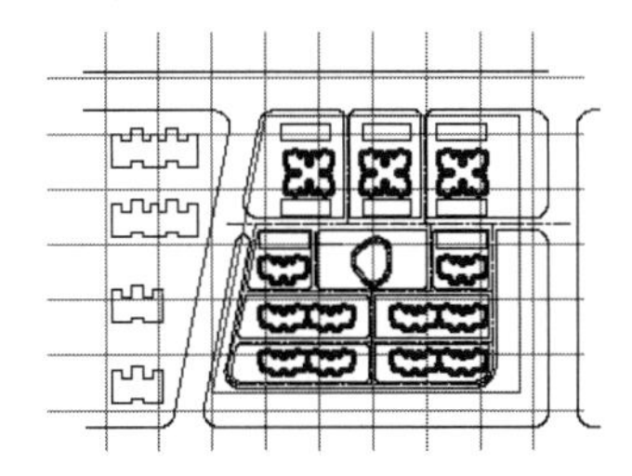

图 11-19　绘制停车场

(16) 切换到“总图-平面-球场”图层，运用“绘图”工具栏上的“直线”按钮、“矩形”按钮和“圆”按钮，以及“修改”工具栏上的“修剪”按钮绘制如图 11-20 和图 11-21 所示的球场。将球场布置在总平面图上，如图 11-22 所示。

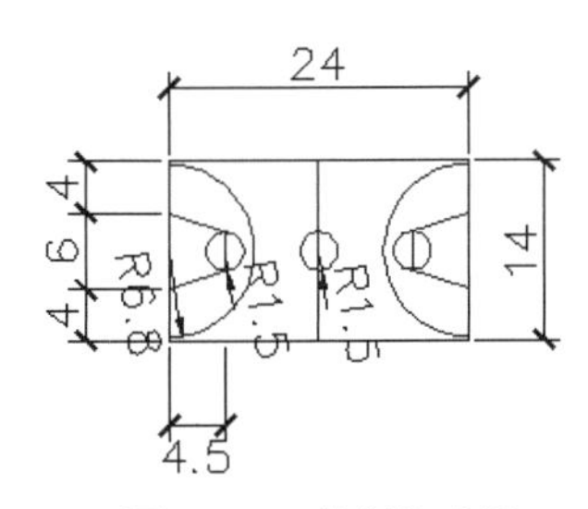

图 11-20　绘制篮球场

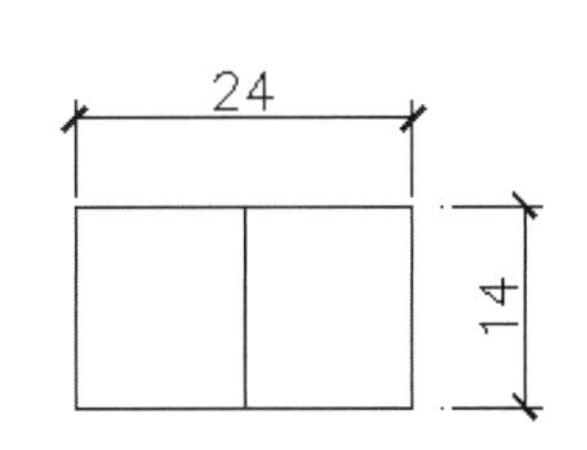

图 11-21　绘制网球场

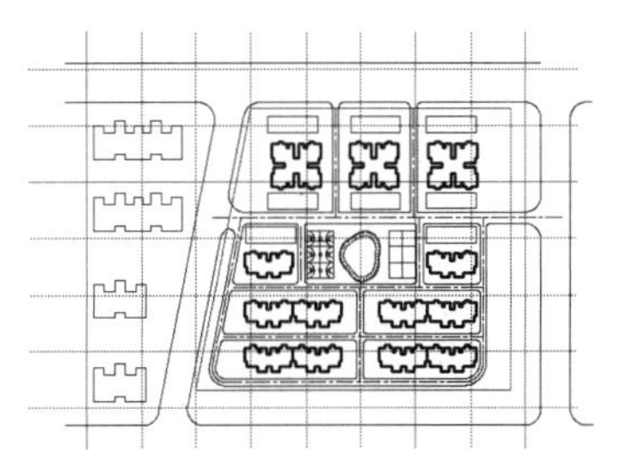

图 11-22　布置球场

(17) 切换到“总图-平面-绿化”图层，使用“多段线”命令、“直线”命令、“样条曲线”命令、“偏移”命令、“圆角”命令等绘制绿化带，填充并插入植被图块，效果如图 11-23 所示。

(18) 切换到“总图-尺寸”图层，对新建建筑、场地、道路交点和转弯点标注坐标和标高，以及各自的定位尺寸、图幅的限制，以局部的标注来介绍坐标和尺寸的标注，如图 11-24 所示。

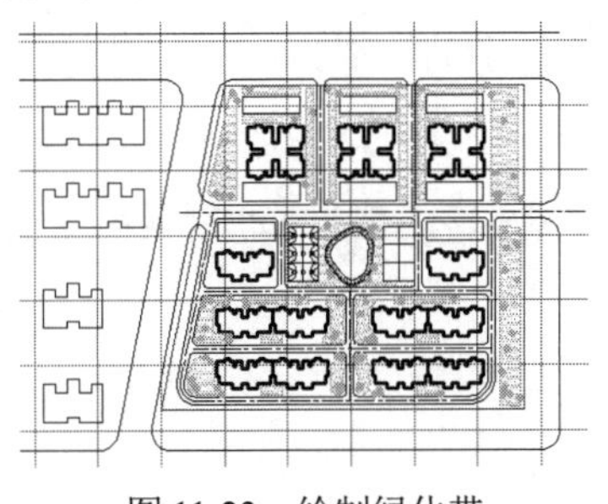

图 11-23　绘制绿化带

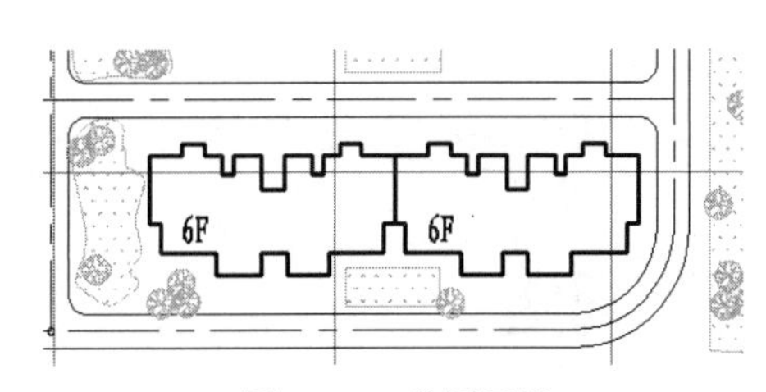

图 11-24　总图局部

(19) 先标注新建建筑的坐标，选择“工具”|“查询”|“点坐标”命令，选择新建建筑左下和右上角点，命令行提示如下。

```
命令:'_id 指定点:  X = 421.1456    Y = 105.2162    Z = 0.0000
命令:'_id 指定点:  X = 507.1456    Y = 122.2162    Z = 0.0000
```

(20) 标注建筑角点坐标，如图 11-25 所示。

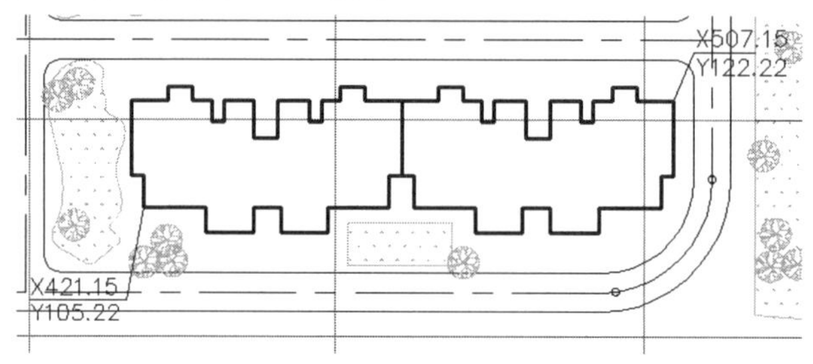

图 11-25　标注建筑角点坐标

(21) 标注道路坐标和建筑的定位尺寸，如图 11-26 所示。

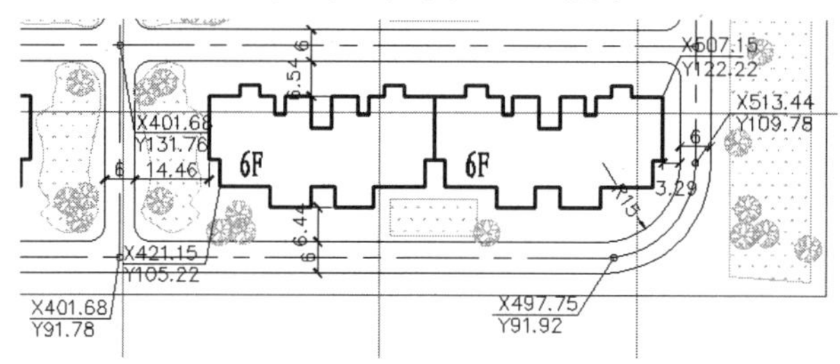

图 11-26　标注道路的坐标和建筑的定位尺寸

(22) 标注建筑和道路的标高，如图 11-27 所示。

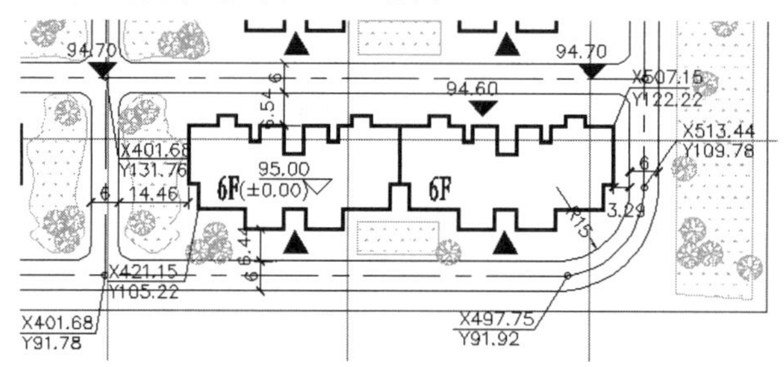

图 11-27　标注建筑和道路的标高

(23) 绘制其他符号和指北针，标注文字和图名，完成总图的绘制。

提示：

为避免绘图工作量过大，可按照操作实践中介绍的方法绘制如图 11-27 所示的局部总图。

11.4 习题

11.4.1 填空题

(1) 建筑制图中总图的坐标、标高、距离宜以________为单位，并应至少取至小数点后__________位。

(2) 坐标网格应以细实线表示，分为___________和__________。

(3) 设计人员应以含有__________标高的平面作为总图平面，总图中标注的标高为_________。

11.4.2　选择题

(1) 建筑图纸中(　　)能够表明新建房屋所在地有关范围内的总体布置，反映新建房屋、建筑物等的位置和朝向，室外场地、道路、绿化等的布置情况，地形、地貌标高，以及与原有环境的关系和临界状况。

A. 平面图　　B. 立面图　　C. 剖面图　　D. 总平面图

(2) 新建建筑物±0.00 高度的可见轮廓线，应该用(　　)表示。

A. 粗实线　　B. 粗虚线　　C. 细实线　　D. 细虚线

(3) 原有建筑物、构筑物、原有窄轨、铁路、道路、桥涵、围墙的可见轮廓线，应该用(　　)表示。

A. 粗实线　　B. 粗虚线　　C. 细实线　　D. 细虚线

11.4.3　上机操作

绘制如图 11-28 所示的总平面图，注意各种图例的含义。

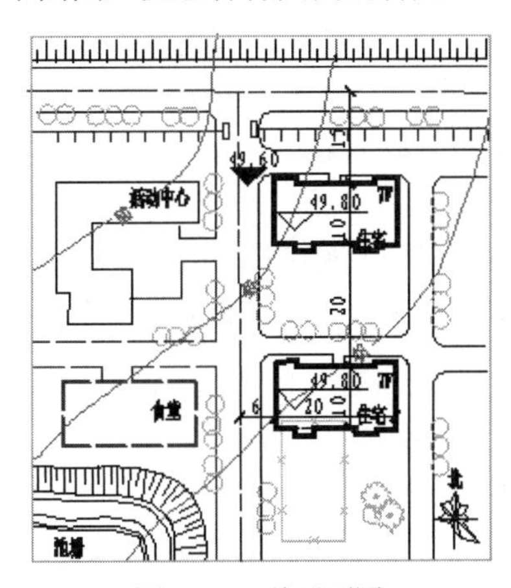

图 11-28　总平面图

༄ 第 12 章 ༄

三维建筑绘图基础

三维图形能够直观地展现建筑的全部效果，这是二维图形所不能达到的。建筑三维图形的绘制在设计方案阶段尤其重要，它能直观地表现建筑物自身以及与周围建筑物之间的空间关系。

AutoCAD 提供了三种类型的三维建模：线框模型、曲面模型和实体模型。线框模型使用直线和曲线的真实三维对象的边缘或骨架表示，不能对线框模型进行消隐和渲染等操作。曲面模型由网格组成，在二维和三维中都可以创建网格，主要在三维空间中使用。为了简化绘图工作，系统提供了一系列常用的曲面，用户可以输入所需的参数，直接完成预定义曲面的创建。三维实体模型是最方便的三维模型，AutoCAD 中的实体模型包括长方体、圆锥体、圆柱体、球体、楔体和圆环体等基本的三维模型。三维模型是可以转换的，但转换必须由高层次向低层次转换，而不能逆序转换。例如，可以把三维实体转换为三维曲面模型、把三维曲面模型转换为三维线框模型，反之则不然。创建三维模型后，用户通常还需要对模型进行一定的修改和编辑，以及着色和渲染，让模型达到最佳的效果。

本章将介绍从不同视图角度观察三维实体的方法，并介绍以右手定则为基础，合理创建用户坐标系的方法，以及各种三维模型的创建和编辑方法。

知识要点

- 三维实体的视图和用户坐标系。
- 三维图形对象的绘制操作。
- 三维图形对象的编辑操作。

12.1 三维实体的观察、视图视口和用户坐标系

在三维绘图过程中，用户可以对三维图形进行三维动态观察、连续观察，以及平移和缩放等操作。平移和缩放的方法与二维绘图中介绍的一样，这里不再赘述。在此主要介绍三维动态观察和连续观察，并介绍三维实体观察的一些辅助工具，以及一些能够得到精确的视点视图的方法和视口的相关操作，最后重点介绍用户坐标系的设置和使用。

12.1.1 三维动态观察器及观察辅助工具

在菜单栏中选择“工具”| AutoCAD |“三维导航”命令，将弹出如图 12-1 所示的“三维导航”工具栏。

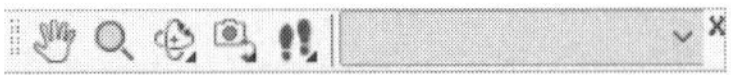

图 12-1　“三维导航”工具栏

1. 动态观察

单击“三维导航”工具栏上的“动态观察”按钮，或选择“视图”|“动态观察”命令，或在命令行中输入 3dorbit 命令，都可以激活三维动态观察器。

系统提供了受约束的动态观察、自由动态观察和连续动态观察 3 种动态观察方式。

- 受约束的动态观察(C)：该观察方式视图目标位置不动，观察点围绕目标移动。默认情况下，观察点受约束，沿 XY 平面或 Z 轴约束移动，光标图形为。
- 自由动态观察(F)：自由动态观察的点不参照平面，可以在任意方向上进行动态观察。沿 XY 平面和 Z 轴进行动态观察时，观察点不受约束。
- 连续动态观察(O)：可以连续地进行动态观察。在要使用连续动态观察移动的方向上单击并拖动鼠标，然后释放鼠标，对象将在指定的方向上沿着轨道连续旋转，旋转的速度由光标移动的速度决定。

自由动态观察比较常用，当光标落在转盘内变成时，可在绘图区域中单击并拖动光标围绕对象自由转动，如图 12-2 所示。此方法可以在水平、垂直或任意方向上转动。

当光标落在转盘外变成时，可使视图围绕延长线通过转盘的中心并垂直于屏幕的轴旋转，如图 12-3 所示。

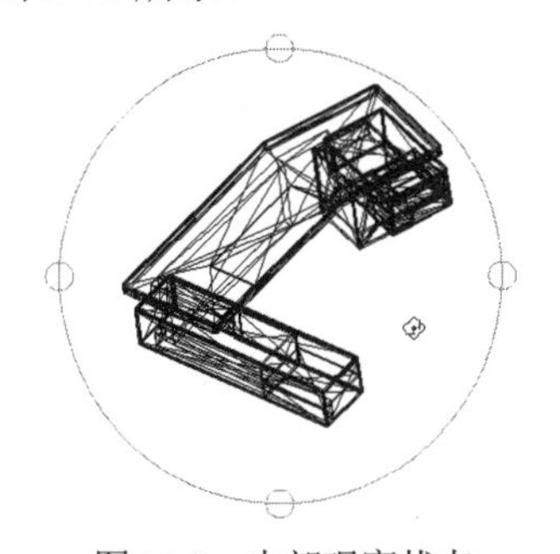

图 12-2　内部观察状态

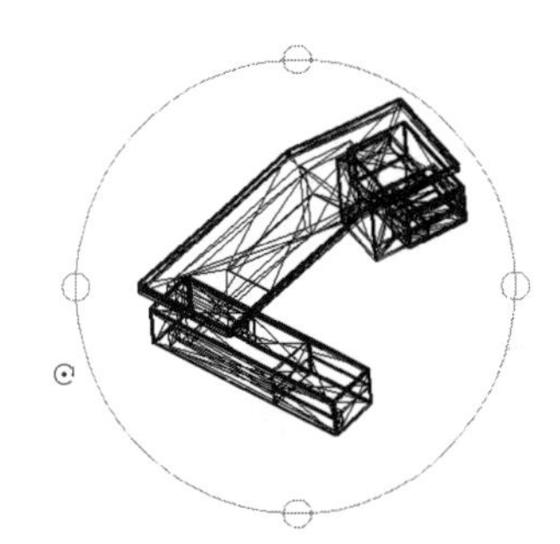

图 12-3　外部观察状态

当光标落在左右两个小圆上变成时，单击并拖动光标将使视图围绕通过转盘中心的垂直轴(Y 轴)旋转，如图 12-4 所示。

当光标落在上下两个小圆上变成时，单击并拖动光标将使视图围绕通过转盘中心的水平轴(X 轴)旋转，如图 12-5 所示。

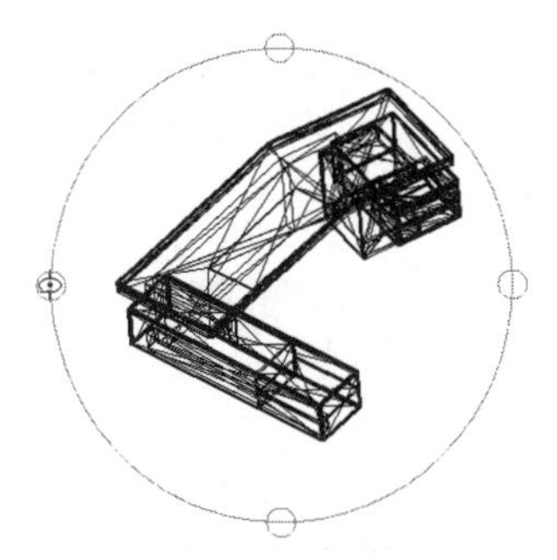

图 12-4　垂直观察状态

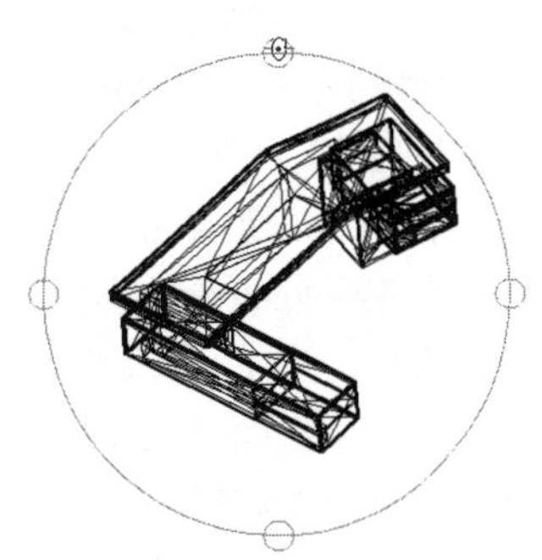

图 12-5　水平观察状态

提示：
按 Esc 键可以终止 3dorbit 命令和 3dcorbit 命令的执行。

2. 相机调整

单击“相机调整”工具栏上的“调整视距”按钮，或在命令行中输入 3ddistance 命令，激活调整距离，模拟相机推近对象或远离对象的效果，单击并向屏幕顶部垂直拖动光标使相机靠近对象，从而使对象显示得更大。单击并向屏幕底部垂直拖动光标使相机远离对象，从而使对象显示得更小，如图 12-6 和图 12-7 所示。

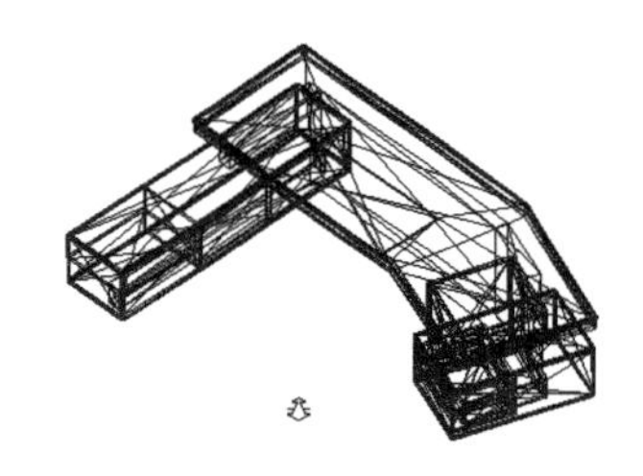

图 12-6　调整距离前

图 12-7　调整距离后

单击“相机调整”工具栏上的“回旋”按钮，或在命令行中输入 3dswivel 命令，激活三维旋转命令，光标变为圆弧形箭头，并模拟在三脚架上旋转相机的效果。此命令将改变查看的目标。例如，如果相机对准一个对象，然后向右旋转相机，那么该对象将在查看区域中向左移动；如果相机向上旋转，那么对象将在查看区域中向下移动。旋转操作通过使用光标作为相机的取景器来模拟此情形。

3. 消隐与着色

消隐模式用线框图在三维视图中显示对象，并隐藏后面的直线，使视图更具有立体感。用户可以选择“视图”|“消隐”命令，或在命令行中输入 hide 命令消除背面的隐藏线。

在 AutoCAD 中，视觉样式用来控制视口中边和着色的显示。选择“视图”|“视觉样式”命令，或单击“视觉样式”工具栏上的按钮可以观察各种三维图形的视觉样式。

AutoCAD 提供了以下 10 种默认的视觉样式。

- 二维线框：显示用直线和曲线表示边界的对象，光栅和 OLE 对象、线型和线宽都是可见的。
- 线框：显示用直线和曲线表示边界的对象，显示着色三维 UCS 图标。
- 消隐：显示用三维线框表示的对象并隐藏表示后向面的直线。
- 真实：着色多边形平面间的对象，并使对象的边平滑化，将显示已附着到对象的材质。
- 概念：着色多边形平面间的对象，并使对象的边平滑化。着色使用冷色和暖色之间的过渡。效果缺乏真实感，但是可以更方便地查看模型的细节。
- 着色：产生平滑的着色模型。
- 带边缘着色：产生平滑、带有可见边的着色模型。
- 灰度：使用单色面颜色模式可以产生灰色效果。
- 勾画：使用外伸和抖动产生手绘效果。
- X 射线：用于更改面的不透明度，使整个场景变成部分透明。

12.1.2　三维绘图视图和视口操作

除了使用三维动态观察器改变对象的查看方向，AutoCAD 系统还提供了一些改变视图的方法，通过这些方法能够得到精确的视点，辅助绘图。用户可以采用预置的三维视图或自定义的三维视图来查看三维对象。视口是图形屏幕上用于显示图形的一个限定区域。默认状态下，AutoCAD 把整个作图区域作为单一的视口，用户可在其中绘制或操作图形，也可以根据作图需要将屏幕设置成多个视口，方便看图和绘图。下面分别介绍预置三维视图、自定义视图和视口的基本操作。

1. 预置三维视图

快速设置视图的方法是选择系统预定义的三维视图，用户可以根据名称或说明选择预定义的标准正交视图和等轴测视图。系统提供的预置三维视图包括俯视、仰视、左视、右视、前视、后视。此外，用户还可以从等轴测选项设置视图：西南等轴测、东南等轴测、东北等轴测和西北等轴测。

选择“视图”|“三维视图”命令，在弹出的下拉菜单中选择合适的命令进行视图切换，或者在菜单栏中选择“工具”| AutoCAD |“视图”命令，在弹出的如图 12-8 所示的“视图”工具栏中单击所需的视图按钮来设置视图。图 12-9 中列举了 4 种视图效果。

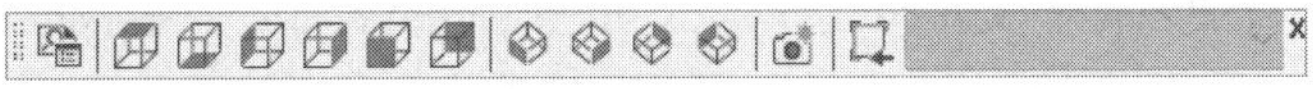

图 12-8　“视图”工具栏

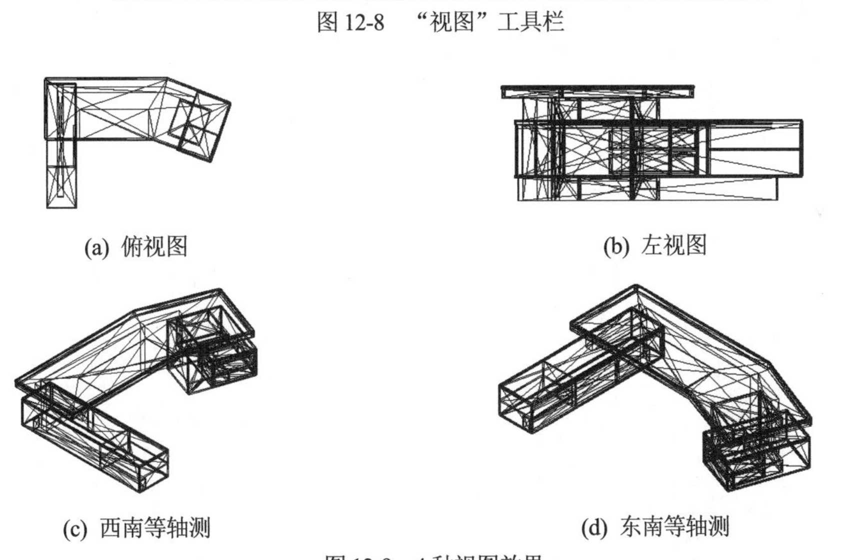

(a) 俯视图　(b) 左视图

(c) 西南等轴测　(d) 东南等轴测

图 12-9　4 种视图效果

2. 自定义视图

按一定比例、位置和方向显示的图形称为视图，用户可以创建并以名称保存特定的视图，方便在布局、打印或需要查看特定的细节时恢复它们。命名视图随图形一起保存并可以随时使用。在构造布局时，可以将命名视图恢复到布局的视口中。

选择“视图”|“三维视图”|“视点预设”命令，系统弹出如图 12-10 所示的“视点预设”对话框，用户可以通过设置与 X 轴以及 XY 平面的角度设置视点。其中，“绝对于 WCS”单选按钮用于设置相对于 WCS(世界坐标系)的查看方向，“相对于 UCS”单选按钮用于设置相

对于当前 UCS(用户坐标系)的查看方向，“自 X 轴”文本框用于指定与 X 轴的角度，“自 XY 平面”文本框用于指定与 XY 平面的角度。将“自 X 轴”文本框指定与 X 轴的角度，“自 XY 平面”文本框指定与 XY 平面的角度，得到如图 12-11 所示的效果。

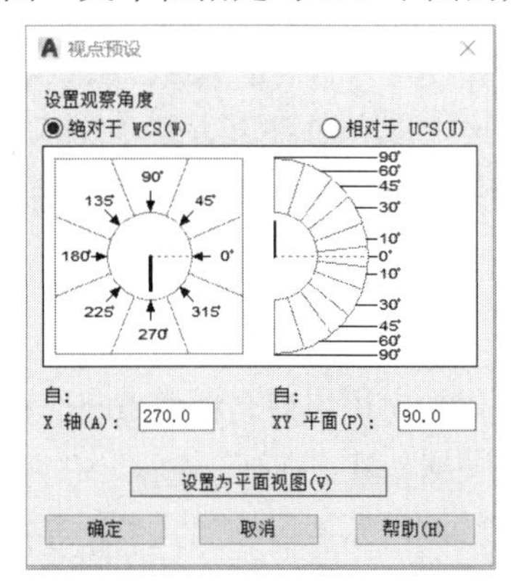

图 12-10 “视点预设”对话框

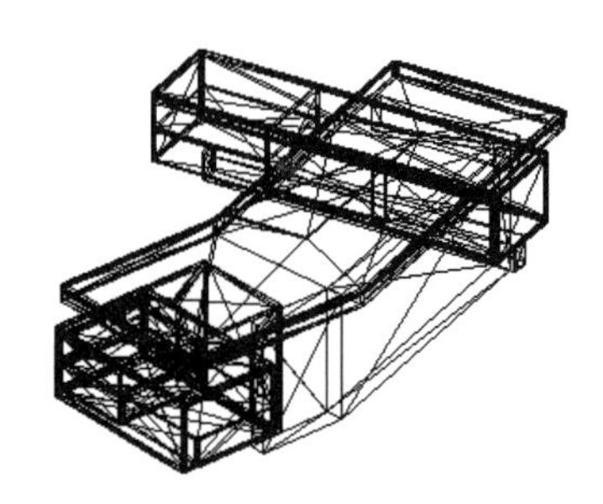

图 12-11 新视点下的图形对象

单击“视图”工具栏上的“命名视图”按钮，将弹出“视图管理器”对话框，如图 12-12 所示。单击“新建”按钮，将弹出“新建视图/快照特性”对话框，如图 12-13 所示。“新建视图”对话框中的“视图名称”文本框用于输入新建视图的名称，“视图类别”文本框用于输入类别名称，指定命名视图的类别，如立视图或剖视图。在“边界”选项组中，若选择“当前显示”单选按钮，则将当前显示作为新视图；若选择“定义窗口”单选按钮，则需要在绘图区域指定两个对角点来定义视图。另外，“设置”选项组用于设置与命名视图一起保存的选项，“背景”选项组用于设置新视图的背景色或图像。设置完成后单击“确定”按钮，完成新视图的创建。

图 12-12 “视图管理器”对话框

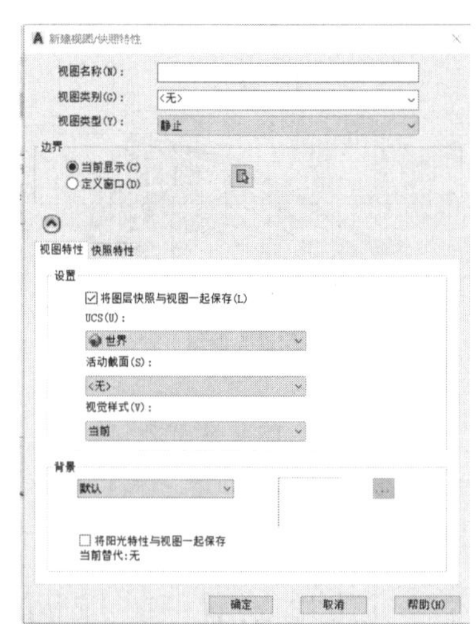

图 12-13 “新建视图/快照特性”对话框

3. 视口

在 AutoCAD 2020 中文版中，可以根据作图需要将屏幕设置成多个视口，方便绘图。AutoCAD 存在两种类型的视口：平铺视口和浮动视口。创建视口时，系统将根据当前所在的工作空间决定创建视口的类型，如果在模型空间工作，就创建平铺视口；如果在图纸空间工作，就创建浮动视口。

平铺视口将原来的模型空间分割成多个区域，各个视口的边缘与相邻视口紧紧相连，不能移动。平铺视口用于查看创建中的模型，当前选择的平铺视口能够被进一步分割，也能够与相邻视口合并形成较大的视口。平铺视口中各视口显示的都是同一个模型，因此在任意一个视口中对模型进行修改都会引起模型的变化，并在其他视口显示出来。平铺视口的这种特性，方便用户同时从不同的角度观察模型，大大提高了工作效率。

浮动视口能够存在于图纸空间的任何位置。浮动视口不一定是矩形的，可以由复杂的多边形或曲线作为边界。浮动视口是一种 AutoCAD 图形对象，在图纸空间中能够重叠，还可以进行复制、移动、改变形状等编辑操作。

选择“视图”|“视口”|“命名视口”命令，在弹出的“视口”对话框中进行视口的设置，如图 12-14 所示。在“新建视口”选项卡中，输入视口名称，选择要划分的标准视口形式，在“设置”下拉列表框中选择“三维”，单击“确定”按钮，绘图区将按照标准视口中的视图进行显示，如图 12-15 所示。

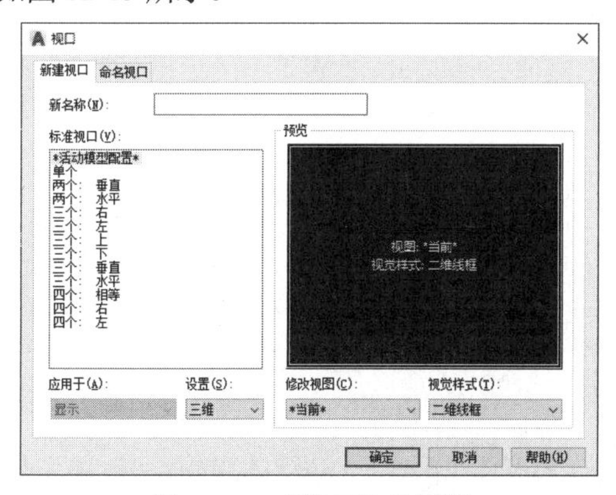

图 12-14　“视口”对话框

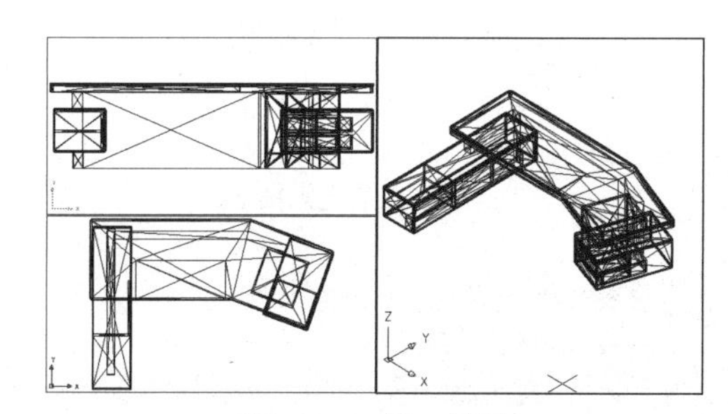

图 12-15　视口效果

提示：

如果不需要默认视口中的视图安排，可以在“预览”框中选中需要修改的视图，在“修改视图”下拉列表框中选择合适的视图。

12.1.3　用户坐标系

AutoCAD 系统在启动之后，默认使用的是三维笛卡儿坐标系。在三维笛卡儿坐标系中，坐标值(7,8,9)表示一个 X 坐标为 7，Y 坐标为 8，Z 坐标为 9 的点。在任何情况下，都可以通过输入一个点的 X、Y、Z 坐标值来确定该点的位置。如果在输入点时输入了“6,7”并按下 Enter 键，表示输入了一个位于当前 XY 平面上的点，系统会自动给该点加上 Z 轴坐标 0。相对坐标在三维笛卡儿坐标系中仍然有效，例如，相对于点(7,8,9)，坐标值为“@1,0,0”的点绝对坐标为(8,8,9)。

在创建三维对象的过程中，经常要调整视图，这导致用户判断 3 个坐标轴的方向并不是很容易。在笛卡儿坐标系中，在已知 X、Y 轴方向的情况下，一般使用右手定则确定 Z 轴的方向，如图 12-16 所示。要确定 X、Y 和 Z 轴的正方向，可以将右手背对着屏幕放置，拇指指向 X 轴的正方向，伸出食指和中指，且食指指向 Y 轴的正方向，中指所指的方向就是 Z 轴的正方向。要确定某个坐标轴的正旋转方向，可以将右手的大拇指指向该轴的正方向并弯曲其他 4 个手指，右手四指所指的方向就是该坐标轴的正旋转方向。

AutoCAD 提供了两个坐标系：一个是称为世界坐标系(WCS)的固定坐标系，另一个是称为用户坐标系(UCS)的可移动坐标系。

用户坐标系(UCS)对于输入坐标、定义图形平面和设置视图非常有用。通过选择原点位置和 XY 平面的方向以及 Z 轴，可以重定位 UCS。用户可以在三维空间的任意位置定位和定向 UCS。在任何时候都只有一个 UCS 为当前 UCS，所有的坐标输入和坐标显示都是相对于当前的 UCS。改变 UCS 并不会改变视点，只会改变坐标系的方向。

用户选择“视图”|“显示”|“UCS 图标”命令中的“开”和“原点”选项，可以使新建的用户坐标系在新原点显示。

在任意一个工具栏上右击，在弹出的快捷菜单中选择 UCS 命令，将会弹出如图 12-17 所示的 UCS 工具栏。通过 UCS 命令定义用户坐标系，可以单击 UCS 工具栏上的按钮或直接在命令行中输入 ucs 命令，命令行提示如下。

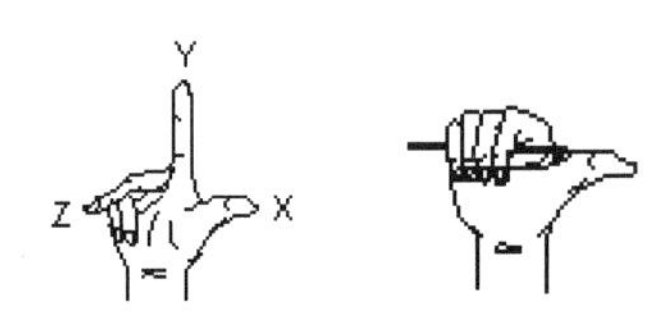

图 12-16　右手定则图示

图 12-17　UCS 工具栏

```
命令: ucs   //执行 UCS 命令
当前 UCS 名称: *世界*
指定 UCS 的原点或 [面(F)/命名(NA)/对象(OB)/上一个(P)/视图(V)/世界(W)/X/Y/Z/Z 轴(ZA)] <世界>:
```

- “指定 UCS 的原点”：允许用户使用一点、两点或三点定义一个新的 UCS。如果指定单个点，当前 UCS 的原点将会移动而不会更改 X、Y 和 Z 轴的方向。
- “面(F)”：用于将 UCS 与三维实体的选定面对齐。在选定面的边界内或面的边上单击，被选中的面将高亮显示，UCS 的 X 轴将与找到的第一个面上最近的边对齐。
- “对象(OB)”：用于根据选定的三维对象定义新的坐标系。新建 UCS 的拉伸方向(Z 轴正方向)与选定对象的拉伸方向相同。
- “上一个(P)”：表示恢复上一个 UCS。
- “视图(V)”：用于以垂直于观察方向(平行于屏幕)的平面为 XY 平面，建立新的坐标系，UCS 原点保持不变。
- “世界(W)”：用于将当前用户坐标系设置为世界坐标系。
- “X/Y/Z”：绕指定轴旋转当前 UCS，可以输入任意角度，正角度表示绕正方向旋转，负角度表示绕负方向旋转，正负方向由右手定则决定。
- “Z 轴(ZA)”：用指定的 Z 轴正半轴来定义 UCS。

【例 12-1】创建 UCS 用户坐标。

对如图 12-18 所示的 UCS 位置进行调整，分别创建如图 12-19 和图 12-20 所示的新的 UCS。

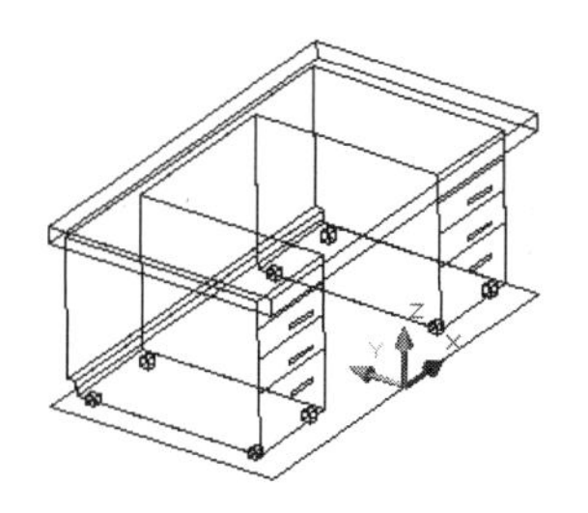

图 12-18　原 UCS 位置

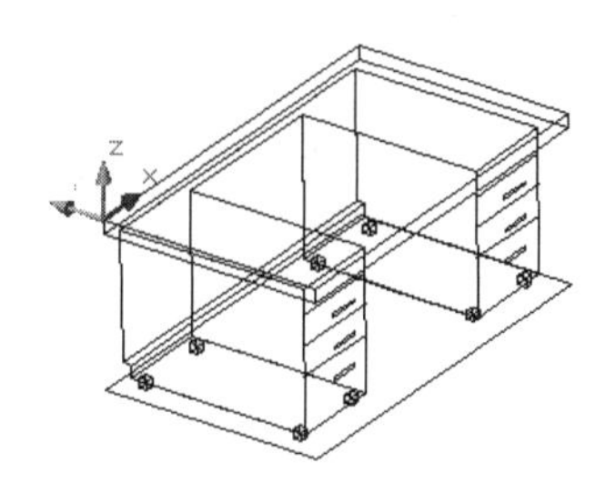

图 12-19　角点创建新 UCS

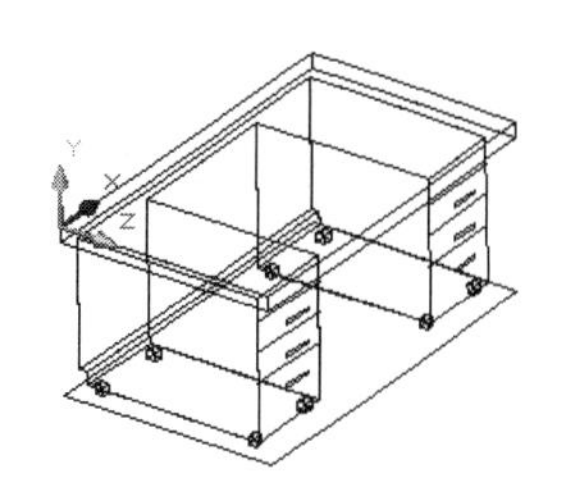

图 12-20　旋转创建新 UCS

具体操作步骤如下。

(1) 在命令行中输入 ucs 命令，命令行提示如下。

```
命令: ucs    //执行 UCS 命令
当前 UCS 名称: *世界*
指定 UCS 的原点或 [面(F)/命名(NA)/对象(OB)/上一个(P)/视图(V)/世界(W)/X/Y/Z/Z 轴(ZA)]
<世界>:   //打开“对象捕捉”功能，捕捉桌面角点，如图 12-19 所示
```

(2) 在如图 12-19 所示的新的 UCS 基础上，单击 UCS 工具栏上的按钮继续执行 UCS 命令，命令行提示如下。

```
指定 UCS 的原点或 [面(F)/命名(NA)/对象(OB)/上一个(P)/视图(V)/世界(W)/X/Y/Z/Z 轴(ZA)]
<世界>: X
指定绕 X 轴的旋转角度 <90>:   //采用默认值，旋转 90°
```

(3) 按 Enter 键，UCS 效果如图 12-20 所示。

12.2 绘制三维网格面及表面

AutoCAD 2020 可以生成常见的形体表面的函数，包括长方体表面、棱锥体表面、楔形体表面、上半球体表面、下半球体表面、球体表面、圆锥体表面和圆环体表面。用户可以输入所需的参数，直接完成预定义曲面的创建，也可以通过其他方式创建曲面。下面分别介绍各种创建曲面的方法。

12.2.1 创建图元表面

用户可以通过输入以下命令来绘制图元表面：长方体表面(ai_box)、棱锥体表面(ai_pyramid)、楔体表面(ai_wedge)、圆锥体表面(ai_cone)、球体表面(ai_sphere)、上半球体表面(ai_dome)、下半球体表面(ai_dish)、圆环体表面(ai_tours)、网格面(ai_mesh)。用户也可以选择“绘图”|“建模”|“网格”|“图元”命令，在弹出的如图 12-21 所示的级联菜单中选择相应的命令绘制相应的基本图元表面。

图元表面的绘制与基本体的绘制类似，此处不再赘述。

提示：

所有三维网格面的基准平面都是 XY 平面，如果需要绘制与 XY 平面呈一定角度的三维网格面，则需要执行相应的编辑操作。

图 12-21　级联菜单

12.2.2　绘制三维面

除了 AutoCAD 中预置的常见形体表面外，可以通过 AutoCAD 提供的一些其他三维表面构造三维空间内的平面、曲面以及其他三维形体的表面。

AutoCAD 提供的 3dface 命令，使用户可以构造空间任意位置的平面，平面的顶点可以有不同的 X、Y、Z 坐标，但不超过 4 个顶点。选择“绘图”|“建模”|“网格”|“三维面”命令，或在命令行中输入 3dface 命令绘制三维表面。

执行 3dface 命令后，命令行提示如下。

```
命令: 3dface                                 //单击按钮执行三维面命令
指定第一点或 [不可见(I)]:                     //通过在绘图区拾取或坐标方式指定第一点
指定第二点或 [不可见(I)]:                     //通过在绘图区拾取或坐标方式指定第二点
指定第三点或 [不可见(I)] <退出>:              //通过在绘图区拾取或坐标方式指定第三点
指定第四点或 [不可见(I)] <创建三侧面>:
//通过在绘图区拾取或以坐标方式指定第四点，此时也可以按 Enter 键，建立三点组成的面
指定第三点或 [不可见(I)] <退出>:
//继续绘制三维表面，上一次绘图中的点 3 和点 4 变成这次的点 1 和点 2，与后面指定的第三点和第四点组成新的三维面
指定第四点或 [不可见(I)] <创建三侧面>:
```

将重复提示输入第三点和第四点，直到按 Enter 键为止，重复提示时指定点 5 和点 6。输入这些点后，按 Enter 键，如图 12-22 所示。使用 3dface 命令绘制表面时，要注意点的指定顺序，通常按照顺时针或逆时针方向指定点，否则绘制的表面可能会交叉。

提示：

“不可见”选项控制三维面各边的可见性，以便建立有孔对象的正确模型。不可见属性必须在使用任何对象捕捉模式、XYZ 过滤器或输入点的坐标之前定义。

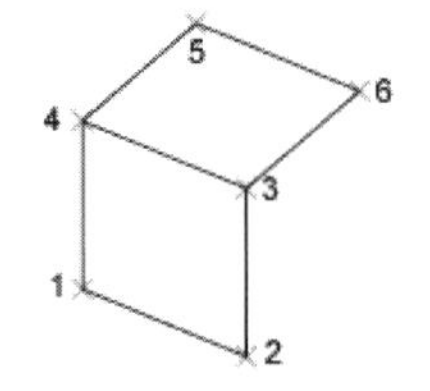

图 12-22　三维面

12.2.3　绘制三维网格曲面

3dmesh 命令可以构造三维多边形网格，广泛应用于绘制地形等不规则表面，如图 12-23 所示。当多边形网格面数较多时，一般用程序调用该命令来绘制。

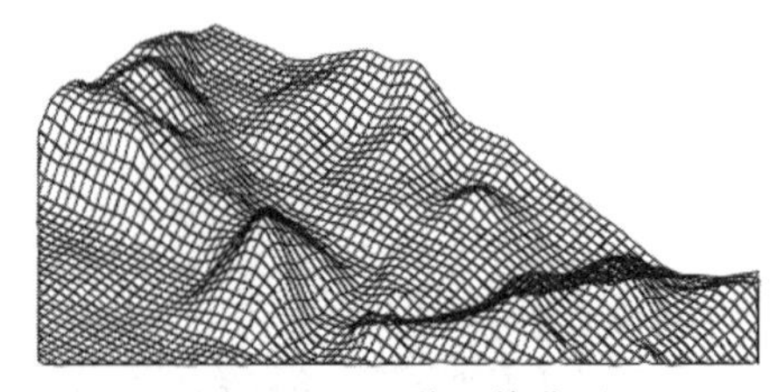

图 12-23　三维网格曲面

在命令行中输入 3dmesh 命令，命令行提示如下。

```
命令: 3dmesh                        //单击按钮执行三维网格命令
输入 M 方向上的网格数量:            //指定 M 方向的网格数
输入 N 方向上的网格数量:            //指定 N 方向的网格数
指定顶点 (0, 0) 的位置:             //指定第一行第一列的点坐标
指定顶点 (0, 1) 的位置:             //指定第一行第二列的点坐标
…
```

提示：

输入 M 和 N 方向上的网格数之后，便形成了一个 M×N 的点阵，命令行提示(m,n)相当于 m+1 行、n+1 列的坐标，用户根据提示输入或用程序完成 M×N 个点坐标的设置即可完成三维网格曲面的绘制。

12.2.4　绘制直纹曲面

rulesurf 命令可以在两个对象之间建立网格空间曲面，可以使用以下对象定义直纹曲面的边界：直线、点、圆弧、圆、椭圆、椭圆弧、二维多段线、三维多段线或样条曲线。作为直纹曲面网格“轨迹”的两个对象必须都开放或都闭合，点对象可以与开放或闭合对象成对使用。

选择“绘图”|“建模”|“网格”|“直纹网格”命令，或在命令行中输入 rulesurf 来启动 rulesurf 命令，命令行提示如下。

```
命令: rulesurf                      //单击按钮执行直纹曲面命令
当前线框密度: SURFTAB1=6            //系统提示信息
选择第一条定义曲线:                 //在绘图区选择第一条曲线
选择第二条定义曲线:                 //在绘图区选择第二条曲线
```

选择空间两条圆弧绘制直纹曲面，如图 12-24 所示。参数 SURFTAB1 为控制曲面近似划分为平面的数目及线框密度。在命令行中输入 SURFTAB1，便可重新设置参数值，在此设置为 20。

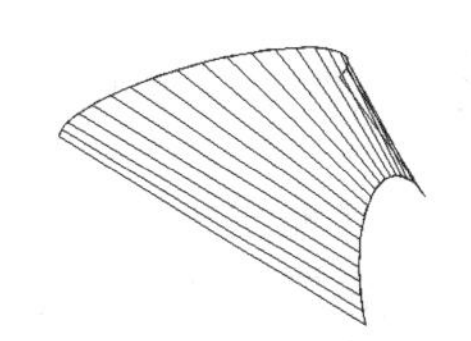

图 12-24　直纹曲面

12.2.5　绘制边界曲面

edgesurf 命令用于将 4 个相连接的对象作为边界来构造新的曲面，这些边界对象可以是圆弧、直线、多段线、样条曲线和椭圆弧，并且必须形成闭合环和共享端点，如图 12-25 所示。

选择“绘图”|“建模”|“网格”|“边界曲面”命令，或在命令行中输入 edgesurf 来启动 edgesurf 命令，命令行提示如下。

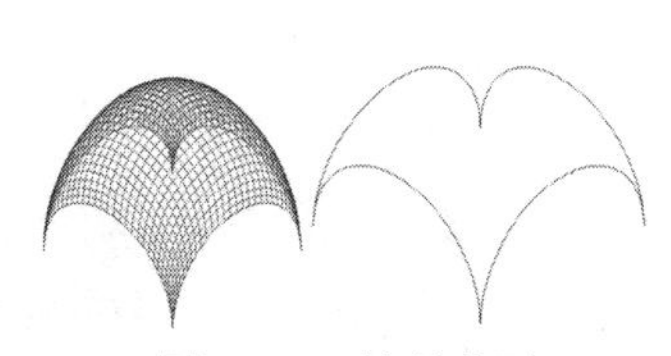

图 12-25　边界曲面

```
命令: edgesurf                                    //单击按钮执行边界曲面命令
当前线框密度: SURFTAB1=32   SURFTAB2=32           //系统提示信息
选择用作曲面边界的对象 1:                         //在绘图区选择曲面第一条边界
选择用作曲面边界的对象 2:                         //在绘图区选择曲面第二条边界
选择用作曲面边界的对象 3:                         //在绘图区选择曲面第三条边界
选择用作曲面边界的对象 4:                         //在绘图区选择曲面第四条边界
```

12.2.6 绘制拉伸平移曲面

tabsurf 命令可以将某个对象沿着方向矢量拉伸，从而形成一个新的曲面。拉伸的对象可以是直线、圆弧、圆、椭圆、二维或三维多段线等。方向矢量可以是一个线段或开放的多段线，如果是多段线，方向矢量由多段线的两个端点确定，而忽视各中间顶点，矢量的起点为靠近拾取点的端点，方向矢量指出形状的拉伸方向和长度。

选择“绘图”|“建模”|“网格”|“平移网格”命令，或在命令行中输入 tabsurf 来启动 tabsurf 命令，命令行提示如下。

```
命令: tabsurf                    //单击按钮执行平移曲面命令
当前线框密度: SURFTAB1=32        //系统提示信息
选择用作轮廓曲线的对象:          //选择轮廓曲线对象，示例中选择圆 1
选择用作方向矢量的对象:          //选择方向矢量对象，示例中选择线段，靠近初选点的端点为起点
```

由图 12-26 所示的沿着方向矢量线段平移形成的曲面如图 12-27 所示。

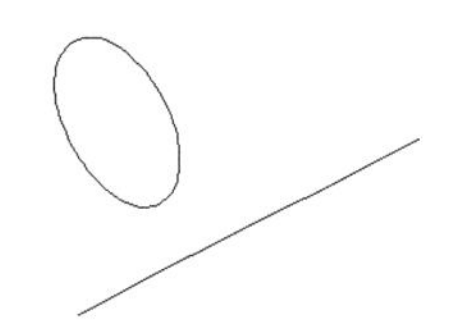

图 12-26　待平移拉伸对象和方向矢量

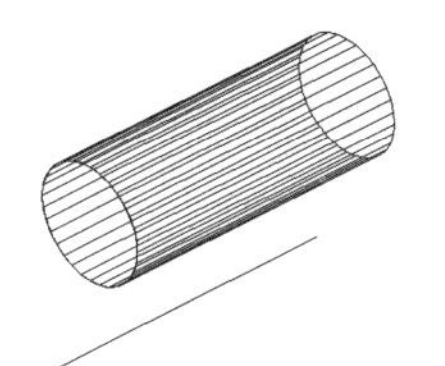

图 12-27　平移曲面

提示：

拉伸方向只决定于起点和终点的方向，与轨迹无关，起点和终点一样，同样对象拉伸平移出的曲面效果是一样的。

12.2.7 绘制旋转曲面

revsurf 命令可以构造旋转曲面，该命令可将某一个对象(见图 12-28，也被称为轮廓线)绕轴旋转一个角度，从而建立一个新的曲面，如图 12-29 所示。轮廓线可以是直线、圆、圆弧、椭圆(弧)、多段线、样条曲线和圆环等。

图 12-28　待旋转对象和旋转轴

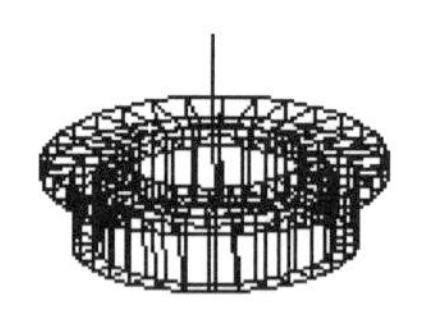

图 12-29　旋转后的效果

选择“绘图”|“建模”|“网格”|“旋转曲面”命令，或在命令行中输入 revsurf 来启动 revsurf 命令，命令行提示如下。

```
命令: revsurf                                      //单击按钮执行旋转曲面命令
当前线框密度: SURFTAB1=32    SURFTAB2=32           //系统提示信息
选择要旋转的对象:                                  //指定旋转对象
选择定义旋转轴的对象:                              //指定旋转轴
```

```
指定起点角度 <0>:                                //按 Enter 键，默认旋转起始角度为 0
指定包含角 (+=逆时针，-=顺时针) <360>:            //按 Enter 键，默认旋转包含角度为 360°
```

提示：

系统变量 SURFTAB1 和 SURFTAB2 的值决定了曲线沿旋转方向和轴线方向的线框密度。在其他曲面的绘制过程中，这两个系统变量的意义大同小异。

12.3 绘制三维实体

前面介绍的三维曲面其实只是一个空壳，只具备面的特征。三维实体才是三维图形中最重要的部分，它具有实体的特征，即其内部是实心的。用户可以对三维实体进行打孔、挖槽等布尔运算。在实际的三维绘图工作中，三维实体是非常常见的。用 AutoCAD 创建三维实体，一般有以下 3 种方法。

- 在如图 12-30 所示的“建模”工具栏上直接选择创建基本三维实体对象的命令即可创建三维实体。例如，单击“长方体”按钮创建长方体，单击“圆柱体”按钮创建圆柱体。
- 将二维对象拉伸或旋转生成新的三维实体。
- 对基本三维实体进行交、并、差等布尔运算以及一些修改后，形成新的组合实体。

图 12-30　“建模”工具栏

下面分别介绍各种创建实体的方法。

12.3.1 绘制基本体

AutoCAD 提供的基本实体模型与基本形体表面是基本一致的，使用时用户只要输入构造该标准形体所需的参数，系统就能自动生成该实体。

1. 长方体

选择“绘图”|“建模”|“长方体”命令，或单击“建模”工具栏上的“长方体”按钮，或在命令行中输入 box 命令，命令行提示如下。

```
命令: box                                  //单击按钮执行长方体命令
指定长方体的角点或 [中心点(C)] <0,0,0>:     //选择默认方式，指定长方体的一个角点
指定角点或 [立方体(C)/长度(L)]:            //指定长方体的另一个角点
指定高度: 100                              //输入长方体高度
```

系统提供了两种绘制长方体的方式：一是采用角点和高度方式[如图 12-31(a)和图 12-31(b)所示]绘制长方体；二是采用中心点方式绘制长方体，在命令行中输入 C，提示如下。

```
命令: box                                  //单击按钮执行长方体命令
指定长方体的角点或 [中心点(C)] <0,0,0>:C    //采用中心点方式绘制长方体
指定长方体的中心点 <0,0,0>:                //在绘图区拾取或通过坐标指定中心点
指定角点或 [立方体(C)/长度(L)]:            //采用默认方式，指定角点
```

```
指定高度: 100                                       //输入长方体高度
```

此外，还可以采用长度方式绘制长方体，如图 12-31(c)所示。命令行提示如下。

```
命令: box                                          //单击按钮执行长方体命令
指定长方体的角点或 [中心点(C)] <0,0,0>: C          //采用中心点方式绘制长方体
指定长方体的中心点 <0,0,0>:                        //在绘图区拾取或通过坐标指定中心点
指定角点或 [立方体(C)/长度(L)]: L                  //采用长度方式绘制长方体
指定长度: 200                                       //输入长方体长度
指定宽度: 150                                       //输入长方体宽度
指定高度: 100                                       //输入长方体高度
```

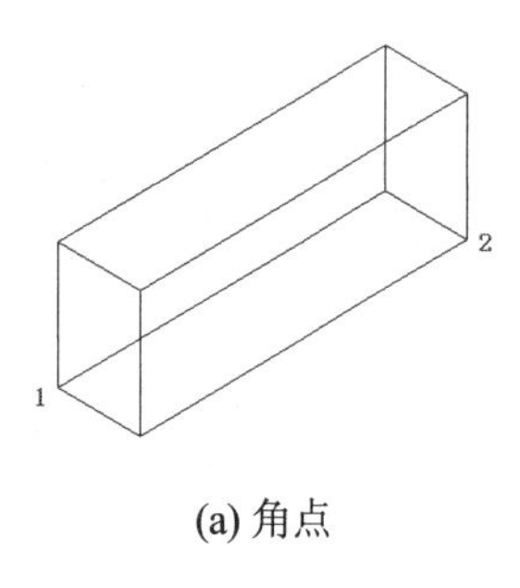

(a) 角点

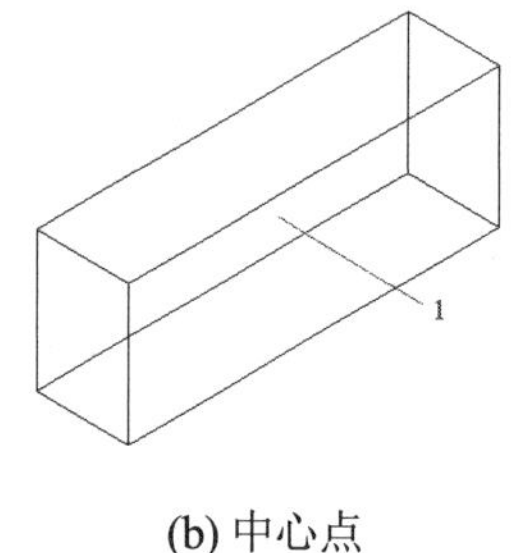

(b) 中心点

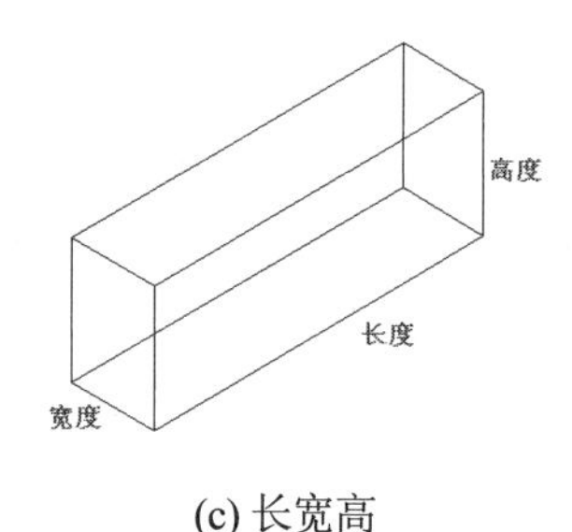

(c) 长宽高

图 12-31　长方体各参数位置

2. 球体

选择“绘图”|“建模”|“球体”命令，或单击“建模”工具栏上的“球体”按钮，或在命令行中输入 sphere 命令，命令行提示如下。

```
命令: sphere                                                  //单击按钮启动球体命令
指定中心点或 [三点(3P)/两点(2P)/切点、切点、半径(T)]:          //在绘图区拾取或通过输入坐标设定球体球心
指定半径或 [直径(D)]:                                         //输入球体半径或直径
```

提示：

在三维实体创建中，ISOLINES 参数决定了线框密度，线框密度决定了实体的视觉效果。

3. 圆柱体

选择“绘图”|“建模”|“圆柱体”命令，或单击“建模”工具栏上的“圆柱体”按钮，或在命令行中输入 cylinder 命令，命令行提示如下。

```
命令: cylinder                                                //单击按钮执行圆柱体命令
指定底面的中心点或 [三点(3P)/两点(2P)/切点、切点、半径(T)/椭圆(E)]:
                                                              //在绘图区拾取或通过坐标设定底面中心点
指定底面半径或 [直径(D)] <111.9417>:                          //设定圆柱体底面的半径或直径
指定高度或 [两点(2P)/轴端点(A)] <155.9236>:                   //设定圆柱体的高度
```

利用“圆柱体”命令可以创建圆柱体和椭圆体，绘制底面的方式在二维绘制圆和椭圆命令中已介绍，在此不再赘述。

指定高度命令行的“轴端点(A)”选项，表示用户可以通过指定与 UCS 坐标系的 XY 面呈一定角度来绘制倾斜的圆柱体和椭圆体。

4. 圆锥体

选择“绘图”|“建模”|“圆锥体”命令，或单击“建模”工具栏上的“圆锥体”按钮，或在命令行中输入 cone 命令，命令行提示如下。

```
命令: cone                                          //单击按钮执行圆锥体命令
指定底面的中心点或 [三点(3P)/两点(2P)/ 切点、切点、半径(T)/椭圆(E)]:
                                                    //拾取中心点或输入中心点坐标，也可以采用绘制底面的
                                                    方式
指定底面半径或 [直径(D)]:                             //输入底面半径或直径
指定高度或 [两点(2P)/轴端点(A)/顶面半径(T)]: //输入圆锥体高度或选择方式
```

另外，圆锥体底面也可以为椭圆形，绘制方法与绘制椭圆柱类似。

5. 楔体

选择“绘图”|“建模”|“楔体”命令，或单击“建模”工具栏上的“楔体”按钮，或在命令行中输入 wedge 命令，都可绘制楔体，楔体的绘制步骤与长方体的绘制步骤类似。

6. 圆环体

选择“绘图”|“建模”|“圆环”命令，或单击“建模”工具栏上的“圆环”按钮，或在命令行中输入 torus 命令，启动圆环命令，命令行提示如下。

```
命令: torus                                         //单击按钮执行圆环命令
指定中心点或 [三点(3P)/两点(2P)/ 切点、切点、半径(T)]:
//在绘图区拾取或通过坐标设定中心，也可以选择其他方式绘制
指定半径或 [直径(D)]:                                 //设定圆环体半径或直径
指定圆管半径或 [两点(2P)/直径(D)]:                    //设定圆管半径或直径
```

12.3.2 绘制拉伸实体

利用 AutoCAD 的 extrude 命令可以将一些二维对象拉伸成三维实体。拉伸过程中不但可以指定高度，而且还可以使对象截面沿着拉伸方向变化。在 AutoCAD 中，可以拉伸闭合的对象，包括平面三维面、封闭多段线、多边形、圆、椭圆、封闭样条曲线、圆环和面域。不能拉伸的对象包括在块中的对象、有交叉或横断部分的多段线和非闭合多段线。用户可以沿路径拉伸对象，也可以指定高度值和斜角。

选择“绘图”|“建模”|“拉伸”命令，或单击“建模”工具栏上的“拉伸”按钮，或在命令行中输入 extrude 命令，都可绘制拉伸实体。下面通过绘制三维楼梯来介绍拉伸实体的操作步骤。

【例 12-2】 绘制三维楼梯。

通过将二维的楼梯平面图(见图 12-32)拉伸，绘制如图 12-33 所示的楼梯，楼梯宽 1200。

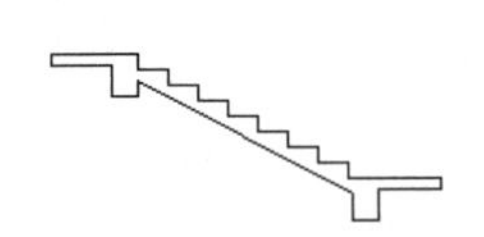

图 12-32　二维平面图

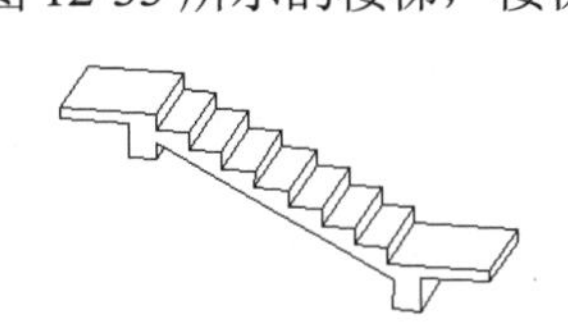

图 12-33　绘制完成的楼梯

具体操作步骤如下。

(1) 选择“视图”|“三维视图”|“俯视”命令，切换到俯视图模式。绘制如图12-32所示的楼梯二维平面图，绘制过程不再赘述。

(2) 选择“绘图”|“面域”命令，命令行提示如下。

```
命令: region                                    //通过菜单执行面域命令
选择对象: 指定对角点: 找到 28 个                  //选择图形
选择对象:                                       //按 Enter 键，完成选择
已提取 1 个环。                                  //系统提示信息
已创建 1 个面域。                                //系统提示信息，表示面域已经创建
```

(3) 单击“拉伸”按钮，命令行提示如下。

```
命令: extrude                                   //单击按钮执行拉伸命令
当前线框密度:  ISOLINES=8，闭合轮廓创建模式=实体
选择要拉伸的对象或 [模式(MO)]: MO 闭合轮廓创建模式 [实体(SO)/曲面(SU)] <实体>: SO
选择要拉伸的对象或 [模式(MO)]: 找到 1 个     //选择如图 12-32 所示的对象
选择要拉伸的对象或 [模式(MO)]:                  //按 Enter 键，完成选择
指定拉伸的高度或 [方向(D)/路径(P)/倾斜角(T)/表达式(E)] <13.0721>:1200   //输入拉伸高度值
```

(4) 按 Enter 键，单击“自由动态观察”按钮，将图形旋转到合适位置，选择“视图”|“消隐”命令，效果如图 12-33 所示。

12.3.3 绘制旋转实体

旋转实体是指使用 revolve 命令将一些二维图形绕指定的轴旋转而形成的三维实体。用户可以将一个闭合对象围绕当前 UCS 的 X 轴或 Y 轴旋转一定的角度来创建实体，也可以围绕直线、多段线或两个指定的点旋转对象。用于旋转生成实体的二维对象可以是闭合多段线、多边形、圆、椭圆、闭合样条曲线、圆环和面域；用于旋转的二维多段线必须是封闭的。

选择“绘图”|“建模”|“旋转”命令，或单击“建模”工具栏上的“旋转”按钮，或在命令行中输入 revolve 命令，启动旋转命令。下面通过创建柱子介绍旋转实体的绘制步骤。

【例 12-3】绘制装饰柱。

在图 12-34 的基础上，使用旋转命令，生成如图 12-35 所示的装饰柱，消隐后的效果如图 12-36 所示。

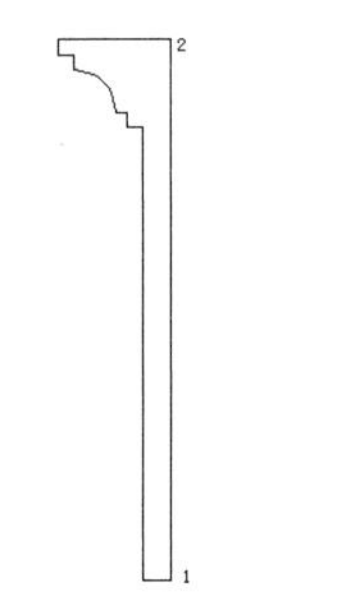

图 12-34　二维旋转对象

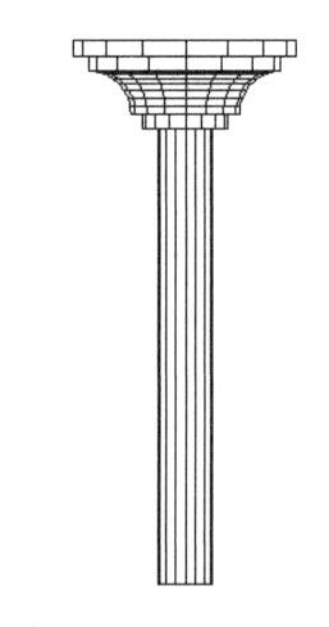

图 12-35　旋转后的效果图

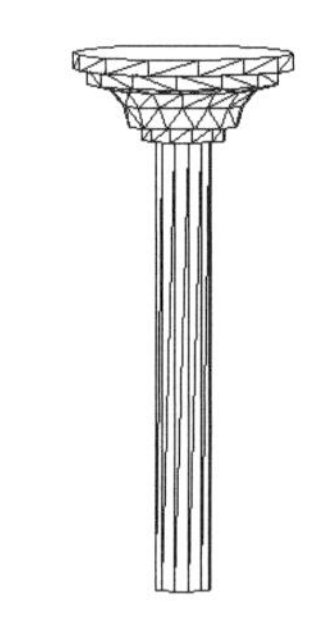

图 12-36　消隐后的效果图

具体操作步骤如下。

(1) 选择“视图”|“三维视图”|“俯视”命令，切换到俯视图模式。单击状态栏上的“栅格”按钮和“捕捉”按钮，打开栅格捕捉功能。单击“多段线”按钮，绘制如图 12-34 所示的二维平面图，并将多段线闭合。

(2) 在命令行中输入 isolines 命令，命令行提示如下。

```
命令: isolines                          //设置线框密度参数
输入 ISOLINES 的新值 <32>: 16            //设定为 16
```

(3) 单击“旋转”按钮，命令行提示如下。

```
命令: revolve                                               //单击按钮执行旋转命令
当前线框密度: ISOLINES=16，闭合轮廓创建模式=实体
选择要旋转的对象或 [模式(MO)]: MO 闭合轮廓创建模式 [实体(SO)/曲面(SU)] <实体>: SO
选择要旋转的对象或 [模式(MO)]: 找到 1 个                      //选择如图 12-34 所示的图形
选择要旋转的对象或 [模式(MO)]:                                //按 Enter 键，完成对象选择
指定轴起点或根据以下选项之一定义轴 [对象(O)/X/Y/Z] <对象>:     //选择点 1
指定轴端点:                                                  //选择点 2
指定旋转角度或 [起点角度(ST)/反转(R)/表达式(EX)] <360>:        //按 Enter 键，采用默认设置
```

(4) 按 Enter 键，效果如图 12-35 所示。单击“自由动态观察”按钮，将图形旋转到合适位置，选择“视图”|“消隐”命令，效果如图 12-36 所示。

提示：

对于拉伸和旋转命令而言，多段线必须是闭合的。

12.3.4　扫掠

扫掠是从 2007 版开始新增的功能。扫掠功能是指通过指定曲线沿着某曲线扫描出三维实体或曲面。如果轮廓是闭合的，则扫掠的是实体；如果轮廓是开放的，则扫掠的是曲面。扫掠功能类似于拉伸功能中的路径拉伸方式，但用于扫掠的轮廓与路径不受是否在同一平面的限制，而且轮廓将被移到路径曲线的起始端，并与路径曲线垂直，这是扫掠与拉伸路径的不同之处。

在命令行中输入 sweep 命令，或单击“建模”工具栏上的“扫掠”按钮，或选择“绘图”|“建模”|“扫掠”命令执行扫掠，命令行提示如下。

```
命令: sweep
当前线框密度:  ISOLINES=8，闭合轮廓创建模式=实体
选择要扫掠的对象或 [模式(MO)]: MO 闭合轮廓创建模式 [实体(SO)/曲面(SU)] <实体>: SO
选择要扫掠的对象或 [模式(MO)]: 找到 1 个             //选择扫掠的轮廓对象
...
选择要扫掠的对象或 [模式(MO)]:                       //按 Enter 键确定
选择扫掠路径或 [对齐(A)/基点(B)/比例(S)/扭曲(T)]:     //选择扫掠的路径或选择其他扫掠方式
```

扫掠功能除了选择路径、沿路径扫掠之外还有以下方式。

- “对齐(A)”：指定是否对齐轮廓以使其作为扫掠路径切向的法向，默认情况下，轮廓是对齐的。

- “基点(B)”：系统提示用户选择轮廓基点，然后再指定路径，系统将从用户指定的基点沿路径扫掠。
- “比例(S)”：按指定的比例对轮廓沿路径进行缩小或放大。
- “扭曲(T)”：对轮廓沿路径方向按指定的扭曲角度扫掠。

12.3.5 放样

利用放样命令可以绘制不同截面形状的曲面或实体，我们经常通过对包含两条或两条以上二维曲线进行放样来创建三维实体或曲面。如果截面是全部封闭的，则为实体；如果截面是全部开放的，则为曲面。如果截面有闭合和非闭合的二维曲线，则不能执行放样命令。截面的曲线可以是相同类型的曲线(如都是圆)，也可以是不同类型的曲线(如圆和矩形)。

在命令行中输入 loft 命令，或单击“建模”工具栏上的“放样”按钮，或选择“绘图”|“建模”|“放样”命令，都可执行放样命令，命令行提示如下。注意放样截面要按顺序选择，否则系统会按用户所选的次序进行放样。

```
命令: loft
当前线框密度: ISOLINES=8，闭合轮廓创建模式=实体
按放样次序选择横截面或 [点(PO)/合并多条边(J)/模式(MO)]: MO 闭合轮廓创建模式 [实体(SO)/曲面(SU)] <实体>: SO
按放样次序选择横截面或 [点(PO)/合并多条边(J)/模式(MO)]: 找到 1 个 //选择放样的截面曲线
按放样次序选择横截面或 [点(PO)/合并多条边(J)/模式(MO)]: 找到 1 个，总计 2 个
//选择放样的截面曲线
...
按放样次序选择横截面或 [点(PO)/合并多条边(J)/模式(MO)]:          //按 Enter 键结束选择
 选中了...个横截面
输入选项 [导向(G)/路径(P)/仅横截面(C)/设置(S)] <仅横截面>:       //选择绘制放样的方式
```

下面介绍各放样方式的含义。

- “导向(G)”：用户可以通过放样的曲线控制点如何匹配相应的横截面以防止皱褶等，可通过将其他线框信息添加至对象来进一步定义实体或曲面的形状。
- “路径(P)”：将选中的截面曲线沿指定的光滑曲线进行放样，这些光滑曲线包括样条曲线、圆弧、椭圆弧等。
- “仅横截面(C)”：选择该选项，系统会弹出“放样设置”对话框。

12.3.6 按住并拖动

“按住并拖动”的操作是将闭合曲面转换成面域，然后将选中的面域沿鼠标移动的方向进行拖曳。拖曳的面域对象可以是矩形、多边形、圆形、椭圆形、闭合的多段线、闭合的样条曲线等，也可以是立体图上的面，如长方体各面、圆柱体底面、棱锥体底面、圆锥体底面等。拖曳命令类似于二维操作的延伸命令。

在命令行中输入 presspull 命令，或单击“建模”工具栏上的“拖曳”按钮，执行拖曳命令，命令行提示如下。

```
命令: presspull
单击有限区域以进行按住或拖动操作。   //选择要拖曳的面域或闭合曲线
```

```
已提取 1 个环。                                //移动光标到合适位置或输入拖曳的长度
已创建 1 个面域。
```

12.3.7　剖切

使用剖切命令可以切开现有实体并移去指定部分，从而创建新的实体。选择保留剖切实体的一半或全部，剖切实体保留原实体的图层和颜色特性。剖切实体的默认方法是，先指定三点定义剪切平面，如图 12-37 所示，然后选择要保留的部分，如图 12-38 和图 12-39 所示。用户也可以通过其他对象，当前视图，Z 轴，XY、YZ、ZX 平面定义剪切平面。

选择“修改”|“三维操作”|“剖切”命令，或在命令行中输入 slice 命令，命令行提示如下。

```
命令: slice                          //单击按钮启动剖切命令
选择要剖切的对象: 找到 1 个          //选择剖切的实体
选择要剖切的对象:                    //按 Enter 键，确认选择
指定切面的起点或 [平面对象(O)/曲面(S)/Z 轴(Z)/视图(V)/ xy (XY)/ yz (YZ)/ zx (ZX)/三点(3)] <三点>:
                                     //指定起点或选择切面的方式
指定平面上的第二个点:                //指定切面上的第二个点
指定平面上的第三个点:                //指定切面上的第三个点
在所需的侧面上指定点或 [保留两个侧面(B)] <保留两个侧面>: //选择切面保留两侧面上的任意点
```

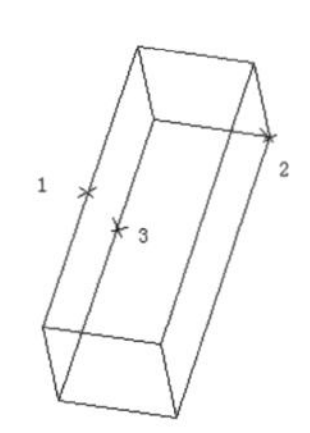

图 12-37　待剖切的实体

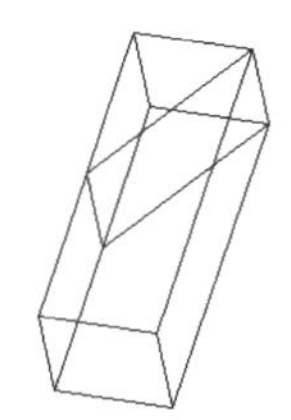

图 12-38　保留两侧实体

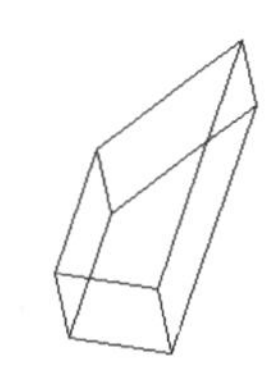

图 12-39　保留一侧实体

12.3.8　切割

利用切割命令创建穿过面域或无名块等实体的相交截面，即可获得该切面形成的面。默认方法是指定三个点定义一个面，也可以通过其他对象，当前视图，Z 轴，XY、YZ、ZX 平面定义相交截面平面，在当前图层上放置相交截面平面，如图 12-40 和图 12-41 所示。

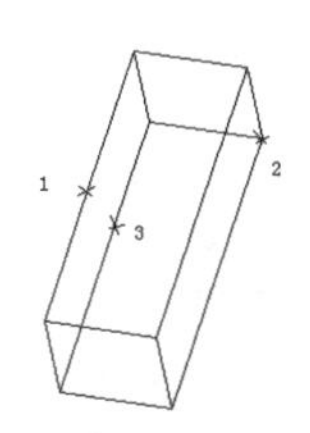

图 12-40　待切割的实体

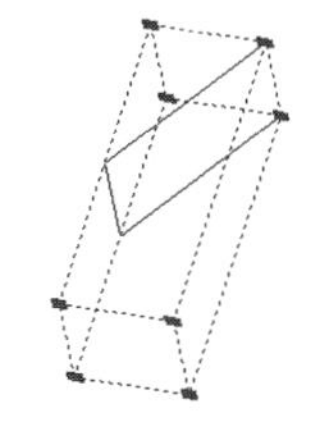

图 12-41　切割后的实体

在命令行中输入 section 命令，命令行提示如下。

```
命令: section
选择对象: 找到 1 个
```

选择对象:
指定截面上的第一个点，依照 [对象(O)/Z 轴(Z)/视图(V)/XY(XY)/YZ(YZ)/ZX(ZX)/三点(3)] <三点>:
指定平面上的第二个点:
指定平面上的第三个点:

提示：

剖切与切割的区别在于剖切是将一个实体分成两个实体，而切割只是在指定位置创建通过该位置的一个切面，原来的实体依然完整。

12.4 三维图形的编辑

类似于二维绘图，三维绘图中的编辑功能也是必不可少的。许多二维图形的编辑方法对三维图形仍然适用，但有些命令仅对某些三维类型适用，有些命令对所有三维对象都适用。二维命令在三维图形编辑中的应用情况如表 12-1 所示。在任意一个工具栏上右击，在弹出的快捷菜单中选择“实体编辑”命令将弹出如图 12-42 所示的“实体编辑”工具栏。已经存在的三维实体，可以通过拉伸、移动、旋转、偏移、倾斜、删除或复制实体对象来进行编辑。下面分别介绍三维图形的编辑方法。

表 12-1　二维命令在三维图形编辑中的应用情况

坐标参照	命令	说明
任何 UCS	move、copy	适用于三维空间的任意平面图形，所有线框、表面和实体模型
	fillet、chamfer	适用于三维空间，任意平面中的直线和曲线，实体模型，不适用于表面模型
	lengthen、extend、trim、break	只能编辑三维直线或曲线，不适用编辑表面和实体模型
	scale	适用于三维空间所有对象
相对当前 UCS	offset	适用于平移三维空间直线和二维平面的曲线，平移的直线与当前 UCS 夹角不变
	array	仅在 XY 平面内适用
	rotate	仅在 XY 平面内适用
	mirror	仅在 XY 平面内适用

图 12-42　“实体编辑”工具栏

12.4.1 拉伸面

拉伸面是指用户可以沿一条路径拉伸平面，或通过指定一个高度值和倾斜角对平面进行拉伸。若要拉伸如图 12-43 所示长方体的面，则可以选择“修改”|“实体编辑”|“拉伸面”命令，

或单击“实体编辑”工具栏上的“拉伸面”按钮，命令行提示如下。

```
命令: solidedit
实体编辑自动检查:  SOLIDCHECK=1
输入实体编辑选项 [面(F)/边(E)/体(B)/放弃(U)/退出(X)] <退出>: face
输入面编辑选项
[拉伸(E)/移动(M)/旋转(R)/偏移(O)/倾斜(T)/删除(D)/复制(C)/颜色(L)/材质(A)/放弃(U)/退出(X)] <退出>:
extrude                                        //系统提示信息，表示执行拉伸面命令
选择面或 [放弃(U)/删除(R)]: 找到 1 个面。        //选择如图 12-44 所示的长方体的顶面
选择面或 [放弃(U)/删除(R)/全部(ALL)]:           //按 Enter 键，结束面的选择
指定拉伸高度或 [路径(P)]:                       //设定拉伸高度为 200
指定拉伸的倾斜角度 <0>:                         //设定拉伸的倾斜角度为 15°
已开始实体校验。
已完成实体校验。
输入面编辑选项
[拉伸(E)/移动(M)/旋转(R)/偏移(O)/倾斜(T)/删除(D)/复制(C)/颜色(L)/材质(A)/放弃(U)/退出(X)]
<退出>:X                                       //退出编辑，效果如图 12-45 所示
```

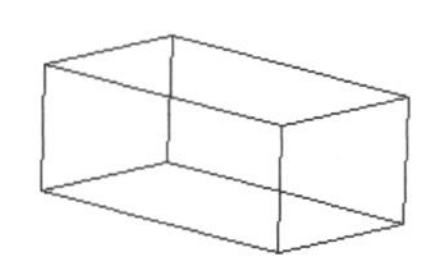
图 12-43　长方体

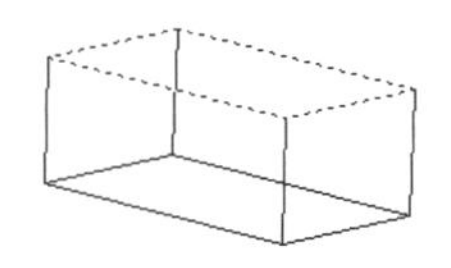
图 12-44　选择要拉伸的面

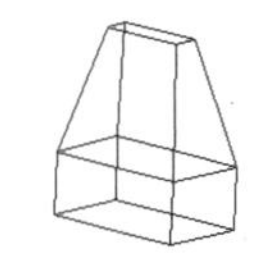
图 12-45　拉伸效果

在当前选择面的法线方向上，输入一个正值可沿正方向拉伸面(通常是向外)，输入一个负值可沿负方向拉伸面(通常是向内)；将选定的面倾斜负角度可向内倾斜面，将选定的面倾斜正角度可向外倾斜面。默认角度为 0，可垂直于平面拉伸面，也可以同时选择多个曲面拉伸。

以指定的直线或曲线为路径拉伸实体对象的面，选定面上的所有剖面都沿着选定的路径拉伸，如图 12-46 所示。用户可以选择直线、圆、圆弧、椭圆、椭圆弧、多段线或样条曲线作为路径，但是路径不能和选定的面位于同一平面，也不能具有大曲率的区域。

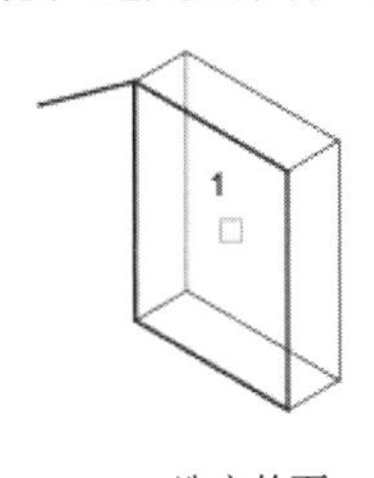

(a) 选定的面

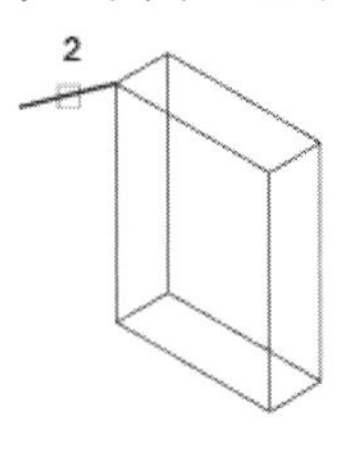

(b) 选定的路径

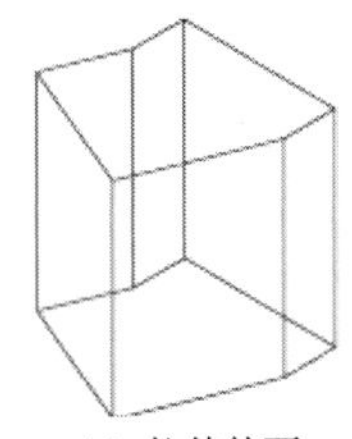
(c) 拉伸的面

图 12-46　沿路径拉伸面

12.4.2　移动面

可以通过移动面来编辑三维实体对象，AutoCAD 只移动选定的面而不改变其方向。在三维实体中，可以轻松地将孔从一个位置移到另一个位置，如图 12-47 所示。用户可以使用“捕捉”模式、坐标和对象捕捉精确地移动选定的面。

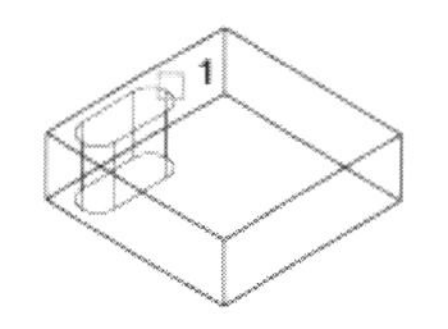

(a) 选定的面

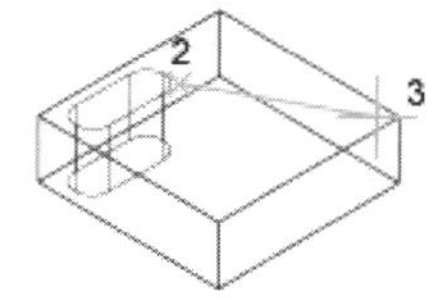

(b) 基点和选定第二点

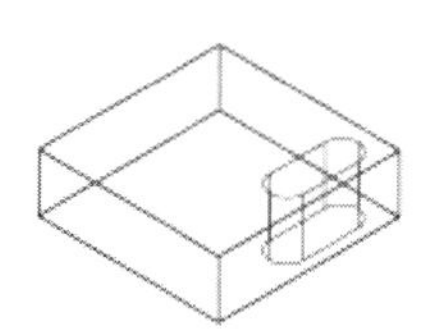

(c) 移动后的面

图 12-47 移动面

选择“修改”|“实体编辑”|“移动面”命令，或单击“实体编辑”工具栏上的“移动面”按钮，命令行提示如下。

```
命令: move                                   //系统提示信息
选择面或 [放弃(U)/删除(R)]: 找到一个面           //选择孔洞的侧面
选择面或 [放弃(U)/删除(R)/全部(ALL)]:           //按 Enter 键，完成移动面的选择
指定基点或位移:                                //通过两点方式确定位移，指定点 2
指定位移的第二点:                              //指定点 3
已开始实体校验。                               //系统提示信息
已完成实体校验。                               //系统提示信息
```

12.4.3 偏移面

在一个三维实体上，可以按指定的距离均匀地偏移面。通过将现有的面从原始位置向内或向外偏移指定的距离可以创建新的面(在面的法线方向上偏移，或向曲面或面的正侧偏移)。例如，可以偏移实体对象上较大或较小的孔，指定正值将增大实体的尺寸或体积，减小孔洞的体积；指定负值将减少实体的尺寸或体积，增大孔洞的体积。

选择“修改”|“实体编辑”|“偏移面”命令，或单击“实体编辑”工具栏上的“偏移面”按钮，命令行提示如下。

```
命令: offset                                  //系统提示信息
选择面或 [放弃(U)/删除(R)]: 找到一个面。         //选择如图 12-48 所示小圆柱体的侧面为偏移面
选择面或 [放弃(U)/删除(R)/全部(ALL)]:           //按 Enter 键，完成选择
指定偏移距离: -20                              //指定偏移距离，按 Enter 键，效果如图 12-49 所示
```

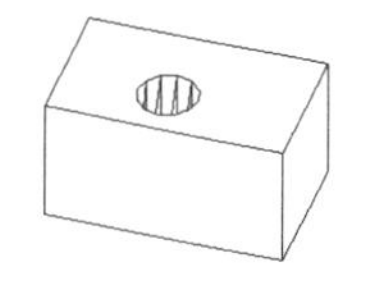

图 12-48 待偏移面的效果

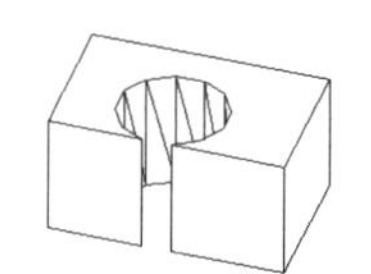

图 12-49 偏移后的效果

12.4.4 删除面

在 AutoCAD 三维操作中，可以从三维实体对象上删除面、倒角和圆角。只有所选的面被删除后不影响实体存在，才能删除所选面。选择“修改”|“实体编辑”|“删除面”命令，或单击“实体编辑”工具栏上的“删除面”按钮，执行该命令。删除面操作，并不是说真正地删除实体的面，而是删除面后，重新生成新的实体。

12.4.5　旋转面

通过选择一个基点和相对(或绝对)旋转角度，可以旋转选定实体上的面或特征集合。所有三维面都可绕指定的轴旋转，当前的 UCS 和 ANGDIR 系统变量设置决定了旋转的方向。

选择“修改” | “实体编辑” | “旋转面”命令，或单击“实体编辑”工具栏上的“旋转面”按钮，命令行提示如下。

```
命令: rotate                                          //系统提示信息
选择面或 [放弃(U)/删除(R)]: 找到一个面。              //选择如图 12-50 所示的圆柱面
选择面或 [放弃(U)/删除(R)/全部(ALL)]:                 //按 Enter 键，完成选择
指定轴点或 [经过对象的轴(A)/视图(V)/X 轴(X)/Y 轴(Y)/Z 轴(Z)] <两点>: X    //选择绕 X 轴旋转
指定旋转原点 <0,0,0>:                                 //指定用户坐标系的原点为旋转原点
指定旋转角度或 [参照(R)]: 30                          //指定旋转角度为 30°
已开始实体校验。                                      //系统提示信息
已完成实体校验。                                      //系统提示信息，效果如图 12-51 所示
```

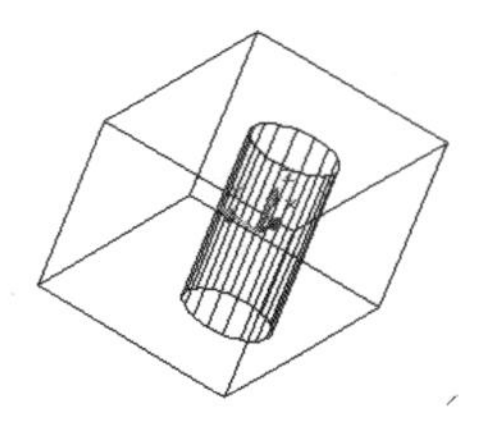

图 12-50　圆柱面旋转前的效果

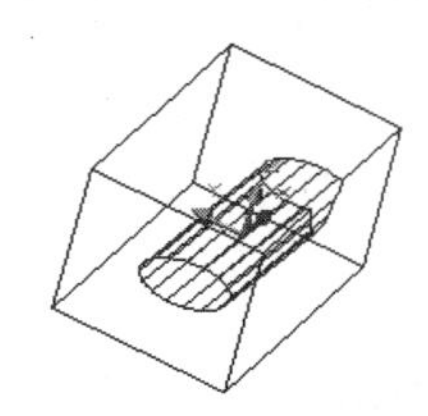

图 12-51　圆柱面旋转后的效果

在指定旋转轴时，系统还提供了其他选项，其中“经过对象的轴(A)”选项表示将选择经过对象的轴作为旋转轴；“视图(V)”选项表示以垂直于当前视图所在的平面，且过指定点的直线为旋转轴；“X 轴(X)”“Y 轴(Y)”和“Z 轴(Z)”选项表示以平行于 X 轴、Y 轴或 Z 轴的且过指定点的直线旋转；“两点”选项表示通过指定两点形成旋转轴，这是系统默认的旋转方式。

12.4.6　倾斜面

可以沿矢量方向以绘图角度倾斜面，以正角度倾斜选定的面将向内倾斜面，以负角度倾斜选定的面将向外倾斜面。

选择“修改” | “实体编辑” | “倾斜面”命令，或单击“实体编辑”工具栏上的“倾斜面”按钮，命令行提示如下。

```
命令: taper                                       //以上均为系统提示信息，表示执行倾斜面命令
选择面或 [放弃(U)/删除(R)]: 找到一个面。          //选择如图 12-52 所示的内圆柱侧面为倾斜面
选择面或 [放弃(U)/删除(R)/全部(ALL)]:             //按 Enter 键，完成选择
指定基点:                                         //选择如图 12-52 所示的内圆柱体下底面圆心
指定沿倾斜轴的另一个点:                           //选择如图 12-52 所示的内圆柱体上底面圆心
指定倾斜角度: -15                                 //设定倾斜角度为-15°，效果如图 12-53 所示
```

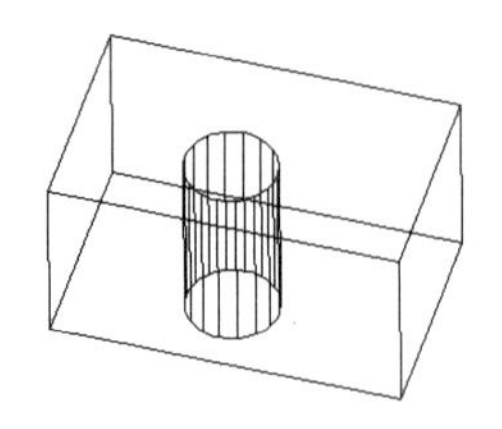

图 12-52　待倾斜面

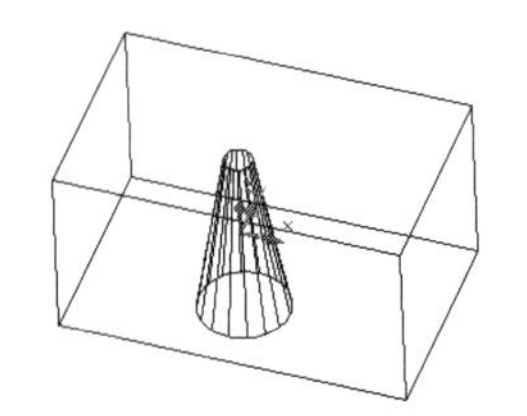

图 12-53　倾斜后的效果

提示：

要避免使用很大的角度。如果该角度过大，剖面在到达指定的高度前可能就已经倾斜成为一点。

12.4.7　复制面

可以复制三维实体对象上的面，AutoCAD 将选定的面复制为面域或体。如果指定了两个点，AutoCAD 将第一个点作为基点，并相对于基点放置一个副本；如果只指定一个点，然后按 Enter 键，AutoCAD 使用原始选择点作为基点，使用指定点作为位移点，如图 12-54 所示。

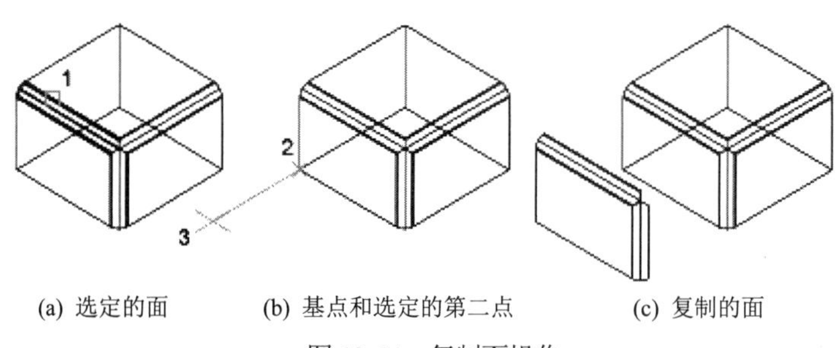

(a) 选定的面　(b) 基点和选定的第二点　(c) 复制的面

图 12-54　复制面操作

选择“修改”|“实体编辑”|“复制面”命令，或单击“实体编辑”工具栏上的“复制面”按钮，执行该命令，命令行提示如下。

```
    命令: copy                                    //系统提示信息
    选择面或 [放弃(U)/删除(R)]: 找到一个面         //选择要复制的面
    选择面或 [放弃(U)/删除(R)/全部(ALL)]:          //按 Enter 键，完成复制面的选择
    指定基点或位移:                               //指定基点
    指定位移的第二点:                             //指定位移点
    输入面编辑选项
    [拉伸(E)/移动(M)/旋转(R)/偏移(O)/倾斜(T)/删除(D)/复制(C)/颜色(L)/材质(A)/放弃(U)/退出(X)]
<退出>: X                                         //退出编辑
```

12.4.8　复制边

可以将三维实体的边复制为独立的直线、圆弧、圆、椭圆或样条曲线对象。如果指定两个点，AutoCAD 使用第一个点作为基点，并相对于基点放置一个副本；如果只指定一个点，然后按 Enter 键，AutoCAD 将使用原始选择点作为基点，使用指定点作为位移点。选择“修改”|“实体编辑”|“复制边”命令，或单击“实体编辑”工具栏上的“复制边”按钮，都可执行

该命令。具体操作与复制面的操作类似，在此不再赘述。

12.4.9　压印

压印是指在选定的对象上压印一个对象。“压印”选项仅限于以下对象执行：圆弧、圆、直线、二维和三维多段线、椭圆、样条曲线、面域、体和三维实体。为了使压印操作成功，被压印的对象必须与选定对象的一个或多个面相交。

选择“修改”|“实体编辑”|“压印”命令，或单击“实体编辑”工具栏上的“压印”按钮，命令行提示如下。

```
命令: imprint
选择三维实体:                              //选择如图 12-55 所示的长方体作为被压印实体
选择三维实体:                              //按 Enter 键，确认选择
选择要压印的对象:                          //选择如图 12-55 所示的球体作为压印实体
是否删除源对象 [是(Y)/否(N)] <N>: Y        //输入 Y 表示要删除压印实体，效果如图 12-56 所示
选择要压印的对象:                          //按 Enter 键确认选择，完成压印
```

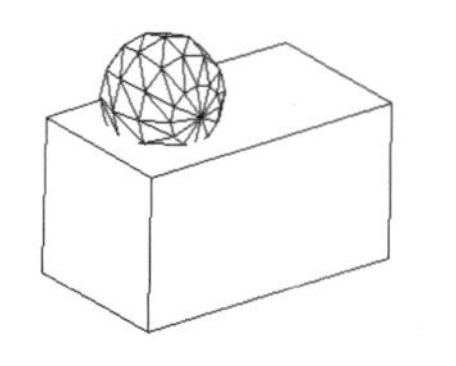

图 12-55　待压印的三维实体

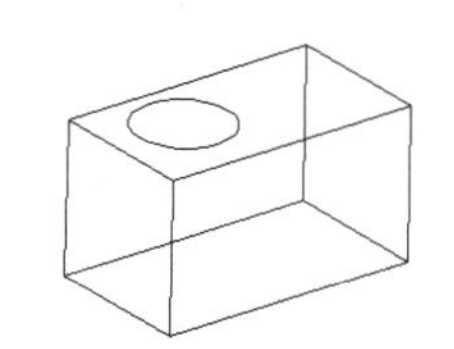

图 12-56　压印后的三维实体

12.4.10　清除

如果三维实体的边的两侧或顶点共享相同的曲面或顶点定义，那么可以删除这些边或顶点。AutoCAD 将检查实体对象的体、面或边，合并共享相同曲面的相邻面，三维实体对象所有多余的、压印的、未使用的边都将被删除。选择“修改”|“实体编辑”|“清除”命令，或单击“实体编辑”工具栏上的“清除”按钮，执行该命令。

12.4.11　分割

可以利用分割实体的功能，将组合实体分割成零件。组合三维实体对象不能共享公共的面积或体积。在将三维实体分割后，独立的实体保留其图层和原始颜色，所有嵌套的三维实体对象都将被分割成最简单的结构。选择“修改”|“实体编辑”|“分割”命令，或单击“实体编辑”工具栏上的“分割”按钮，执行该命令。

12.4.12　抽壳

抽壳是用指定的厚度创建一个空的薄层。可以为所有面指定一个固定的薄层厚度，也可以通过选择面将这些面排除在壳外。可以从三维实体对象中以指定的厚度创建壳体或中空的墙体。AutoCAD 通过将现有的面向原位置的内部或外部偏移来创建新的面。偏移时，AutoCAD 将连续相切的面看作单一的面。一个三维实体只能有一个壳。抽壳前后的效果如图 12-57 和图 12-58

所示。

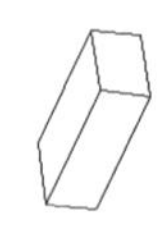

图 12-57　抽壳前的效果

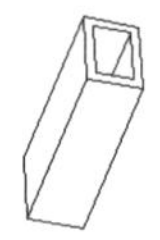

图 12-58　抽壳后的效果

选择“修改”|“实体编辑”|“抽壳”命令，或单击“实体编辑”工具栏上的“抽壳”按钮，执行该命令。命令行提示如下。

```
命令: shell                                        //系统提示
选择三维实体:                                      //选择要抽壳的长方体
删除面或 [放弃(U)/添加(A)/全部(ALL)]: 找到一个面，已删除 1 个。        //选择长方形的顶面
删除面或 [放弃(U)/添加(A)/全部(ALL)]:'_3dorbit 按 Esc 或 Enter 键退出，或者单击鼠标右键显示快捷菜单。
正在重生成模型。
正在恢复执行 SOLIDEDIT 命令。
//单击“三维观察”按钮透明使用三维观察命令旋转至长方体的底面
删除面或 [放弃(U)/添加(A)/全部(ALL)]: 找到一个面，已删除 1 个。        //选择长方形的底面
删除面或 [放弃(U)/添加(A)/全部(ALL)]:              //按 Enter 键，完成面的选择
输入抽壳偏移距离: 10                               //输入抽壳的厚度
已开始实体校验。                                   //系统提示信息
已完成实体校验。                                   //系统提示信息
输入体编辑选项
[压印(I)/分割实体(P)/抽壳(S)/清除(L)/检查(C)/放弃(U)/退出(X)] <退出>: X   //退出编辑
```

提示：

不仅可以删除面，还可以添加面，或选择全部面进行抽壳。

12.4.13　检查

利用检查实体的功能可以检查实体对象是否为有效的三维实体对象。对于有效的三维实体，对其进行修改不会产生导致 ACIS 失败的错误信息。如果三维实体无效，则不能编辑对象。选择“修改”|“实体编辑”|“检查”命令，或单击“实体编辑”工具栏上的“检查”按钮，执行该命令。

12.4.14　布尔运算

布尔(boolen)操作用于两个或两个以上的实心体，通过它可以完成并集、差集、交集运算。布尔操作能够使用这 3 种运算将简单的实体组合成复杂的实体。

“并集”运算将建立一个合成的实心体与合成的域。合成的实心体通过合并两个或更多现有的实心体的体积来建立；合成的域通过合并两个或更多现有域的面积来建立。用户可以选择“修改”|“实体编辑”|“并集”命令，或单击“实体编辑”工具栏上的“并集”按钮，或在命令行中输入 union 命令，执行该命令，效果如图 12-59 所示。

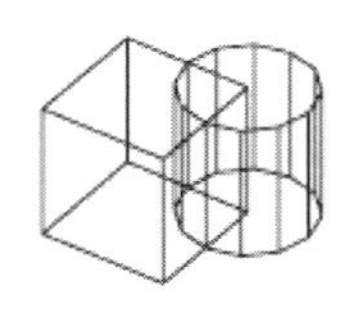
(a) 使用 union 之前的实体

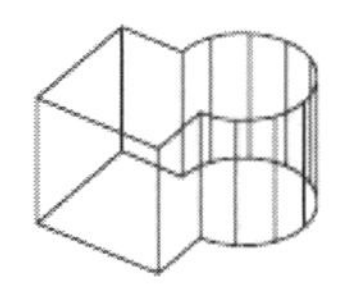
(b) 使用 union 之后的实体

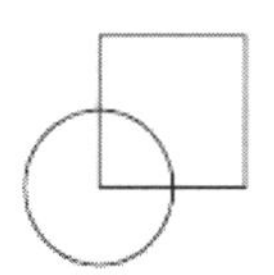
(c) 使用 union 之前的面域

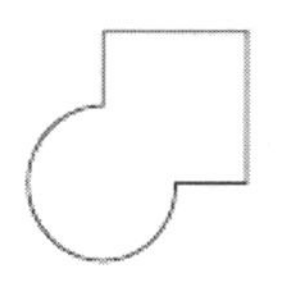
(d) 使用 union 之后的面域

图 12-59　并集运算

“差集”运算将从第一个选择集中的对象减去第二个选择集中的对象，然后创建一个新的实体或面域。用户可以选择“修改”|“实体编辑”|“差集”命令，或单击“实体编辑”工具栏上的“差集”按钮，或在命令行中输入 subtract 命令，执行该命令，效果如图 12-60 所示。

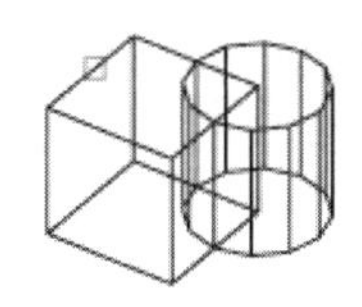
(a) 要从中减去对象的实体

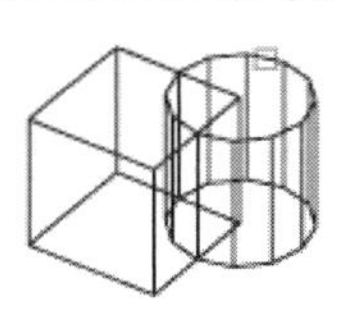
(b) 要减去的实体

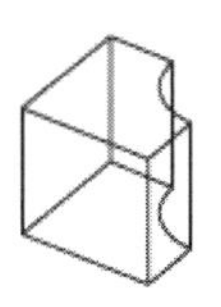
(c) 使用 subtract 后的实体

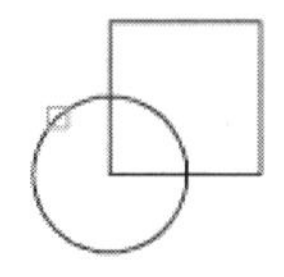
(d) 要从中减去面积的面域

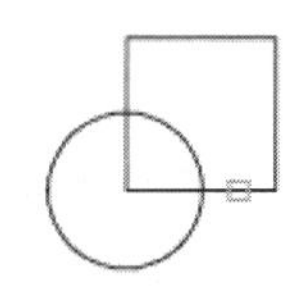
(e) 要减去的面域

(f) 使用 subtract 后的面域

图 12-60　差集运算

“交集”运算可以从两个或多个相交的实心体和面域中建立一个合成实心体以及域，所建立的域将基于两个或多个相互覆盖的域计算出来，实心体将由两个或多个相交实心体的共同值计算产生，即使用相交的部分建立一个新的实心体或域。用户可以选择“修改”|“实体编辑”|“交集”命令，或单击“实体编辑”工具栏上的“交集”按钮，或在命令行中输入 intersect 命令，执行该命令，效果如图 12-61 所示。

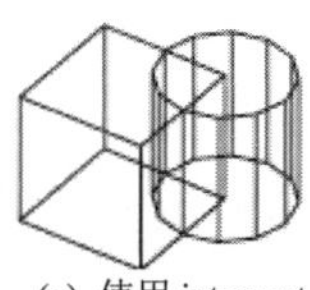
(a) 使用 intersect 之前的实体

(b) 使用 intersect 之后的实体

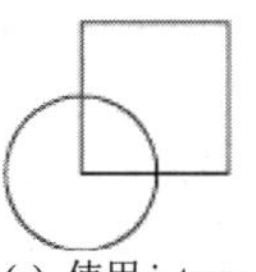
(c) 使用 intersect 之前的面域

(d) 使用 intersect 之后的面域

图 12-61　交集运算

12.4.15　其他命令

在三维空间中，二维空间所使用的 move、array、rotate 和 mirror 相对于当前坐标系仍然有用。但在三维空间中，比较常用的是 3dmove、3drotate、mirror3d、3darray 等通用三维实体编辑命令，下面详细介绍。

1. 三维移动

三维移动(3dmove)命令是在三维视图中显示移动夹点工具，并沿指定方向和距离将对象移动到绘图区相应的位置。

选择“修改”|“三维操作”|“三维移动”命令，或在命令行中输入 3dmove 命令，或单击“三维移动”按钮，命令行提示如下。

```
命令: 3dmove
选择对象: 找到 1 个                    //选择要移动的三维实体
…
选择对象:                              //按 Enter 键，完成选择
指定基点或 [位移(D)] <位移>:           //指定移动实体的基点
指定第二个点或 <使用第一个点作为位移>:
//输入移动距离或输入要移动到目标点的坐标，按 Enter 键确认，完成操作
正在重生成模型。
```

三维移动流程图，如图 12-62 所示。

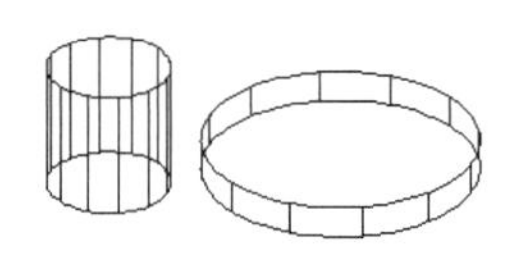
(a) 未移动的视图

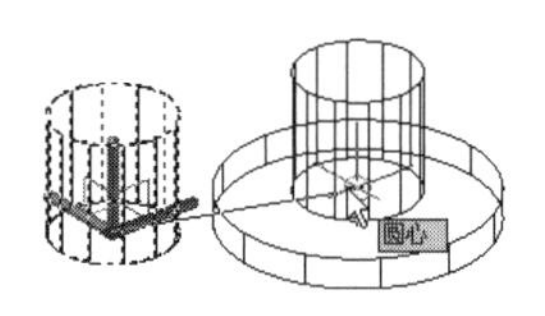

(b) 选择移动对象并移动

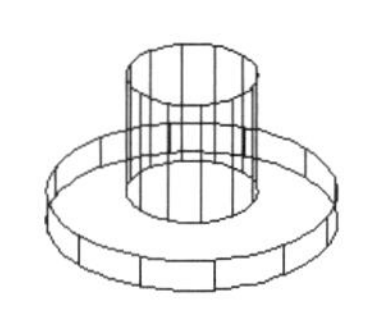
(c) 移动后的效果

图 12-62　三维移动流程图

2. 三维旋转

三维旋转用于将实体沿指定的轴旋转，命令为 3drotate。用户可以根据两点指定旋转轴，或者通过指定对象，指定 X、Y 或 Z 轴，或者指定当前视图的 Z 方向为旋转轴。

选择“修改”|“三维操作”|“三维旋转”命令，或在命令行中输入 3drotate 命令，命令行提示如下。

```
命令: 3drotate
UCS 当前的正角方向:  ANGDIR=逆时针   ANGBASE=0
选择对象: 找到 1 个                    //选择要旋转的对象，如图 12-63(a)所示
…
选择对象:                              //按 Enter 键，完成选择
指定基点:                              //在绘图区拾取基点，如图 12-63(b)所示
拾取旋转轴:                            //选择旋转所对应的轴，如图 12-63(c)所示
指定角的起点或键入角度:180             //输入旋转的角度或在绘图区指定旋转的起点和中点来确定旋转的
                                        角度，效果如图 12-63(d)所示
```

三维旋转流程图，如图 12-63 所示。

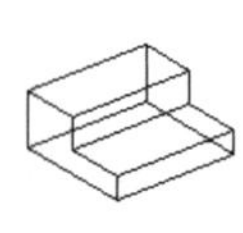
(a) 原对象

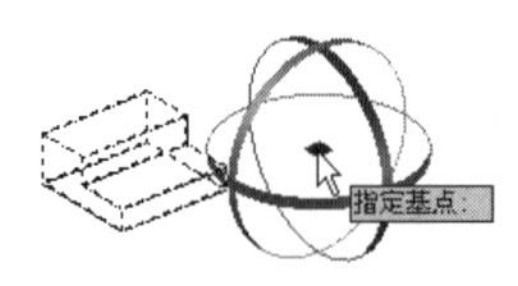

(b) 指定基点

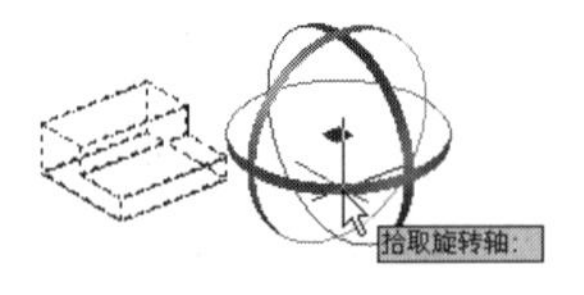

(c) 选择旋转轴

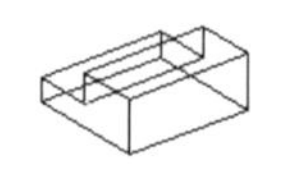
(d) 旋转后的效果

图 12-63　三维旋转流程图

3. 三维镜像

使用三维镜像(mirror3d)，命令可以沿指定的镜像平面创建对象的镜像。镜像平面可以是平面对象所在的平面，通过指定点且与当前 UCS 的 XY、YZ 或 XZ 平面平行的平面以及由选定三点定义的平面。用户可以选择“修改”|“三维操作”|“三维镜像”命令，或在命令行中输入 mirror3d 命令，执行三维镜像命令，命令行提示如下。

```
命令: mirror3d                                    //选择三维镜像命令
选择对象: 指定对角点: 找到 15 个                    //选择如图 12-64(a)所示的对象
选择对象:                                          //按 Enter 键，完成选择
指定镜像平面(三点)的第一个点或 [对象(O)/最近的(L)/Z 轴(Z)/视图(V)/XY 平面(XY)/YZ 平面(YZ)/ZX
平面(ZX)/三点(3)] <三点>: 在镜像平面上指定第二点: 在镜像平面上指定第三点:
                                                   //选择三点方式作为镜像面
是否删除源对象? [是(Y)/否(N)] <否>: N               //不删除源对象，得到如图 12-64(b)所示的效果
```

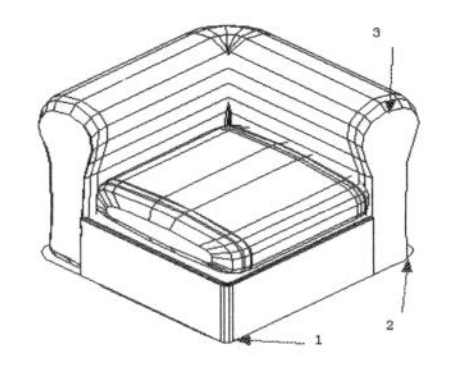

(a) 待镜像的半沙发

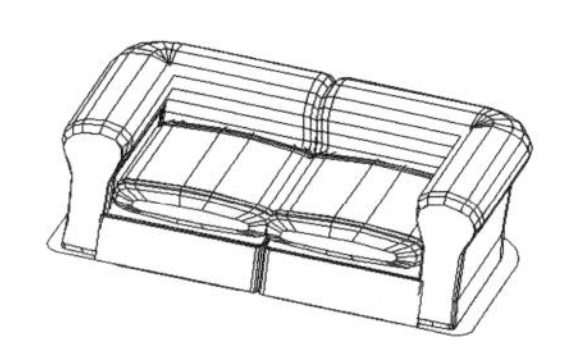
(b) 镜像后的效果

图 12-64　镜像沙发

镜像平面的选择与旋转中旋转轴的选择一样，有多种确认方式。“对象(O)”“最近的(L)”“视图(V)”选项与旋转中的选项类似，这里不再赘述。“Z 轴(Z)”选项表示镜像平面过指定点且根据镜像平面上的一个点和镜像平面法线上的一个点定义镜像平面，“XY 平面(XY)”“YZ 平面(YZ)”“ZX 平面(ZX)”选项表示平行于 XY、YZ、ZX 面且经过一点的平面为镜像面。

4. 三维阵列

利用三维阵列命令可以在三维空间创建对象的矩形阵列或环形阵列，命令为 3darray。与二维阵列不同，当用户选择了矩形阵列时，除了要指定列数和行数，还要指定阵列的层数。

选择“修改”|“三维操作”|“三维阵列”命令，或在命令行中输入 3darray 命令，执行三维阵列命令，命令行提示如下。

```
命令: 3darray                                      //通过菜单执行命令
选择对象: 指定对角点: 找到 1 个                      //选择如图 12-65(a)所示的灯
选择对象:                                          //按 Enter 键，完成选择
输入阵列类型 [矩形(R)/环形(P)] <矩形>:P              //设置阵列类型为环形阵列
输入阵列中的项目数目: 6                             //设置阵列数目为 6
指定要填充的角度 (+=逆时针, -=顺时针) <360>:        //设置填充角度为 360°，采用默认值
旋转阵列对象? [是(Y)/否(N)] <Y>:                    //按 Enter 键，旋转阵列对象
指定阵列的中心点:                                   //指定轴心直线上一点
指定旋转轴上的第二点:                               //指定轴心直线上另外一点
```

按 Enter 键，阵列完成，效果如图 12-65(b)所示。

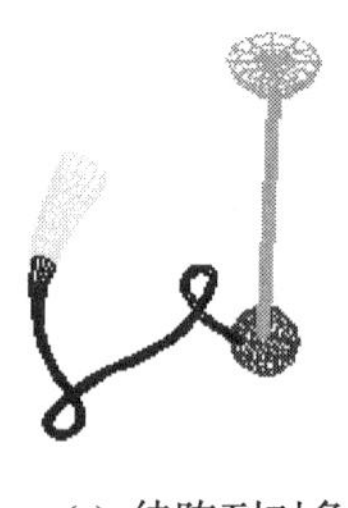

(a) 待阵列对象

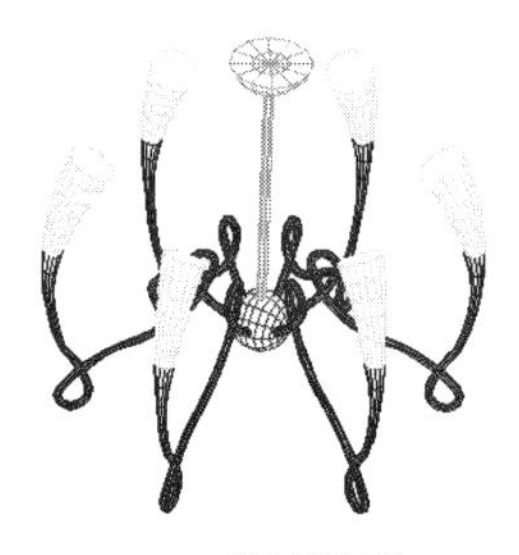

(b) 阵列效果

图 12-65　阵列灯

12.5 “三维基础”和“三维建模”工作空间

AutoCAD 提供了“三维基础”和“三维建模”工作空间，界面分别如图 12-66 和图 12-67 所示。用户可以在这两个空间中进行三维模型的创建并对三维模型进行各种操作，功能区中的各个选项板功能与 12.1～12.3 节，以及第 13 章介绍的功能一致，这里就不再赘述。

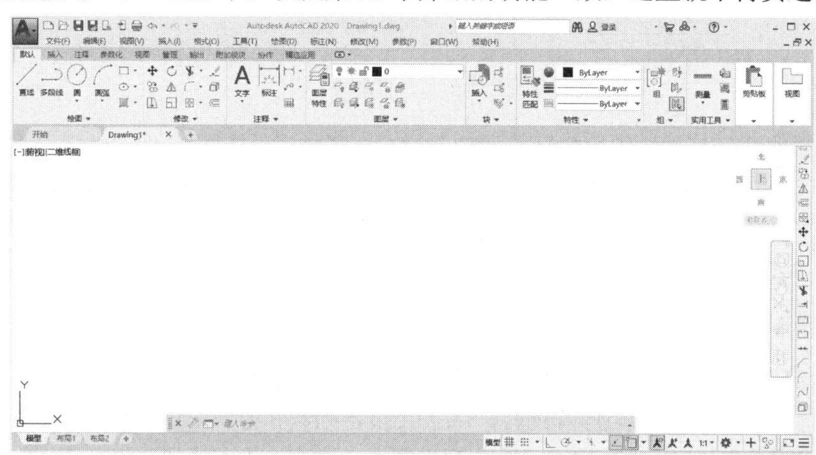

图 12-66　“三维基础”工作空间

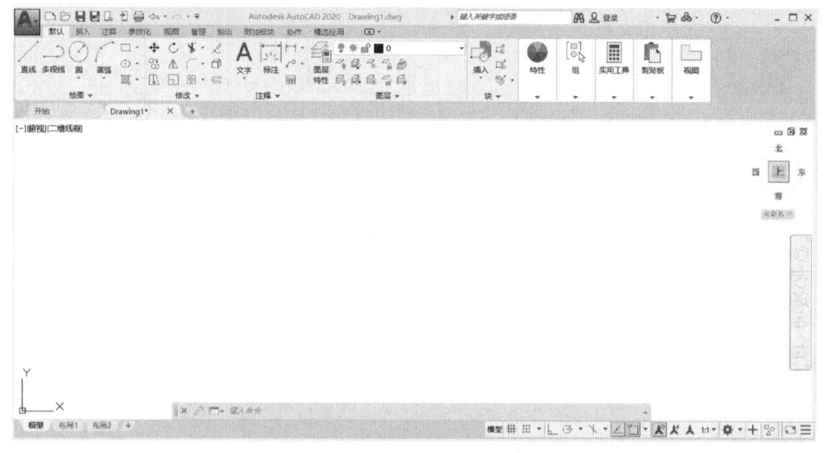

图 12-67　“三维建模”工作空间

12.6 操作实践

绘制如图 12-68 所示的斜拉桥，以熟悉三维模型的创建。桥长 30m，桥面宽度为 2.5m，桥面板的厚度为 0.2m，具体尺寸在各个步骤中介绍。

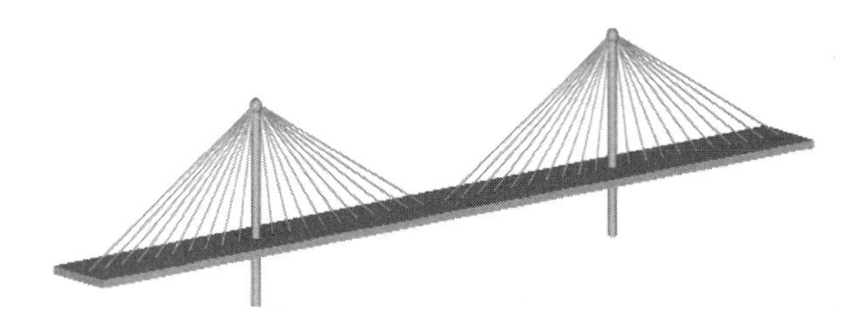

图 12-68　斜拉桥的三维模型效果

具体操作步骤如下。

(1) 选择“视图”|“三维视图”|“俯视”命令，切换到俯视图模式。

(2) 单击“建模”工具栏上的“长方体”按钮，命令行提示如下。

```
命令: box                                    //单击“长方体”按钮启动命令
指定长方体的角点或 [中心点(C)]: C            //采用中心点方式
指定中心: 0,0,0                              //中心点设为坐标原点
指定角点或 [立方体(C)/长度(L)]: L            //采用长度方式绘制
指定长度: 300000                             //输入桥长
指定宽度: 25000                              //输入桥面宽度
指定高度或 [两点(2P)]: 2000                  //输入桥面板的厚度
命令: '_3dorbit 按 Esc 或 Enter 键退出，或者单击鼠标右键显示快捷菜单。
正在重生成模型。                             //三维动态观察，效果如图 12-69 所示
```

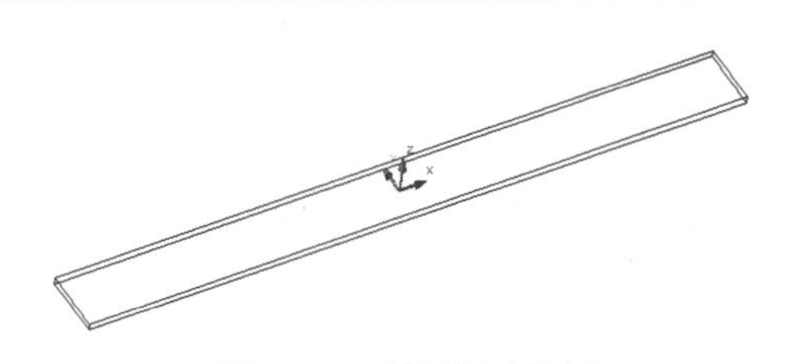

图 12-69　桥面板的绘制

(3) 选择“视图”|“三维视图”|“俯视”命令，切换到俯视图模式。然后单击“绘图”工具栏上的“直线”按钮，打开“对象捕捉”的“中点”捕捉功能。捕捉桥面两端的中点，绘制效果如图 12-70 所示。

(4) 选择“绘图”|“点”|“等数分点”命令，将桥面中线分为 40 份，打开“对象捕捉”的“节点”捕捉功能。

(5) 单击“视图”工具栏上的“前视”按钮，切换到主视图模式。

(6) 单击“绘图”工具栏上的“直线”按钮，在桥头处沿 Z 轴方向绘制长为 20000 的辅助线，然后单击“修改”工具栏上的“偏移”按钮，设置偏移距离为 75000，效果如图 12-71 所示。

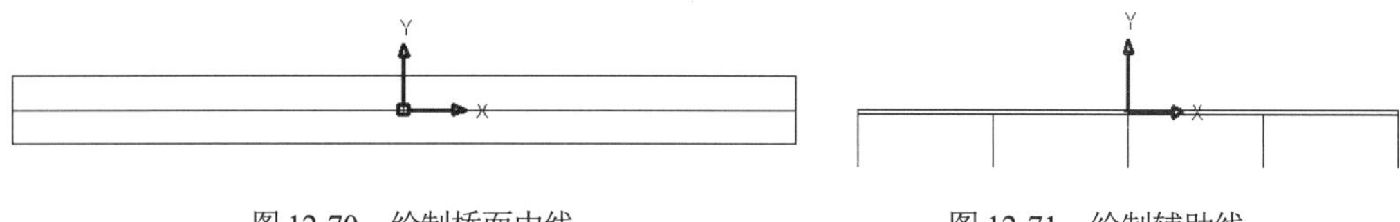

图 12-70　绘制桥面中线　　　　图 12-71　绘制辅助线

(7) 选择“视图”|“三维视图”|“俯视”命令，切换到俯视图模式，然后单击“建模”工具栏上的“圆柱体”按钮，命令行提示如下。

```
命令: cylinder                                              //单击按钮启动命令
指定底面的中心点或 [三点(3P)/两点(2P)/切点、切点、半径(T)/椭圆(E)]: //选定圆柱中心点
指定底面半径或 [直径(D)] <111.9417>: 1500                   //输入半径值
指定高度或 [两点(2P)/轴端点(A)] <155.9236>:50000            //输入桥墩总高度
```

(8) 单击“视图”工具栏上的“前视”按钮，切换到主视图模式，然后单击“修改”工具栏上的“移动”按钮，选择刚刚绘制的圆柱体，向下移动 15000，如图 12-72 所示。

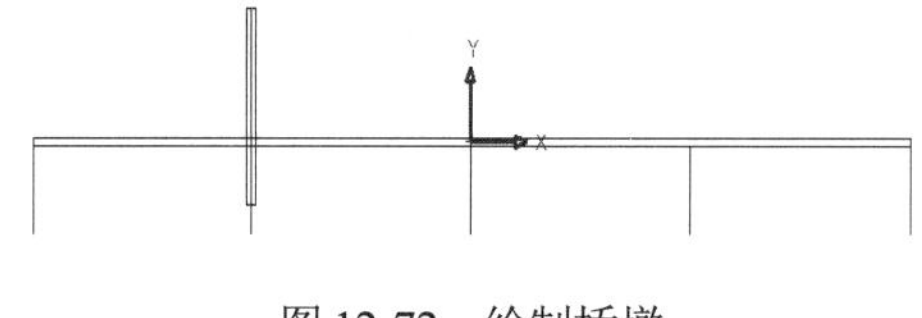

图 12-72　绘制桥墩

(9) 单击“自由动态观察”按钮，旋转至如图 12-73 所示的位置。

(10) 单击“建模”工具栏上的“圆柱体”按钮，命令行提示如下。

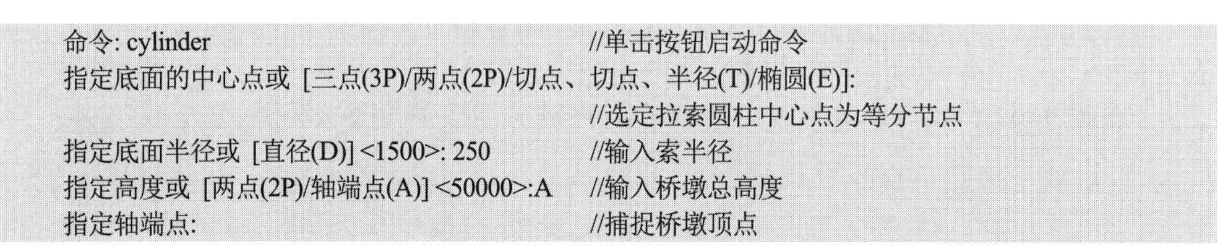

```
命令: cylinder                                    //单击按钮启动命令
指定底面的中心点或 [三点(3P)/两点(2P)/切点、切点、半径(T)/椭圆(E)]:
                                                  //选定拉索圆柱中心点为等分节点
指定底面半径或 [直径(D)] <1500>: 250              //输入索半径
指定高度或 [两点(2P)/轴端点(A)] <50000>:A         //输入桥墩总高度
指定轴端点:                                       //捕捉桥墩顶点
```

(11) 重复上一步操作，可以得到如图 12-73 所示的效果。

(12) 单击 UCS 工具栏上的“原点”按钮，选择桥墩与桥面相交处的中心点，创建新的用户坐标，如图 12-74 所示。

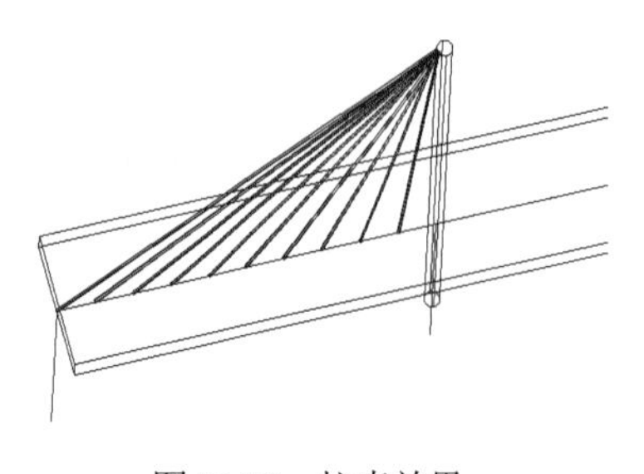

图 12-73　拉索效果

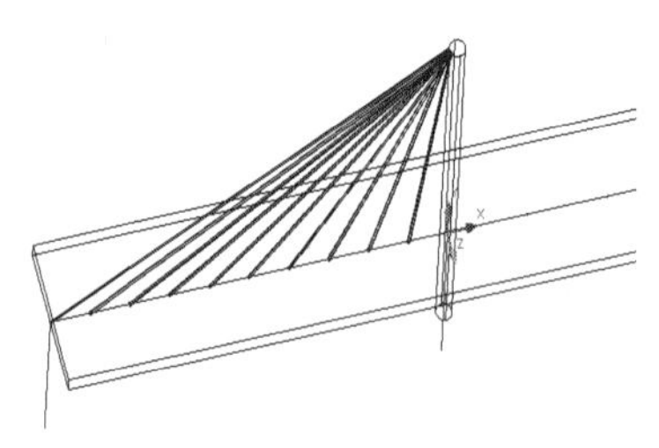

图 12-74　创建新的用户坐标

(13) 单击 UCS II 工具栏上的“命名 UCS”按钮，系统弹出 UCS 对话框，在“命名 UCS”选项卡中的“未命名”处双击，输入“桥墩处”，如图 12-75 所示。在“设置”选项卡中勾选“显示于 UCS 原点”复选框，如图 12-76 所示。绘图区效果如图 12-74 所示。

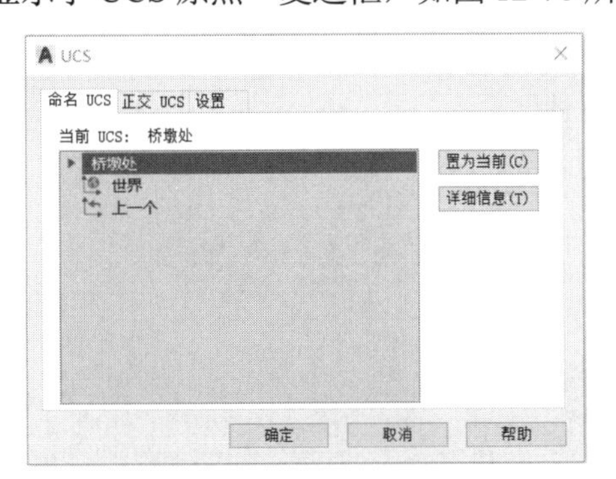

图 12-75　为新建的用户坐标命名

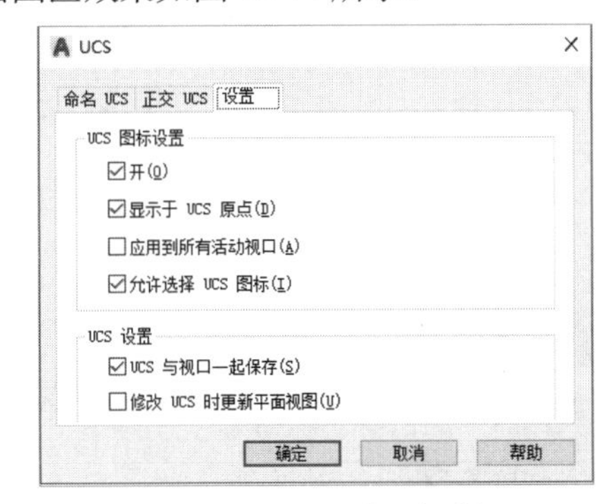

图 12-76　“设置”选项卡

(14) 选择“修改”|“三维操作”|“三维镜像”命令，命令行提示如下。

```
命令: mirror3d                                //启动三维镜像命令
选择对象: 找到 10 个                           //选择镜像对象
选择对象:                                      //按 Enter 键，结束对象选择
指定镜像平面(三点)的第一个点或 [对象(O)/最近的(L)/Z 轴(Z)/视图(V)/XY 平面(XY)/YZ 平面(YZ)/ZX 平面(ZX)/三点(3)] <三点>: YZ      //采用当前坐标的 YZ 平面为镜像面
指定 YZ 平面上的点 <0,0,0>:                    //选择默认原点
是否删除源对象? [是(Y)/否(N)] <否>: N          //不删除源对象，效果如图 12-77 所示
```

(15) 在命令行中输入 isolines 命令，将参数值设为 8。

(16) 单击“建模”工具栏上的“球体”按钮，选择桥墩顶点的圆心为球心，设置半径为 2000，效果如图 12-78 所示。

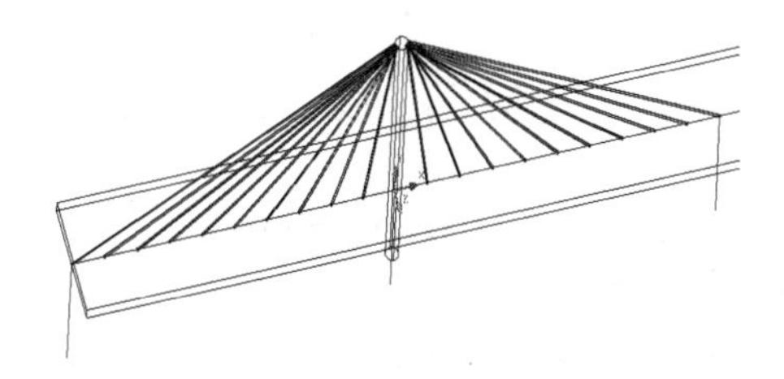

图 12-77　三维镜像拉索

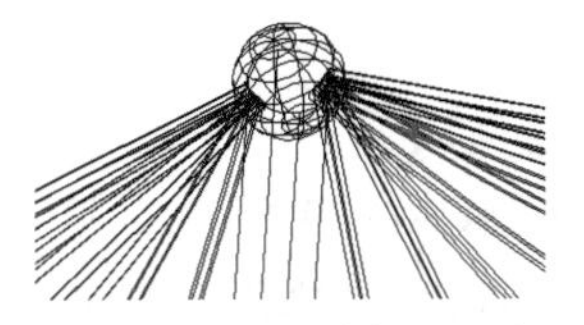

图 12-78　绘制球形压顶

(17) 单击“实体编辑”工具栏上的“并集”按钮，选择桥墩柱、拉索和球形压顶，命令行提示如下。

```
命令: union                                   //启动并集命令
选择对象: 指定对角点: 找到 22 个               //选择并集对象
选择对象:                                      //按 Enter 键，完成操作
```

(18) 再单击 UCS 工具栏上的“上一个”按钮，回到开始的坐标系。

(19) 同步骤(14)，选择拉索和桥墩为对象进行三维镜像操作，镜像面仍然用 YZ 平面，效果如图 12-79 所示。

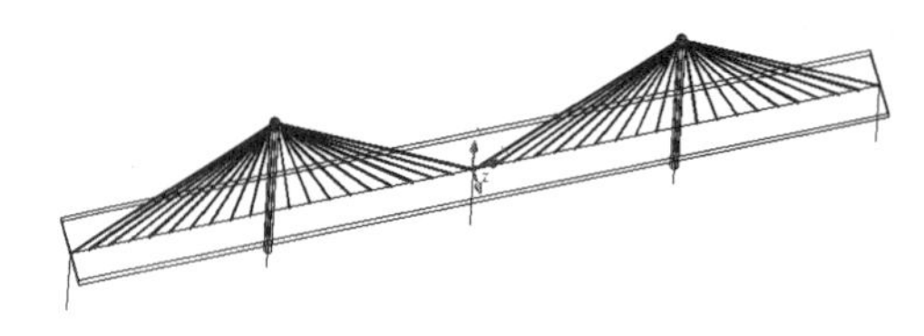

图 12-79　三维镜像效果

(20) 删除辅助线，消隐后，进行体着色的效果如图 12-68 所示。

12.7 习题

12.7.1 填空题

(1) 启动自由动态观察后，此时光标落在________并拖动光标以后，使视图围绕通过转盘中心的水平轴或 X 轴旋转。

(2) AutoCAD 提供了两个坐标系：一个是称为________ (WCS)的固定坐标系，另一个是称为________(UCS)的可移动坐标系。

(3) 在三维表面绘制中，最常用的系统参数变量是________和________，在三维实体绘制中，最常用的系统参数变量是________。

(4) 绘制长方体的命令是________，绘制圆柱体的命令是________。

(5) 压印对象必须与选定实体上的面________，这样才能压印成功。

(6) 剖切与切割的区别在于：________是将实体分开成为两个实体，而________只是在指定位置创建通过该位置的一个切面，原来的实体依然完整。

12.7.2 选择题

(1) AutoCAD 三维制图中(　　)命令使用三维线框表示显示对象，并隐藏表示对象后面各个面的直线。

A. 重生成　　B. 重画　　C. 消隐　　D. 着色

(2) 在 AutoCAD 2018 中，用户可以使用(　　)命令将某一个图形转化为二维域。可以实现这种转化的实体包括封闭多段线、直线、曲线、圆、圆弧、椭圆、椭圆弧和样条曲线。

A. box　　B. cylinder　　C. region　　D. solidedit

(3) (　　)将建立一个合成实心体与合成域，以将多个相连的实体合并成一个复杂的实体。

A. 并集运算　　B. 差集运算　　C. 交集运算　　D. 其他

12.7.3 上机操作

(1) 绘制如图 12-80 和图 12-81 所示的三维图形。

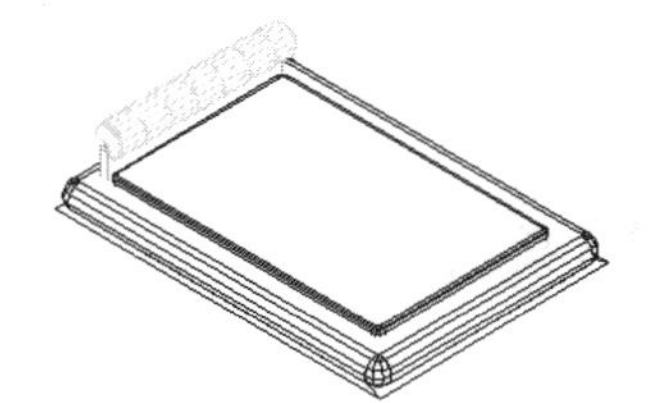

图 12-80　三维实体模型

图 12-81　消隐着色后的效果

(2) 绘制如图 12-82 和图 12-83 所示的三维图形。

图 12-82　三维实体模型

图 12-83　消隐着色后的效果

ꕤ 第 13 章 ꕤ

建筑效果图的绘制

若要很好地表现所设计建筑的外部形式和内部空间，以及建筑群中间的空间关系，通常要借助建筑效果图。过去常常手工绘制建筑效果图，要做到准确地表达是一项非常复杂的工作。AutoCAD 提供了大量的三维绘图工具，即使设计人员不具备绘制透视图方面的知识，也能够快速地通过建立建筑模型、选择视点，自动完成透视图的绘制。用户可以使用三维绘图的各种命令建立建筑模型，利用 AutoCAD 自带的渲染系统对模型进行铺贴材质、设置光源和渲染等操作，也可以将其存储成其他格式的文件，导入其他专业的渲染软件中完成渲染和配景贴图工作，都能得到如图 13-1 所示的效果。

图 13-1　建筑效果图

本章的重点在于根据总平面图绘制总体建筑草模，根据平、立、剖面图绘制精确的单体建筑模型，并完成 AutoCAD 渲染的基本操作。

知识要点

- 根据总平面图创建总体建筑模型。
- 根据平、立、剖面图创建单体建筑模型。
- 运用实体创建其他建筑模型。
- 对模型进行渲染。

13.1 通过总平面图绘制总体建筑模型

设计人员对一个建筑群进行设计时通常需要建立一个草模(即粗略的建筑模型)来分析建筑物之间的关系，例如小区中的风环境分析、日照分析等。草模创建的主要依据是建筑总平面图。用户只要对总平面图中的新建建筑和已有建筑的平面进行拉伸，然后对其进行简单的着色便可以完成。

具体操作步骤如下。

(1) 处理总平面图，保留各种建筑平面图和地形的标高、道路，删除不必要的文字和尺寸标注。

(2) 获取地形标高数据(或等高线数据)和建筑物屋顶的标高。

(3) 如果有需要，用户可以通过在命令行中输入 3dmesh 命令绘制三维网格，然后通过输入网格各节点的标高来绘制地形图。

(4) 采用“多段线”描绘各建筑平面，并将其封闭，或在命令行中输入 region 命令生成一个面域。

(5) 选择“绘图”|“建模”|“拉伸”命令，或单击“建模”工具栏上的“拉伸”按钮，或在命令行中输入 extrude 命令，将平面图拉伸。

(6) 对模型进行消隐、着色，完成草模的创建。

【例 13-1】绘制小区建筑草模。

依据第 11 章操作实践中绘制的建筑总平面图，绘制该小区的建筑草模，效果如图 13-2 所示。

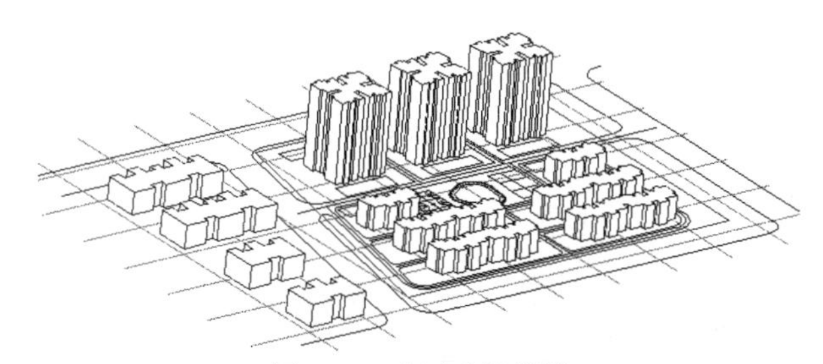

图 13-2　小区建筑草模

具体操作步骤如下。

(1) 关闭总平面图上的“总图-尺寸”和“总图-文字”图层。

(2) 切换到“总图-平面-已建”图层，单击“绘图”工具栏上的“面域”按钮，依次选择左侧 4 栋已建建筑轮廓线，生成 4 个面域。命令行提示如下。

```
命令: region                               //单击按钮，启动面域命令
选择对象: 指定对角点: 找到 97 个            //选择 4 个已建建筑
选择对象:                                   //按 Enter 键，完成面域的选择
已提取 4 个环。                             //系统提示信息
已创建 4 个面域。                           //系统提示信息
```

(3) 单击“视图”工具栏上的“前视”按钮，将图形切换到如图 13-3 所示状态，打开状态栏上的“对象捕捉”和“正交”开关，单击“绘图”工具栏上的“直线”按钮绘制一条长为 21 的直线，作为拉伸路径，代表 6 层楼房附加一架空层的高度。

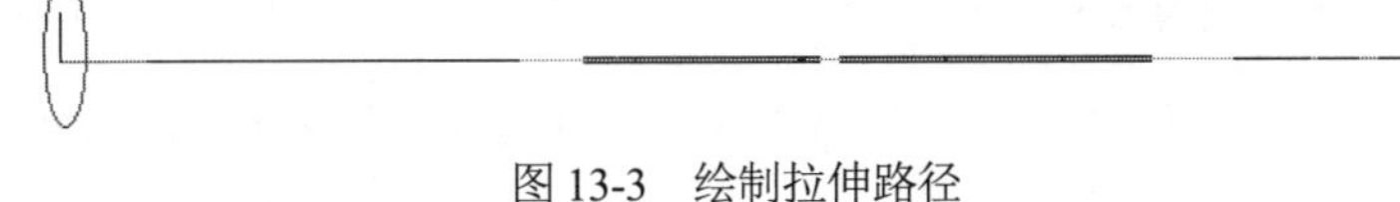

图 13-3　绘制拉伸路径

(4) 单击“自由动态观察”按钮，拖动鼠标，转到一定的透视位置。

(5) 单击“建模”工具栏上的“拉伸”按钮，选择 4 个已建建筑轮廓线构成的面域，再选择已经绘制的平面外的直线为路径，拉伸面域得到如图 13-4 所示的效果。命令行提示如下。

```
命令: extrude                                    //单击拉伸按钮，启动拉伸命令
前线框密度:  ISOLINES=8，闭合轮廓创建模式=实体
选择要拉伸的对象或 [模式(MO)]: MO 闭合轮廓创建模式 [实体(SO)/曲面(SU)] <实体>: SO
选择要拉伸的对象或 [模式(MO)]:找到 4 个            //选择已建建筑面域
选择要拉伸的对象或 [模式(MO)]:                    //按 Enter 键，完成选择
指定拉伸的高度或 [方向(D)/路径(P)/倾斜角(T)/表达式(E)] <13.0721>: P   //采用路径的方式
选择拉伸路径或 [倾斜角(T)]:                       //选择路径，完成拉伸
```

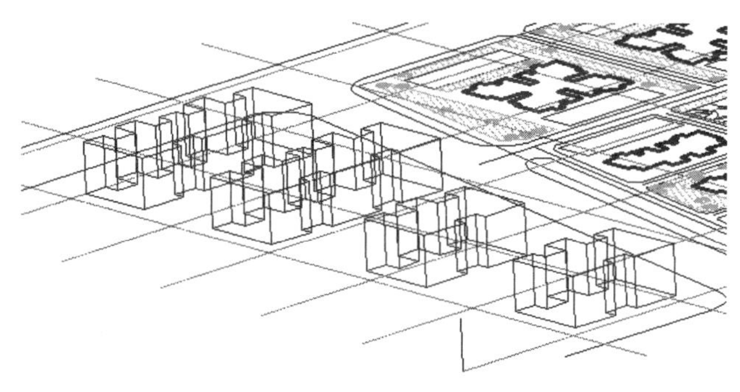

图 13-4　沿路径拉伸已建建筑

(6) 切换到“总图-平面-新建”图层，单击“绘图”工具栏上的“面域”按钮，依次选择右侧新建建筑轮廓线，生成 13 个面域。

(7) 单击“视图”工具栏上的“前视”按钮，打开状态栏上的“对象捕捉”和“正交”开关，单击“绘图”工具栏上的“直线”按钮，绘制一条长为 63 的直线，作为拉伸路径，代表 21 层楼房的高度，如图 13-5 所示。

(8) 单击“自由动态观察”按钮，拖动鼠标，转到一定的透视位置。

(9) 单击“建模”工具栏上的“拉伸”按钮，选择多层建筑轮廓线构成的面域，再选择已经绘制的平面外的短直线为路径，拉伸面域；再次单击“拉伸”按钮选择高层建筑轮廓线构成的面域，选择已绘制的平面外的长直线作为路径进行拉伸，效果如图 13-6 所示。

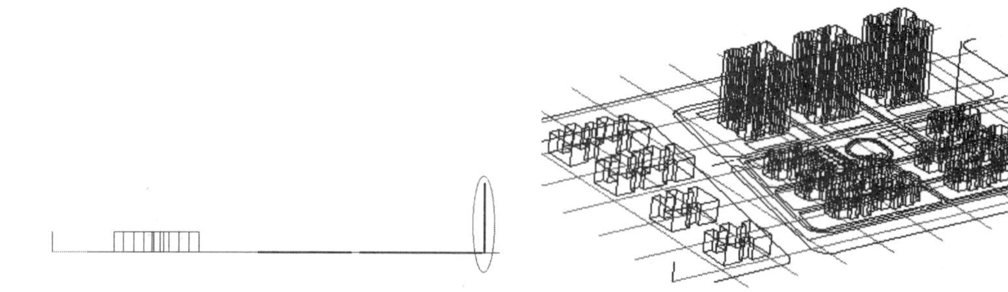

图 13-5　绘制高层建筑的拉伸路径　　　图 13-6　拉伸新建建筑形成的线框模型

(10) 删除路径线，选择“视图”|“消隐”命令，得到如图 13-2 所示的效果。

13.2 通过平、立、剖面图绘制单体建筑模型

通过建筑的平、立、剖面图绘制建筑模型，是绘制建筑效果图最常见的一种方法，也是表现力最强的一种方法。这种方法不但能非常精确地反映平立面的内容，而且非常直观。用户可以通过该方法准确地绘制建筑的室内或室外模型，为效果图的后期处理打下基础。

一般的绘制步骤如下。

(1) 复制建筑图纸的平面图，并对图纸进行处理，删除不必要的图形和线条，例如，绘制建筑的外观效果图时，可以将标注、文字、家具、卫生洁具及内部隔墙等删除，仅保留外墙。这样可以减少建模的工作量，同时有利于后期渲染处理，提高渲染速度。有时，为了提高渲染速度，只保留某两个墙面来绘制效果图。

(2) 绘制建筑的三维墙体，在准确的位置保留或新开门窗洞口。对于材料不同的墙体，建议分开建模，这样便于后期处理。

(3) 绘制门窗三维图形并定义成图块，若已经有绘制好的图块，可以直接插入。对于材料不同的部位，分开建模。

(4) 绘制该楼层的一些细部，如阳台栏杆、墙身的线角、窗台、空调板等。

(5) 对于多层或高层，绘制好标准层的三维模型后进行层间复制。

(6) 绘制屋顶三维模型。

(7) 插入一些三维的配景模型，消隐后完成三维模型的创建。

【例 13-2】绘制一间传达室的外观三维模型。

以第 10 章中绘制的传达室的平、立、剖面图的数据为基础，创建其三维模型，如图 13-7 所示。

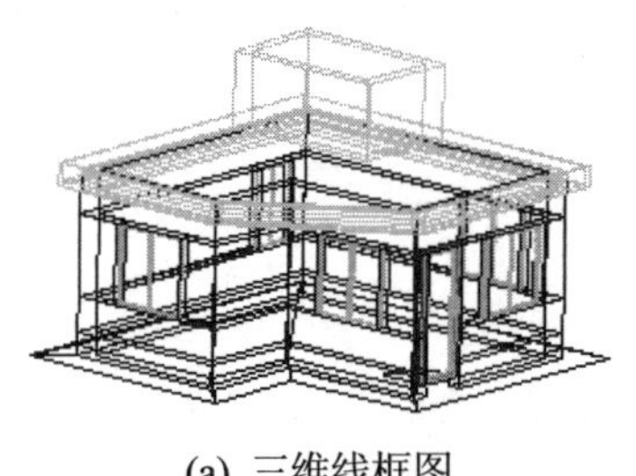

(a) 三维线框图

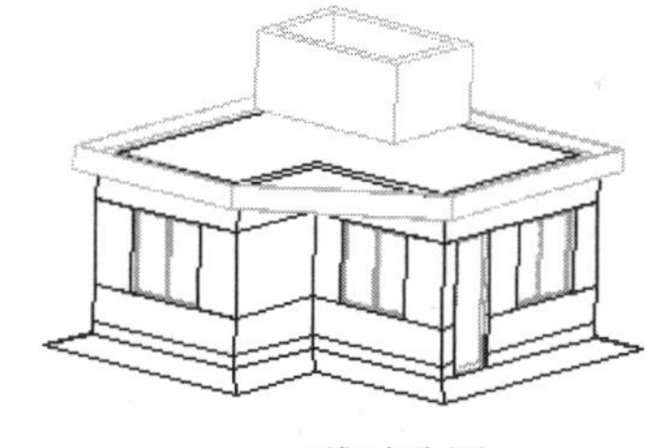

(b) 三维消隐图

图 13-7 三维模型

具体的绘制步骤如下。

(1) 复制底层平面图，删除不需要的图线、文字及内部隔墙，得到如图 13-8 所示的底层平面图。

(2) 新建“建筑-墙体-三维”图层，并置为当前图层，单击“绘图”工具栏上的“多段线”按钮，绘制墙体轮廓，关闭其他图层得到如图 13-9 所示的图形。命令行提示如下。

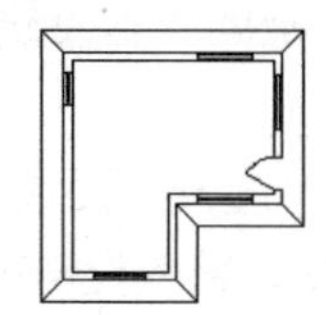

图 13-8 整理后的底层平面图

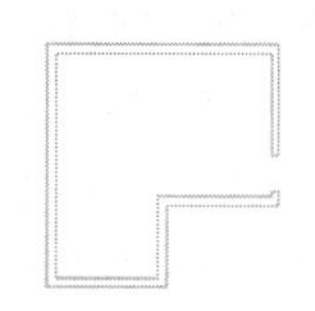

图 13-9 绘制墙体轮廓线

```
命令: pline                                                    //单击按钮，启动命令
指定起点:                                                      //选择多段线起点
当前线宽为 0.0000                                              //系统提示信息
指定下一个点或 [圆弧(A)/半宽(H)/长度(L)/放弃(U)/宽度(W)]:          //指定下一点
指定下一点或 [圆弧(A)/闭合(C)/半宽(H)/长度(L)/放弃(U)/宽度(W)]:     //指定下一点
…
指定下一点或 [圆弧(A)/闭合(C)/半宽(H)/长度(L)/放弃(U)/宽度(W)]: C  //封闭多段线
```

(3) 单击“视图”工具栏上的“前视”按钮，打开状态栏上的“对象捕捉”和“正交”开关，并保证“端点”捕捉模式已经被打开，单击“绘图”工具栏上的“直线”按钮绘制一条长为450的直线，作为拉伸路径，代替踢脚水刷石部分的墙体高度。

(4) 单击“自由动态观察”按钮，拖动鼠标，转到一定的透视位置。

(5) 单击“建模”工具栏上的“拉伸”按钮，选择该封闭的多段线，再选择已经绘制的平面外的450短直线为路径，拉伸封闭的多段线，如图13-10所示。

(6) 单击“修改”工具栏上的“复制”按钮，选择三维墙体为复制对象，选择房屋的角点为基点。复制后的效果如图13-11所示。

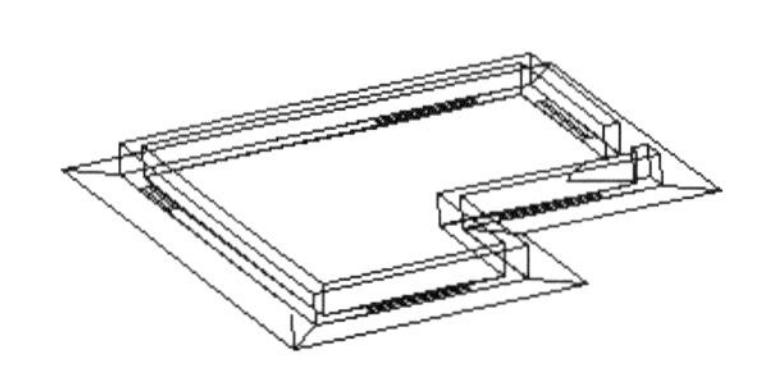

图13-10　拉伸踢脚部分的墙体

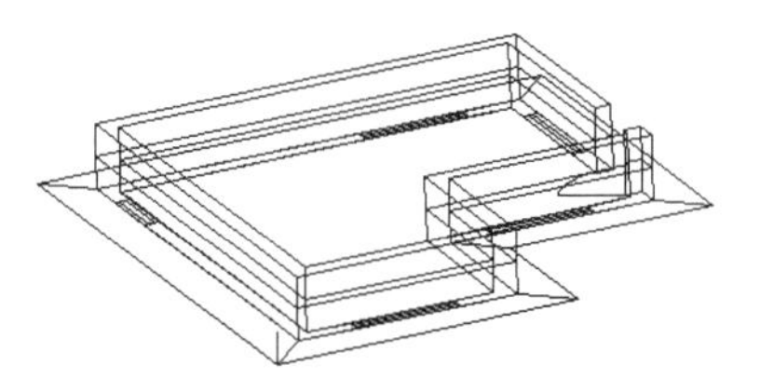

图13-11　复制墙体

(7) 单击“实体编辑”工具栏上的“拉伸面”按钮，选择墙体的顶面，拉伸距离设为200，命令行提示如下。

```
命令: solidedit                                       //单击按钮，启动命令
实体编辑自动检查:   SOLIDCHECK=1                        //系统提示信息
输入实体编辑选项 [面(F)/边(E)/体(B)/放弃(U)/退出(X)] <退出>: face   //系统提示信息
输入面编辑选项
[拉伸(E)/移动(M)/旋转(R)/偏移(O)/倾斜(T)/删除(D)/复制(C)/颜色(L)/材质(A)/放弃(U)/退出(X)]
<退出>: extrude                                       //系统提示信息
选择面或 [放弃(U)/删除(R)]: 找到一个面。                //选择墙体的顶面
选择面或 [放弃(U)/删除(R)/全部(ALL)]:                   //按 Enter 键，完成拉伸面的选择
指定拉伸高度或 [路径(P)]: 200                          //输入拉伸高度
指定拉伸的倾斜角度 <0>:                                //接受默认值
已开始实体校验。                                        //系统提示信息
已完成实体校验。                                        //系统提示信息
```

(8) 创建“建筑-墙体-三维-窗间”图层并置为当前图层，关闭“建筑-墙体-三维”图层。单击“视图”工具栏上的“俯视”按钮，再单击“绘图”工具栏上的“多段线”按钮，绘制窗间墙轮廓线，如图13-12所示。

(9) 单击“绘图”工具栏上的“面域”按钮，选择墙体，产生6个面域。

(10) 单击“建模”工具栏上的“拉伸”按钮，选择这些面域，输入拉伸高度1500。选择“视图”|“消隐”命令，消隐后的效果如图13-13所示。

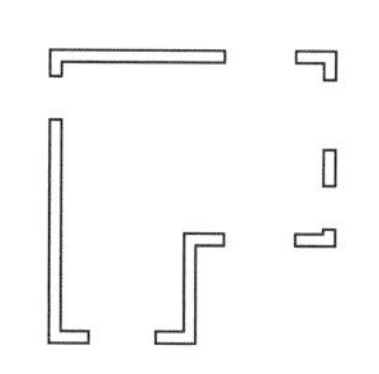

图 13-12　窗间墙轮廓线

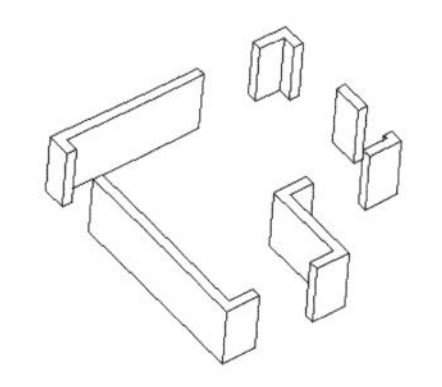

图 13-13　拉伸窗间墙

(11) 打开所有图层，单击“修改”工具栏上的“移动”按钮，选择“建筑-墙体-三维-窗间”图层上的所有实体，以墙角为基点将墙体移至之前绘制的墙体之上，消隐后的效果如图 13-14 所示。

(12) 单击 UCS 工具栏上的“原点”按钮，选择窗间墙的一个角点，如图 13-15 所示。

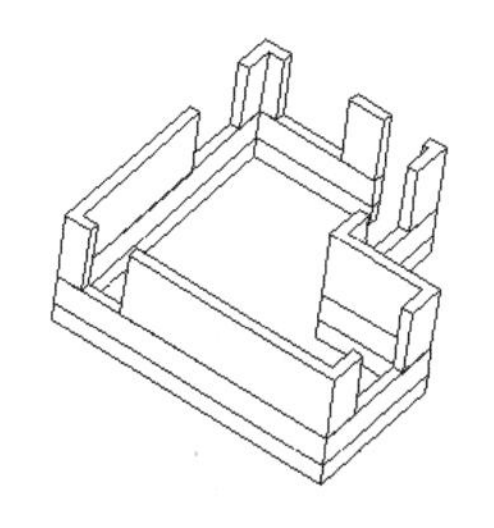

图 13-14　移动窗间墙

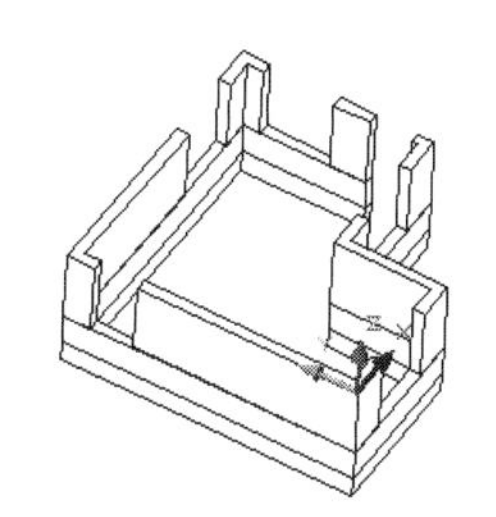

图 13-15　移动用户坐标

(13) 切换到“建筑-墙体-三维”图层，单击“绘图”工具栏上的“多段线”按钮，绘制墙体整体轮廓并将其封闭。单击“绘图”工具栏上的“面域”按钮，选择内外两个整体轮廓线生成两个面域。单击“实体编辑”工具栏上的“差集”按钮，用大面域减去小面域，效果如图 13-16 所示。

(14) 单击“建模”工具栏上的“拉伸”按钮，选择该面域，输入拉伸高度 800，效果如图 13-17 所示。

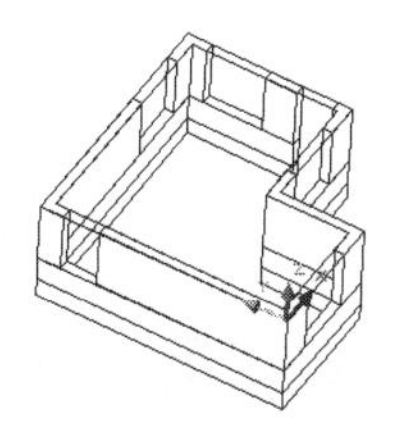

图 13-16　绘制窗顶墙的面域

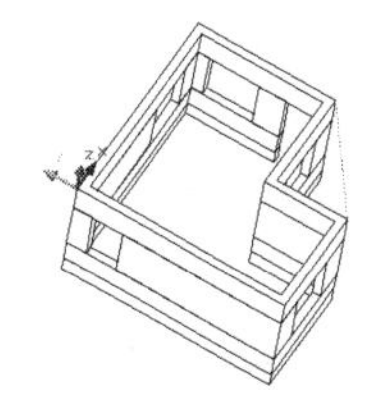

图 13-17　绘制屋面轮廓线

(15) 单击 UCS 工具栏上的“原点”按钮，选择窗顶墙的一个角点。再单击“绘图”工具栏上的“多段线”按钮，绘制屋面的整体轮廓，不要封闭。消隐后如图 13-17 所示。

(16) 单击“视图”工具栏上的“前视”按钮，再单击“绘图”工具栏上的“多段线”按钮，绘制如图 13-18 所示的天沟，并封闭多段线。单击“修改”工具栏上的“移动”按钮，将天沟移至屋面轮廓线的位置，如图 13-19 所示。

(17) 单击“自由动态观察”按钮，拖动鼠标，转到一定的透视位置。

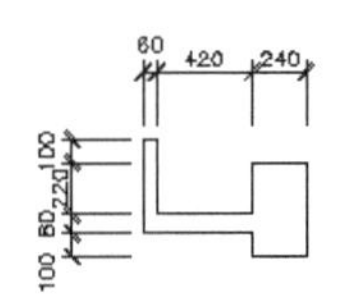

图 13-18　绘制天沟

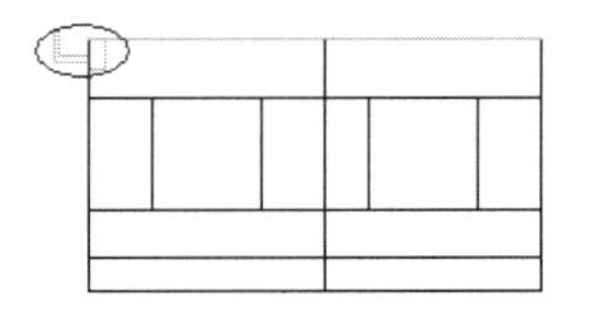

图 13-19　移动天沟

(18) 单击“建模”工具栏上的“拉伸”按钮，选择天沟为拉伸对象，选择屋面轮廓线为路径，可以得到如图 13-20 所示的效果。

(19) 单击“绘图”工具栏上的“面域”按钮，选择屋面轮廓线，然后单击“建模”工具栏上的“拉伸”按钮，输入拉伸高度-100，生成屋面板，效果如图 13-21 所示。

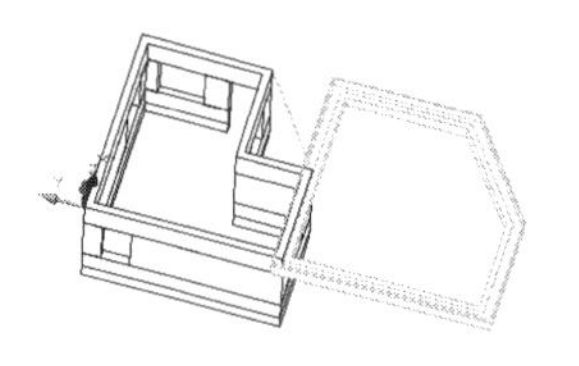

图 13-20　拉伸绘制天沟

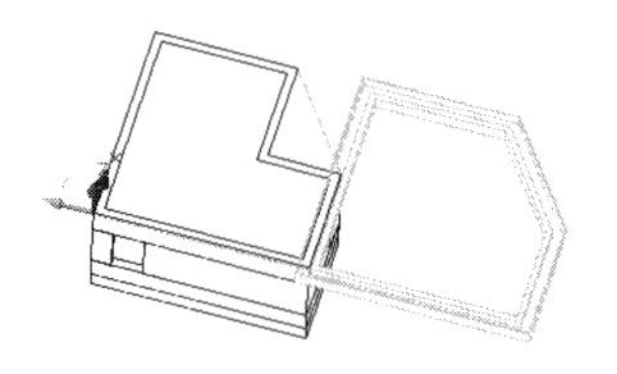

图 13-21　拉伸绘制屋面板

(20) 单击“修改”工具栏上的“移动”按钮，将天沟移至正确位置，如图13-22所示。

(21) 单击“视图”工具栏上的“俯视”按钮，从传达室的屋顶平面图复制屋顶的装饰墙平面图。切换到“建筑-墙体-三维”图层，单击“绘图”工具栏上的“多段线”按钮，绘制墙体轮廓。单击“绘图”工具栏上的“面域”按钮，选择屋面装饰墙轮廓线。单击“实体编辑”工具栏上的“差集”按钮，用大面域减去小面域，效果如图 13-23 所示。

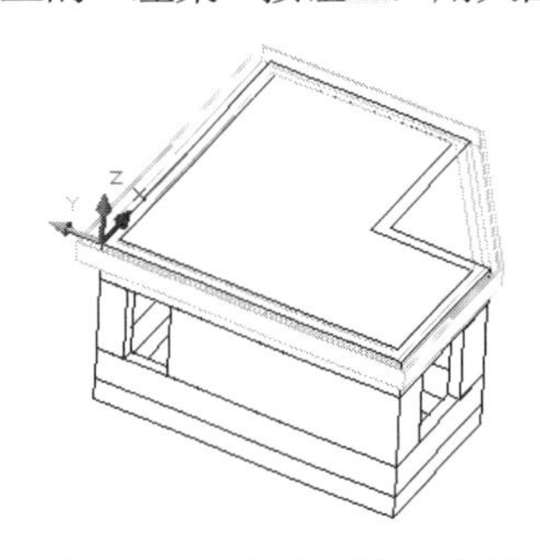

图 13-22　移动三维屋顶天沟

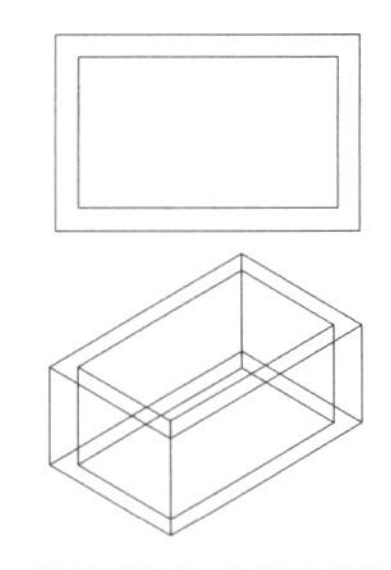

图 13-23　轮廓线形成的面域和拉伸效果

(22) 单击“建模”工具栏上的“拉伸”按钮，输入拉伸高度为 1400，效果如图 13-23 所示。

(23) 单击“修改”工具栏上的“移动”按钮，将装饰墙移至正确位置，如图 13-24 所示。

(24) 打开“建筑-墙线”图层，关闭其他图层，另外创建“建筑-散水-三维”图层，将散水的内部节点在 Z 轴方向增加 200，选择“绘图”|“建模”|“网格”|“三维面”命令，绘制散水平面、室内地坪面，如图 13-25 所示。

(25) 打开其他图层，模型效果如图 13-26 所示。

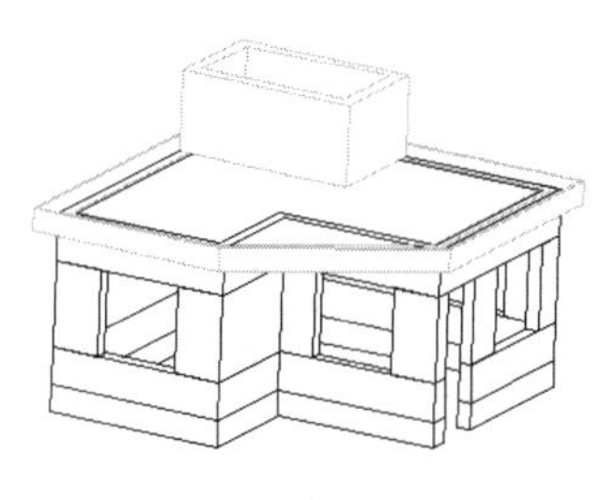

图 13-24　移动装饰墙

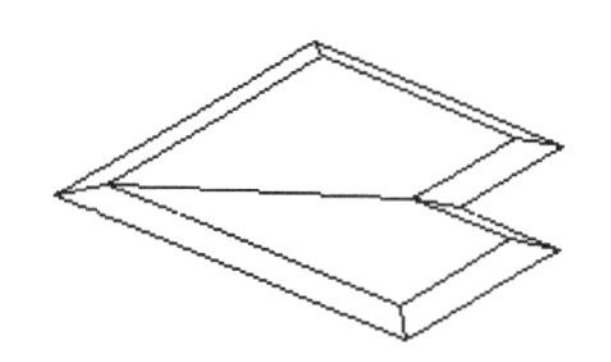

图 13-25　绘制散水

(26) 绘制三维窗模型，单击“视图”工具栏上的“俯视”按钮，创建“建筑-窗体-三维”图层，并置为当前图层，单击“绘图”工具栏上的“多段线”按钮，绘制边框和中框截面轮廓，并将其封闭，如图 13-27 所示。

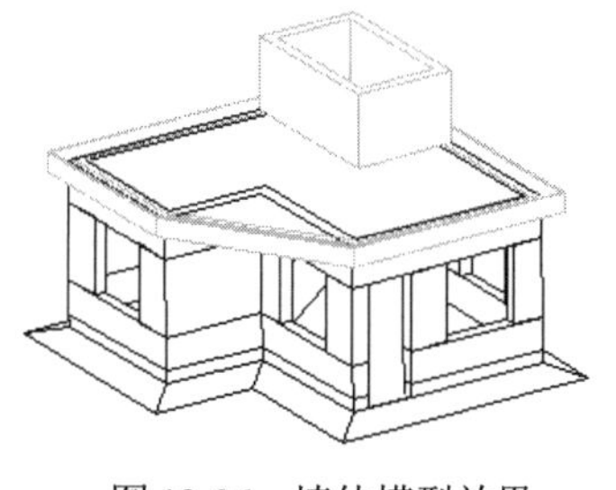

图 13-26　墙体模型效果

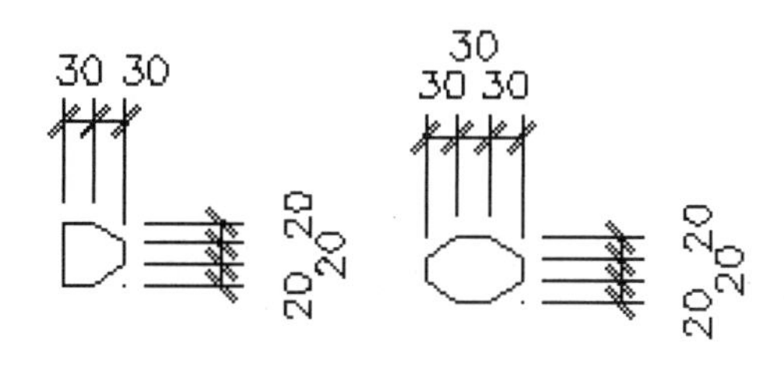

图 13-27　窗框截面图

(27) 单击“视图”工具栏上的“前视”按钮，再单击“绘图”工具栏上的“多段线”按钮，绘制 1500×1500 的窗轮廓，如图 13-28 所示。注意外框的“多段线”不能闭合，否则无法作为路径。

(28) 单击“建模”工具栏上的“拉伸”按钮，边框选择外框多段线为路径，中框选择中间直线为路径。通过单击“修改”工具栏上的“平移”按钮，以及“实体编辑”工具栏上的“并集”按钮，绘制整体窗框。再新建“建筑-玻璃”图层，选择“绘图”|“建模”|“网格”|“三维面”命令，选择窗框的中点，绘制窗户玻璃，如图 13-29 所示。

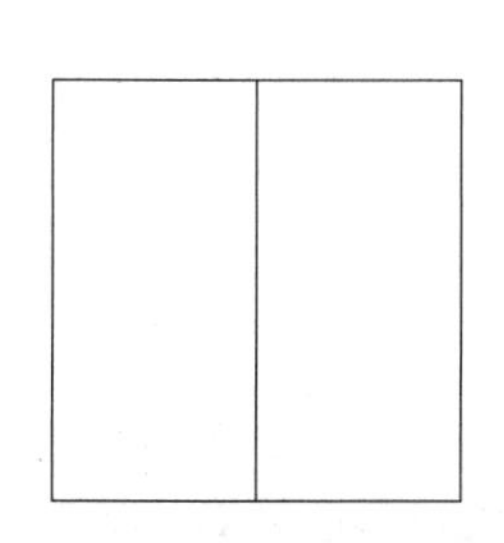

图 13-28　绘制窗轮廓线

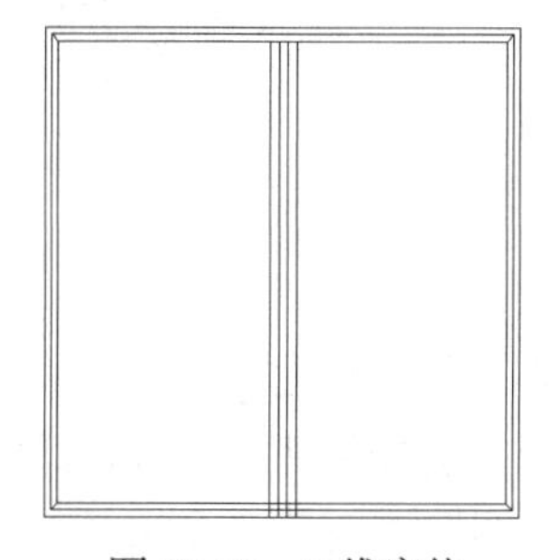

图 13-29　三维窗体

(29) 单击“绘图”工具栏上的“创建块”按钮，选择整个窗户为对象，选择窗户左下角的中点为插入点，并命名为“三维窗户”图块。

(30) 单击“绘图”工具栏上的“插入块”按钮，在窗洞位置插入“三维窗户”图块。当插入的图块和窗洞不在一个平面时，用户可以通过单击 UCS 工具栏上的“原点”按钮，在窗洞里的插入点新建一个用户坐标系。然后选择“修改”|“三维操作”|“三维旋转”命令，将

图块绕某个轴旋转。

(31) 同理，可以绘制三维门的图形并将其插入门洞，得到如图 13-7 所示的效果。选择“视图”|“视觉样式”|“真实”命令，将得到如图 13-30 所示的效果。

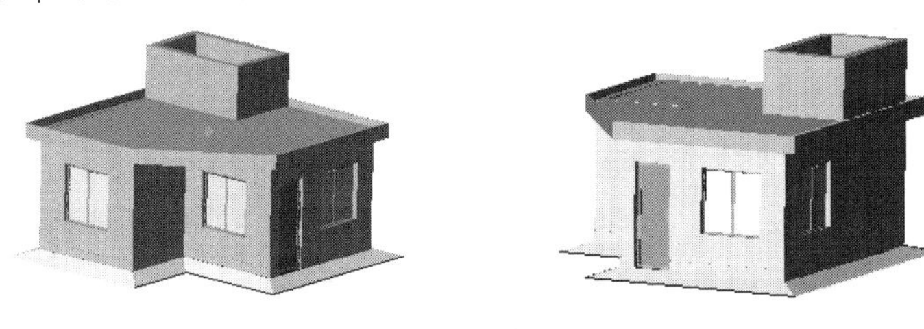

图 13-30　不同视角的着色模型

提示：

“多段线”的绘制只能在 XY 平面内进行，如果要绘制的多段线不在 XY 平面，则单击 UCS 工具栏上的用户坐标旋转按钮和移动按钮。

13.3 运用实体创建模型

对于一些建筑小品和桥梁造型，通常可以先创建几何实体，然后通过布尔运算和其他实体编辑命令创建出新的几何形体。在绘制过程中要灵活应用用户坐标系、三维旋转和三维镜像命令。

【例 13-3】绘制拱桥。

绘制如图 13-31 所示的桥面宽 30m、桥长 300m 的拱桥。

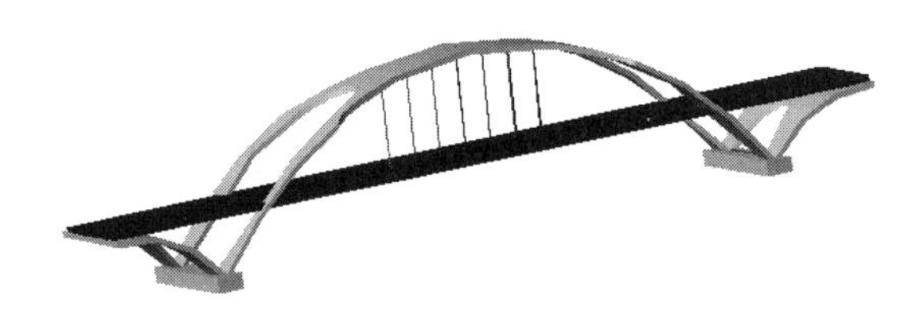

图 13-31　拱桥模型

具体操作步骤如下。

(1) 创建“建筑-桥面”图层，并置为当前图层。

(2) 单击“建模”工具栏上的“长方体”按钮，绘制一个 300×30×2 的长方体桥面板，选择“视图”|“视觉样式”|“真实”命令，得到如图 13-32 所示的效果。命令行提示如下。

```
命令: box                                   //执行长方体命令
指定长方体的角点或 [中心点(C)] :0,0,0         //按 Enter 键，指定一个角点为原点
指定角点或 [立方体(C)/长度(L)]: L             //输入 L，表示使用长度、宽度、高度绘制长方体
指定长度: 300                               //输入长度值
指定宽度: 30                                //输入宽度值
指定高度: 2                                 //输入高度值，效果如图 13-32 所示
```

(3) 单击 UCS 工具栏上的“原点”按钮，选择桥面板顶面的边线的中点，再单击 X 按钮，将用户坐标系绕 X 轴旋转 90°，如图 13-33 所示。命令行提示如下。

```
命令: ucs                                //执行 UCS 命令
当前 UCS 名称: *没有名称*
指定 UCS 的原点或 [面(F)/命名(NA)/对象(OB)/上一个(P)/视图(V)/世界(W)/X/Y/Z/Z 轴(ZA)]
<世界>: X
指定绕 X 轴的旋转角度 <90>: 90     //输入旋转角度为 90°
```

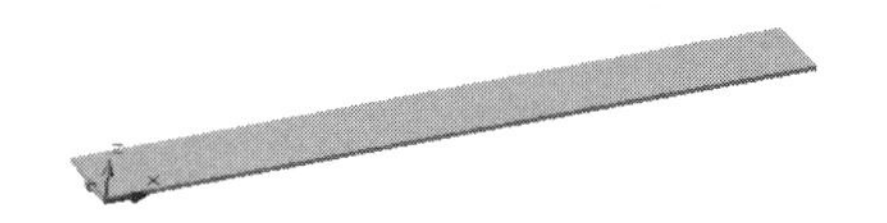

图 13-32 绘制桥面板

图 13-33 移动用户坐标系

(4) 单击 UCS II 工具栏上的“命名 UCS”按钮，在弹出的 UCS 对话框中，将“未命名”的 UCS 命名为“桥面”，单击“确定”按钮完成命名。

(5) 新建“建筑-桥拱”图层，打开状态栏上的“对象捕捉”“正交”和 DYN 开关，单击“绘图”工具栏上的“直线”按钮绘制一条水平的辅助线和一条桥面的垂直平分线，然后单击“修改”工具栏上的“偏移”按钮，依次向下分别偏移 20 和 80。偏移 20 绘制的是水平线，偏移 80 是大拱的圆心位置，如图 13-34 所示。

(6) 单击“绘图”工具栏上的“圆”按钮，选择圆心点，绘制一个半径为 135 的圆，如图 13-35 所示。

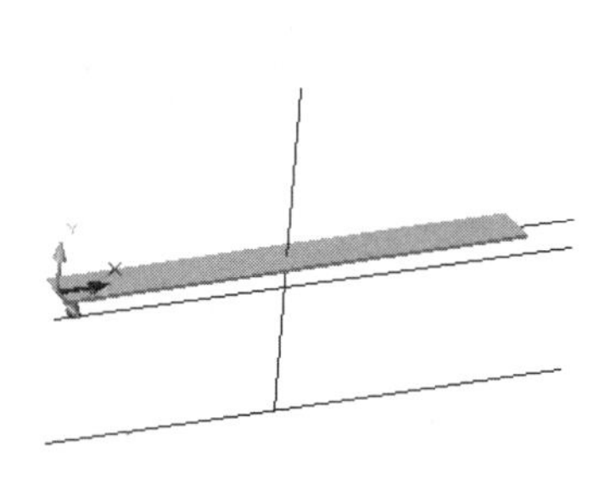

图 13-34 绘制辅助线

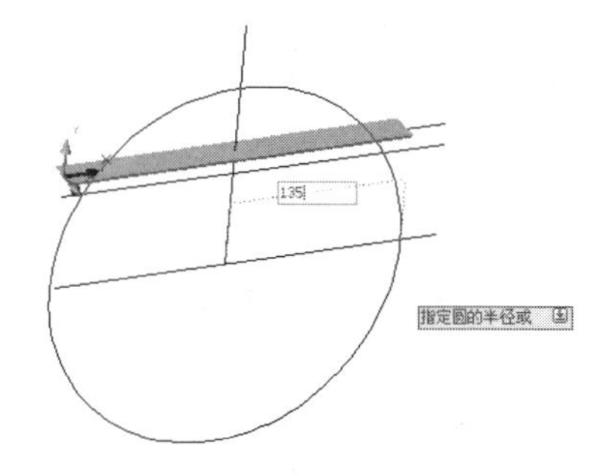

图 13-35 绘制桥拱的圆形轮廓

(7) 单击“修改”工具栏上的“修剪”按钮，对圆进行修剪，修剪结果如图 13-36 所示。

(8) 单击“绘图”工具栏上的“圆弧”按钮，绘制如图 13-37 所示的小圆弧。命令行提示如下。

```
命令: arc                                   //单击按钮，启动圆弧命令
指定圆弧的起点或 [圆心(C)]:                 //提示输入圆弧起点
'_3dorbit 按 Esc 或 Enter
//单击“三维动态观察器”，透明使用该命令键退出，或者单击鼠标右键显示快捷菜单。
正在重生成模型。
指定圆弧的起点或 [圆心(C)]:                 //选择桥面板的中点为圆弧的起点
指定圆弧的第二个点或 [圆心(C)/端点(E)]: E   //选择采用端点方式
指定圆弧的端点:                             //指定大圆与水面线的交点为小圆弧的另一端点
```

```
指定圆弧的圆心或 [角度(A)/方向(D)/半径(R)]:  <正交 关> R   //再选择半径方式
指定圆弧的半径: 45                                      //输入半径为45
```

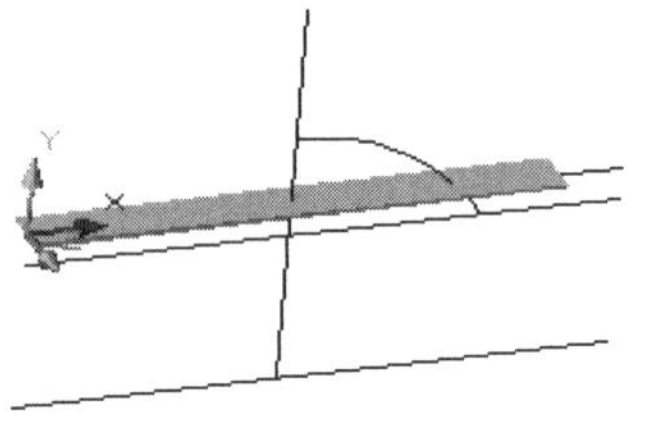

图 13-36　修剪大圆弧

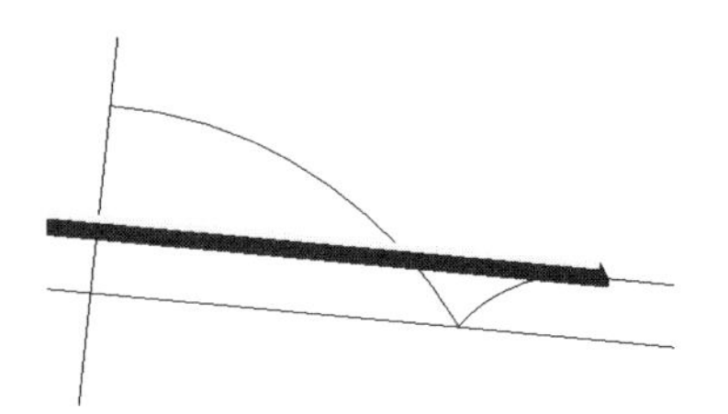

图 13-37　绘制小圆弧

(9) 反复使用“偏移”和“修剪”命令，设置偏移距离为 15，绘制吊杆的定位线，如图 13-38 所示。

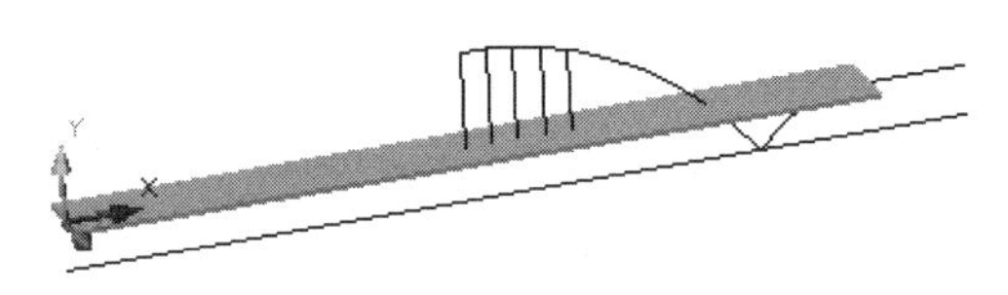

图 13-38　绘制吊杆定位线

(10) 单击“修改”工具栏上的“偏移”按钮，输入偏移距离 2，将两个圆弧向内偏移。单击“绘图”工具栏上的“面域”按钮，选择圆弧和相关直线，生成两个面域，如图 13-39 所示。

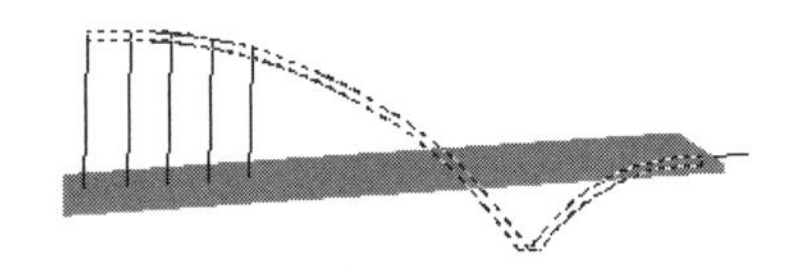

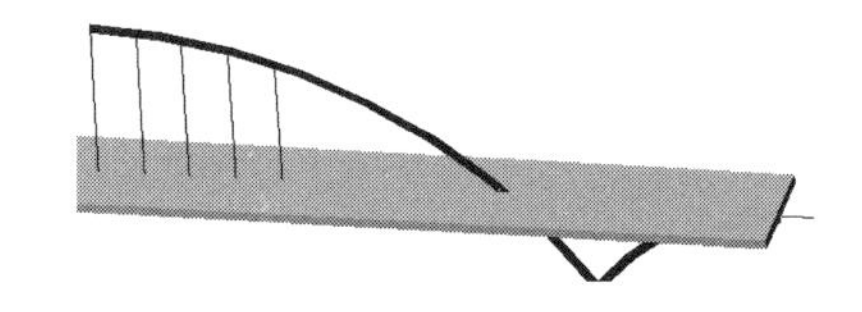

图 13-39　生成面域

(11) 单击“建模”工具栏上的“拉伸”按钮，选择面域，输入拉伸距离 18，拉伸效果如图 13-40 所示。

(12) 单击“视图”工具栏上的“俯视”按钮，然后单击“绘图”工具栏上的“椭圆”按钮，采用圆心方式绘制如图 13-41 所示的两个椭圆。

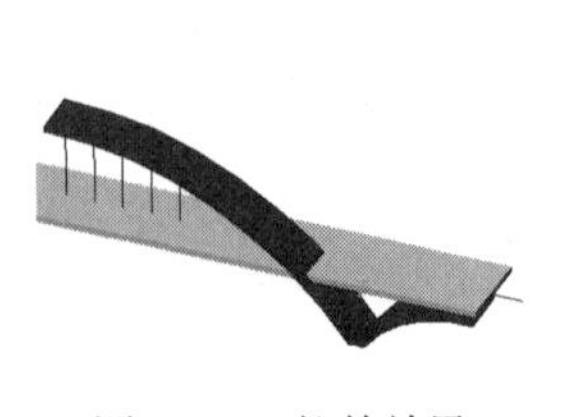

图 13-40　拉伸效果

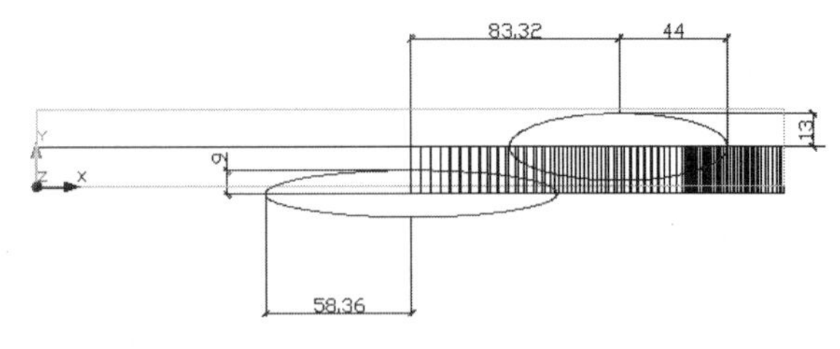

图 13-41　绘制椭圆

(13) 单击“建模”工具栏上的“拉伸”按钮，选择桥跨中的椭圆，输入拉伸距离-50。再单击“拉伸”按钮，选择右侧的椭圆，输入拉伸距离-60，得到的效果如图 13-42 所示。

(14) 单击“视图”工具栏上的“前视”按钮，再单击“修改”工具栏上的“移动”按钮，将椭圆柱移到方便取差集的位置，如图 13-43 所示。

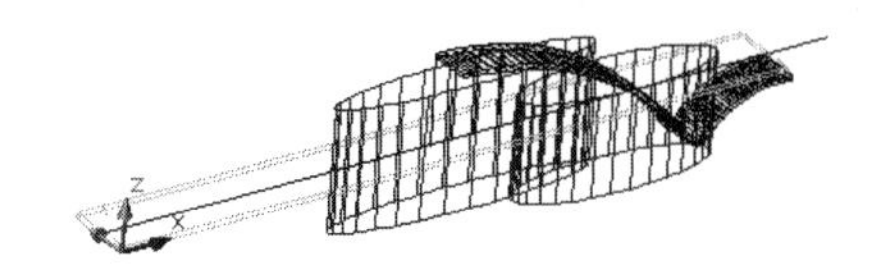

图 13-42　拉伸椭圆

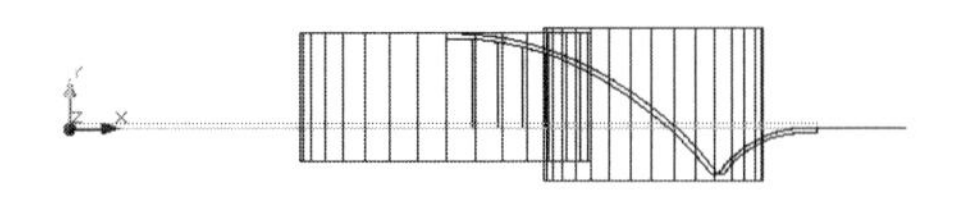

图 13-43　调整椭圆柱的位置

(15) 单击“实体编辑”工具栏上的“差集”按钮，用桥拱面减去椭圆柱，效果如图 13-44 所示。

(16) 单击 UCS 工具栏上的“原点”按钮，选择桥面的中心点，如图 13-45 所示。

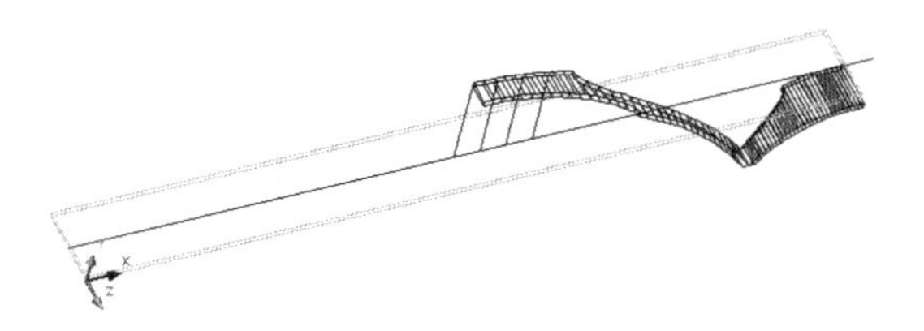

图 13-44　布尔运算后的效果

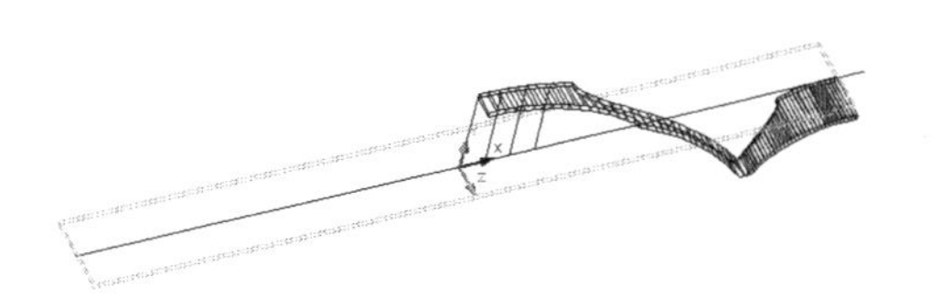

图 13-45　移动用户坐标系

(17) 选择“修改”|“三维操作”|“三维镜像”命令，将 1/4 桥拱镜像成 1/2 桥拱，如图 13-46 所示。命令行提示如下。

```
命令: mirror3d                                          //启动镜像命令
选择对象: 找到 1 个                                      //选择 1/4 桥拱为镜像对象
选择对象:                                               //按 Enter 键，完成对象的选择
指定镜像平面 (三点) 的第一个点或 [对象(O)/最近的(L)/Z 轴(Z)/视图(V)/XY 平面(XY)/YZ 平面(YZ)/ZX
平面(ZX)/三点(3)] <三点>: XY                             //选择 XY 平面为镜像面
指定 XY 平面上的点 <0,0,0>:                              //镜像面通过原点
是否删除源对象？[是(Y)/否(N)] <否>: N                     //不删除源对象
```

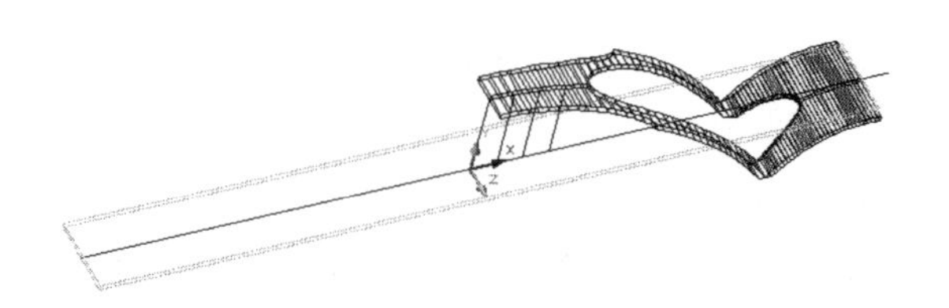

图 13-46　镜像后的效果

(18) 新建“建筑-吊杆”图层，并置为当前图层，单击“建模”工具栏上的“圆柱”按钮，输入直径 0.25。绘制效果如图 13-47 所示。命令行提示如下。

```
命令: cylinder                                          //单击按钮，启动命令
当前线框密度:  ISOLINES=32                               //系统提示信息
指定底面的中心点或 [三点(3P)/两点(2P)/切点、切点、半径(T)/椭圆(E)]: 0,0,0  //选择圆心
指定圆柱体底面的半径或 [直径(D)]: 0.25                     //输入半径为 0.25
指定高度或 [两点(2P)/轴端点(A)] <2.0000>:A                //采用圆柱体轴的顶面圆心方式
指定轴端点::                                             //选择圆柱体顶面圆心，完成吊杆绘制
```

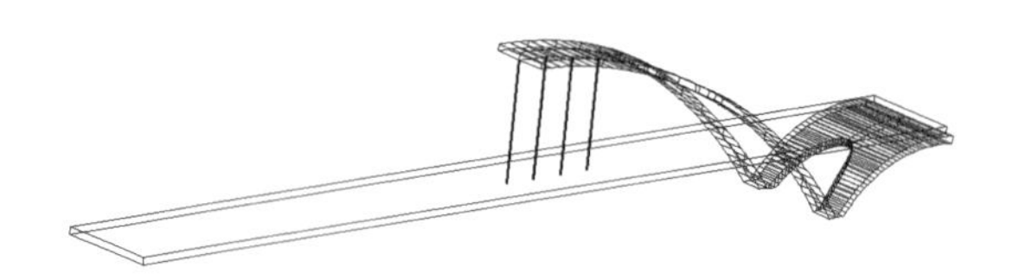

图 13-47 三维吊杆的绘制

(19) 选择“修改”|“三维操作”|“三维镜像”命令，将 1/2 桥拱镜像成全桥拱，采用 XZ 为镜像面，如图 13-48 所示。

(20) 在两边拱脚绘制长方体桥墩，并镜像，得到如图 13-49 所示的效果。

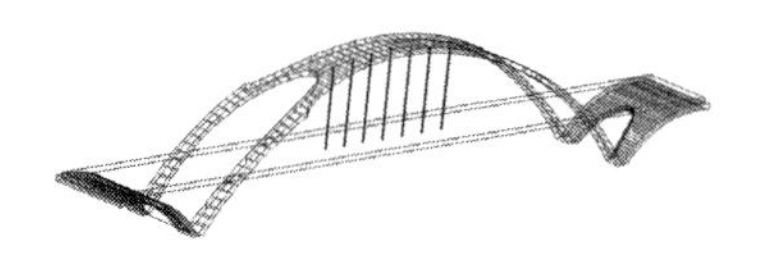

图 13-48 镜像效果

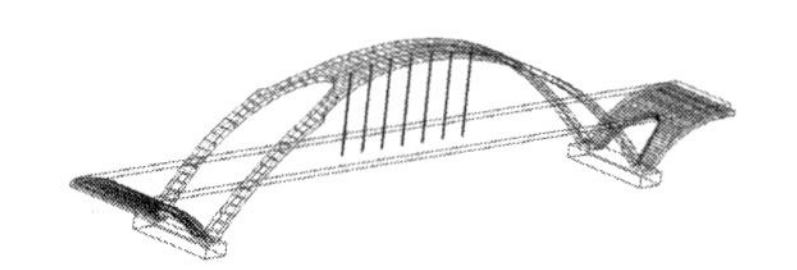

图 13-49 绘制桥墩

(21) 选择“视图”|“视觉样式”|“真实”命令，得到如图 13-31 所示的效果。

13.4 渲染

建立模型后便进入下一阶段进行处理，即后处理阶段，也就是通常所说的渲染过程。渲染包括设置材质、布置灯光、布置场景等。渲染是运用几何图形、光源和材质将模型渲染为具有真实感的图像。渲染三维对象能够较为形象生动地表现建筑的颜色、材质色泽、灯光效果。AutoCAD 提供的渲染工具能够逼真地模拟现实效果。下面简单介绍一下这些渲染工具，“渲染”工具栏如图 13-50 所示。

图 13-50 “渲染”工具栏

13.4.1 设置材质

设置材质是指给三维图形对象附加上一些材料的特性，如设置木材颜色及光滑度等。AutoCAD 提供的材质命令为物体指定材质，可使物体更具有真实感。

选择“视图”|“渲染”|“材质浏览器”命令，系统弹出如图 13-51 所示的“材质浏览器”选项板。

选择“视图”|“渲染”|“材质编辑器”命令，或在“材质浏览器”选项板中单击“打开/关闭材质编辑器”按钮，系统弹出如图 13-52 所示的“材质编辑器”选项板。

用户可通过“材质浏览器”选项板导航和管理材质，在所有打开的库和图形中对材质进行搜索和排序。用户可通过“材质编辑器”选项板对材质的参数进行设置，创建新的材质，并对材质进行编辑。“材质编辑器”和“材质浏览器”选项板通常同时使用，用户可以在“材质浏览器”选项板中选中一个材质，再在“材质编辑器”选项板中对材质参数进行编辑，也可以创建一个新的材质，再在“材质编辑器”选项板中设置参数。

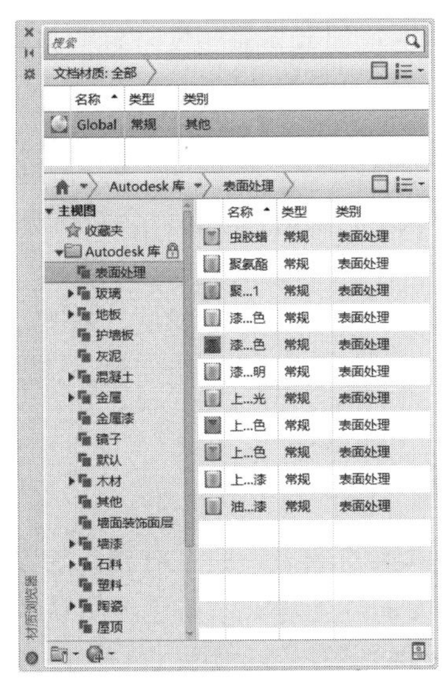

图 13-51 “材质浏览器”选项板

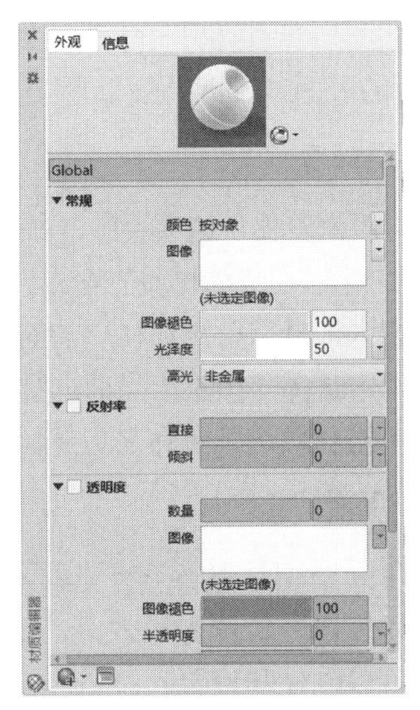

图 13-52 “材质编辑器”选项板

1. “材质浏览器”选项板

单击“在文档中创建新材质”按钮，系统弹出材质类别列表，选择其中的某一个类别，可以创建某一个类别的材质。选择某个类别后，系统将弹出“材质编辑器”选项板，用户可在其中对材质的各个参数进行设置。

在“搜索”文本框中输入材质名称的关键词，可在“文档材质”和“库”中搜索材质，并显示包含该关键词的材质外观列表。

“文档材质”列表显示当前文档中已经创建的材质，在“库”管理项中可以创建新库或管理已有的材质库。AutoCAD 系统为用户默认提供了“Autodesk 库”和“收藏夹”，用户可以直接使用“Autodesk 库”中的材质，也可以把自己创建的材质放入“收藏夹”中。

2. “材质编辑器”选项板

在“材质编辑器”选项板中，用户可以在“名称”文本框中输入材质的名称，通过以下参数对材质进行设置。

- “常规”卷展栏用于设置材质的颜色、纹理、基本漫射颜色贴图、基础颜色和漫射图像之间的混合、光泽度和反射高光的获取方式。
- “反射率”卷展栏通过“直接”和“倾斜”滑块控制表面上的反射级别及反射高光的强度。
- “透明度”卷展用于栏控制材质的透明度级别。完全透明的对象允许光从中穿过，透明度值是一个百分比值，值 1.0 表示材质完全透明，值 0.0 表示材质完全不透明。“半透明度”和“折射率”特性仅当“透明度”值大于 0 时才可以编辑。“折射率”用于控制光线穿过材质时的弯曲度，因此可在对象的另一侧看到对象被扭曲。
- “裁切”卷展栏用于根据纹理灰度解释控制材质的穿孔效果。贴图的较浅区域渲染为不透明，较深区域渲染为透明。
- “自发光”卷展栏通过控制材质的过滤颜色、亮度和色温使对象看起来正在自发光。

- “凹凸”卷展栏用于打开或关闭使用材质的浮雕图案，使对象看起来具有凹凸的或不规则的表面。“凹凸度”用于调整凹凸的高度。

3. 应用材质

在“材质浏览器”选项板中，当选中材质库列表中的某个材质时，右击，会弹出快捷菜单，选择“添加到”|“文档材质”命令，可以把选中的材质添加到“文档材质”列表中。

在绘图区选择需要添加材质的对象，在“文档材质”列表中选中某个材质，右击，在弹出的快捷菜单中选择“指定给当前选择”命令，可以把当前的材质指定给应用对象，还可以通过该快捷菜单对材质进行重命名、删除、添加到库等操作。

13.4.2 设置光源

创建每一个场景都必须有光的衬托，才能呈现各种真实的效果。通过对光源的设置，可以实现反射、阴影、体光等效果，如室外的自然光、室内的灯光等。系统已经默认了灯光效果，用户可以创建和设置光源。AutoCAD 2018 提供了 3 种光源：点光源、聚光灯、平行光。下面分别介绍其创建方式。

1. 点光源

点光源是从光源处发射的光束，可以模拟真实世界中的点光源，如灯泡的光，也可以在场景中添加点光源作为辅助光源来增强光照的效果。选择“视图”|“渲染”|“光源”|“新建点光源”命令可以执行点光源命令，命令行提示如下。

```
命令: pointlight
指定源位置 <0,0,0>:  //选择点光源放置的位置
输入要更改的选项 [名称(N)/强度因子(I)/状态(S)/光度(P)/阴影(W)/衰减(A)/过滤颜色(C)/退出(X)] <退出>: X
                    //选择要设置的各个选项
```

用户可以选择要更改的选项进行灯光的特性设置，还可以在创建完光源之后，双击点光源，再从弹出的特性对话框中对各个参数进行设置。

2. 聚光灯

聚光灯的光束呈锥形体，就像手电筒发射出的光一样，用户可以指定光反射的方向，也可以控制照射区域的大小，区域的大小通过光束锥形的角度和光源与三维实体的距离而定。因此在设置聚光灯时，必须先指定位置和方向(目标点)。选择“视图”|“渲染”|“光源”|“新建聚光灯”命令可以执行聚光灯命令，命令行提示如下。

```
命令: spotlight
指定源位置 <0,0,0>:          //指定灯光源的位置
指定目标位置 <0,0,-10>: //指定灯光源投射方向上的目标点
输入要更改的选项 [名称(N)/强度因子(I)/状态(S)/光度(P)/聚光角(H)/照射角(F)/阴影(W)/衰减(A)/过滤颜色(C)/退出(X)]                //选择各个要设置的选项
```

聚光灯有两个锥面，内锥面是强光区，外锥面与内锥面之间为弱光区，分别对应聚光角和照射角，这两个角的差距越大，光束的边缘越柔和，如图 13-53 所示。

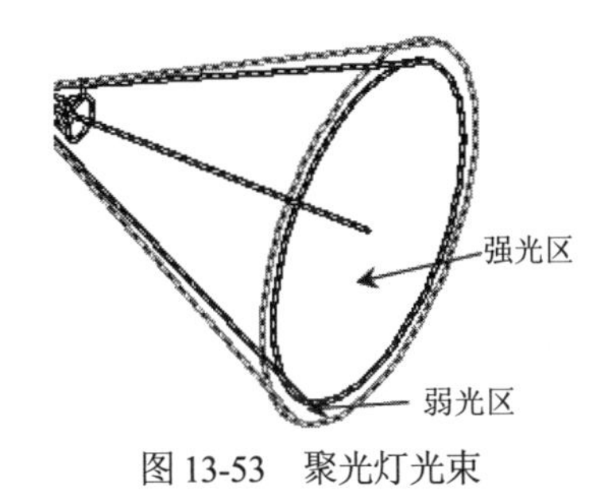

图 13-53　聚光灯光束

3. 平行光

平行光发射出的是平行的光线，犹如太阳光照射地球上的物体。如果想增加光线，可以多加几束平行光。选择“视图”|“渲染”|“光源”|“新建平行光”命令可以执行平行光命令，命令行提示如下。

```
命令: distantlight
指定光源来向 <0,0,0> 或 [矢量(V)]:    //选择光源的起点，系统默认是(0,0,0)
指定光源去向 <1,1,1>:                 //选择光源的方向点，系统默认是(1,1,1)
输入要更改的选项 [名称(N)/强度因子(I)/状态(S)/光度(P)/阴影(W)/过滤颜色(C)/退出(X)] <退出>:X
```

13.4.3　渲染操作

设置材质、光源之后，用户可以对三维场景进行渲染，通过渲染可以观察作品的最终效果，系统提供多种渲染命令和渲染设置(高级渲染设置)。选择“视图”|“渲染”|“高级渲染设置”命令，系统弹出“渲染预设管理器”选项板，如图 13-54 所示。单击按钮，用户可以在弹出的渲染窗口对视图进行渲染。

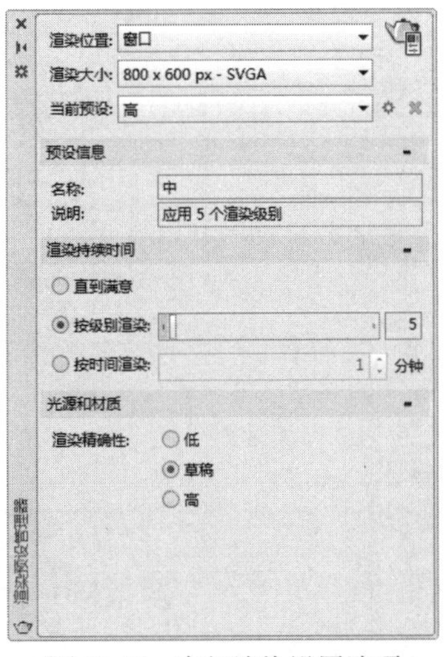

图 13-54　高级渲染设置选项

当渲染不符合要求时，用户还需要按照上面的方法重新设置。选择“视图”|“渲染”|“高级渲染设置”命令，在弹出的“渲染预设管理器”选项板中可以设置该渲染类型的基本、间接发光、诊断、处理率等参数。

- “渲染位置”下拉列表框：用于确定渲染器显示渲染图像的位置。其中，“窗口”表示将当前视图渲染到“渲染”窗口；“视口”表示在当前视口中渲染当前视图；“面域”表示在当前视口中渲染指定区域。
- “渲染大小”下拉列表框：用于指定渲染图像的输出尺寸和分辨率。选择“更多输出设置”选项，在弹出的“渲染到尺寸输出设置”对话框中可以自定义输出尺寸。
- “当前预设”下拉列表框：用于指定渲染视图或区域时要使用的渲染精度。
- “预设信息”选项组：用于显示选定渲染预设的名称和说明。
- “渲染持续时间”选项组：用于控制渲染器为创建最终渲染输出而执行的迭代时间或层级数。
- “光源和材质”选项组：控制用于渲染图像的光源和材质计算的准确度。
- “渲染”按钮：单击该按钮开始渲染，渲染位置将显示渲染的对象。

13.5 操作实践

选择合适的材质、光源和背景，对之前绘制的传达室的三维模型进行渲染。具体操作步骤如下。

(1) 选择“视图”|“渲染”|“材质浏览器”命令，系统弹出如图 13-55 所示的“材质浏览器”选项板。在“Autodesk 库”中打开玻璃库，在右侧列表中单击“清晰-浅色”材质，放入“文档材质”列表中。

(2) 选择“工具”|“快速选择”命令，系统弹出如图 13-56 所示的“快速选择”对话框，在“特性”列表框中选择“图层”，设置“值”为“建筑-玻璃”，单击“确定”按钮，所有的玻璃都会被选中。

图 13-55 “材质浏览器”选项板

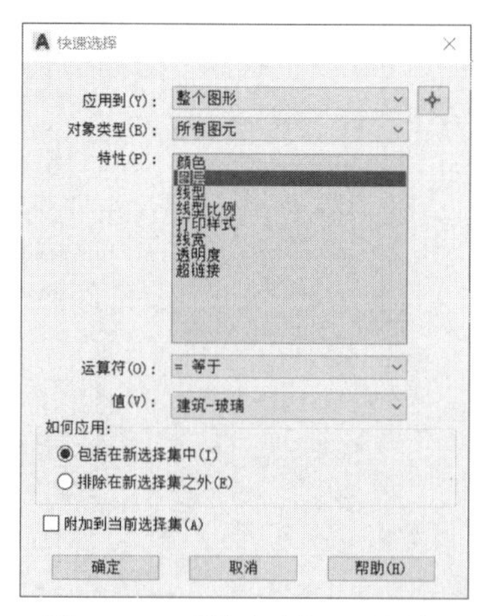

图 13-56 “快速选择”对话框

(3) 若在“文档材质”列表中单击“清晰-浅色”材质，则窗玻璃均应用该材质，效果如图 13-57 所示。

图 13-57　应用“清晰-浅色”玻璃材质

(4) 使用同样的方法，为其他部分添加材质。材质使用情况如表 13-1 所示。

表 13-1　材质使用情况

建筑构件	使用材质
窗框、门框、门	白色橡木-浅色着色抛光
天沟、踢脚	外露骨料-暖灰色
窗间墙	模数-浅褐色
其他墙体、屋顶、散水	平面-灰色 1
室内地面	菱形-红色

(5) 单击“渲染”工具栏上的“渲染”按钮，渲染效果如图 13-58 所示。

图 13-58　渲染效果

提示：

在此例中，为了实现渲染效果，在场景中添加了两个聚光灯和一个电光源。用户在实际渲染时，可根据具体情况添加。

13.6 习题

13.6.1　填空题

(1) 通过总平面图绘制总体建筑模型，经常使用的命令有__________、__________、__________。

(2) 通过几何实体绘制模型，通常要用到__________运算。

(3) AutoCAD 2018 提供的 3 种光源分别是__________、__________和__________。

13.6.2 选择题

(1) 利用建筑总平面图绘制小区的建筑草模时，经常要用到的三维拉伸命令是(　　)。

A. box　　B. cylinder　　C. region　　D. extrude

(2) 通过建筑的平、立、剖面图绘制建筑的三维效果图需要保留的图形是(　　)。

A. 文字　　B. 尺寸标注　　C. 内部隔墙　　D. 门窗洞口

13.6.3 上机操作

根据第 10 章操作实践中给出的平、立、剖面图绘制其三维模型，并渲染出效果图。

∞ 第14章 ∞

建筑图纸输出

在 AutoCAD 中，可以将绘制完成的图形保存成电子图形，但最重要的还是图形的输出。图形的输出分为两类，一类是输出其他文件格式，作为原始模型导入其他软件(如 3ds MAX 等)进行处理，此类在前面章节中已经介绍过，在此不再赘述；另一类是打印输出，即打印出图纸，以便指导生产实践。

AutoCAD 2020 中文版为用户提供了两种并行的工作空间，即模型空间和图纸空间。一般来说，用户可以在模型空间进行图形设计，在图纸空间进行打印输出。但大多数国内的设计人员更倾向于图形设计和打印输出都在模型空间中进行。两种方式都能达到预期的效果，用户可以根据个人的习惯选择打印输出的空间。

本章将分别介绍这两种空间打印输出的方法及各自的特点。

知识要点

- 模型空间和图纸空间。
- 模型空间打印出图。
- 样板图的创建。
- 图纸空间打印出图。

14.1 模型空间与图纸空间

在 AutoCAD 中建立一个新图形时，AutoCAD 会自动建立一个“模型”选项卡和两个“布局”选项卡，即 模型 布局1 布局2 + 。“模型”选项卡用来在模型空间中建立和编辑图形，该选项卡不能被删除和重命名；“布局”选项卡用来编辑打印图形的图纸，其个数没有要求，可以进行删除和重命名操作。两者分别对应了模型空间和图纸空间。所有的绘制和编辑操作都是在其中某种空间环境中进行的，即所有的图形对象不是在模型空间中就是在图纸空间中。

模型空间中的模型是指在 AutoCAD 中用绘制与编辑命令生成的代表现实世界中物体的对象，而图纸空间是模型被建立时所处的 AutoCAD 环境。图纸空间的图纸与真实的图纸相对应，图纸空间是设置和管理视图的 AutoCAD 环境。

一般来说，在模型空间按实际尺寸进行绘图，在图纸空间对模型空间的图形以不同比例的视图进行搭配，必要时添加一些文字注释，从而形成一张完整的纸面图形。

启动 AutoCAD 后，默认处于模型空间，绘图窗口下的“模型”选项卡是被选中的，“布局

1”“布局 2”选项卡则是关闭的。在模型空间中用户可以进行以下操作。

- 设置工作环境，即设置尺寸单位和精度、绘图范围、层、线型、线宽、辅助绘图工具等。
- 按物体对象的尺寸绘制、编辑二维或三维实体。
- 建立多个视口，模型空间允许用户使用多视窗进行绘图。

图纸空间是模拟图纸的平面空间，所有坐标都是二维的。它采用和模型空间一样的坐标系，但 UCS 图标变成三角形。

单击状态栏上的“布局”按钮，即可进入图纸空间。在图纸空间中用户可进行以下操作。

- 设置图纸大小。
- 生成图框和标题栏。
- 建立多个图纸空间视口，以使模型空间的视图通过图纸空间显示出来。
- 设定模型空间视口与图纸之间的比例关系。
- 进行视图的调整、定位、尺寸标注和注释。

在使用 AutoCAD 绘图的过程中，建立布局后(图纸空间环境)，还可以回到模型空间对模型对象进行改动，或者确定每个图纸空间视图中图形相对图纸空间的比例。对模型进行改动后，也可以回到图纸空间，对视图做必要的标注和补充。用户需要经常在模型空间和图纸空间之间进行切换。

切换的步骤如下。

(1) 直接单击绘图区底部的“模型”或“布局”选项卡。

(2) 当“布局”选项卡被选中时，双击需要的视图，即可进入模型空间。这时坐标系图标由绘图窗口的左下角移到了当前视图的左下角。双击视图以外的任何位置，即可回到图纸空间，此时坐标系图标又回到了绘图窗口的左下角。

14.2 从模型空间输出图形

许多用户习惯在模型空间标注尺寸，绘制图框，然后按一定比例打印出图。

14.2.1 打印参数的设置

图形绘制完成后，选择“文件”|“打印”命令，或直接单击“标准”工具栏上的“打印”按钮，将会弹出“打印”对话框，如图 14-1 所示。

“打印”对话框中有“页面设置”“打印机/绘图仪”“图纸尺寸”“打印区域”“打印偏移”“打印比例”和“打印份数”7 个选项组。

在“名称”下拉列表框中可以选择所要应用的页面设置名称，也可以单击“添加”按钮添加其他的页面设置，如果没有进行页面设置，可以选择“无”选项。

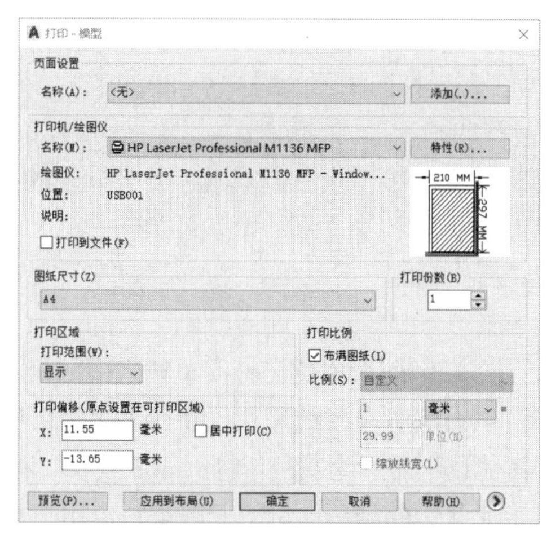

图 14-1　“打印”对话框

在“打印机/绘图仪”选项组的“名称”下拉列表框中可以选择要使用的绘图仪。若勾选“打印到文件”复选框，则图形输出到文件再打印，而不是直接从绘图仪或打印机打印。用户还可以单击“特性”按钮，在“绘图仪配置编辑器”对话框中定义介质源和尺寸、自定义图纸尺寸，如图 14-2 所示。在绘图仪出图时经常要对该对话框进行设置。

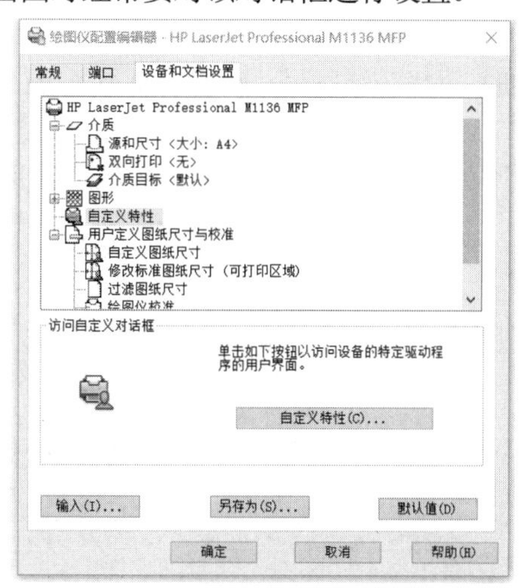

图 14-2　“绘图仪配置编辑器”对话框

在“图纸尺寸”选项组的下拉列表框中可以选择合适的图纸幅面，并且在右上角可以预览图纸幅面的大小。

“打印范围”下拉列表框中包含以下 4 个选项。

- “图形界限”：选择该选项，表示从模型空间出图打印时，将打印图形界限定义的整个图形区域，若打印布局，则打印指定图纸尺寸的页边距内的所有内容，其原点从布局中的点(0, 0)计算得出。
- “显示”：选择该选项，表示打印选定的“模型”选项卡当前视口中的视图或布局中的当前图纸空间视图。
- “窗口”：选择该选项，表示打印指定图形的任何部分，这是直接在模型空间打印图形的最常用的方法。选择“窗口”选项后，命令行会提示用户在绘图区指定打印区域。

- “范围”：选择该选项，表示打印图形的当前空间部分(该部分包含对象)，当前空间内的所有几何图形都将被打印。

在“打印偏移”选项组的“X”文本框中可以设置 X 方向上的打印原点，在“Y”文本框中可以设置 Y 方向上的打印原点，在“X”和“Y”文本框中输入正值或负值，可以偏移图纸上的几何图形。用户若勾选“居中打印”复选框，则“X”“Y”文本框不可用，系统将会自动计算 X 偏移值和 Y 偏移值。

“打印比例”选项组主要用于控制图形单位与打印单位之间的相对尺寸。当勾选“布满图纸”复选框后，将缩放打印图形，以布满所选图纸尺寸，并在“比例”和“单位”文本框中显示自定义的缩放比例因子，此时其他选项显示为灰色，将不能更改。取消勾选“布满图纸”复选框，用户可以对比例进行设置，定义打印的精确比例。一般来说，用户从模型空间输出建筑施工图要定义打印的精确比例。在“英寸”下拉列表框中还可以选择“毫米”和“像素”，用于指定与选择的单位数等价的英寸数、毫米数或像素数。其中，“像素”仅在选择了光栅输出时才可用。用户在“打印”对话框中需要指定显示的单位是英寸还是毫米，AutoCAD 默认设置会根据图纸尺寸的不同而选择，在每次选择新的图纸尺寸时都会更改对应的换算数值。例如，当用户选择好打印对象后，选择 1∶100 的比例打印出图，单位选择“毫米”，此时三个文本框中将会显示“1”“毫米”“100”(图形单位)。若勾选“缩放线宽”复选框，则线宽会与打印比例成正比缩放。建筑制图中线宽通常直接按线宽尺寸打印，而不考虑打印比例，即通常不勾选该复选框。

单击“打印”对话框右下角的按钮，将会展开“打印”对话框，如图 14-3 所示。

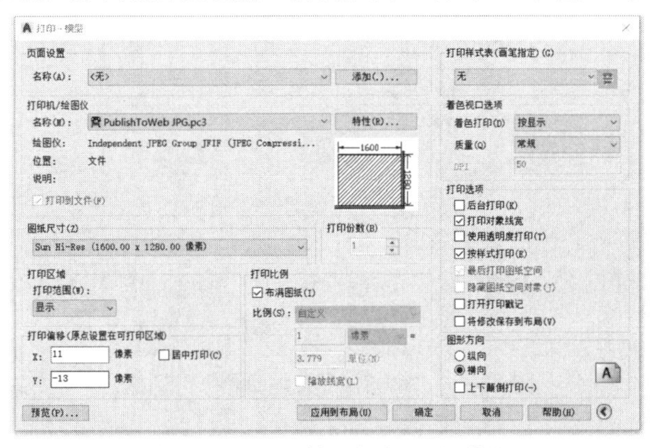

图 14-3　展开的“打印”对话框

在展开的“打印”对话框中又新增了“打印样式表”“着色视口选项”“打印选项”和“图形方向”4 个选项组。

- “打印样式表”选项组：用于选择合适的打印样式表。若没有合适的“打印样式”，可以在其下拉列表框中选择“新建”选项，创建新的打印样式。
- “着色视口选项”选项组：用于指定着色和渲染视口的打印方式，并确定它们的分辨率大小和每英寸点数(DPI)。
- “打印选项”选项组：包括“打印对象线宽”“按样式打印”“打开打印戳记”等选项。

● “图形方向”选项组：用于选择图形打印的方向和文字的位置，如果勾选“上下颠倒打印”复选框，则要上下颠倒地放置并打印图形。

单击“预览”按钮可以对打印图形效果进行预览，若对某些设置不满意，则可以返回修改。在预览中，按 Enter 键可以退出预览，返回“打印”对话框，单击“确定”按钮进行打印。

14.2.2 创建打印样式

在展开的“打印”对话框中设置参数时，需要选择一种打印样式进行打印。打印样式用于修改打印图形的外观，与线型和颜色一样，打印样式也是对象特性。用户可以将打印样式指定给对象或图层，打印样式控制对象的打印特性。在打印样式中，可以指定端点、连接和填充样式，也可以指定抖动、灰度、笔指定和淡显等输出效果。如果需要以不同的方式打印同一图形，也可以使用不同的打印样式。

用户可以在打印样式表中定义打印样式的特性，并将它附着到“模型”标签和布局上去。如果给对象指定一种打印样式，然后把包含该打印样式定义的打印样式表删除，则该打印样式将不起作用。通过附着不同的打印样式表到布局上，可以创建不同外观的打印图纸。AutoCAD 提供了“颜色相关打印样式表”和“命名打印样式表”两种类型的打印样式。

● “颜色相关打印样式表”：用对象的颜色确定打印特征。例如，图形中所有红色的对象均以相同方式打印。用户可以在颜色相关打印样式表中编辑打印样式，但不能添加或删除打印样式。颜色相关打印样式表中有 256 种打印样式，每种样式对应一种颜色。
● “命名打印样式表”：使用命名打印样式表时，具有相同颜色的对象可能会以不同方式打印，这取决于指定给对象的打印样式。命名打印样式表的数量取决于用户的需要量。像所有其他特性一样，用户可以将命名打印样式指定给对象或布局。

选择“工具”|“向导”|“添加打印样式表”命令，可以启动添加打印样式表向导，创建新的打印样式表。选择“文件”|“打印样式管理器”命令，系统弹出 Plot Styles 对话框，用户可以在其中找到新定义的打印样式管理器和系统提供的打印样式管理器。用户还可以在“打印”对话框的“打印样式表”下拉列表框中选择“新建”选项，在弹出的“添加颜色相关打印列表样式”对话框中创建新的打印样式。

在此，通过创建一个打印样式来介绍创建方法，具体操作步骤如下。

(1) 选择“工具”|“向导”|“添加打印样式表”命令，将会弹出如图 14-4 所示的“添加打印样式表”对话框。

(2) 单击“下一步”按钮，系统弹出“添加打印样式表-开始”对话框，该对话框中提供了创建打印样式表的 4 种选择，如图 14-5 所示。“创建新打印样式表”单选按钮表示从头开始创建新的打印样式表；“使用现有打印样式表”单选按钮表示基于现有的打印样式表创建新的打印样式表，新的打印样式表中会包括原有打印样式表中的一部分样式；“使用 R14 绘图仪配置(CFG)”单选按钮表示使用 acadr14.cfg 文件中指定的信息创建新的打印样式表，如果要输入设置，又没有 PCP 或 PC2 文件，则可以选择该选项；“使用 PCP 或 PC2 文件”单选按钮表示使用 PCP 或 PC2 文件中存储的信息创建新的打印样式表。这里选择“创建新打印样式表”单选按钮，从头开始创建新的打印样式表。

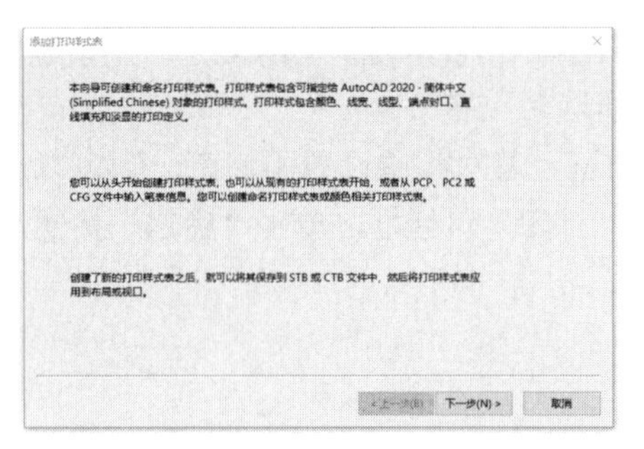

图 14-4 “添加打印样式表”对话框

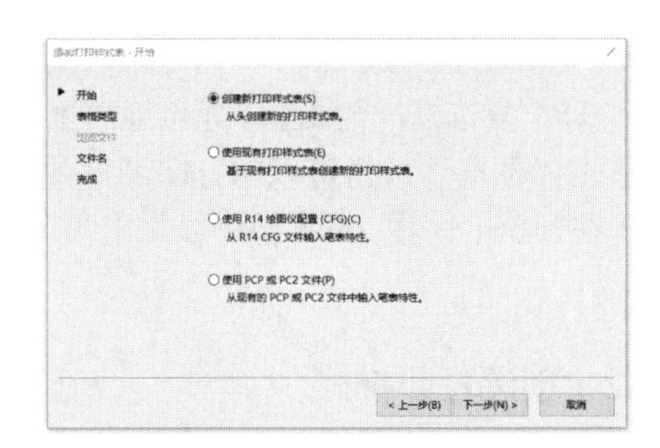

图 14-5 选择操作类型

(3) 单击“下一步”按钮，系统弹出“添加打印样式表-选择打印样式表”对话框，在该对话框中可以选择合适的打印样式表类型，如图 14-6 所示。“颜色相关打印样式表”基于对象颜色，使用对象的颜色控制输出效果；“命名打印样式表”不考虑对象的颜色，可以为任何对象指定任何打印样式。这里选择“颜色相关打印样式表”单选按钮。

(4) 单击“下一步”按钮，系统弹出“添加打印样式表-文件名”对话框，在“文件名”文本框中可以为所建立的打印样式表命名，如图 14-7 所示。这里在文本框中输入“建筑施工图平面图打印样式”。

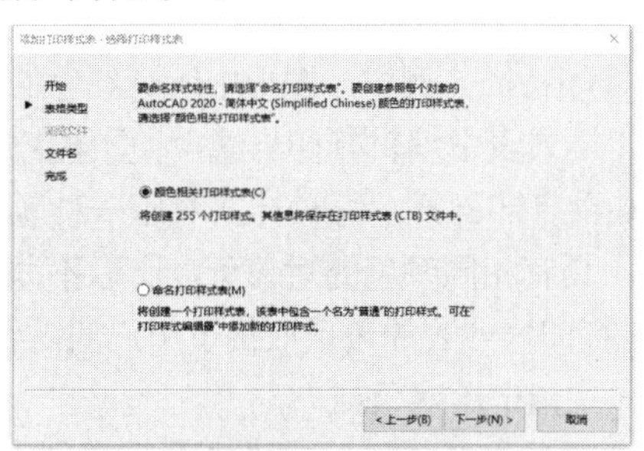

图 14-6 选择打印样式表类型

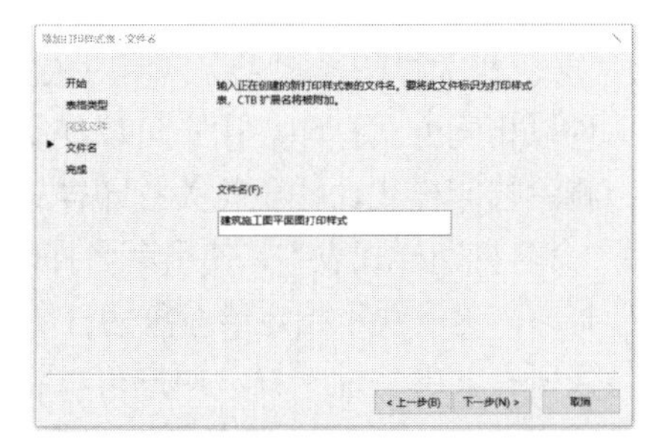

图 14-7 输入打印样式表的文件名

(5) 单击“下一步”按钮，系统弹出“添加打印样式表-完成”对话框，在该对话框中，单击“打印样式表编辑器”按钮，可以对打印样式表进行编辑，如图 14-8 所示。单击该按钮，系统弹出“打印样式表编辑器”对话框，如图 14-9 所示。

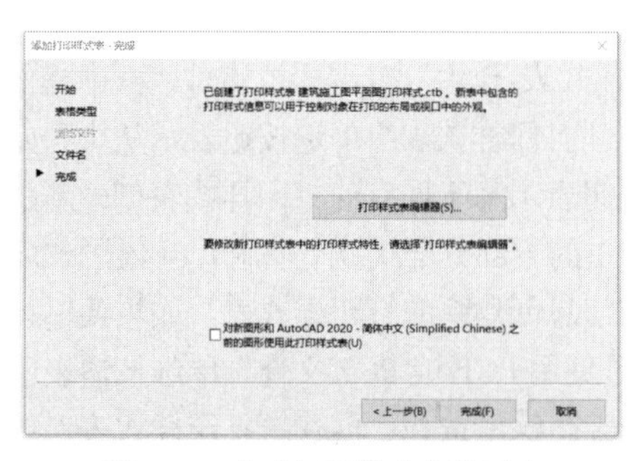

图 14-8 完成打印样式表的创建

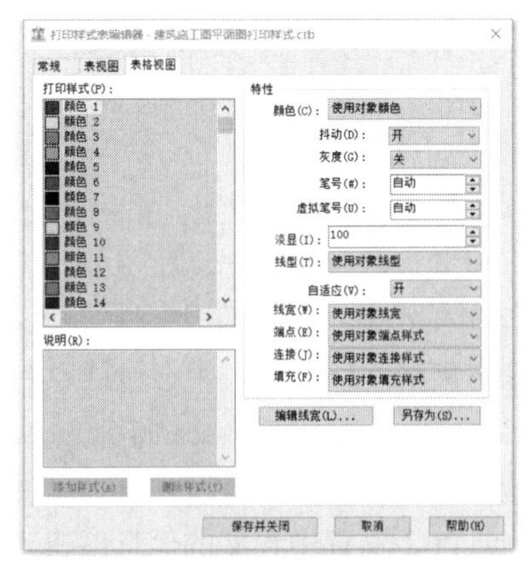

图 14-9 “打印样式表编辑器”对话框

(6) “打印样式表编辑器”对话框中有“常规”“表视图”和“表格视图”3 个选项卡。

- “常规”选项卡(见图 14-10)：用于列出打印样式表的文件名、说明、版本、位置(路径)和表类型。用户可以修改说明，也可以在非 ISO 线型图案和填充图案中应用比例缩放。
- “表视图”选项卡(见图 14-11)和“表格视图”选项卡(见图 14-9)：用于列出打印样式表中的所有打印样式及其设置。通常，如果打印样式的数量较少，则使用“表视图”比较方便；如果打印样式的数量较多，则使用“表格视图”比较方便，这样打印样式名将列在左边，选定的样式将显示在右边，不必通过水平滚动来查看样式及其特性。用户可以根据自己的习惯和实际样式数量来选择一个选项卡进行设置。以“表格视图”选项卡为例，用户可以先选择要设置的颜色，然后在选项卡的“特性”选项组中设置各种参数。“颜色”下拉列表框中，默认“使用对象颜色”，如果指定了打印样式的颜色，在打印时该颜色将替代对象的颜色。

在该对话框中继续完成其他参数设置，单击“保存并关闭”按钮，再单击“完成”按钮，完成打印样式表的创建。

图 14-10　“常规”选项卡

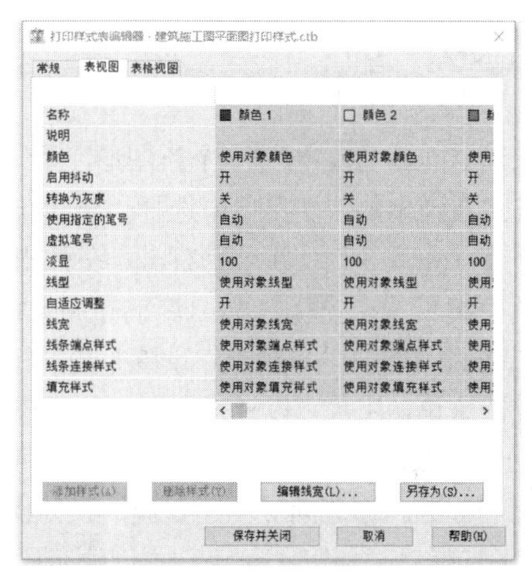

图 14-11　“表视图”选项卡

(7) 选择“文件”|“打印样式管理器”命令，系统弹出 Plot Styles 对话框，用户可以在其中找到新定义的打印样式表“建筑施工图平面图打印样式”，如图 14-12 所示。

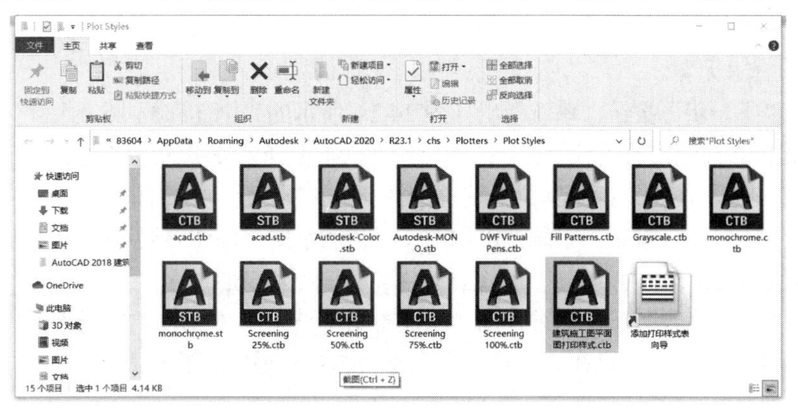

图 14-12　Plot Styles 对话框

在完成打印样式表的创建之后，就可以将其附着到布局中进行打印了。

提示：

创建打印样式表类型时，若选择“命名打印样式表”单选按钮，则只有一个“普通”打印样式可选，用户可以添加新的样式，并对样式进行编辑修改。

14.3 从图纸空间输出图形

从图纸空间输出图形，一般要先在模型空间建立好模型，然后按照一定的比例创建布局，并标注尺寸、注写文字、加套图框，最后打印出图。下面按照整个流程介绍从图形空间打印图纸的方法和步骤。

14.3.1 创建打印布局

AutoCAD 提供了开始建立布局、利用样板建立布局和利用向导建立布局 3 种创建新布局的方法。

启动 AutoCAD，创建一个新图形，系统会自动给该图形创建两个布局。在“布局”选项卡上右击，在弹出的快捷菜单中选择“新建布局”命令，系统会自动添加一个名为“布局 3”的布局。在“布局 3”选项卡上右击，在弹出的快捷菜单中选择“重命名”命令，“布局 3”名称变为可编辑状态 布局3 ，输入新的布局名称，按 Enter 键完成布局的创建。创建新的布局之后，就可以按照图形输出的要求，设置布局的特性。

一般来说，用户可以通过向导来创建布局。选择“工具”|“向导”|“创建布局”命令，即可启动创建布局向导。不建议使用系统提供的样板创建布局，因为系统提供的样板不符合我国的规范和标准。通过向导创建布局的具体操作步骤如下。

(1) 选择“工具”|“向导”|“创建布局”命令，将会弹出“创建布局-开始”对话框，该对话框用于设置新创建的布局的名称，如图 14-13 所示。这里在“输入新布局的名称”文本框中输入“建筑施工图打印”。

(2) 单击“下一步”按钮，系统弹出“创建布局-打印机”对话框，该对话框用于为新布局选择配置的绘图仪。“为新布局选择配置的绘图仪”列表框中给出了当前已经配置完毕的打印设备。这里选择“无”。

(3) 单击“下一步”按钮，系统弹出如图 14-14 所示的“创建布局-图纸尺寸”对话框，该对话框用于选择布局使用的图纸单位。在下拉列表框中选择要使用的纸张大小，在“图形单位”选项组中指定图形所使用的打印单位。这里选择 ISO A2 图纸，指定图形单位为“毫米”。

(4) 单击“下一步”按钮，系统弹出如图 14-15 所示的“创建布局-方向”对话框，该对话框用于选择图形在图纸上的方向。这里选择“横向”单选按钮。

(5) 单击“下一步”按钮，系统弹出“创建布局-标题栏”对话框，该对话框用于选择应用于此布局的标题栏，用户可以在“路径”列表框中选择合适的标题栏。

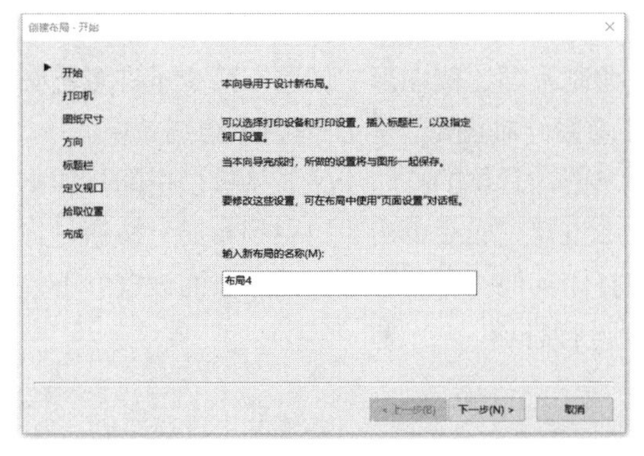

图 14-13　“创建布局-开始”对话框

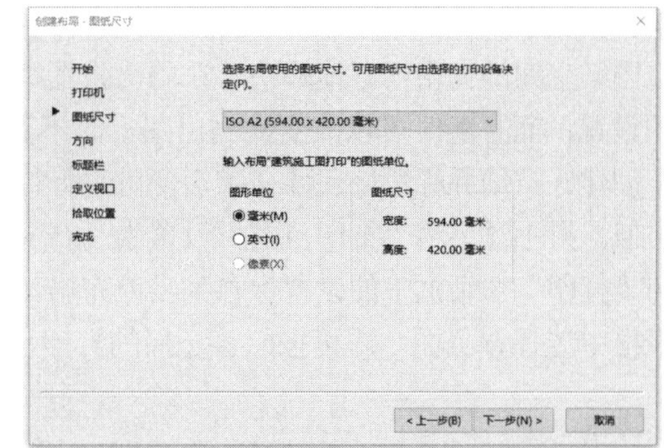

图 14-14　“创建布局-图纸尺寸”对话框

(6) 单击“下一步”按钮，系统弹出如图 14-16 所示的“创建布局-定义视口”对话框，该对话框用于设置该布局视口的类型及比例等。用户可以在“视口设置”选项组中选择视口类型，在“视口比例”下拉列表框中选择比例。“行数”“列数”“行间距”“列间距”文本框用于设置行列及间距。这里选择“单个”单选按钮，设置“视口比例”为“1∶100”，其他采用默认设置。

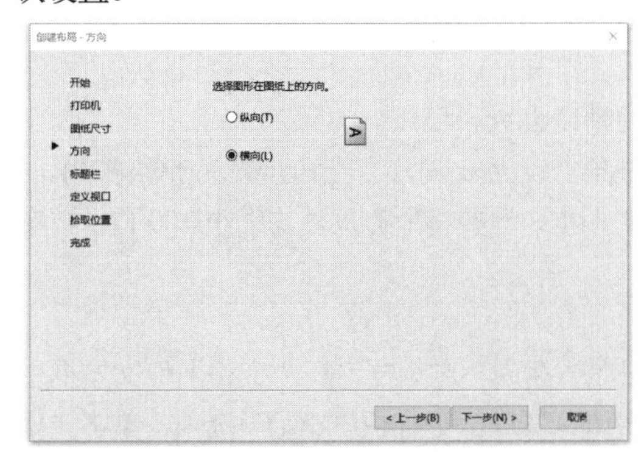

图 14-15　“创建布局-方向”对话框

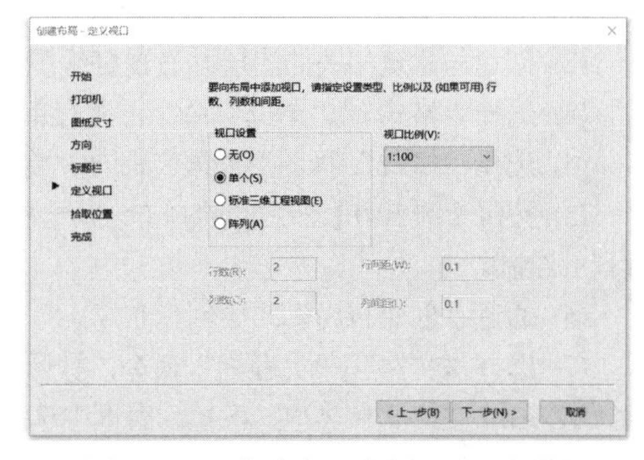

图 14-16　“创建布局-定义视口”对话框

(7) 单击“下一步”按钮，系统弹出“创建布局-拾取位置”对话框，该对话框用于选择要创建的视口配置的角点。这里不进行选择。

(8) 单击“下一步”按钮，系统弹出“创建布局-完成”对话框，单击“完成”按钮，完成布局的创建。

14.3.2　在布局中标注尺寸和文字

与模型空间相比，在图纸空间标注尺寸和文字是非常方便的。当同一张图纸中有多个不同比例的图形时，在模型空间中按照实际尺寸建立模型，切换到图形空间后，不再需要根据图形的不同比例设置不同的标注样式。在图纸空间中只需将标注样式的比例设为 1∶1，在图纸上创建多个视口，并将各个视口设置为所需要的比例，将需要打印的图形移至视口中。在标注尺寸时，系统会自动根据各个视口的比例调整标注的数值，且样式保持不变。若此时需要对模型进行调整，则可以在视口处双击，切换到模型空间。修改完成后，在视口外任意一处双击就可以回到图纸空间。说明文字的比例按 1∶1 设置，例如，5 号字，设置字高 5，在图纸上就会显示 5mm 的文字。

图纸空间的使用很好地解决了在同一张图纸中绘制不同比例图形的问题，减少了许多不必要的设置，而且随时可以改变比例出图，而不需要重新绘制图形，从而提高了绘图效率。

创建好布局并标注好尺寸文字后便可进行打印出图，具体的打印步骤与从模型空间打印出图类似。只不过要将“打印范围”设置为“布局”，设置完成后单击“应用到布局”按钮，将当前“打印”对话框中的设置保存到当前布局。在打印其他“布局”时，在“页面设置”下拉列表框中选择该页面，即可按照该布局的打印设置进行打印。

提示：

处在不同视口中的对象实际上是同一个对象，反映了不同的观察方向，所以不论改变哪一个视口中的对象，其他视口中的对象也会随之改变。另外，可以给每个视口定义不同的坐标系。

14.3.3 建筑样板图的创建

在 AutoCAD 中，为了减少重复绘制相同图框、重复设置多线样式、文字样式、标注样式、图层的工作，可以创建样板以供绘图时调用。A2 带图框的样板创建步骤如下。

(1) 选择“文件”|“新建”命令，创建新图形，采用“无样板打开-公制”模式。

(2) 创建与建筑相关的图层并设置好线型。

(3) 选择“格式”|“单位”命令，进行单位的精度设置。

(4) 选择“格式”|“图形界限”命令，将左下角点设为(0, 0)，右上角点设为(594, 420)。

(5) 按照【例 10-1】介绍的绘制方法，绘制 A2 图框，但要将所有尺寸均缩小 100 倍，按实际尺寸绘制。

(6) 通过“创建布局”向导创建布局。

(7) 选择“文件”|“另存为”命令，打开“图形另存为”对话框，在“文件名”文本框中输入 JZ-A2，在“文件类型”下拉列表框中选择“AutoCAD 图形样板(*.dwt)”选项，单击“保存”按钮，打开“样板说明”对话框，在“说明”文本框中加入样板图形的介绍信息。

提示：

创建样板图后，每次绘制新图形时，从该样板创建就不需要设置图层并绘制图框了。

14.4 操作实践

从图纸空间出图比较抽象，但是掌握这一方法后将会大大提高绘图效率，减少重复绘制的工作量，本节将通过一个比较简单的例子帮助用户掌握创建布局、在图纸空间标注尺寸和文字，以及打印出图的方法。打印预览的效果如图 14-17 所示，同一个图形以不同的比例绘制在同一张图纸中，若按模型空间出图，就必须设置两种不同比例标注样式，如“标注样式 1-100”和“标注样式 1-50”，同时还要将原图放大 1 倍后再进行大比例尺寸样式的标注。若按图形空间出图就极大地简化了这些操作，下面将介绍具体的操作步骤。

(1) 在模型空间，单击“图层”工具栏上的“图层特性管理器”按钮，在弹出的“图层特性管理器”选项板中，创建“建筑-轴线”“建筑-墙体”“建筑-尺寸标注”“建筑-文字标注”

“建筑-视口边线”等图层，其中“建筑-视口边线”图层采用细实线。

(2) 切换到“建筑-轴线”图层，通过“绘图”工具栏上的“直线”按钮和“修改”工具栏上的“偏移”按钮，绘制 3000×3000 的轴线网。然后切换到“建筑-墙体”图层绘制柱子和墙，绘制过程这里不再赘述，效果如图 14-18 所示。

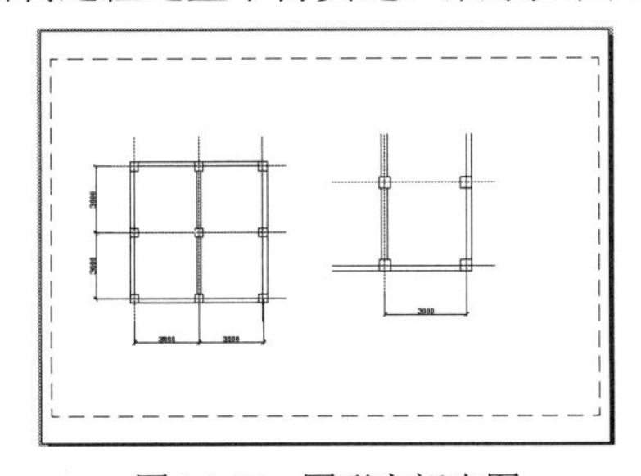

图 14-17　图形空间出图

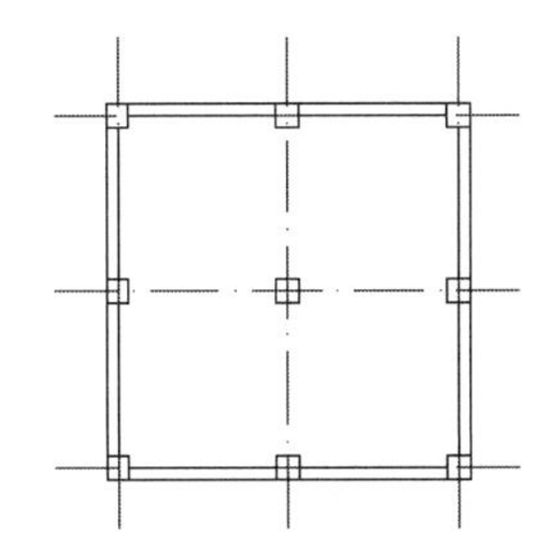

图 14-18　在模型空间绘制 1∶1 模型

(3) 切换到“建筑-视口边线”图层，选择“工具”|“向导”|“创建布局”命令，系统弹出“创建布局-开始”对话框，在“输入新布局的名称”文本框中输入“不同比例图纸打印”。

(4) 单击“下一步”按钮，在“创建布局-打印机”对话框的“为新布局选择配置的打印机”列表框中选择“无”选项。

(5) 单击“下一步”按钮，在“创建布局-图纸尺寸”对话框的下拉列表框中选择 ISO A2 图纸，设置图形单位为“毫米”。

(6) 单击“下一步”按钮，选择应用于此布局的标题栏，用户可以在“路径”列表框中选择合适的标题栏。这里选择“无”。

(7) 单击“下一步”按钮，在“创建布局-定义视口”对话框的“视口设置”选项组中选择视口类型，选择“单个”单选按钮，其他采用默认设置。

(8) 单击“下一步”按钮，在“创建布局-拾取位置”对话框中，单击“选择位置”按钮创建视口的角点，选择视口位置。

(9) 单击“下一步”按钮，在“创建布局-完成”对话框中，单击“完成”按钮，完成布局的创建，如图 14-19 所示。

(10) 在任意一个工具栏上右击，在弹出的快捷菜单中选择“视口”命令，将弹出“视口”工具栏，单击该工具栏上的“单个视口”按钮，命令行提示如下。

```
    命令: vports                                //单击按钮启动创建视口命令
    指定视口的角点或 [开(ON)/关(OFF)/布满(F) /着色打印(S)/锁定(L)/对象(O)/多边形(P)/恢复(R)/图层
(LA)/2/3/4] <布满>:                            //指定新视口的一个角点
    指定对角点: <正交 关> 正在重生成模型。 //指定视口的另一个角点，如图 14-20 所示
```

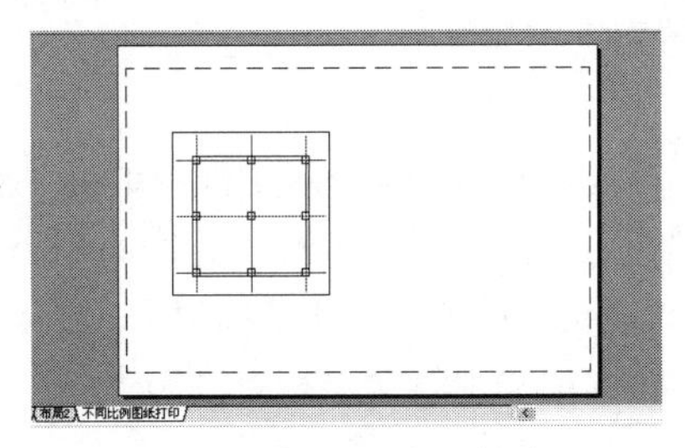

图 14-19　完成布局创建

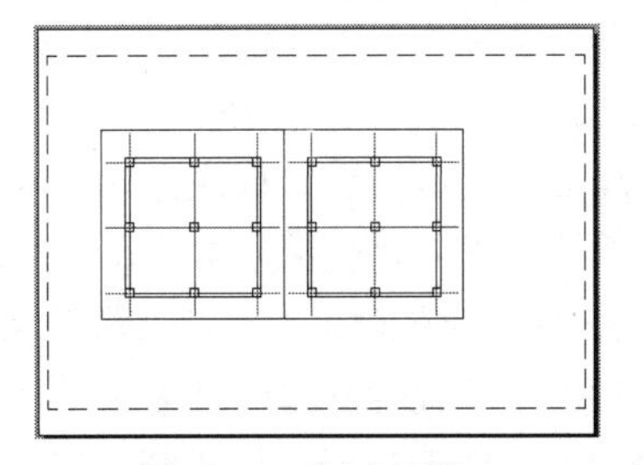

图 14-20　创建新视口

提示：

视口也是一个对象，创建时能够使用对象捕捉、对象追踪功能，也能够进行一般的编辑，例如可以进行复制、移动等操作。

(11) 单击状态栏上的“正交”按钮，确保“正交”开关已经打开，再单击“修改”工具栏上的“移动”按钮✣，选择新创建的视口，视口边线显示为虚线，同普通的图形对象一样，选择基点后，拖动鼠标，移动视口，如图 14-21 所示。

(12) 在右侧视口中双击，便可以切换到模型空间，视口中将出现用户坐标系，如图 14-22 所示。用户可以在模型空间对图形进行编辑。

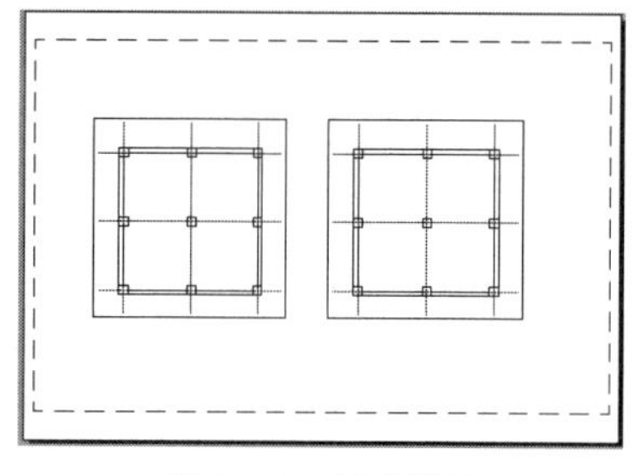

图 14-21　移动视口

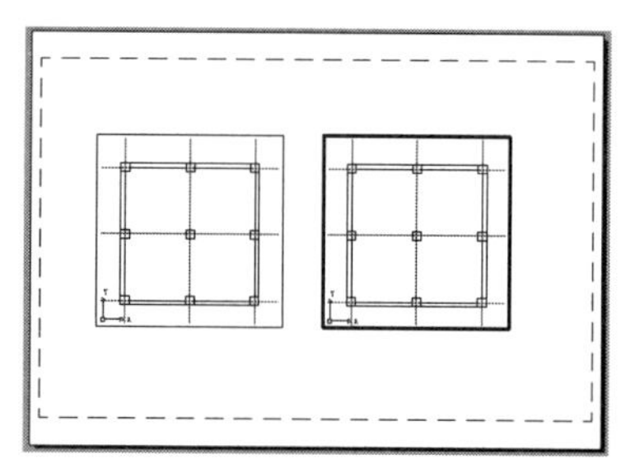

图 14-22　切换到模型空间

(13) 切换到“建筑-墙体”图层，添加一堵墙后，在视口外任意一处双击，又可回到图纸空间，如图 14-23 所示。

(14) 单击“标准”工具栏上的“特性”按钮，然后选择右侧视口，在“其他”选项组的“标准比例”下拉列表框中选择 1∶50，如图 14-24 所示。视口中的图形效果如图 14-25 所示。

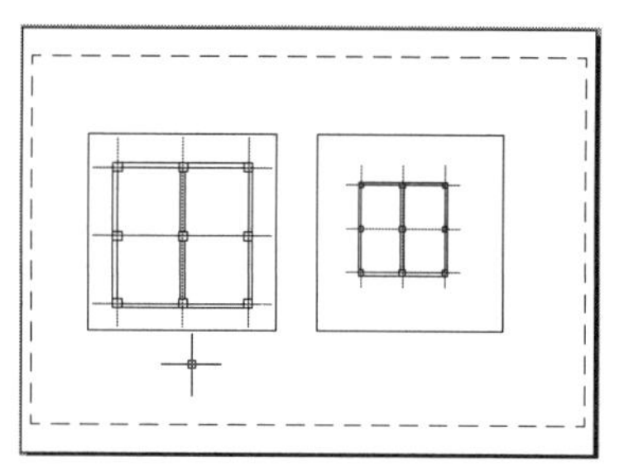

图 14-23　切换到图纸空间

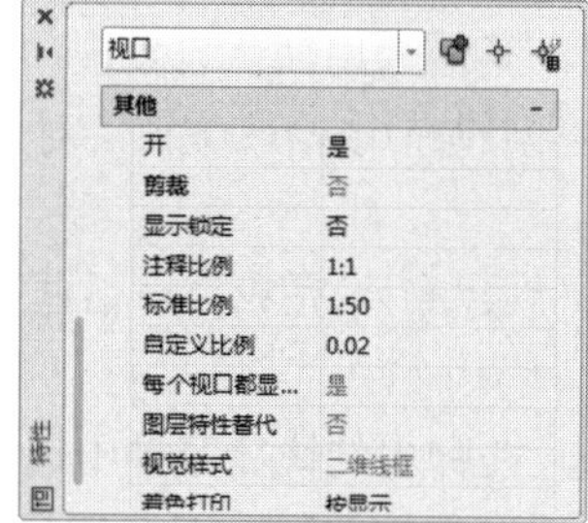

图 14-24　设置视口的比例

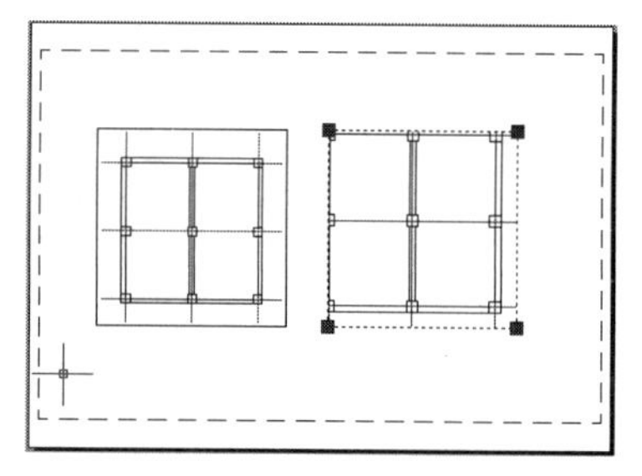

图 14-25　图形效果

(15) 在视口中双击，切换到模型空间，单击“标准”工具栏上的“实时平移”按钮，调整图形位置，再切换到图纸空间，如图 14-26 所示。

(16) 再选择右侧视口，在“特性”选项板的“其他”选项组的“显示锁定”下拉列表框中选择“是”选项，如图 14-27 所示。调整好比例和位置后锁定显示，就可以防止误操作，避免图形的比例发生变化。最后关闭“特性”选项板。

(17) 选择“标注”|“标注样式”命令，在弹出的“标注样式管理器”对话框中单击“新建”按钮，系统弹出“创建新标注样式”对话框，在“新样式名”文本框中输入“图纸空间标注”。以 ISO-25 为基础创建，在“符号和箭头”选项卡中将“箭头”设置为“建筑标记”，在“主单位”选项卡中将线性标注的精度设为“0”，在“文字”选项卡中将文字高度设为“3.5”，单击“确定”按钮完成标注样式的创建。

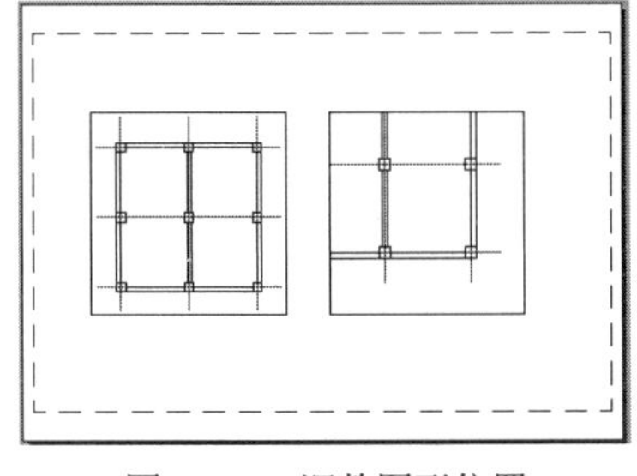

图 14-26　调整图形位置

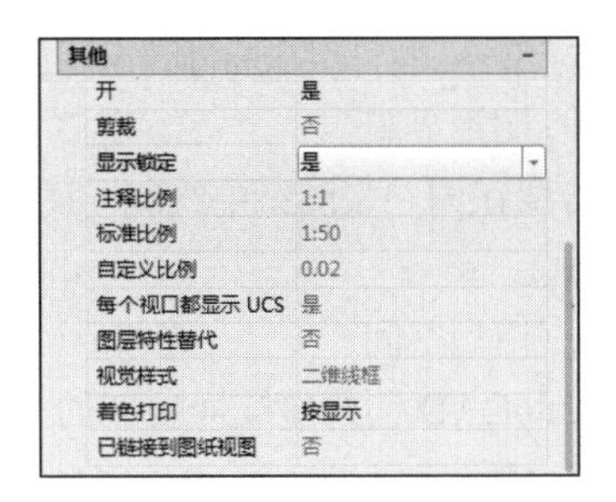

图 14-27　显示锁定

(18) 切换到“建筑-尺寸标注”图层，对轴线进行标注，如图 14-28 所示，可以发现图形被放大了 1 倍，用同样的标注样式标注，得到的数值是一致的。这就解决了在同一张图纸中标注不同比例图形的问题。

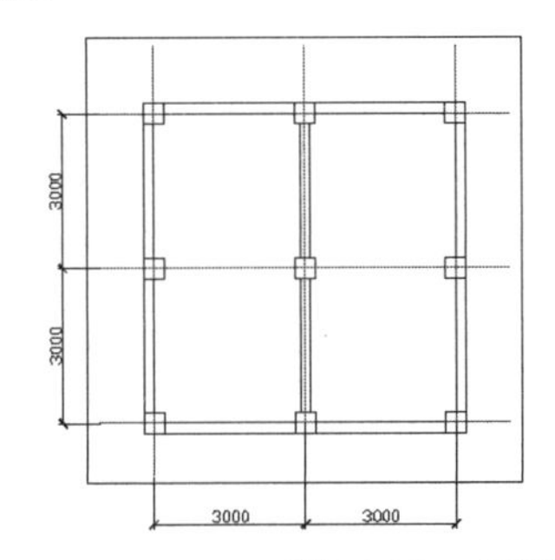

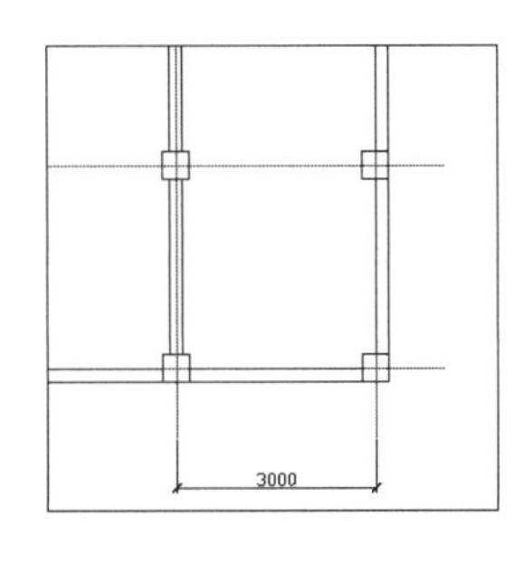

图 14-28　在图纸空间标注尺寸

(19) 标注完成后，可以在“图层”列表中选择“建筑-视口边线”图层，并将其关闭，得到如图 14-17 所示的效果。

(20) 单击“标准”工具栏上的“打印”按钮，设置好参数后就可以打印出图了。

提示：

在设定所需比例后，调整图形位置时切记不要再使用视图缩放命令，否则就会更改开始设定的比例值，不能按照所需比例打印了，因此设定好比例后一定注意要锁定显示。

14.5　习题

14.5.1　填空题

(1) AutoCAD 2020 为用户提供了两种并行的工作空间：________和________。

(2) 在“打印”对话框的________选项组中可以设置图形在打印纸中的位置。

(3) 要打印图形的指定部分，应采用________方式确定打印范围。

(4) 实际应用中，经常使用________打印样式和________打印样式进行打印的设置。

14.5.2　选择题

(1) 用 AutoCAD 打印图形选择图纸尺寸时，(　　)选项表示打印指定图形的任何部分，这是直接在模型空间打印图形的最常用的方法。

A. 图形界限　　B. 窗口　　C. 显示　　D. 范围

(2) 若要在同一张图纸中绘制不同比例的图形，采用从(　　)出图，则不需要设置不同的尺寸标注样式。

A. 模型空间　　B. 图纸空间

(3) AutoCAD 创建建筑样板图的文件后缀为(　　)。

A. .dwg　　B. .dxf　　C. .pdf　　D. .dwt

14.5.3 上机操作

在前面章节中绘制的楼梯详图如图 14-29 所示。请分别在模型空间和图纸空间出图。

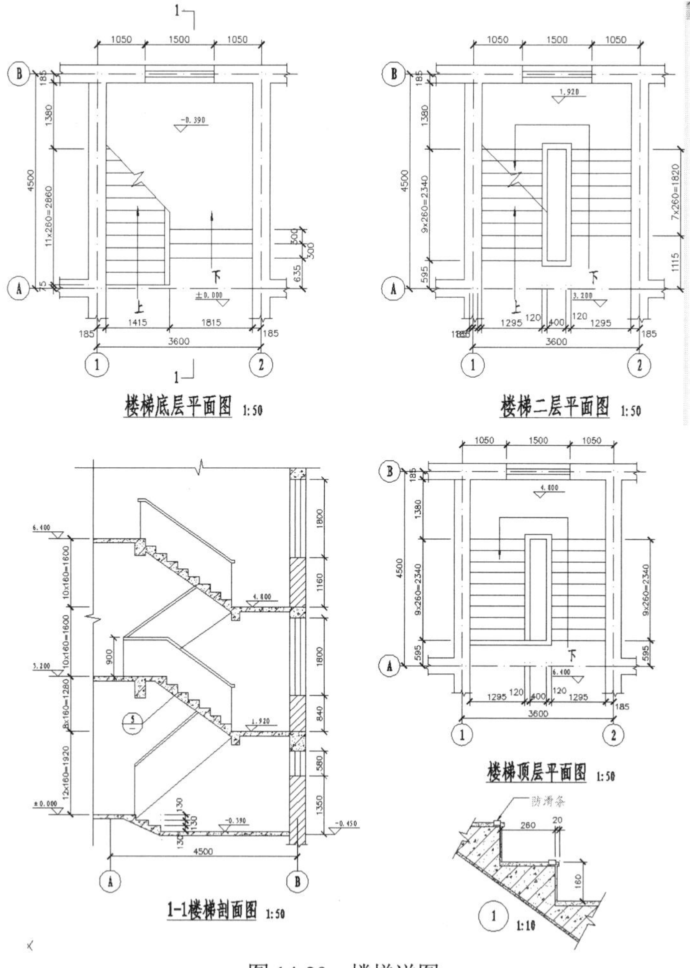

图 14-29　楼梯详图

∞ 第 15 章 ∞

建筑图纸的管理与发布

完成工程制图后紧接着就要整理大量的工程图纸，手工整理图纸是一项非常繁重的工作，尤其对于大型的建设项目而言。图纸出图量非常大，不同图纸之间的索引和交叉索引很容易出现错误，因此管理好已经绘制的大量图纸和图形，对用户来说是一个挑战。AutoCAD 提供了“图纸集管理器”，它可以帮助用户将多个图形文件整理成一个图纸集。用户只需通过一个界面，便可以实现访问图纸、按照逻辑类别对图纸进行编组、创建图纸索引、管理图纸视图、归档图纸集，以及使用打印、电子传递或 DWF 文件与用户的项目小组共享图纸集等操作。图纸集管理器提供了用于管理分组中图形的工具，从而将用户从手动整理图形集的繁重工作中解放出来。

随着 Internet 的发展，建筑行业的合作设计也越来越普遍，越来越多的设计人员使用互联网共享信息，进行合作设计。AutoCAD 图形作为一种设计产品，也迫切需要利用高效的工具实现信息的交流。网络的应用为交换数据、获取信息提供了方便，是使用共享文件和资源的方式建立集成设计环境的最合适的介质。以往的 DWG 文件不适宜直接在互联网上使用，这也是文件太大造成的。AutoCAD 提供的 Web 图形格式(DWF)，可以将电子图形文件发布到 Internet 上，这种文件可以使用 Internet 浏览器打开、查看和打印。另外，DWF 文件支持实时平移和缩放，可以控制图层、命名视图和嵌入超级链接的显示。

本章主要介绍图纸的发布和管理这两方面的内容。

知识要点

- 图纸管理。
- 创建 DWF 文件。

15.1 图纸管理

面对大量的工程图纸，管理好图纸是避免重复劳动和提高效率的关键。图纸集管理器是一个协助用户将多个图形文件组织为一个图纸集的新工具。当使用图纸集管理器创建新图纸时，就在新图形中创建了布局。用户可以按逻辑添加子集并安排图纸，以便更好地组织图纸集，还可以创建包含图纸清单的标题图纸。当删除、添加或对图纸重新编号时，可以方便地更新清单。例如，当对图纸重新编号时，详细信息符号中的信息会自动更正。使用图纸集，可以更快速地准备好要分发的图形集，因此这便于将整个图纸集作为一个单元进行发布、电子传递和归档。

15.1.1 创建图纸集

绘制完图纸后，选择“工具”|“选项卡”|“图纸集管理器”命令；或单击“标准”工具栏上的“图纸集管理器”按钮；或单击快速启动栏上的按钮，在弹出的下拉菜单中选择“图纸集管理器”命令；或在命令行中输入 sheetset 命令，都会弹出如图 15-1 所示的“图纸集管理器”选项板。该选项板中有“图纸列表”“图纸视图”和“模型视图”3 个选项卡。

- “图纸列表”选项卡：显示按顺序排列的图纸列表，用户可以将这些图纸组织到名为“子集”的标题下。
- “图纸视图”选项卡：显示当前图纸集使用的、按顺序排列的视图列表，用户可以将这些视图组织到名为“类别”的标题下。在该选项卡中，可以按类别或按图纸显示图纸视图。
- “模型视图”选项卡：显示可用于当前图纸集的文件夹、图形文件，以及模型空间视图的列表。用户可以添加或删除文件夹位置，以控制哪些图形文件与当前的图纸集相关联。

创建新的图纸集的步骤如下。

(1) 在“图纸集管理器”选项板的“打开”下拉列表框中选择“新建图纸集”选项；或选择“文件”|“新建图纸集”命令；或直接选择“工具”|“向导”|“新建图纸集”命令，都会弹出如图 15-2 所示的“创建图纸集-开始”对话框。

图 15-1 “图纸集管理器”选项板

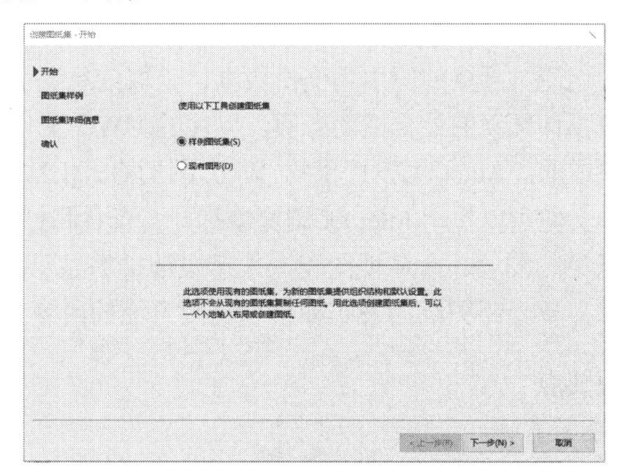

图 15-2 “创建图纸集-开始”对话框

(2) “创建图纸集-开始”对话框中有“样例图纸集”和“现有图形”两个单选按钮。如果选择“样例图纸集”单选按钮，则不会从现有的图纸集复制任何图纸。图纸集创建完成后，可以逐一输入布局或创建图纸；如果选择“现有图形”单选按钮，则可以指定一个或多个包含图形文件的文件夹，然后这些图形中的布局就可以自动地输入图纸集。在此选择“样例图纸集”单选按钮。

(3) 单击“下一步”按钮，系统弹出“创建图纸集-图纸集样例”对话框，如图 15-3 所示。在此选择 Architectural Metric Sheet Set 选项。

(4) 单击“下一步”按钮，系统弹出“创建图纸集-图纸集详细信息”对话框，如图 15-4 所示。在该对话框中，用户可以指定新图纸集的名称，可以在“说明”文本框中加注说明，还可以指定生成的文件的存储路径。

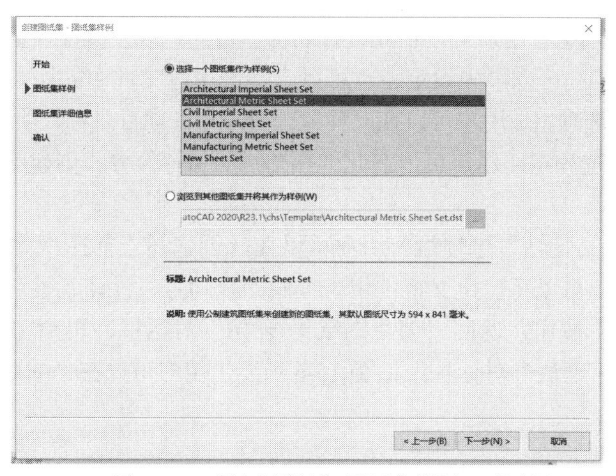

图 15-3　“创建图纸集-图纸集样例”对话框

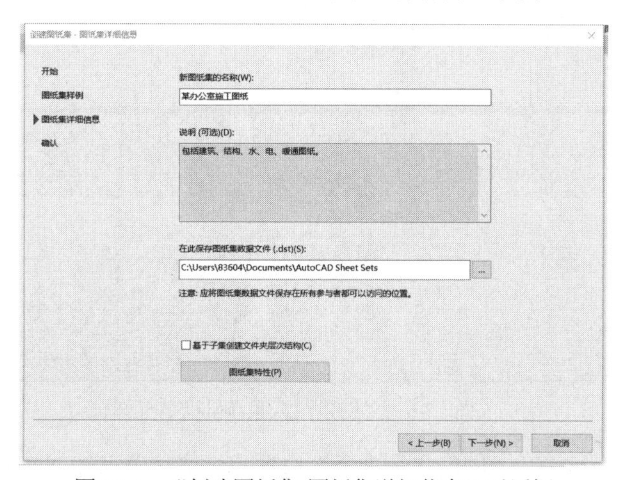

图 15-4　“创建图纸集-图纸集详细信息”对话框

(5) 单击“图纸集特性”按钮，系统弹出“图纸集特性”对话框，该对话框中有“图纸集”“项目控制”“图纸创建”和“图纸集自定义特性”4 个选项组，如图 15-5 所示。

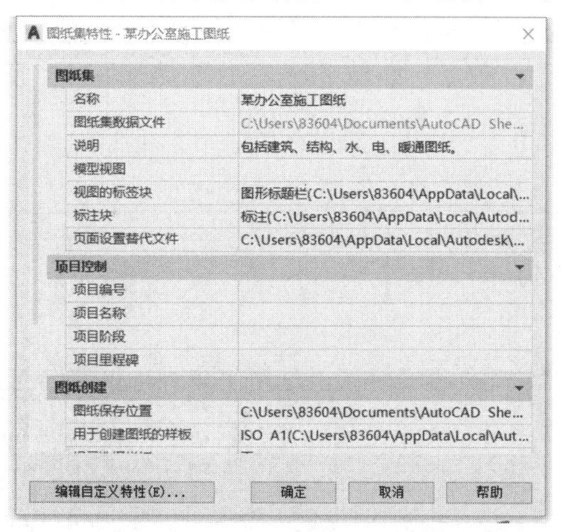

图 15-5　“图纸集特性”对话框

- “图纸集”选项组：用户可以在此设置名称、说明，以及要在新图形中添加的标签块和标注块，这些块可以事先设定，也可以直接选用库文件中的块。
- “项目控制”选项组：用户可以在此输入项目编号、项目名称、项目阶段和项目里程碑。
- “图纸创建”选项组：用户可以在此选择图纸的保存位置、创建图纸的样板和是否提示选择样板。
- “图纸集自定义特性”选项组：用户可以在此创建与当前图纸集或每张图纸相关联的自定义特性，可以将自定义特性用于存储如合同号、设计者姓名和发布日期等信息。

(6) 单击“确定”按钮，返回“创建图纸集-开始”对话框，再单击“下一步”按钮，系统弹出“创建图纸集-确认”对话框，如图 15-6 所示。用户可以在“图纸集预览”列表框中查看图纸集的相关信息。

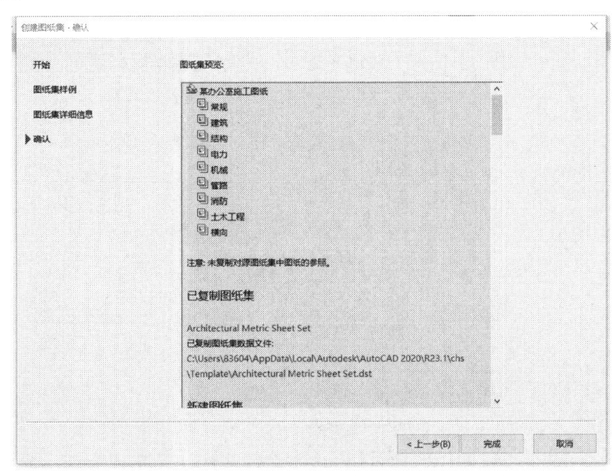

图 15-6　“创建图纸集-确认”对话框

(7) 单击“完成”按钮，“图纸集管理器”选项板中将显示已经创建的图纸集，如图 15-7 所示。

(8) 将光标移至“建筑”子集，右击，在弹出的快捷菜单中选择“新建图纸”命令，系统弹出如图 15-8 所示的“新建图纸”对话框。在该对话框中可以输入图纸的标题和文件名，还可以选择文件夹存储路径和图纸样板，单击“确定”按钮将会创建新的图纸。

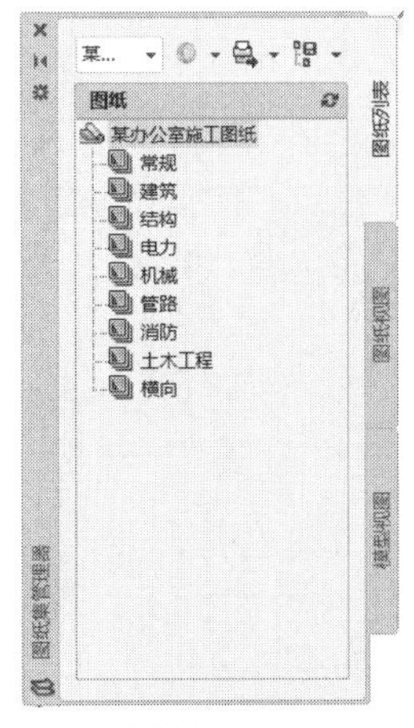

图 15-7　“图纸集管理器”选项板

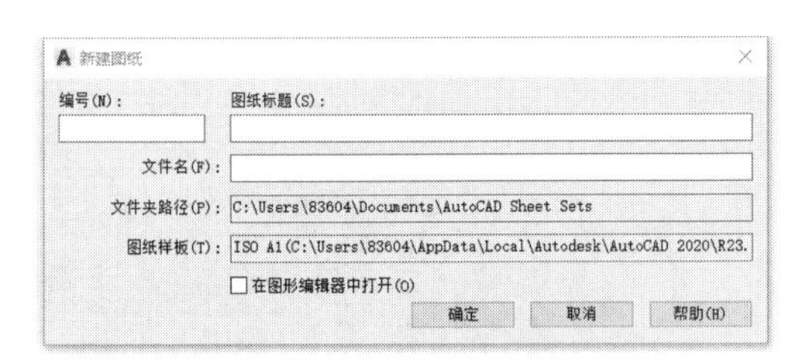

图 15-8　“新建图纸”对话框

(9) 在快捷菜单中选择“将布局作为图纸输入”命令，系统将会弹出如图 15-9 所示的“按图纸输入布局”对话框。单击“浏览图形”按钮，在弹出的“选择图形”对话框中选择绘制好的图形，单击“确定”按钮，列表中将会显示该图形的各个布局。用户可以选择所需要的布局，然后单击“输入选定内容”按钮，此时选择的布局就会作为该图纸集的图纸。一个布局只能属于一个图纸集，若该布局已经属于其他图纸集，则必须创建一个副本才能输入。

(10) 在快捷菜单中选择“新建子集”命令，系统将会弹出如图 15-10 所示的“子集特性”对话框。在该对话框中输入子集名称、确定图纸存储位置、选择图纸样板，单击“确定”按钮，即可完成子集的创建。

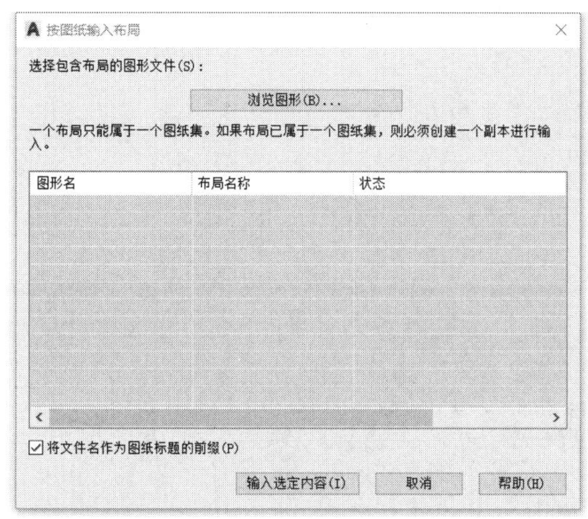

图 15-9　“按图纸输入布局”对话框

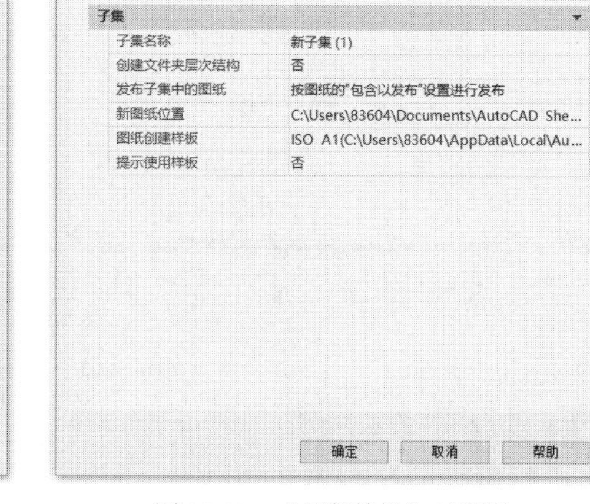

图 15-10　“子集特性”对话框

15.1.2　查看和修改图纸集

查看和修改图纸集是用户整理图纸时必不可少的操作。单击“标准”工具栏上的“图纸集管理器”按钮，在弹出的“图纸集管理器”选项板的“打开”下拉列表框中选择“打开”，将会弹出“打开图纸集”对话框，如图 15-11 所示。选择图纸集，单击“打开”按钮，图纸集管理器中将会显示该图纸集，用户可以选择图纸集中的图纸。

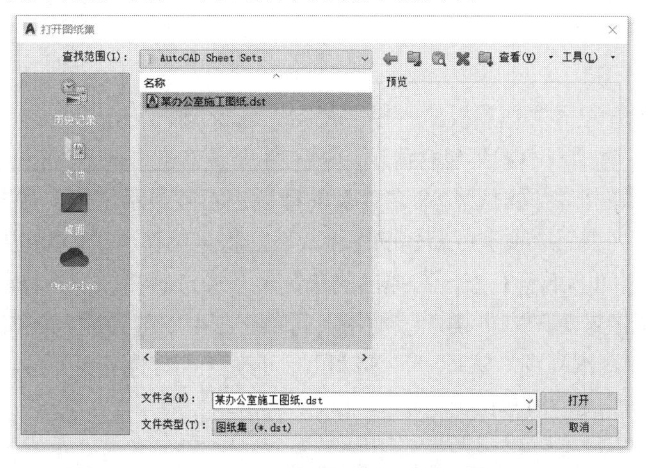

图 15-11　“打开图纸集”对话框

(1) 将光标移至图纸集上右击，在弹出的快捷菜单中选择“特性”命令，系统弹出“图纸集特性”对话框，如图 15-5 所示，在此可以更改各组特性。

(2) 将光标移至子集上右击，在弹出的快捷菜单中选择“特性”命令，系统弹出“子集特性”对话框，如图 15-10 所示，在此可以更改子集特性。

(3) 将光标移至图纸上右击，在弹出的快捷菜单中选择“特性”命令，系统弹出“图纸特性”对话框，如图 15-12 所示，在此可以更改图纸特性。

图 15-12　“图纸特性”对话框

15.1.3　在图纸上插入视图

在图纸集管理器中创建新图纸之前，可以将其他图形文件中的一些模型视图命名存盘，以便在新图纸中调用。在图纸中插入视图的具体步骤如下。

(1) 将源图形在模型空间的各种视图命名并保存。

(2) 在“图纸集管理器”选项板的“图纸列表”选项卡中相应的子集下创建一张新图纸。在“新建图纸”对话框中，为新图纸命名，在编号文本框中输入“01”，在图纸标题文本框中输入“平面图”。

(3) 在“图纸集管理器”选项板的“模型视图”选项卡中双击“添加新位置”选项，在弹出的“浏览文件夹”对话框中找到包含源图形的文件夹，单击“打开”按钮，将添加选择的文件夹下的图形作为源图形，同时已经命名存盘的视图也将被显示出来，如图 15-13 所示。

(4) 双击“图纸列表”选项卡中新建的图纸，然后将光标移至“模型视图”选项卡上单击，选中要插入的模型空间图纸，右击，在弹出的快捷菜单中选择“放置在图纸上”命令。

(5) 在新建图纸上选择一点，插入该视图，同时右击可以选择插入视口的比例，即可完成视图的插入，打开“图纸视图”选项卡，拖动鼠标可改变图纸的层次关系，图形目录中将显示已插入的视图的名称，如图 15-14 所示。

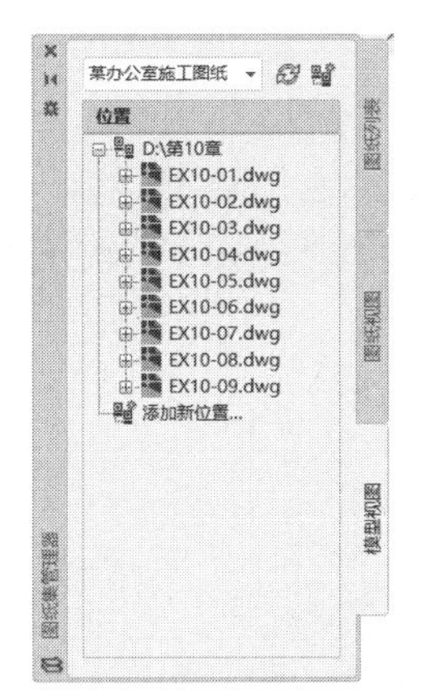

图 15-13　添加图形资源

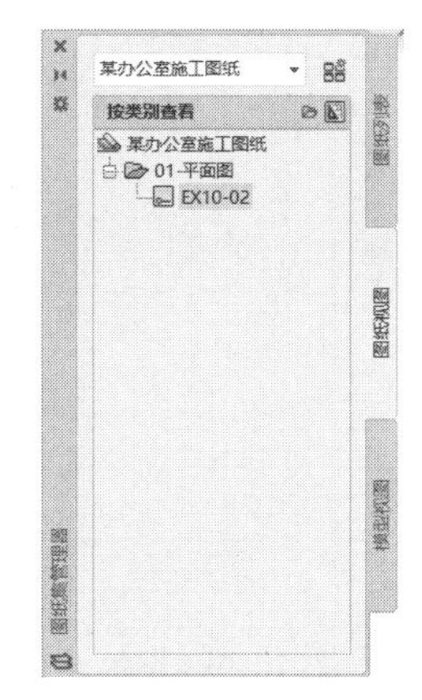

图 15-14　显示已插入的视图的名称

15.1.4　创建图纸一览表

使用图纸集管理器可以轻松地创建图纸清单，然后更新它即可与图纸列表中的更改相匹配。创建图纸清单的步骤如下。

(1) 打开要在其中创建图纸清单的图纸，创建一张仅有标题块的图纸。

(2) 在图纸集上右击，在弹出的快捷菜单中选择“插入图纸清单”命令，系统弹出如图 15-15 所示的“图纸一览表”对话框。在该对话框中，可以设置图纸一览表的格式，设置完成后，单击“确定”按钮。

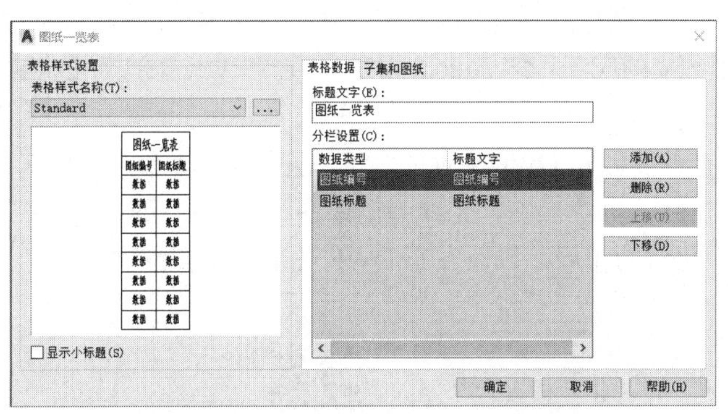

图 15-15　“图纸一览表”对话框

(3) 在新建的图纸上插入该表即可完成操作。

(4) 如果在图纸集中删除了某张图纸，那么在一览表上右击，在弹出的快捷菜单中选择“更新图纸一览表”命令即可。

15.1.5　归档图纸集

在工程的关键阶段，可以将整个图纸集压缩归档。归档文件将自动包括相关的文件，如图纸集数据文件、外部参照和打印配置文件。在图纸集名称处右击，在弹出的快捷菜单中选择“归档”命令，将弹出如图 15-16 所示的“归档图纸集”对话框。在该对话框中，可以添加归档文件的注解，单击“确定”按钮，将会弹出“指定 Zip 文件”对话框，选择路径存放归档文件。

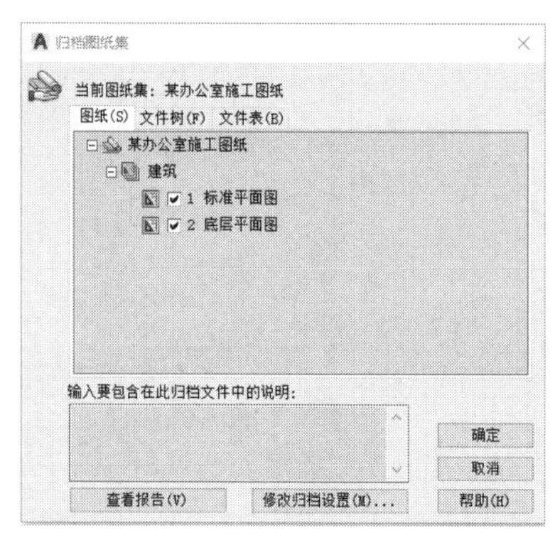

图 15-16 “归档图纸集”对话框

15.2 发布与传递图纸

DWF 是 Design Web Format(Web 图形格式)的缩写形式，它是从 DWG 文件创建的高度压缩的文件格式。DWF 文件易于在 Web 上发布和查看。DWF 相对于 DWG 而言，其性质类似于文本中的 PDF 格式和 Word 中的 DOC 格式。本节将简单介绍 DWF 文件的创建和电子传递的相关内容。

15.2.1 创建 DWF 文件

AutoCAD 提供了发布图形的功能，用户可以同时发布多个图形，每个图形可以包含多个布局文件，还可以使用独立的应用程序 Autodesk Express Viewer 来查看 DWF 图形。DWF 文件的创建步骤如下。

(1) 打开已经存在的要创建 DWF 文件的图形，使用 zoom 命令，将其缩放到适当的大小。

(2) 选择“文件”|“发布”命令，系统弹出如图 15-17 所示的“发布”对话框。该对话框中给出了当前文件中包含的布局，以及发布 DWF 图形的保存位置等信息。

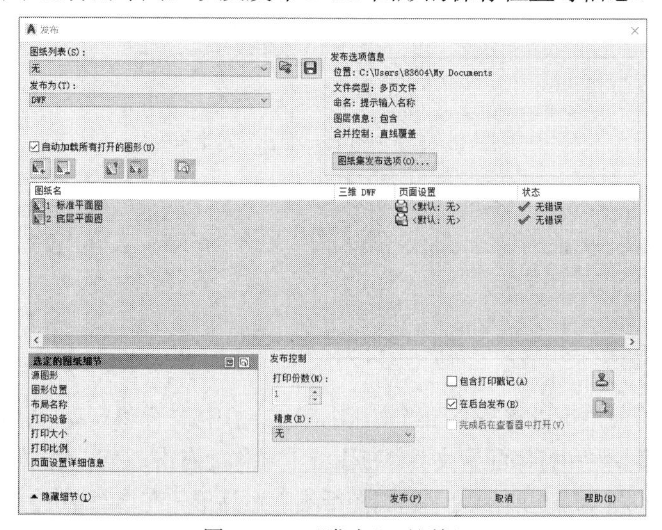

图 15-17 “发布”对话框

(3) 单击“添加图纸”按钮，系统弹出“选择图形”对话框。在此对话框中选择所要发布的图形文件，单击“选择”按钮，将其添加到发布图形的列表中。

(4) 单击“发布选项”按钮，系统弹出“发布选项”对话框，在此对话框中设置输出位置，设置发布一个多页面的 DWF/PDF 文件，或创建多个 DWF/PDF 文件，如图 15-18 所示。单击“发布”按钮就创建了选定图形布局的 DWF/PDF 文件。

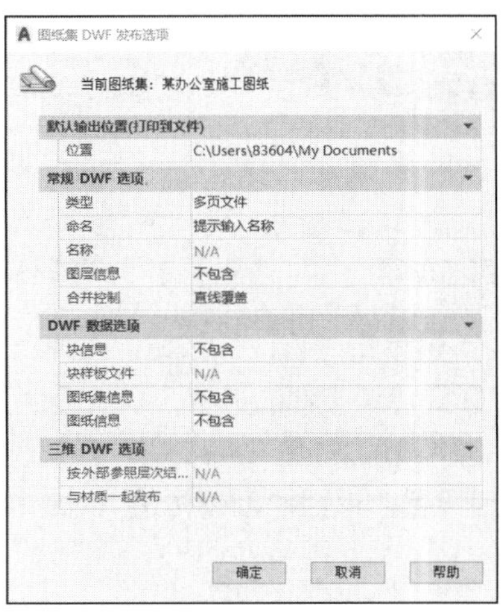

图 15-18　设置图形名称和保存路径

(5) 找到发布的 DWF/PDF 文件的保存位置，在其图标上双击打开该文件，进入 Autodesk Express Viewer 窗口。

(6) 在图形界面区显示了 DWF 文件的内容，如果该文件包含多个页面，还可以使用“标准”工具栏上的“箭头”按钮在各个页面之间进行切换。

(7) 在 Autodesk Express Viewer 窗口中选择“文件”|“打印”命令，将弹出“打印”对话框。设置相应的选项之后，就可以单击“确定”按钮输出指定的 DWF 文件，具体设置类似图纸打印，在此不再赘述。

15.2.2　电子传递图形文件

在网络技术迅速发展的今天，通过网络进行协同设计也变得十分普遍。如果已经绘制完某个图形，需要将该图形传送给其他设计人员，可以使用 WinZip 等压缩工具对图形文件进行压缩，然后利用 E-mail 将其发送到指定的邮箱中。

AutoCAD 2020 中提供了电子传递的功能，用户可以直接将图形文件传递给其他设计人员，其操作步骤如下。

(1) 在 AutoCAD 中，打开要进行电子传递的图形文件，将其设置为适当的图形布局，如图 15-19 所示。

(2) 选择“文件”|“电子传递”命令，或直接在命令行中输入 etransmit 命令，系统均可弹出如图 15-20 所示的“创建传递”对话框。

(3) 这里的文件传递功能类似于经常使用的电子邮件，在“输入要包含在此传递包中的说明”文本框中对图形文件进行简短说明，收到图形的人将会看到这些文字信息。

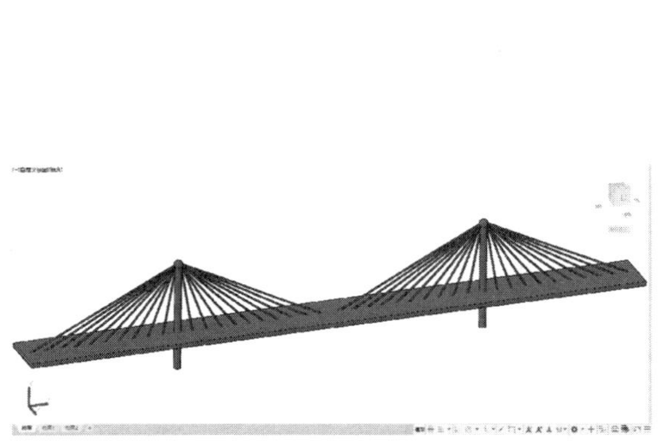

图 15-19　创建适当的图形布局

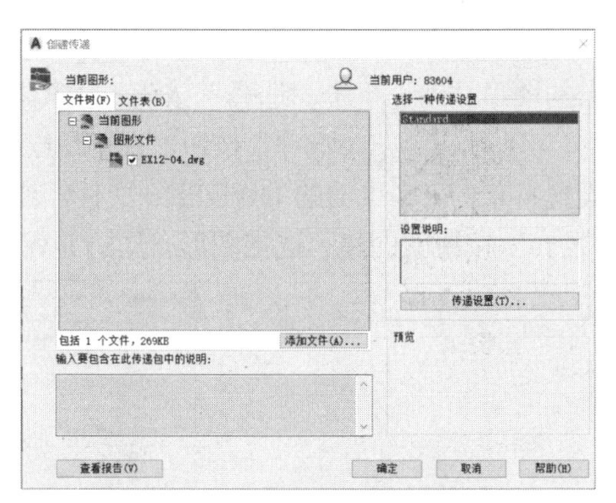

图 15-20　“创建传递”对话框

(4) 单击“传递设置”按钮，再单击“修改”按钮，在弹出的“修改传递设置”对话框的“传递包类型”下拉列表框中选择要传递文件的类型。系统提供了两种类型供选择：文件夹(文件集)和 Zip(*.zip)，这里选择 Zip(*.zip)，如图 15-21 所示。勾选“用传递发送电子邮件”复选框，单击“确定”按钮完成传递设置，返回“创建传递”对话框。

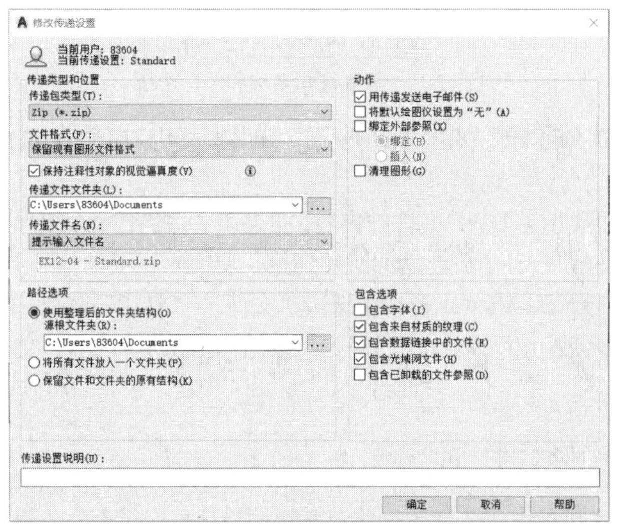

图 15-21　“修改传递设置”对话框

(5) 单击“确定”按钮，系统将自动启动默认的电子邮件应用程序，将传递包作为附件通过电子邮件的形式发送。

15.3 操作实践

将源图形的平面、立面、剖面按模型视图存储，新建图纸集，并创建新的图纸，在图纸中插入这些视图，完成图纸的创建，如图 15-22 所示。具体操作步骤如下。

(1) 打开源图形，将需要创建成图纸的图形按视图命名存盘，或直接在命令行中输入 view 命令，如图 15-23 所示。

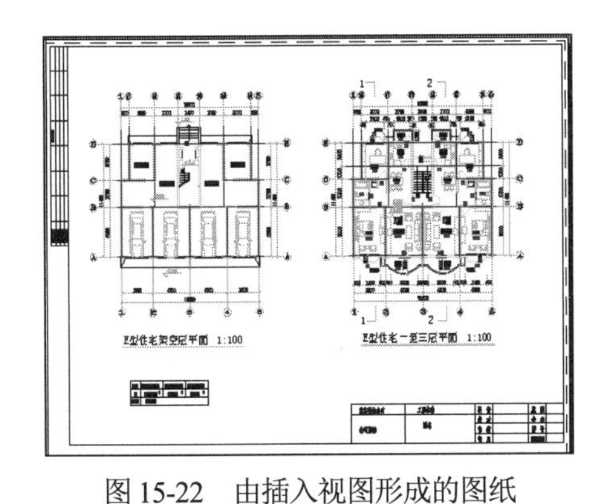

图 15-22　由插入视图形成的图纸

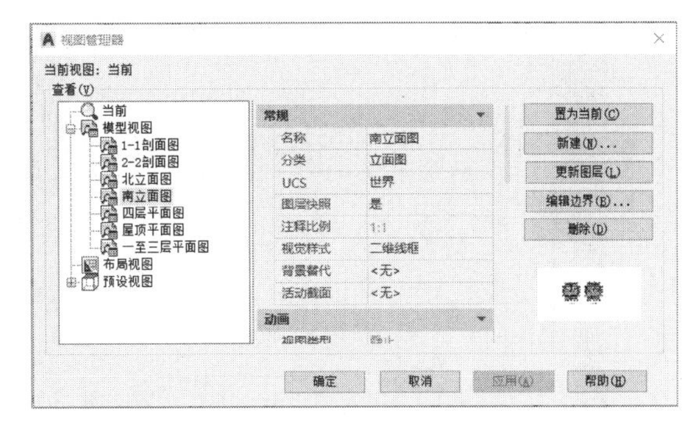

图 15-23　命名视图

(2) 单击“标准”工具栏上的“图纸集管理器”按钮，系统弹出“图纸集管理器”选项板。

(3) 在“图纸集管理器”选项板的“打开”下拉列表框中选择“新建图纸集”选项，在弹出的“创建图纸集-开始”对话框中选择“现有图形”单选按钮。

(4) 单击“下一步”按钮，在“创建图纸集-图纸集详细信息”对话框中，输入图纸集的名称、说明，并设置图纸集的特性。

(5) 单击“下一步”按钮，在“创建图纸集-选择布局”对话框中单击“下一步”按钮，打开“创建图纸集-确定”对话框，单击“完成”按钮，完成图纸集的创建，如图 15-24 所示。

(6) 将光标移至图纸集的名称处，右击，在弹出的快捷菜单中选择“新建子集”命令，在弹出的“子集特性”对话框的“子集”文本框中输入“建筑”，单击“确定”按钮。按照此步骤创建“结构”子集，如图 15-25 所示。

(7) 将光标移至“建筑”子集名称处，右击，在弹出的快捷菜单中选择“新建图纸”命令，在弹出的“新建图纸”对话框的“图纸标题”文本框输入“建施-01”，单击“确定”按钮，完成图纸“建施-01”的创建，如图 15-26 所示。

图 15-24　创建图纸集

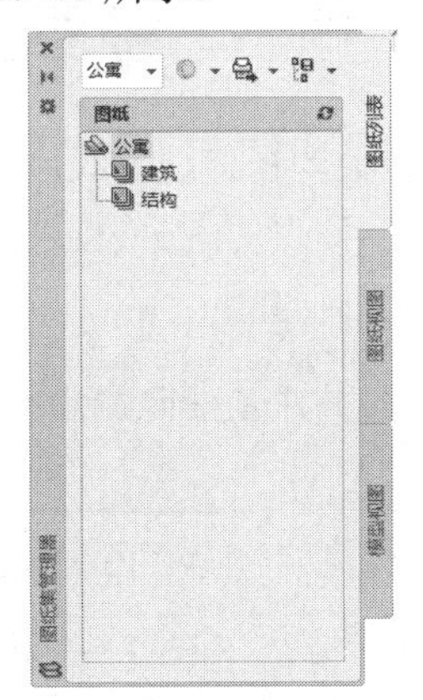

图 15-25　创建“结构”子集

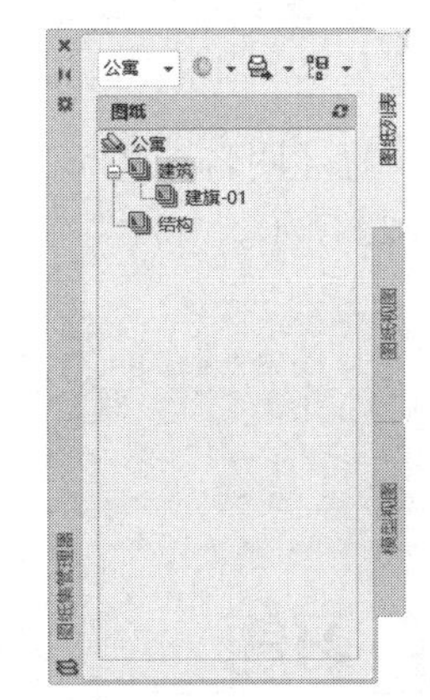

图 15-26　创建图纸

(8) 双击“建施-01”，打开该图，如图 15-27 所示，发现仅含有样板的设置。

(9) 打开“模型视图”选项卡，双击“添加新位置”选项，在弹出的“浏览文件夹”对话框中找到包含源图形的文件夹，单击“打开”按钮，如图 15-28 所示，将添加选择的文件夹下的图形作为源图形，同时已经命名并存盘的视图也会被显示出来。

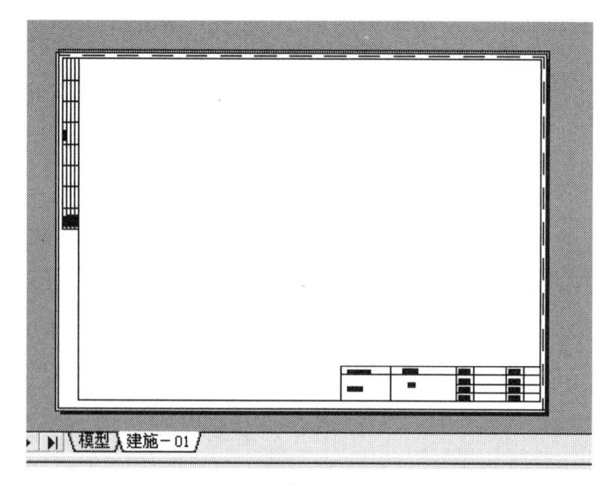

图 15-27　新建的“建施-01”

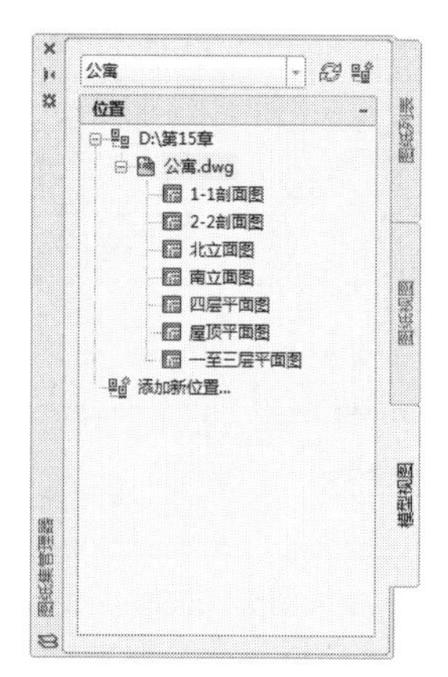

图 15-28　添加资源图形

(10) 将光标移至“屋顶平面图”(即“架空层平面”)视图上，右击，在弹出的快捷菜单中选择“放置在图纸上”命令。在图纸上选择一点，插入该视图，同时右击，选择 1∶100 的比例，效果如图 15-29 所示。

(11) 按照上述步骤，插入“一至三层平面图”视图，效果如图 15-30 所示。

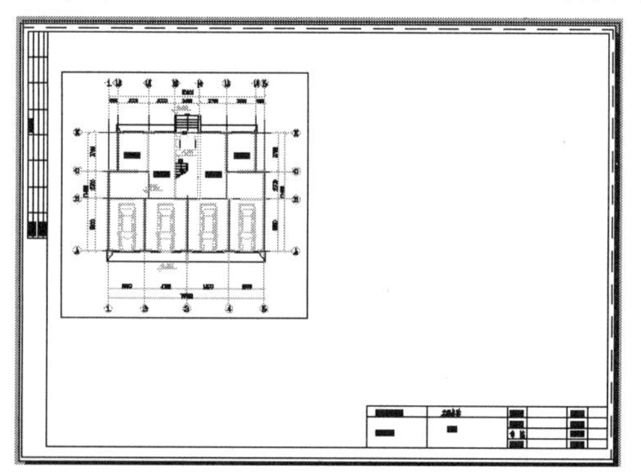
图 15-29　插入“屋顶平面图”视图

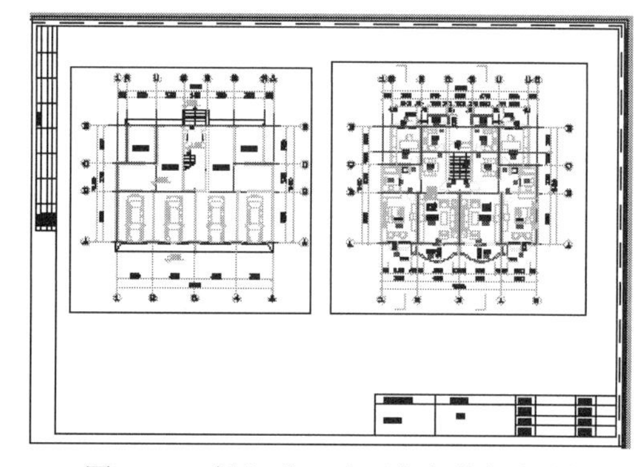
图 15-30　插入“一至三层平面图”视图

(12) 标注图名、比例和文字说明，关闭视口边界线所属的图层，完成图纸的创建，效果如图 15-22 所示。

提示：

创建新图纸还可以通过加入其他图纸的布局来实现，创建方法与插入视图类似，在此不做详细介绍。

15.4　习题

15.4.1　填空题

(1) AutoCAD 2020 为用户提供的图纸管理工具是__________。

(2) 创建图纸集有__________和__________两种类型。

(3) 易于在Web上发布和查看，从DWG文件创建的高度压缩的文件格式是________文件。

15.4.2　选择题

(1) 图纸绘制完成后，用户可以在命令行输入(　　)命令来启动图纸管理器进行图纸管理。

A. print　　B. save　　C. sheetset　　D. open

(2) 用于在 Internet 上发布的 DWF 文件不能进行(　　)操作。

A. 打印　　B. 浏览　　C. 传递　　D. 重新编辑

15.4.3　上机操作

创建一个包含建筑、结构、水、电、暖通等子集的图纸集“某住宅建筑施工图”，练习视图插入和按图纸输入布局的操作。

附录A

快捷命令

完整命令	快捷命令	功能说明	完整命令	快捷命令	功能说明
LINE	L	绘制直线	ERASE	E	删除图形对象
XLINE	XL	绘制构造线	COPY	CO/CP	复制图形对象
PLINE	PL	绘制多段线	MIRROR	MI	镜像图形对象
POLYGON	POL	绘制正多边形	OFFSET	O	偏移图形对象
RECTANGLE	REC	绘制长方形	ARRAY	AR	阵列图形对象
ARC	A	绘制圆弧	MOVE	M	移动图形对象
CIRCLE	C	绘制圆	ROTATE	RO	旋转图形对象
SPLINE	SPL	绘制样条曲线	SCALE	SC	缩放图形对象
ELLIPSE	EL	绘制椭圆或椭圆弧	STRETCH	S	拉伸图形对象
POINT	PO	创建多个点	TRIM	TR	修剪图形对象
BHATCH	H	创建图案填充	EXTEND	EX	延伸图形对象
GRADIENT	GD	创建渐变色	BREAK	BR	打断图形对象
REGION	REG	创建面域	JOIN	J	合并图形对象
TABLE	TB	创建表格	CHAMFER	CHA	倒角
MTEXT	MT/T	创建多行文字	FILLET	F	圆角
MEASURE	ME	创建定距等分点	EXPLODE	X	分解图形对象
DIVIDE	DIV	创建定数等分点	PEDIT	PE	多段线编辑
DIMSTYLE	D	创建尺寸标注样式	SUBTRACT	SU	差集
DIMLINEAR	DLI	创建线性尺寸标注	UNION	UNI	并集
DIMALIGNED	DAL	创建对齐尺寸标注	INTERSECT	IN	交集
DIMARC	DAR	创建弧长标注	STYLE	ST	创建文字样式
DIMORDINATE	DOR	创建坐标标注	TEXT	DT	创建单行文字
DIMRADIUS	DRA	创建半径标注	MTEXT	MT	创建多行文字
DIMDIAMETER	DDI	创建直径标注	DDEDIT	ED	编辑文字
DIMJOGGED	DJO	创建折弯半径标注	SPELL	SP	拼写检查
DIMJOGLINE	DJL	创建折弯线性标注	TABLESTYLE	TS	创建表格样式
DIMANGULAR	DAN	创建角度标注	TABLE	TB	创建表格

(续表)

完整命令	快捷命令	功能说明	完整命令	快捷命令	功能说明
DIMBASELINE	DBA	创建基线标注	HATCH	H	创建图案填充
DIMCONTINUE	DCO	创建连续标注	GRADIENT	GD	创建渐变色
DIMCENTER	DCE	创建圆心标记	HATCHEDIT	HE	编辑图案填充
TOLERANCE	TOL	创建形位公差	BOUNDARY	BO	创建边界
QLEADER	LE	创建引线或者引线标注	REGION	REG	创建面域
DIMEDIT	DED	编辑表	BLOCK	B	创建块
MLEADERSTYLE	MLS	创建多重引线样式	WBLOCK	W	创建外部块
MLEADER	MLD	创建多重引线	ATTDEF	ATT	定义属性
MLEADERCOLLECT	MLC	合并多重引线	INSERT	I	插入块
MLEADERALIGN	MLA	对齐多重引线	BEDIT	BE	在块编辑器中打开块定义
LAYER	LA	打开图层特性管理器	ZOOM	Z	缩放视图
COLOR	COL	设置对象颜色	PAN	P	平移视图
LINETYPE	LT	设置对象线型	REDRAWALL	RA	刷新所有视口的显示
LWEIGHT	LW	设置对象线宽	REGEN	RE	从当前视口重生成整个图形
LTSCALE	LTS	设置线型比例因子	REGENALL	REA	重生成图形并刷新所有视口
RENAME	REN	更改指定项目的名称	UNITS	UN	设置绘图单位
MATCHPROP	MA	将选定对象的特性应用于其他对象	OPTIONS	OP	打开“选项”对话框
ADCENTER	ADC/DC	打开设计中心	DSETTINGS	DS	打开“草图设置”对话框
PROPERTIES	MO	打开“特性”选项板	EXPORT	EXP	输出数据
OSNAP	OS	设置对象捕捉模式	IMPORT	IMP	将不同格式的文件输入当前图形中
SNAP	SN	设置捕捉	PLOT	PRINT	创建打印
DSETTINGS	DS	设置极轴追踪	PURGE	PU	删除图形中未使用的项目
MEASUREGEOM	MEA	测量距离、半径、角度、面积、体积等	PREVIEW	PRE	创建打印预览

(续表)

完整命令	快捷命令	功能说明	完整命令	快捷命令	功能说明
PUBLISHTOWEB	PTW	创建网上发布	TOOLBAR	TO	显示、隐藏和自定义工具栏
AREA	AA	测量面积	VIEW	V	命名视图
LIST	LI	创建查询列表	TOOLPALETTES	TP	打开工具选项板窗口
DIST	DI	测量两点之间的距离和角度			

附录 B

快 捷 键

快捷键	功能说明
Ctrl+1	PROPERTIES 修改特性
Ctrl+2	ADCENTER 打开设计中心
Ctrl+3	TOOLPALETTES 打开工具选项板
Ctrl+9	COMMANDLINEHIDE 控制命令行开关
Ctrl+O	OPEN 打开文件
Ctrl+N(M)	NEW 新建文件
Ctrl+P	PRINT 打印文件
Ctrl+S	SAVE 保存文件
Ctrl+Z	UNDO 放弃
Ctrl+A	全部旋转
Ctrl+X	CUTCLIP 剪切
Ctrl+C	COPYCLIP 复制
Ctrl+V	PASTECLIP 粘贴
Ctrl+B	SNAP 栅格捕捉
Ctrl+F	OSNAP 对象捕捉
Ctrl+G	GRID 栅格
Ctrl+L	ORTHO 正交
Ctrl+W	对象追踪
Ctrl+U	极轴

附录C

功　能　键

键	功能	说明
F1	帮助	显示活动工具提示、命令、选项板或对话框的帮助
F2	展开的历史记录	在命令窗口中显示展开的命令历史记录
F3	对象捕捉	打开和关闭对象捕捉
F4	三维对象捕捉	打开和关闭其他三维对象捕捉
F5	等轴测平面	循环浏览二维等轴测平面设置
F7	栅格显示	打开和关闭栅格显示
F8	正交	锁定光标按水平或垂直方向移动
F9	栅格捕捉	限制光标按指定的栅格间距移动
F10	极轴追踪	引导光标按指定的角度移动
F11	对象捕捉追踪	从对象捕捉位置水平和垂直追踪光标